陕西省市政工程基价表

（2025）

批准部门：陕西省住房和城乡建设厅
主编单位：陕西省建设工程造价服务中心
软件支持：广联达西安科技有限公司
施行日期：2025年7月1日

中国计划出版社
北京

图书在版编目（CIP）数据
陕西省市政工程基价表. 2025 / 陕西省建设工程造价服务中心主编. -- 北京 : 中国计划出版社, 2025. 6（2025. 10重印）.
ISBN 978-7-5182-1859-2
I. TU723.34
中国国家版本馆 CIP 数据核字第 20256HA250 号

陕西省市政工程基价表（2025）

SHAANXI SHENG SHIZHENG GONGCHENG JIJIABIAO（2025）

陕西省建设工程造价服务中心 主编

责任编辑：张 颖 封面设计：韩可斌

中国计划出版社出版发行
网址：www.jhpress.com
地址：北京市西城区木樨地北里甲 11 号国宏大厦 C 座 4 层
邮政编码：100038 电话：（010）63906433（发行部）
北京厚诚则铭印刷科技有限公司印刷

880mm×1230mm 1/16 30 印张 967 千字
2025 年 6 月第 1 版 2025 年 10 月第 2 次印刷

定价：120.00 元

陕西省住房和城乡建设厅关于印发2025陕西省建设工程费用规则等计价依据的通知

陕建管发〔2025〕10号

各设区市住房和城乡建设局，杨凌示范区住房和城乡建设局，各相关企业：

为贯彻落实《住房和城乡建设部办公厅关于印发工程造价改革工作方案的通知》（建办标〔2020〕38号）及《陕西省住房和城乡建设厅关于印发〈陕西省建设工程造价改革工作实施方案〉的通知》（陕建发〔2020〕1109号）精神，依据《陕西省建设工程造价管理办法》，我厅组织修编了《陕西省建设工程费用规则》及6个专业配套基价表、《陕西省房屋建筑与装饰工程消耗量定额》等6个专业消耗量定额、施工机械台班费用定额、仪器仪表台班费用定额（详见附件），现予以印发，自2025年7月1日起实施，并提出以下意见，请一并贯彻执行：

一、2025年7月1日起新开工的建设工程执行新的计价依据；2025年7月1日前的在建工程（包括已招投标或已签订合同的工程）仍按原约定的计价依据执行。

二、原2004《陕西省建筑装饰工程消耗量定额》《陕西省安装工程消耗量定额》《陕西省市政工程消耗量定额》《陕西省园林绿化工程消耗量定额》、2009《陕西省建设工程工程量清单计价规则》、2009《陕西省建设工程工程量清单计价费率》、《陕西省建设工程消耗量定额（2004）补充定额》、2009《陕西省建筑装饰市政园林绿化工程价目表》《陕西省安装工程价目表》于2025年7月1日起停止使用。

三、上述计价依据的日常管理及技术内容解释由陕西省建设工程造价服务中心具体负责。

附件：2025陕西省建设工程计价依据汇总表

陕西省住房和城乡建设厅

2025年3月17日

附　件

2025陕西省建设工程计价依据汇总表

序　号	名　称
1	陕西省建设工程费用规则（2025）
2	陕西省房屋建筑与装饰工程基价表（2025）
3	陕西省通用安装工程基价表（2025）
4	陕西省市政工程基价表（2025）
5	陕西省园林绿化工程基价表（2025）
6	陕西省城市地下综合管廊工程基价表（2025）
7	陕西省绿色建筑工程基价表（2025）
8	陕西省房屋建筑与装饰工程消耗量定额（2025）
9	陕西省通用安装工程消耗量定额（2025）
10	陕西省市政工程消耗量定额（2025）
11	陕西省园林绿化工程消耗量定额（2025）
12	陕西省城市地下综合管廊工程消耗量定额（2025）
13	陕西省绿色建筑工程消耗量定额（2025）
14	陕西省建设工程施工机械台班费用定额（2025）
15	陕西省建设工程施工仪器仪表台班费用定额（2025）

使用说明

为配合陕西省工程建设标准《建设工程工程量清单计价标准》DB 61/T 5126—2025 实施，规范建设工程计价活动，编制了《陕西省市政工程基价表（2025）》。

一、基价表是以《陕西省市政工程消耗量定额（2025）》为基础编制，是《陕西省市政工程消耗量定额（2025）》的价格表现形式。基价表中只反映价格，不反映消耗量，需与消耗量定额配套使用。

二、《陕西省市政工程基价表（2025）》（以下简称基价表），适用于新建、扩建、改建的市政工程计价。

三、基价表与《陕西省市政工程消耗量定额（2025）》和《陕西省建设工程费用规则（2025）》等计价文件配套使用。

四、基价表是编制最高投标限价、施工图预算的依据。也可作为施工企业编制投标报价和企业定额的参考依据。

五、基价表是按正常的施工条件、大多数建筑企业的施工机械装备程度、合理施工工期、施工工艺、劳动组织为基础，并充分考虑我省目前建筑市场实际情况编制，反映了我省建筑企业的社会平均水平。

编制最高投标限价和施工图预算时，除《陕西省市政工程消耗量定额（2025）》和本基价表中规定允许调整、换算的项目外，均不得因具体的施工条件、方法不同而进行换算。

六、基价表表现形式。

基价表包含基价、人工费、材料费、施工机具使用费、企业管理费、利润；材料费中未包含未计价材料费；计量单位执行《陕西省市政工程消耗量定额（2025）》规定，费用组成以“元”计价。基价表编号、项目名称与《陕西省市政工程消耗量定额（2025）》是对应一致的。人工费中的人工工日消耗量、材料费的材料规格及消耗量（包括未计价材料）、施工机具使用费中的施工机具台班消耗量与《陕西省市政工程消耗量定额（2025）》是对应一致的。

七、人工费。

人工费综合工种人工工日消耗量按照《陕西省市政工程消耗量定额（2025）》计算，一类工日单价 155 元/工日，二类工日单价 185 元/工日，三类工日单价 215 元/工日。人工工日单价含个人缴纳的社会保障保险费用，未包含用人单位缴纳的建筑工人社保费用。

属于特殊工种或特殊环境（如道路沥青工、水下作业、隧道工程中的气压施工保健费等）的工资性津贴，按消耗量定额总说明中的规定执行。

八、材料费。

1. 基价表所采用的建筑装饰材料、安装材料、半成品、成品等材料均为符合国家相关质量标准和相应设计要求的合格产品。

2. 材料费包括：材料原价（或供应价格）、材料运杂费、运输损耗费、采购及保管费等费用。

3. 材料基期价格是按 2024 年 11 月份市场价综合取定的，单价详见附录：材料价格明细表。

4. 未计价材料数量应按《陕西省市政工程消耗量定额（2025）》带括号“（×××）”的数量计算，按设计图纸要求的类型、规格、型号和陕西省工程建设标准《建设工程工程量清单计价标准》DB 61/T 5126—2025 规定确定单价，计入材料费。

5. 基价表中的混凝土、砌筑砂浆、抹灰砂浆、装配式构件、金属构件等单价，均为到施工现场价格。

6. 基价表中的混凝土、砌筑砂浆、抹灰砂浆和各种胶泥等，均按消耗量定额取定的强度等级计算，使用时可按不同强度等级混凝土和砂浆配合比单价进行换算。

7. 基价表中木材种类和规格是按照消耗量定额规定计取的，如施工图设计种类和规格与基价表不符时，可按《陕西省房屋建筑与装饰工程消耗量定额（2025）》换算系数调整。

8. 基价表中材料费包含其他零星材料费用。

9. 本基价表中的材料（包括计价材料和未计价材料）单价，是建安工程费用计价的基本价格，在计算工程造价时，对所有材料的单价（包括计价材料和未计价材料）均实行市场化运作，可参照市场的价格执行。

九、施工机械使用费。

基价表中施工机具使用费台班单价是按《陕西省建设工程施工机械台班费用定额（2025）》、《陕西省建设工程施工仪器仪表台班费用定额（2025）》计算的，机上人工执行综合三类工日单价。

十、企业管理费。

基价表中企业管理费是按照《陕西省建设工程费用规则（2025）》的费率计取，计费基础为人工费与施工机具使用费之和。

十一、利润。

基价表中利润是按照《陕西省建设工程费用规则（2025）》的费率计取，计费基础为人工费与施工机具使用费之和。

十二、《陕西省市政工程消耗量定额（2025）》的总说明、说明、工程量计算规则、工作内容均适用于本基价表。

十三、本基价表包括以下内容。

第一册 土石方工程；第二册 道路工程；第三册 桥涵工程；第四册 隧道工程；第五册 市政管网工程;第六册 水处理工程；第七册 生活垃圾处理工程；第八册 路灯工程；第九册 钢筋工程；第十册 拆除工程；第十一册 措施项目。

十四、本基价表中注有“×××以内”或“×××以下”者，除有注明外，均包括“×××”本身；“×××以外”或“×××以上”者，除有注明外，均不包括“×××”本身。

十五、本说明未尽事宜，详见消耗量定额各章说明。如本基价表说明与消耗量定额各章节说明不符时，应以基价表说明为准。

十六、本基价表由陕西省建设工程造价服务中心负责解释和日常管理工作。

目　录

第一册　土石方工程

第一章　土方工程

第二章　石方工程

第三章　盖挖土石方工程

第二册　道路工程

第一章　路基处理

第二章 道路基层

第三章 道路面层

第四章 人行道及其他

第五章 砌筑

第六章 立交箱涵

第七章 钢结构

第八章 其他

第四册 隧道工程

第一章 隧道开挖与出渣

第二章 隧道衬砌

第三章 临时工程

第四章 盾构法掘进

第五章 垂直顶升

第六章 隧道沉井

第七章 地下混凝土结构

第五册 市政管网工程

第一章 管道铺设

第二章　管件、阀门及附件安装

第三章　管道附属构筑物

第四章 管网模板工程

第六册 水处理工程

第一章 水处理构筑物

第二章 水处理设备

第三章 水处理模板及滤鼓工程

第七册 生活垃圾处理工程

第一章 生活垃圾卫生填埋

第二章 生活垃圾焚烧

第八册 路灯工程

第一章 变配电设备工程

第六章　防雷接地装置工程

第九册　钢筋工程

第一章　普通钢筋

第二章　预应力钢筋

第三章　钢筋运输

第十册　拆除工程

第一章　拆除工程

第十一册　措施项目

第一章　打拔工具桩

第二章　围堰工程

第三章　支撑工程

第四章　脚手架工程

第五章　施工排水、降水

第六章　便道及栈桥

第七章　大型机械设备安装、拆除及进出场费

第八章　其他项目

附录

第一册

土石方工程

第一章　土方工程

一、人工挖一般土方

编号	项目名称	单位	基价	人工费	材料费	施工机具使用费	管理费	利润
1-1-1	一、二类土（深度 m 以内） 2	$100m^3$	3711.03	2718.70	0.00	0.00	594.04	398.29
1-1-2	一、二类土（深度 m 以内） 4	$100m^3$	6514.39	4772.45	0.00	0.00	1042.78	699.16
1-1-3	三类土（深度 m 以内） 2	$100m^3$	6558.82	4805.00	0.00	0.00	1049.89	703.93
1-1-4	三类土（深度 m 以内） 4	$100m^3$	10936.31	8011.95	0.00	0.00	1750.61	1173.75
1-1-5	四类土（深度 m 以内） 2	$100m^3$	9516.64	6971.90	0.00	0.00	1523.36	1021.38
1-1-6	四类土（深度 m 以内） 4	$100m^3$	13652.93	10002.15	0.00	0.00	2185.47	1465.31

二、人工挖沟、槽土方

编号	项目名称	单位	基价	人工费	材料费	施工机具使用费	管理费	利润
1-1-7	一、二类土（深度 m 以内） 2	$100m^3$	4043.20	2962.05	0.00	0.00	647.21	433.94
1-1-8	一、二类土（深度 m 以内） 4	$100m^3$	7032.76	5152.20	0.00	0.00	1125.76	754.80
1-1-9	三类土（深度 m 以内） 2	$100m^3$	10020.19	7340.80	0.00	0.00	1603.96	1075.43
1-1-10	三类土（深度 m 以内） 4	$100m^3$	13159.97	9641.00	0.00	0.00	2106.56	1412.41
1-1-11	四类土（深度 m 以内） 2	$100m^3$	14939.31	10944.55	0.00	0.00	2391.38	1603.38
1-1-12	四类土（深度 m 以内） 4	$100m^3$	18656.69	13667.90	0.00	0.00	2986.44	2002.35

三、人工挖基坑土方

编号	项目名称	单位	基价	人工费	材料费	施工机具使用费	管理费	利润
1-1-13	一、二类土（深度 m 以内） 2	100m³	4842.95	3547.95	0.00	0.00	775.23	519.77
1-1-14	一、二类土（深度 m 以内） 4	100m³	7409.36	5428.10	0.00	0.00	1186.04	795.22
1-1-15	三类土（深度 m 以内） 2	100m³	10883.41	7973.20	0.00	0.00	1742.14	1168.07
1-1-16	三类土（深度 m 以内） 4	100m³	14822.95	10859.30	0.00	0.00	2372.76	1590.89
1-1-17	四类土（深度 m 以内） 2	100m³	16251.07	11905.55	0.00	0.00	2601.36	1744.16
1-1-18	四类土（深度 m 以内） 4	100m³	19972.68	14632.00	0.00	0.00	3197.09	2143.59

四、人工清理土堤基础

编号	项目名称	单位	基价	人工费	材料费	施工机具使用费	管理费	利润
1-1-19	清理土堤基础 厚度（mm 以内）100	100m²	622.03	455.70	0.00	0.00	99.57	66.76
1-1-20	清理土堤基础 厚度（mm 以内）200	100m²	1155.20	846.30	0.00	0.00	184.92	123.98
1-1-21	清理土堤基础 厚度（mm 以内）300	100m²	1732.79	1269.45	0.00	0.00	277.37	185.97

五、人工挖土堤台阶

编号	项目名称	单位	基价	人工费	材料费	施工机具使用费	管理费	利润
1-1-22	坡度 1：3.3 以下 一、二类土	100m²	311.02	227.85	0.00	0.00	49.79	33.38
1-1-23	坡度 1：3.3 以下 三类土	100m²	555.39	406.88	0.00	0.00	88.90	59.61
1-1-24	坡度 1：3.3 以下 四类土	100m²	888.61	651.00	0.00	0.00	142.24	95.37
1-1-25	坡度 1：3.3～1：2 一、二类土	100m²	666.46	488.25	0.00	0.00	106.68	71.53
1-1-26	坡度 1：3.3～1：2 三类土	100m²	1155.20	846.30	0.00	0.00	184.92	123.98
1-1-27	坡度 1：3.3～1：2 四类土	100m²	1821.66	1334.55	0.00	0.00	291.60	195.51
1-1-28	坡度 1：2 以上 一、二类土	100m²	1021.91	748.65	0.00	0.00	163.58	109.68
1-1-29	坡度 1：2 以上 三类土	100m²	1710.59	1253.18	0.00	0.00	273.82	183.59
1-1-30	坡度 1：2 以上 四类土	100m²	2754.70	2018.10	0.00	0.00	440.95	295.65

六、人工运土方

编号	项目名称	单位	基价	人工费	材料费	施工机具使用费	管理费	利润
1-1-31	人工运土 运距 20m 以内	100m³	2699.70	1977.80	0.00	0.00	432.15	289.75
1-1-32	人工运土 运距 100m 内每增加 20m	100m³	516.25	378.20	0.00	0.00	82.64	55.41
1-1-33	双（单）轮车运土 运距 50m 以内	100m³	2428.88	1779.40	0.00	0.00	388.80	260.68
1-1-34	双（单）轮车运土 运距 500m 以内每增加 50m	100m³	516.25	378.20	0.00	0.00	82.64	55.41
1-1-35	机动翻斗车运土 运距 200m 以内	100m³	5734.27	2028.95	0.00	2171.98	917.90	615.44
1-1-36	机动翻斗车运土 运距 1000m 以内每增加 200m	100m³	438.01	0.00	0.00	320.89	70.11	47.01
1-1-37	人工装汽车土方	100m³	2568.52	1881.70	0.00	0.00	411.15	275.67

七、人工挖运淤泥、流砂

编号	项目名称	单位	基价	人工费	材料费	施工机具使用费	管理费	利润
1-1-38	人工挖淤泥、流砂（深度 m 以内） 2	100m³	15111.53	11070.72	0.00	0.00	2418.95	1621.86
1-1-39	人工挖淤泥、流砂（深度 m 以内） 4	100m³	17971.82	13166.17	0.00	0.00	2876.81	1928.84
1-1-40	人工挖沟槽淤泥、流砂（深度 m 以内） 2	100m³	19645.17	14392.06	0.00	0.00	3144.67	2108.44
1-1-41	人工挖沟槽淤泥、流砂（深度 m 以内） 4	100m³	23363.60	17116.19	0.00	0.00	3739.89	2507.52
1-1-42	人工挖基坑淤泥、流砂（深度 m 以内） 2	100m³	21156.23	15499.07	0.00	0.00	3386.55	2270.61
1-1-43	人工挖基坑淤泥、流砂（深度 m 以内） 4	100m³	25160.72	18432.76	0.00	0.00	4027.56	2700.40
1-1-44	人工运淤泥、流砂 运距 20m 以内	100m³	5128.58	3757.20	0.00	0.00	820.95	550.43
1-1-45	人工运淤泥、流砂 运距 100m 以内每增加 20m	100m³	979.60	717.65	0.00	0.00	156.81	105.14
1-1-46	双（单）轮车运淤泥、流砂 运距 50m 以内	100m³	4034.73	2955.85	0.00	0.00	645.85	433.03
1-1-47	双（单）轮车运淤泥、流砂 运距 500m 以内每增加 50m	100m³	977.48	716.10	0.00	0.00	156.47	104.91

八、人工平整场地、填土夯实、原土夯实

编号	项目名称	单位	基价	人工费	材料费	施工机具使用费	管理费	利润
1-1-48	平整场地	$100m^2$	621.83	455.55	0.00	0.00	99.54	66.74
1-1-49	松填土 槽、坑	$100m^3$	1218.05	892.34	0.00	0.00	194.98	130.73
1-1-50	松填土 平地	$100m^3$	1040.95	762.60	0.00	0.00	166.63	111.72
1-1-51	填土夯实 平地	$100m^3$	3937.89	2878.51	8.73	0.00	628.95	421.70
1-1-52	填土夯实 槽、坑	$100m^3$	4739.12	3465.49	8.73	0.00	757.21	507.69
1-1-53	填砂、砾 槽、坑	$100m^3$	5459.27	3999.47	0.00	0.00	873.88	585.92
1-1-54	原土夯实（两遍）平地	$100m^2$	262.15	192.05	0.00	0.00	41.96	28.14
1-1-55	原土夯实（两遍）槽、坑	$100m^2$	317.79	232.81	0.00	0.00	50.87	34.11

九、推土机推土

编号	项目名称	单位	基价	人工费	材料费	施工机具使用费	管理费	利润
1-1-56	75kW 以内推土机 推距（m 以内） 20 一、二类土	$1000m^3$	4233.29	310.00	0.00	2791.31	677.64	454.34
1-1-57	75kW 以内推土机 推距（m 以内） 20 三类土	$1000m^3$	4955.80	310.00	0.00	3320.62	793.29	531.89
1-1-58	75kW 以内推土机 推距（m 以内） 20 四类土	$1000m^3$	5777.90	310.00	0.00	3922.89	924.89	620.12
1-1-59	75kW 以内推土机 推距（m 以内） 40 一、二类土	$1000m^3$	6203.17	310.00	0.00	4234.45	992.96	665.76
1-1-60	75kW 以内推土机 推距（m 以内） 40 三类土	$1000m^3$	7308.28	310.00	0.00	5044.05	1169.86	784.37
1-1-61	75kW 以内推土机 推距（m 以内） 40 四类土	$1000m^3$	8539.85	310.00	0.00	5946.30	1367.00	916.55
1-1-62	75kW 以内推土机 推距（m 以内） 60 一、二类土	$1000m^3$	8822.84	310.00	0.00	6153.62	1412.30	946.92
1-1-63	75kW 以内推土机 推距（m 以内） 60 三类土	$1000m^3$	10424.37	310.00	0.00	7326.90	1668.66	1118.81
1-1-64	75kW 以内推土机 推距（m 以内） 60 四类土	$1000m^3$	12223.51	310.00	0.00	8644.95	1956.66	1311.90
1-1-65	75kW 以内推土机 推距（m 以内） 80 一、二类土	$1000m^3$	12421.13	310.00	0.00	8789.73	1988.29	1333.11
1-1-66	75kW 以内推土机 推距（m 以内） 80 三类土	$1000m^3$	14702.47	310.00	0.00	10461.04	2353.47	1577.96
1-1-67	75kW 以内推土机 推距（m 以内） 80 四类土	$1000m^3$	17265.23	310.00	0.00	12338.52	2763.70	1853.01

续前

编号	项目名称	单位	基价	人工费	材料费	施工机具使用费	管理费	利润
1-1-68	90kW 以内推土机 推距（m 以内） 20 一、二类土	$1000m^3$	3924.95	310.00	0.00	2565.42	628.28	421.25
1-1-69	90kW 以内推土机 推距（m 以内） 20 三类土	$1000m^3$	4588.60	310.00	0.00	3051.61	734.51	492.48
1-1-70	90kW 以内推土机 推距（m 以内） 20 四类土	$1000m^3$	5343.19	310.00	0.00	3604.43	855.30	573.46
1-1-71	90kW 以内推土机 推距（m 以内） 40 一、二类土	$1000m^3$	5765.97	310.00	0.00	3914.15	922.98	618.84
1-1-72	90kW 以内推土机 推距（m 以内） 40 三类土	$1000m^3$	6776.58	310.00	0.00	4654.53	1084.75	727.30
1-1-73	90kW 以内推土机 推距（m 以内） 40 四类土	$1000m^3$	7923.64	310.00	0.00	5494.87	1268.36	850.41
1-1-74	90kW 以内推土机 推距（m 以内） 60 一、二类土	$1000m^3$	8151.03	310.00	0.00	5661.45	1304.76	874.82
1-1-75	90kW 以内推土机 推距（m 以内） 60 三类土	$1000m^3$	9629.91	310.00	0.00	6744.88	1541.49	1033.54
1-1-76	90kW 以内推土机 推距（m 以内） 60 四类土	$1000m^3$	11289.01	310.00	0.00	7960.34	1807.07	1211.60
1-1-77	90kW 以内推土机 推距（m 以内） 80 一、二类土	$1000m^3$	11198.06	310.00	0.00	7893.71	1792.51	1201.84
1-1-78	90kW 以内推土机 推距（m 以内） 80 三类土	$1000m^3$	13251.31	310.00	0.00	9397.92	2121.18	1422.21
1-1-79	90kW 以内推土机 推距（m 以内） 80 四类土	$1000m^3$	15560.57	310.00	0.00	11089.69	2490.83	1670.05
1-1-80	105kW 以内推土机 推距（m 以内） 20 一、二类土	$1000m^3$	3378.27	310.00	0.00	2164.92	540.77	362.58
1-1-81	105kW 以内推土机 推距（m 以内） 20 三类土	$1000m^3$	3945.07	310.00	0.00	2580.16	631.50	423.41
1-1-82	105kW 以内推土机 推距（m 以内） 20 四类土	$1000m^3$	4573.29	310.00	0.00	3040.40	732.06	490.83
1-1-83	105kW 以内推土机 推距（m 以内） 40 一、二类土	$1000m^3$	4889.15	310.00	0.00	3271.80	782.62	524.73
1-1-84	105kW 以内推土机 推距（m 以内） 40 三类土	$1000m^3$	5736.74	310.00	0.00	3892.74	918.30	615.70
1-1-85	105kW 以内推土机 推距（m 以内） 40 四类土	$1000m^3$	6696.62	310.00	0.00	4595.95	1071.95	718.72
1-1-86	105kW 以内推土机 推距（m 以内） 60 一、二类土	$1000m^3$	6508.85	310.00	0.00	4458.39	1041.89	698.57
1-1-87	105kW 以内推土机 推距（m 以内） 60 三类土	$1000m^3$	7672.30	310.00	0.00	5310.73	1228.13	823.44
1-1-88	105kW 内推土机 推距（m 以内） 60 四类土	$1000m^3$	8976.13	310.00	0.00	6265.92	1436.84	963.37
1-1-89	105kW 内推土机 推距（m 以内） 80 一、二类土	$1000m^3$	8395.28	310.00	0.00	5840.39	1343.86	901.03
1-1-90	105kW 内推土机 推距（m 以内） 80 三类土	$1000m^3$	9920.22	310.00	0.00	6957.56	1587.96	1064.70

续前

编号	项目名称	单位	基价	人工费	材料费	施工机具使用费	管理费	利润
1-1-91	105kW 内推土机 推距（m 以内） 80 四类土	$1000m^3$	11632.93	310.00	0.00	8212.29	1862.12	1248.52
1-1-92	135kW 内推土机 推距（m 以内） 20 一、二类土	$1000m^3$	3539.52	310.00	0.00	2283.06	566.58	379.88
1-1-93	135kW 内推土机 推距（m 以内） 20 三类土	$1000m^3$	4127.81	310.00	0.00	2714.04	660.75	443.02
1-1-94	135kW 内推土机 推距（m 以内） 20 四类土	$1000m^3$	4785.68	310.00	0.00	3195.99	766.06	513.63
1-1-95	135kW 内推土机 推距（m 以内） 40 一、二类土	$1000m^3$	5071.86	310.00	0.00	3405.65	811.87	544.34
1-1-96	135kW 内推土机 推距（m 以内） 40 三类土	$1000m^3$	5962.27	310.00	0.00	4057.96	954.40	639.91
1-1-97	135kW 内推土机 推距（m 以内） 40 四类土	$1000m^3$	6957.99	310.00	0.00	4787.43	1113.79	746.77
1-1-98	135kW 内推土机 推距（m 以内） 60 一、二类土	$1000m^3$	6834.76	310.00	0.00	4697.15	1094.06	733.55
1-1-99	135kW 内推土机 推距（m 以内） 60 三类土	$1000m^3$	8045.14	310.00	0.00	5583.88	1287.81	863.45
1-1-100	135kW 内推土机 推距（m 以内） 60 四类土	$1000m^3$	9416.51	310.00	0.00	6588.54	1507.33	1010.64
1-1-101	135kW 内推土机 推距（m 以内） 80 一、二类土	$1000m^3$	8881.86	310.00	0.00	6196.86	1421.75	953.25
1-1-102	135kW 内推土机 推距（m 以内） 80 三类土	$1000m^3$	10483.77	310.00	0.00	7370.42	1678.17	1125.18
1-1-103	135kW 内推土机 推距（m 以内） 80 四类土	$1000m^3$	12300.35	310.00	0.00	8701.24	1968.96	1320.15
1-1-104	165kW 内推土机 推距（m 以内） 20 一、二类土	$1000m^3$	3616.30	310.00	0.00	2339.31	578.87	388.12
1-1-105	165kW 内推土机 推距（m 以内） 20 三类土	$1000m^3$	4218.17	310.00	0.00	2780.23	675.22	452.72
1-1-106	165kW 内推土机 推距（m 以内） 20 四类土	$1000m^3$	4891.65	310.00	0.00	3273.63	783.02	525.00
1-1-107	165kW 内推土机 推距（m 以内） 40 一、二类土	$1000m^3$	5249.90	310.00	0.00	3536.08	840.37	563.45
1-1-108	165kW 内推土机 推距（m 以内） 40 三类土	$1000m^3$	6162.24	310.00	0.00	4204.46	986.41	661.37
1-1-109	165kW 内推土机 推距（m 以内） 40 四类土	$1000m^3$	7182.04	310.00	0.00	4951.57	1149.65	770.82
1-1-110	165kW 内推土机 推距（m 以内） 60 一、二类土	$1000m^3$	7229.81	310.00	0.00	4986.56	1157.30	775.95
1-1-111	165kW 内推土机 推距（m 以内） 60 三类土	$1000m^3$	8517.10	310.00	0.00	5929.63	1363.36	914.11
1-1-112	165kW 内推土机 推距（m 以内） 60 四类土	$1000m^3$	9957.24	310.00	0.00	6984.68	1593.89	1068.67
1-1-113	165kW 内推土机 推距（m 以内） 80 一、二类土	$1000m^3$	9701.69	310.00	0.00	6797.47	1552.98	1041.24

续前

编号	项目名称	单位	基价	人工费	材料费	施工机具使用费	管理费	利润
1-1-114	165kW 内推土机 推距（m 以内） 80 三类土	$1000m^3$	11452.32	310.00	0.00	8079.98	1833.21	1229.13
1-1-115	165kW 内推土机 推距（m 以内） 80 四类土	$1000m^3$	13415.49	310.00	0.00	9518.20	2147.46	1439.83

十、铲运机铲运土方

编号	项目名称	单位	基价	人工费	材料费	施工机具使用费	管理费	利润
1-1-116	拖式铲运机铲运土 $3m^3$ 运距（m 以内） 200 一、二类土	$1000m^3$	12793.72	310.00	28.15	9042.06	2043.43	1370.08
1-1-117	拖式铲运机铲运土 $3m^3$ 运距（m 以内） 200 三类土	$1000m^3$	15103.17	310.00	28.15	10733.97	2413.11	1617.94
1-1-118	拖式铲运机铲运土 $3m^3$ 运距（m 以内） 200 四类土	$1000m^3$	18865.52	310.00	28.15	13490.27	3015.36	2021.74
1-1-119	拖式铲运机铲运土 $3m^3$ 运距（m 以内） 300 一、二类土	$1000m^3$	16686.58	310.00	28.15	11893.98	2666.57	1787.88
1-1-120	拖式铲运机铲运土 $3m^3$ 运距（m 以内） 300 三类土	$1000m^3$	19733.81	310.00	28.15	14126.38	3154.35	2114.93
1-1-121	拖式铲运机铲运土 $3m^3$ 运距（m 以内） 300 四类土	$1000m^3$	24698.19	310.00	28.15	17763.29	3949.01	2647.74
1-1-122	拖式铲运机铲运土 $3m^3$ 运距（m 以内） 400 一、二类土	$1000m^3$	20805.32	310.00	28.15	14911.37	3325.87	2229.93
1-1-123	拖式铲运机铲运土 $3m^3$ 运距（m 以内） 400 三类土	$1000m^3$	24649.74	310.00	28.15	17727.79	3941.26	2642.54
1-1-124	拖式铲运机铲运土 $3m^3$ 运距（m 以内） 400 四类土	$1000m^3$	30888.41	310.00	28.15	22298.25	4939.90	3312.11
1-1-125	拖式铲运机铲运土 $3m^3$ 运距（m 以内） 500 一、二类土	$1000m^3$	24686.07	310.00	28.15	17754.41	3947.07	2646.44
1-1-126	拖式铲运机铲运土 $3m^3$ 运距（m 以内） 500 三类土	$1000m^3$	29269.83	310.00	28.15	21112.48	4680.81	3138.39
1-1-127	拖式铲运机铲运土 $3m^3$ 运距（m 以内） 500 四类土	$1000m^3$	36710.14	310.00	28.15	26563.25	5871.81	3936.93
1-1-128	拖式铲运机铲运土 $7m^3$ 运距（m 以内） 200 一、二类土	$1000m^3$	7887.81	310.00	28.15	5447.99	1258.12	843.55
1-1-129	拖式铲运机铲运土 $7m^3$ 运距（m 以内） 200 三类土	$1000m^3$	9264.74	310.00	28.15	6456.73	1478.53	991.33

续前

编号	项目名称	单位	基价	人工费	材料费	施工机具使用费	管理费	利润
1-1-130	拖式铲运机铲运土 7m³ 运距（m以内） 200 四类土	1000m³	11499.64	310.00	28.15	8094.02	1836.28	1231.19
1-1-131	拖式铲运机铲运土 7m³ 运距（m以内） 400 一、二类土	1000m³	11244.19	310.00	28.15	7906.88	1795.39	1203.77
1-1-132	拖式铲运机铲运土 7m³ 运距（m以内） 400 三类土	1000m³	13255.77	310.00	28.15	9380.56	2117.39	1419.67
1-1-133	拖式铲运机铲运土 7m³ 运距（m以内） 400 四类土	1000m³	16535.02	310.00	28.15	11782.94	2642.31	1771.62
1-1-134	拖式铲运机铲运土 7m³ 运距（m以内） 600 一、二类土	1000m³	15235.20	310.00	28.15	10830.70	2434.24	1632.11
1-1-135	拖式铲运机铲运土 7m³ 运距（m以内） 600 三类土	1000m³	18013.08	310.00	28.15	12865.77	2878.91	1930.25
1-1-136	拖式铲运机铲运土 7m³ 运距（m以内） 600 四类土	1000m³	22518.38	310.00	28.15	16166.36	3600.08	2413.79
1-1-137	拖式铲运机铲运土 7m³ 运距（m以内） 800 一、二类土	1000m³	19337.10	310.00	28.15	13835.75	3090.85	2072.35
1-1-138	拖式铲运机铲运土 7m³ 运距（m以内） 800 三类土	1000m³	22900.74	310.00	28.15	16446.48	3661.29	2454.82
1-1-139	拖式铲运机铲运土 7m³ 运距（m以内） 800 四类土	1000m³	28680.02	310.00	28.15	20680.38	4586.40	3075.09
1-1-140	拖式铲运机铲运土 10m³ 运距（m以内） 200 一、二类土	1000m³	6330.74	310.00	28.15	4307.28	1008.88	676.43
1-1-141	拖式铲运机铲运土 10m³ 运距（m以内） 200 三类土	1000m³	7419.98	310.00	28.15	5105.26	1183.23	793.34
1-1-142	拖式铲运机铲运土 10m³ 运距（m以内） 200 四类土	1000m³	9187.15	310.00	28.15	6399.89	1466.11	983.00
1-1-143	拖式铲运机铲运土 10m³ 运距（m以内） 400 一、二类土	1000m³	9067.65	310.00	28.15	6312.35	1446.98	970.17
1-1-144	拖式铲运机铲运土 10m³ 运距（m以内） 400 三类土	1000m³	10678.45	310.00	28.15	7492.42	1704.83	1143.05
1-1-145	拖式铲运机铲运土 10m³ 运距（m以内） 400 四类土	1000m³	13290.95	310.00	28.15	9406.34	2123.02	1423.44
1-1-146	拖式铲运机铲运土 10m³ 运距（m以内） 600 一、二类土	1000m³	12303.65	310.00	28.15	8683.04	1964.98	1317.48
1-1-147	拖式铲运机铲运土 10m³ 运距（m以内） 600 三类土	1000m³	14519.01	310.00	28.15	10306.01	2319.60	1555.25
1-1-148	拖式铲运机铲运土 10m³ 运距（m以内） 600 四类土	1000m³	18121.97	310.00	28.15	12945.54	2896.34	1941.94
1-1-149	拖式铲运机铲运土 10m³ 运距（m以内） 800 一、二类土	1000m³	15560.54	310.00	28.15	11069.04	2486.32	1667.03

续前

编号	项目名称	单位	基价	人工费	材料费	施工机具使用费	管理费	利润
1-1-150	拖式铲运机铲运土 10m³ 运距（m 以内） 800 三类土	1000m³	18397.82	310.00	28.15	13147.64	2940.49	1971.54
1-1-151	拖式铲运机铲运土 10m³ 运距（m 以内） 800 四类土	1000m³	23021.39	310.00	28.15	16534.87	3680.60	2467.77
1-1-152	拖式铲运机铲运土 12m³ 运距（m 以内） 200 一、二类土	1000m³	5708.43	310.00	28.15	3851.38	909.26	609.64
1-1-153	拖式铲运机铲运土 12m³ 运距（m 以内） 200 三类土	1000m³	6680.67	310.00	28.15	4563.64	1064.89	713.99
1-1-154	拖式铲运机铲运土 12m³ 运距（m 以内） 200 四类土	1000m³	8255.44	310.00	28.15	5717.32	1316.97	883.00
1-1-155	拖式铲运机铲运土 12m³ 运距（m 以内） 400 一、二类土	1000m³	8183.06	310.00	28.15	5664.30	1305.38	875.23
1-1-156	拖式铲运机铲运土 12m³ 运距（m 以内） 400 三类土	1000m³	9610.90	310.00	28.15	6710.33	1533.94	1028.48
1-1-157	拖式铲运机铲运土 12m³ 运距（m 以内） 400 四类土	1000m³	11938.61	310.00	28.15	8415.61	1906.55	1278.30
1-1-158	拖式铲运机铲运土 12m³ 运距（m 以内） 600 一、二类土	1000m³	10951.28	310.00	28.15	7692.29	1748.50	1172.34
1-1-159	拖式铲运机铲运土 12m³ 运距（m 以内） 600 三类土	1000m³	12909.26	310.00	28.15	9126.71	2061.92	1382.48
1-1-160	拖式铲运机铲运土 12m³ 运距（m 以内） 600 四类土	1000m³	16097.81	310.00	28.15	11462.65	2572.32	1724.69
1-1-161	拖式铲运机铲运土 12m³ 运距（m 以内） 800 一、二类土	1000m³	13734.56	310.00	28.15	9731.33	2194.03	1471.05
1-1-162	拖式铲运机铲运土 12m³ 运距（m 以内） 800 三类土	1000m³	16227.77	310.00	28.15	11557.85	2593.13	1738.64
1-1-163	拖式铲运机铲运土 12m³ 运距（m 以内） 800 四类土	1000m³	20277.18	310.00	28.15	14524.45	3241.33	2173.25
1-1-164	自行铲运机铲运土 8m³ 运距（m 以内） 300 一、二类土	1000m³	6592.42	310.00	28.15	4498.99	1050.76	704.52
1-1-165	自行铲运机铲运土 8m³ 运距（m 以内） 300 三类土	1000m³	7567.15	310.00	28.15	5213.08	1206.79	809.13
1-1-166	自行铲运机铲运土 8m³ 运距（m 以内） 300 四类土	1000m³	8180.73	310.00	28.15	5662.59	1305.01	874.98
1-1-167	自行铲运机铲运土 8m³ 运距（m 以内） 500 一、二类土	1000m³	8252.33	310.00	28.15	5715.04	1316.47	882.67
1-1-168	自行铲运机铲运土 8m³ 运距（m 以内） 500 三类土	1000m³	9479.76	310.00	28.15	6614.26	1512.95	1014.40
1-1-169	自行铲运机铲运土 8m³ 运距（m 以内） 500 四类土	1000m³	10276.57	310.00	28.15	7198.00	1640.50	1099.92
1-1-170	自行铲运机铲运土 8m³ 运距（m 以内） 700 一、二类土	1000m³	9860.79	310.00	28.15	6893.40	1573.94	1055.30

续前

编号	项目名称	单位	基价	人工费	材料费	施工机具使用费	管理费	利润
1-1-171	自行铲运机铲运土 8m³ 运距（m 以内） 700 三类土	1000m³	11357.64	310.00	28.15	7989.99	1813.55	1215.95
1-1-172	自行铲运机铲运土 8m³ 运距（m 以内） 700 四类土	1000m³	12315.65	310.00	28.15	8691.83	1966.90	1318.77
1-1-173	自行铲运机铲运土 8m³ 运距（m 以内） 1000 一、二类土	1000m³	12621.65	310.00	28.15	8916.01	2015.88	1351.61
1-1-174	自行铲运机铲运土 8m³ 运距（m 以内） 1000 三类土	1000m³	14572.70	310.00	28.15	10345.35	2328.19	1561.01
1-1-175	自行铲运机铲运土 8m³ 运距（m 以内） 1000 四类土	1000m³	15818.42	310.00	28.15	11257.96	2527.60	1694.71
1-1-176	自行铲运机铲运土 8m³ 运距（m 以内） 1200 一、二类土	1000m³	14517.82	310.00	28.15	10305.14	2319.41	1555.12
1-1-177	自行铲运机铲运土 8m³ 运距（m 以内） 1200 三类土	1000m³	16774.86	310.00	28.15	11958.65	2680.70	1797.36
1-1-178	自行铲运机铲运土 8m³ 运距（m 以内） 1200 四类土	1000m³	18220.24	310.00	28.15	13017.54	2912.07	1952.48
1-1-179	自行铲运机铲运土 8m³ 运距（m 以内） 1400 一、二类土	1000m³	16432.27	310.00	28.15	11707.67	2625.86	1760.59
1-1-180	自行铲运机铲运土 8m³ 运距（m 以内） 1400 三类土	1000m³	18995.32	310.00	28.15	13585.36	3036.14	2035.67
1-1-181	自行铲运机铲运土 8m³ 运距（m 以内） 1400 四类土	1000m³	20640.38	310.00	28.15	14790.53	3299.47	2212.23
1-1-182	自行铲运机铲运土 8m³ 运距（m 以内） 1600 一、二类土	1000m³	18291.85	310.00	28.15	13070.00	2923.53	1960.17
1-1-183	自行铲运机铲运土 8m³ 运距（m 以内） 1600 三类土	1000m³	21164.33	310.00	28.15	15174.38	3383.34	2268.46
1-1-184	自行铲运机铲运土 8m³ 运距（m 以内） 1600 四类土	1000m³	23003.75	310.00	28.15	16521.94	3677.78	2465.88
1-1-185	自行铲运机铲运土 8m³ 运距（m 以内） 1800 一、二类土	1000m³	20061.53	310.00	28.15	14366.47	3206.81	2150.10
1-1-186	自行铲运机铲运土 8m³ 运距（m 以内） 1800 三类土	1000m³	23221.71	310.00	28.15	16681.62	3712.67	2489.27
1-1-187	自行铲运机铲运土 8m³ 运距（m 以内） 1800 四类土	1000m³	25260.79	310.00	28.15	18175.45	4039.07	2708.12
1-1-188	自行铲运机铲运土 10m³ 运距（m 以内） 300 一、二类土	1000m³	5793.11	310.00	28.15	3913.41	922.82	618.73
1-1-189	自行铲运机铲运土 10m³ 运距（m 以内） 300 三类土	1000m³	6623.69	310.00	28.15	4521.90	1055.77	707.87
1-1-190	自行铲运机铲运土 10m³ 运距（m 以内） 300 四类土	1000m³	7153.08	310.00	28.15	4909.73	1140.51	764.69
1-1-191	自行铲运机铲运土 10m³ 运距（m 以内） 500 一、二类土	1000m³	7323.80	310.00	28.15	5034.80	1167.84	783.01

续前

编号	项目名称	单位	基价	人工费	材料费	施工机具使用费	管理费	利润
1-1-192	自行铲运机铲运土 10m³ 运距（m 以内） 500 三类土	1000m³	8401.71	310.00	28.15	5824.48	1340.38	898.70
1-1-193	自行铲运机铲运土 10m³ 运距（m 以内） 500 四类土	1000m³	9101.45	310.00	28.15	6337.11	1452.39	973.80
1-1-194	自行铲运机铲运土 10m³ 运距（m 以内） 700 一、二类土	1000m³	9195.60	310.00	28.15	6406.08	1467.46	983.91
1-1-195	自行铲运机铲运土 10m³ 运距（m 以内） 700 三类土	1000m³	10574.72	310.00	28.15	7416.43	1688.22	1131.92
1-1-196	自行铲运机铲运土 10m³ 运距（m 以内） 700 四类土	1000m³	11464.34	310.00	28.15	8068.16	1830.63	1227.40
1-1-197	自行铲运机铲运土 10m³ 运距（m 以内） 1000 一、二类土	1000m³	11690.93	310.00	28.15	8234.16	1866.90	1251.72
1-1-198	自行铲运机铲运土 10m³ 运距（m 以内） 1000 三类土	1000m³	13486.13	310.00	28.15	9549.33	2154.26	1444.39
1-1-199	自行铲运机铲运土 10m³ 运距（m 以内） 1000 四类土	1000m³	14638.67	310.00	28.15	10393.68	2338.75	1568.09
1-1-200	自行铲运机铲运土 10m³ 运距（m 以内） 1200 一、二类土	1000m³	13259.55	310.00	28.15	9383.34	2117.99	1420.07
1-1-201	自行铲运机铲运土 10m³ 运距（m 以内） 1200 三类土	1000m³	15319.65	310.00	28.15	10892.56	2447.76	1641.18
1-1-202	自行铲运机铲运土 10m³ 运距（m 以内） 1200 四类土	1000m³	16642.92	310.00	28.15	11861.99	2659.58	1783.20
1-1-203	自行铲运机铲运土 10m³ 运距（m 以内） 1400 一、二类土	1000m³	14960.99	310.00	28.15	10629.81	2390.35	1602.68
1-1-204	自行铲运机铲运土 10m³ 运距（m 以内） 1400 三类土	1000m³	17287.17	310.00	28.15	12333.97	2762.71	1852.34
1-1-205	自行铲运机铲运土 10m³ 运距（m 以内） 1400 四类土	1000m³	18779.58	310.00	28.15	13427.31	3001.60	2012.52
1-1-206	自行铲运机铲运土 10m³ 运距（m 以内） 1600 一、二类土	1000m³	16794.50	310.00	28.15	11973.04	2683.84	1799.47
1-1-207	自行铲运机铲运土 10m³ 运距（m 以内） 1600 三类土	1000m³	19421.89	310.00	28.15	13897.87	3104.42	2081.45
1-1-208	自行铲运机铲运土 10m³ 运距（m 以内） 1600 四类土	1000m³	21105.76	310.00	28.15	15131.47	3373.96	2262.18
1-1-209	自行铲运机铲运土 10m³ 运距（m 以内） 1800 一、二类土	1000m³	18345.93	310.00	28.15	13109.62	2932.19	1965.97
1-1-210	自行铲运机铲运土 10m³ 运距（m 以内） 1800 三类土	1000m³	21217.10	310.00	28.15	15213.04	3391.78	2274.13
1-1-211	自行铲运机铲运土 10m³ 运距（m 以内） 1800 四类土	1000m³	23071.70	310.00	28.15	16571.72	3688.66	2473.17

十一、反铲挖掘机挖土

编号	项目名称	单位	基价	人工费	材料费	施工机具使用费	管理费	利润
1-1-212	反铲挖掘机（斗容量 0.6m³）不装车 一、二类土	1000m³	4579.04	310.00	0.00	3044.61	732.98	491.45
1-1-213	反铲挖掘机（斗容量 0.6m³）不装车 三类土	1000m³	5375.49	310.00	0.00	3628.09	860.47	576.93
1-1-214	反铲挖掘机（斗容量 0.6m³）不装车 四类土	1000m³	6076.40	310.00	0.00	4141.57	972.67	652.16
1-1-215	反铲挖掘机（斗容量 0.6m³）装车 一、二类土	1000m³	6512.75	310.00	0.00	4461.24	1042.52	698.99
1-1-216	反铲挖掘机（斗容量 0.6m³）装车 三类土	1000m³	7664.60	310.00	0.00	5305.09	1226.90	822.61
1-1-217	反铲挖掘机（斗容量 0.6m³）装车 四类土	1000m³	8680.84	310.00	0.00	6049.59	1389.57	931.68
1-1-218	反铲挖掘机（斗容量 1.0m³）不装车 一、二类土	1000m³	4246.12	310.00	0.00	2800.71	679.69	455.72
1-1-219	反铲挖掘机（斗容量 1.0m³）不装车 三类土	1000m³	4975.00	310.00	0.00	3334.69	796.36	533.95
1-1-220	反铲挖掘机（斗容量 1.0m³）不装车 四类土	1000m³	5608.87	310.00	0.00	3799.06	897.83	601.98
1-1-221	反铲挖掘机（斗容量 1.0m³）装车 一、二类土	1000m³	5497.68	310.00	0.00	3717.61	880.03	590.04
1-1-222	反铲挖掘机（斗容量 1.0m³）装车 三类土	1000m³	6460.34	310.00	0.00	4422.85	1034.13	693.36
1-1-223	反铲挖掘机（斗容量 1.0m³）装车 四类土	1000m³	7296.73	310.00	0.00	5035.59	1168.01	783.13
1-1-224	反铲挖掘机（斗容量 1.2～1.5m³）不装车 一、二类土	1000m³	4103.01	310.00	0.00	2695.87	656.78	440.36
1-1-225	反铲挖掘机（斗容量 1.2～1.5m³）不装车 三类土	1000m³	4791.71	310.00	0.00	3200.41	767.02	514.28
1-1-226	反铲挖掘机（斗容量 1.2～1.5m³）不装车 四类土	1000m³	5405.81	310.00	0.00	3650.30	865.33	580.18
1-1-227	反铲挖掘机（斗容量 1.2～1.5m³）装车一、二类土	1000m³	5205.76	310.00	0.00	3503.75	833.30	558.71
1-1-228	反铲挖掘机（斗容量 1.2～1.5m³）装车三类土	1000m³	6128.74	310.00	0.00	4179.92	981.05	657.77
1-1-229	反铲挖掘机（斗容量 1.2～1.5m³）装车四类土	1000m³	6934.94	310.00	0.00	4770.54	1110.10	744.30

十二、反铲挖掘机挖沟槽、基坑土方

编号	项目名称	单位	基价	人工费	材料费	施工机具使用费	管理费	利润
1-1-230	反铲挖掘机（斗容量 $0.6m^3$）不装车 一、二类土	$1000m^3$	6550.13	310.00	0.00	4488.63	1048.50	703.00
1-1-231	反铲挖掘机（斗容量 $0.6m^3$）不装车 三类土	$1000m^3$	7727.65	310.00	0.00	5351.28	1236.99	829.38
1-1-232	反铲挖掘机（斗容量 $0.6m^3$）不装车 四类土	$1000m^3$	8760.29	310.00	0.00	6107.79	1402.29	940.21
1-1-233	反铲挖掘机（斗容量 $0.6m^3$）装车 一、二类土	$1000m^3$	9400.20	310.00	0.00	6576.59	1504.72	1008.89
1-1-234	反铲挖掘机（斗容量 $0.6m^3$）装车 三类土	$1000m^3$	11095.92	310.00	0.00	7818.88	1776.16	1190.88
1-1-235	反铲挖掘机（斗容量 $0.6m^3$）装车 四类土	$1000m^3$	12591.75	310.00	0.00	8914.73	2015.60	1351.42
1-1-236	反铲挖掘机（斗容量 $1.0m^3$）不装车 一、二类土	$1000m^3$	6055.85	310.00	0.00	4126.52	969.38	649.95
1-1-237	反铲挖掘机（斗容量 $1.0m^3$）不装车 三类土	$1000m^3$	7128.38	310.00	0.00	4912.26	1141.06	765.06
1-1-238	反铲挖掘机（斗容量 $1.0m^3$）不装车 四类土	$1000m^3$	8069.09	310.00	0.00	5601.42	1291.65	866.02
1-1-239	反铲挖掘机（斗容量 $1.0m^3$）装车 一、二类土	$1000m^3$	7895.63	310.00	0.00	5474.34	1263.88	847.41
1-1-240	反铲挖掘机（斗容量 $1.0m^3$）装车 三类土	$1000m^3$	9330.88	310.00	0.00	6525.81	1493.62	1001.45
1-1-241	反铲挖掘机（斗容量 $1.0m^3$）装车 四类土	$1000m^3$	10560.73	310.00	0.00	7426.80	1690.49	1133.44

十三、拉铲挖掘机挖土

编号	项目名称	单位	基价	人工费	材料费	施工机具使用费	管理费	利润
1-1-242	拉铲挖掘机（斗容量 $0.5m^3$）不装车 一、二类土	$1000m^3$	4825.24	310.00	0.00	3224.98	772.39	517.87
1-1-243	拉铲挖掘机（斗容量 $0.5m^3$）不装车 三类土	$1000m^3$	5668.19	310.00	0.00	3842.52	907.33	608.34
1-1-244	拉铲挖掘机（斗容量 $0.5m^3$）不装车 四类土	$1000m^3$	6398.97	310.00	0.00	4377.89	1024.30	686.78
1-1-245	拉铲挖掘机（斗容量 $0.5m^3$）装车 一、二类土	$1000m^3$	6560.57	310.00	0.00	4496.28	1050.17	704.12
1-1-246	拉铲挖掘机（斗容量 $0.5m^3$）装车 三类土	$1000m^3$	7724.34	310.00	0.00	5348.86	1236.46	829.02
1-1-247	拉铲挖掘机（斗容量 $0.5m^3$）装车 四类土	$1000m^3$	8739.62	310.00	0.00	6092.65	1398.98	937.99
1-1-248	拉铲挖掘机（斗容量 $1.0m^3$）不装车 一、二类土	$1000m^3$	4049.94	310.00	0.00	2656.99	648.29	434.66
1-1-249	拉铲挖掘机（斗容量 $1.0m^3$）不装车 三类土	$1000m^3$	4743.57	310.00	0.00	3165.14	759.32	509.11
1-1-250	拉铲挖掘机（斗容量 $1.0m^3$）不装车 四类土	$1000m^3$	5352.61	310.00	0.00	3611.33	856.81	574.47
1-1-251	拉铲挖掘机（斗容量 $1.0m^3$）装车 一、二类土	$1000m^3$	5570.02	310.00	0.00	3770.60	891.61	597.81
1-1-252	拉铲挖掘机（斗容量 $1.0m^3$）装车 三类土	$1000m^3$	6538.71	310.00	0.00	4480.27	1046.67	701.77
1-1-253	拉铲挖掘机（斗容量 $1.0m^3$）装车 四类土	$1000m^3$	7387.68	310.00	0.00	5102.22	1182.57	792.89

十四、长臂挖掘机挖土

编号	项目名称	单位	基价	人工费	材料费	施工机具使用费	管理费	利润
1-1-254	长臂挖掘机（不装车，一、二类土）臂长（m） 13	1000m³	5120.55	310.00	0.00	3441.32	819.66	549.57
1-1-255	长臂挖掘机（不装车，一、二类土）臂长（m） 16	1000m³	5902.67	310.00	0.00	4014.30	944.86	633.51
1-1-256	长臂挖掘机（不装车，一、二类土）臂长（m） 18	1000m³	7433.39	310.00	0.00	5135.70	1189.89	797.80
1-1-257	长臂挖掘机（不装车，一、二类土）臂长（m） 25	1000m³	12107.71	310.00	0.00	8560.12	1938.12	1299.47
1-1-258	长臂挖掘机（不装车，三类土）臂长（m） 13	1000m³	6013.06	310.00	0.00	4095.17	962.53	645.36
1-1-259	长臂挖掘机（不装车，三类土）臂长（m） 16	1000m³	6945.49	310.00	0.00	4778.27	1111.79	745.43
1-1-260	长臂挖掘机（不装车，三类土）臂长（m） 18	1000m³	8765.34	310.00	0.00	6111.49	1403.10	940.75
1-1-261	长臂挖掘机（不装车，三类土）臂长（m） 25	1000m³	14325.95	310.00	0.00	10185.20	2293.20	1537.55

十五、抓铲挖掘机挖土、淤泥、流砂

编号	项目名称	单位	基价	人工费	材料费	施工机具使用费	管理费	利润
1-1-262	一、二类土（斗容量 0.5m³）不装车 深度 6m 以内	1000m³	9397.22	1600.84	0.00	5283.57	1504.24	1008.57
1-1-263	一、二类土（斗容量 0.5m³）不装车 深度 6m 以外	1000m³	10544.67	1796.14	0.00	5928.89	1687.92	1131.72
1-1-264	一、二类土（斗容量 0.5m³）装车 深度 6m 以内	1000m³	10742.98	1830.24	0.00	6040.08	1719.66	1153.00
1-1-265	一、二类土（斗容量 0.5m³）装车 深度 6m 以外	1000m³	12055.22	2053.60	0.00	6778.06	1929.72	1293.84
1-1-266	三类土（斗容量 0.5m³）不装车 深度 6m 以内	1000m³	10857.01	1849.46	0.00	6104.39	1737.92	1165.24

续前

编号	项目名称	单位	基价	人工费	材料费	施工机具使用费	管理费	利润
1-1-267	三类土（斗容量 0.5m^3）不装车 深度 6m 以外	1000m^3	12402.38	2112.81	0.00	6973.18	1985.29	1331.10
1-1-268	三类土（斗容量 0.5m^3）装车 深度 6m 以内	1000m^3	12103.84	2061.97	0.00	6805.31	1937.50	1299.06
1-1-269	三类土（斗容量 0.5m^3）装车 深度 6m 以外	1000m^3	13827.34	2355.54	0.00	7774.38	2213.39	1484.03
1-1-270	淤泥、流砂（斗容量 0.5m^3）不装车 深度 6m 以内	1000m^3	20358.92	3468.13	0.00	11446.83	3258.92	2185.04
1-1-271	淤泥、流砂（斗容量 0.5m^3）不装车 深度 6m 以外	1000m^3	23259.39	3962.27	0.00	13077.57	3723.21	2496.34
1-1-272	淤泥、流砂（斗容量 0.5m^3）装车 深度 6m 以内	1000m^3	22069.84	3866.94	0.00	12301.44	3532.79	2368.67
1-1-273	淤泥、流砂（斗容量 0.5m^3）装车 深度 6m 以外	1000m^3	25214.60	4417.97	0.00	14054.27	4036.18	2706.18
1-1-274	一、二类土（斗容量 1.0m^3）不装车 深度 6m 以内	1000m^3	7377.00	1044.55	0.00	4359.85	1180.86	791.74
1-1-275	一、二类土（斗容量 1.0m^3）不装车 深度 6m 以外	1000m^3	8233.17	1165.91	0.00	4865.72	1317.91	883.63
1-1-276	一、二类土（斗容量 1.0m^3）装车 深度 6m 以内	1000m^3	8237.78	1166.53	0.00	4868.47	1318.65	884.13
1-1-277	一、二类土（斗容量 1.0m^3）装车 深度 6m 以外	1000m^3	9194.11	1302.00	0.00	5433.61	1471.73	986.77
1-1-278	三类土（斗容量 1.0m^3）不装车 深度 6m 以内	1000m^3	8463.87	1198.46	0.00	5002.18	1354.84	908.39
1-1-279	三类土（斗容量 1.0m^3）不装车 深度 6m 以外	1000m^3	9571.69	1355.32	0.00	5656.91	1532.17	1027.29
1-1-280	三类土（斗容量 1.0m^3）装车 深度 6m 以内	1000m^3	9543.34	1334.55	0.00	5656.91	1527.63	1024.25
1-1-281	三类土（斗容量 1.0m^3）装车 深度 6m 以外	1000m^3	10658.57	1509.24	0.00	6299.24	1706.15	1143.94
1-1-282	淤泥、流砂（斗容量 1.0m^3）不装车 深度 6m 以内	1000m^3	15967.61	2323.45	0.00	9374.43	2555.99	1713.74
1-1-283	淤泥、流砂（斗容量 1.0m^3）不装车 深度 6m 以外	1000m^3	17951.55	2541.85	0.00	10609.47	2873.56	1926.67
1-1-284	淤泥、流砂（斗容量 1.0m^3）装车 深度 6m 以内	1000m^3	17770.80	2585.87	0.00	10433.03	2844.63	1907.27
1-1-285	淤泥、流砂（斗容量 1.0m^3）装车 深度 6m 以外	1000m^3	19978.41	2828.91	0.00	11807.29	3198.01	2144.20

十六、反铲挖掘机挖淤泥、流砂

编号	项目名称	单位	基价	人工费	材料费	施工机具使用费	管理费	利润
1-1-286	反铲挖掘机挖淤泥、流砂 斗容量 0.6m³ 不装车	1000m³	14430.79	679.83	0.00	9892.18	2309.98	1548.80
1-1-287	反铲挖掘机挖淤泥、流砂 斗容量 0.6m³ 装车	1000m³	16449.97	775.00	0.00	11276.26	2633.20	1765.51
1-1-288	反铲挖掘机挖淤泥、流砂 斗容量 1.0m³ 不装车	1000m³	11795.86	475.85	0.00	8165.81	1888.20	1266.00
1-1-289	反铲挖掘机挖淤泥、流砂 斗容量 1.0m³ 装车	1000m³	13474.28	542.50	0.00	9328.77	2156.87	1446.14

十七、装载机装松散土

编号	项目名称	单位	基价	人工费	材料费	施工机具使用费	管理费	利润
1-1-290	装载机（m³） 1	1000m³	2746.01	310.00	0.00	1701.73	439.56	294.72
1-1-291	装载机（m³） 1.5	1000m³	2657.16	310.00	0.00	1636.64	425.34	285.18
1-1-292	装载机（m³） 3	1000m³	3268.05	310.00	0.00	2084.17	523.13	350.75

十八、装载机装运土方

编号	项目名称	单位	基价	人工费	材料费	施工机具使用费	管理费	利润
1-1-293	装载机（斗容量 1m³ 以内）运距（m 以内） 20	1000m³	4072.19	310.00	0.00	2673.29	651.85	437.05
1-1-294	装载机（斗容量 1m³ 以内）运距（m 以内） 60	1000m³	6969.12	310.00	0.00	4795.58	1115.57	747.97

续前

编号	项目名称	单位	基价	人工费	材料费	施工机具使用费	管理费	利润
1-1-295	装载机（斗容量 $1m^3$ 以内）运距（m 以内） 80	$1000m^3$	7922.81	310.00	0.00	5494.26	1268.23	850.32
1-1-296	装载机（斗容量 $1m^3$ 以内）运距（m 以内） 100	$1000m^3$	8665.72	310.00	0.00	6038.51	1387.15	930.06
1-1-297	装载机（斗容量 $1m^3$ 以内）运距（m 以内） 150	$1000m^3$	10839.18	310.00	0.00	7630.79	1735.06	1163.33
1-1-298	装载机（斗容量 $1.5m^3$ 以内）运距（m 以内） 20	$1000m^3$	3734.27	310.00	0.00	2425.73	597.76	400.78
1-1-299	装载机（斗容量 $1.5m^3$ 以内）运距（m 以内） 60	$1000m^3$	5942.47	310.00	0.00	4043.46	951.23	637.78
1-1-300	装载机（斗容量 $1.5m^3$ 以内）运距（m 以内） 80	$1000m^3$	6678.15	310.00	0.00	4582.42	1068.99	716.74
1-1-301	装载机（斗容量 $1.5m^3$ 以内）运距（m 以内） 100	$1000m^3$	7235.49	310.00	0.00	4990.72	1158.21	776.56
1-1-302	装载机（斗容量 $1.5m^3$ 以内）运距（m 以内） 150	$1000m^3$	8949.72	310.00	0.00	6246.57	1432.61	960.54

十九、自卸汽车运土方

编号	项目名称	单位	基价	人工费	材料费	施工机具使用费	管理费	利润
1-1-303	自卸汽车（载重 8t 以内）运距 1km 以内	$1000m^3$	9484.22	0.00	67.56	6898.65	1507.36	1010.65
1-1-304	自卸汽车（载重 8t 以内）运距 30km 以内每增加 1km	$1000m^3$	2481.66	0.00	0.00	1818.06	397.25	266.35
1-1-305	自卸汽车（载重 10t 以内）运距 1km 以内	$1000m^3$	8427.46	0.00	67.56	6124.47	1338.20	897.23
1-1-306	自卸汽车（载重 10t 以内）运距 30km 以内每增加 1km	$1000m^3$	1893.57	0.00	0.00	1387.23	303.11	203.23
1-1-307	自卸汽车（载重 12t 以内）运距 1km 以内	$1000m^3$	11020.69	0.00	67.56	8024.27	1753.30	1175.56
1-1-308	自卸汽车（载重 12t 以内）运距 30km 以内每增加 1km	$1000m^3$	2281.00	0.00	0.00	1671.06	365.13	244.81
1-1-309	自卸汽车（载重 15t 以内）运距 1km 以内	$1000m^3$	10825.40	0.00	67.56	7881.20	1722.04	1154.60
1-1-310	自卸汽车（载重 15t 以内）运距 30km 以内每增加 1km	$1000m^3$	2007.71	0.00	0.00	1470.85	321.38	215.48

二十、机械平整场地、填土碾压或夯实、原土碾压或夯实

编号	项目名称	单位	基价	人工费	材料费	施工机具使用费	管理费	利润
1-1-311	平整场地 推土机 75kW	$1000m^2$	1093.74	148.03	0.00	653.24	175.08	117.39
1-1-312	平整场地 拖式铲运机 $7m^3$	$1000m^2$	850.60	148.03	0.00	475.12	136.16	91.29
1-1-313	原土碾压 拖式双筒羊足碾	$1000m^2$	285.10	148.03	0.00	60.83	45.64	30.60
1-1-314	原土碾压 内燃压路机 15t 以内	$1000m^2$	332.41	148.03	0.00	95.49	53.21	35.68
1-1-315	填土碾压 拖式双筒羊足碾（kW） 75	$1000m^3$	5763.15	310.00	84.45	3850.22	909.01	609.47
1-1-316	填土碾压 内燃压路机（t 以内）6	$1000m^3$	6957.88	310.00	84.45	4725.48	1100.25	737.70
1-1-317	填土碾压 内燃压路机（t 以内）15	$1000m^3$	9023.25	310.00	84.45	6238.57	1430.86	959.37
1-1-318	填土碾压 振动压路机（t 以内）10	$1000m^3$	6620.91	310.00	84.45	4478.62	1046.31	701.53
1-1-319	填土碾压 振动压路机（t 以内）15	$1000m^3$	8321.01	310.00	84.45	5724.11	1318.45	884.00
1-1-320	原土夯实 平地	$100m^2$	217.45	145.86	0.00	13.44	34.81	23.34
1-1-321	原土夯实 槽、坑	$100m^2$	236.87	158.88	0.00	14.65	37.92	25.42
1-1-322	填土夯实 平地	$100m^3$	2711.86	1839.39	0.00	147.32	434.10	291.05
1-1-323	填土夯实 槽、坑	$100m^3$	3099.23	2079.02	0.00	191.48	496.10	332.63

二十一、大型支撑基坑土方

编号	项目名称	单位	基价	人工费	材料费	施工机具使用费	管理费	利润
1-1-324	大型支撑基坑土方（宽 15m 以内）深度（m 以内） 3.5	$100m^3$	3784.75	832.66	0.00	1940.05	605.84	406.20
1-1-325	大型支撑基坑土方（宽 15m 以内）深度（m 以内） 7	$100m^3$	4614.75	992.16	0.00	2388.61	738.70	495.28
1-1-326	大型支撑基坑土方（宽 15m 以内）深度（m 以内） 11	$100m^3$	5746.85	1304.33	0.00	2905.81	919.92	616.79
1-1-327	大型支撑基坑土方（宽 15m 以内）深度（m 以内） 15	$100m^3$	6666.68	1832.72	0.00	3051.29	1067.16	715.51
1-1-328	大型支撑基坑土方（宽 15m 以外）深度（m 以内） 3.5	$100m^3$	3750.70	807.71	0.00	1940.05	600.39	402.55
1-1-329	大型支撑基坑土方（宽 15m 以外）深度（m 以内） 7	$100m^3$	4684.21	973.71	0.00	2457.94	749.82	502.74
1-1-330	大型支撑基坑土方（宽 15m 以外）深度（m 以内） 11	$100m^3$	5872.48	1291.15	0.00	3011.03	940.03	630.27
1-1-331	大型支撑基坑土方（宽 15m 以外）深度（m 以内） 15	$100m^3$	6834.77	1830.09	0.00	3177.07	1094.06	733.55

二十二、补 充 项 目

1. 竖 井 土 方

编号	项目名称	单位	基价	人工费	材料费	施工机具使用费	管理费	利润
1-1-332	竖井土方 深度（m） 10m 以内	$100m^3$	5577.80	697.50	0.00	3388.80	892.86	598.64
1-1-333	竖井土方 深度（m） 10m 以外	$100m^3$	8453.00	996.50	0.00	5196.17	1353.10	907.23

第二章 石方工程

一、人工凿石

1. 人工凿平基（一般石方）

编号	项目名称	单位	基价	人工费	材料费	施工机具使用费	管理费	利润
1-2-1	极软岩	$100m^3$	11445.36	8384.88	0.00	0.00	1832.10	1228.38
1-2-2	软岩	$100m^3$	14529.49	10644.32	0.00	0.00	2325.78	1559.39
1-2-3	较软岩	$100m^3$	18267.60	13382.86	0.00	0.00	2924.15	1960.59

2. 人工凿沟槽

编号	项目名称	单位	基价	人工费	材料费	施工机具使用费	管理费	利润
1-2-4	极软岩 深度（m 以内） 2	$100m^3$	12480.39	9143.14	0.00	0.00	1997.78	1339.47
1-2-5	极软岩 深度（m 以内） 4	$100m^3$	15392.08	11276.25	0.00	0.00	2463.86	1651.97
1-2-6	软岩 深度（m 以内） 2	$100m^3$	16623.66	12178.51	0.00	0.00	2661.00	1784.15
1-2-7	软岩 深度（m 以内） 4	$100m^3$	19706.31	14436.86	0.00	0.00	3154.45	2115.00
1-2-8	较软岩 深度（m 以内） 2	$100m^3$	22946.37	16810.53	0.00	0.00	3673.10	2462.74
1-2-9	较软岩 深度（m 以内） 4	$100m^3$	26653.37	19526.28	0.00	0.00	4266.49	2860.60

3. 人工凿基坑

编号	项目名称	单位	基价	人工费	材料费	施工机具使用费	管理费	利润
1-2-10	极软岩 深度（m 以内） 2	$100m^3$	14976.34	10971.68	0.00	0.00	2397.31	1607.35
1-2-11	极软岩 深度（m 以内） 4	$100m^3$	18470.49	13531.50	0.00	0.00	2956.63	1982.36
1-2-12	软岩 深度（m 以内） 2	$100m^3$	19972.90	14632.16	0.00	0.00	3197.13	2143.61
1-2-13	软岩 深度（m 以内） 4	$100m^3$	23647.31	17324.04	0.00	0.00	3785.30	2537.97
1-2-14	较软岩 深度（m 以内） 2	$100m^3$	27730.93	20315.70	0.00	0.00	4438.98	2976.25
1-2-15	较软岩 深度（m 以内） 4	$100m^3$	31703.24	23225.82	0.00	0.00	5074.84	3402.58

二、切割机切割石方

编号	项目名称	单位	基价	人工费	材料费	施工机具使用费	管理费	利润
1-2-16	切割平基（一般）石方 软质岩	$100m^3$	14463.15	10362.68	186.10	96.70	2285.37	1532.30
1-2-17	切割平基（一般）石方 较硬岩	$100m^3$	31221.28	22583.81	229.57	120.74	4960.94	3326.22
1-2-18	切割平基（一般）石方 坚硬岩	$100m^3$	49849.34	36177.78	271.86	142.72	7936.03	5320.95
1-2-19	切割坑（槽）石方 软质岩	$100m^3$	22070.23	15841.47	254.80	140.53	3492.07	2341.36
1-2-20	切割坑（槽）石方 较硬岩	$100m^3$	45472.32	32906.50	315.19	175.65	7228.45	4846.53
1-2-21	切割坑（槽）石方 坚硬岩	$100m^3$	75258.87	54610.07	404.44	228.34	11982.19	8033.83

三、液压岩石破碎锤破碎岩石

编号	项目名称	单位	基价	人工费	材料费	施工机具使用费	管理费	利润
1-2-22	极软岩	$1000m^3$	50641.83	2449.00	0.00	34651.24	8106.40	5435.19
1-2-23	软岩	$1000m^3$	64806.70	3138.75	0.00	44338.69	10373.82	6955.44
1-2-24	较软岩	$1000m^3$	98560.86	4766.25	0.00	67439.51	15776.96	10578.14
1-2-25	较硬岩	$1000m^3$	139953.67	6773.50	0.00	95756.66	22402.84	15020.67
1-2-26	坚硬岩	$1000m^3$	199304.19	9641.00	0.00	136369.40	31903.27	21390.52

四、明挖石碴运输

编号	项目名称	单位	基价	人工费	材料费	施工机具使用费	管理费	利润
1-2-27	人工运 运距 20m 以内	$100m^3$	6579.56	4820.19	0.00	0.00	1053.21	706.16
1-2-28	人工运 运距 100m 以内每增 20m	$100m^3$	1101.88	807.24	0.00	0.00	176.38	118.26
1-2-29	双(单)轮车运 运距 50m 以内	$100m^3$	4105.19	3007.47	0.00	0.00	657.13	440.59
1-2-30	双（单）轮车运 运距 500m 以内每增 50m	$100m^3$	814.56	596.75	0.00	0.00	130.39	87.42
1-2-31	人力装、机动翻斗车运 运距 200m 以内	$100m^3$	4771.06	2202.09	0.00	1293.19	763.72	512.06
1-2-32	人力装、机动翻斗车运 运距 1000m 内每增加 200m	$100m^3$	344.95	0.00	0.00	252.71	55.22	37.02

五、推土机推石碴

编号	项目名称	单位	基价	人工费	材料费	施工机具使用费	管理费	利润
1-2-33	75kW 推土机推碴 运距（m 内） 10	1000m^3	7751.41	591.79	0.00	5086.90	1240.79	831.93
1-2-34	75kW 推土机推碴 运距（m 内） 20	1000m^3	10739.45	591.79	0.00	7275.94	1719.10	1152.62
1-2-35	75kW 推土机推碴 运距（m 内） 30	1000m^3	13936.17	591.79	0.00	9617.86	2230.81	1495.71
1-2-36	75kW 推土机推碴 运距（m 内） 40	1000m^3	17162.94	591.79	0.00	11981.79	2747.33	1842.03
1-2-37	90kW 推土机推碴 运距（m 内） 10	1000m^3	7861.94	591.79	0.00	5167.87	1258.49	843.79
1-2-38	90kW 推土机推碴 运距（m 内） 20	1000m^3	10910.64	591.79	0.00	7401.35	1746.50	1171.00
1-2-39	90kW 推土机推碴 运距（m 内） 30	1000m^3	14316.44	591.79	0.00	9896.44	2291.68	1536.53
1-2-40	90kW 推土机推碴 运距（m 内） 40	1000m^3	17232.07	591.79	0.00	12032.44	2758.39	1849.45
1-2-41	105kW 推土机推碴 运距（m 内） 10	1000m^3	7813.03	591.79	0.00	5132.04	1250.66	838.54
1-2-42	105kW 推土机推碴 运距（m 内） 20	1000m^3	10522.45	591.79	0.00	7116.97	1684.36	1129.33
1-2-43	105kW 推土机推碴 运距（m 内） 30	1000m^3	13589.88	591.79	0.00	9364.16	2175.38	1458.55
1-2-44	105kW 推土机推碴 运距（m 内） 40	1000m^3	16501.12	591.79	0.00	11496.94	2641.39	1771.00
1-2-45	135kW 推土机推碴 运距（m 内） 10	1000m^3	7720.25	591.79	0.00	5064.07	1235.81	828.58
1-2-46	135kW 推土机推碴 运距（m 内） 20	1000m^3	10347.70	591.79	0.00	6988.94	1656.39	1110.58
1-2-47	135kW 推土机推碴 运距（m 内） 30	1000m^3	13293.15	591.79	0.00	9146.78	2127.88	1426.70
1-2-48	135kW 推土机推碴 运距（m 内） 40	1000m^3	16149.17	591.79	0.00	11239.10	2585.05	1733.23
1-2-49	165kW 推土机推碴 运距（m 内） 10	1000m^3	7547.58	591.79	0.00	4937.57	1208.17	810.05
1-2-50	165kW 推土机推碴 运距（m 内） 20	1000m^3	10060.07	591.79	0.00	6778.22	1610.35	1079.71
1-2-51	165kW 推土机推碴 运距（m 内） 30	1000m^3	12847.22	591.79	0.00	8820.09	2056.50	1378.84
1-2-52	165kW 推土机推碴 运距（m 内） 40	1000m^3	15612.86	591.79	0.00	10846.20	2499.20	1675.67

六、反铲挖掘机挖石碴

编号	项目名称	单位	基价	人工费	材料费	施工机具使用费	管理费	利润
1-2-53	履带式液压挖掘机挖碴（斗容 m^3）不装车 0.6	$1000m^3$	10523.83	591.79	0.00	7117.98	1684.58	1129.48
1-2-54	履带式液压挖掘机挖碴（斗容 m^3）不装车 1.0	$1000m^3$	9098.20	591.79	0.00	6073.56	1456.38	976.47
1-2-55	履带式液压挖掘机挖碴（斗容 m^3）装车 0.6	$1000m^3$	13703.54	591.79	0.00	9447.43	2193.57	1470.75
1-2-56	履带式液压挖掘机挖碴（斗容 m^3）装车 1.0	$1000m^3$	11214.98	591.79	0.00	7624.31	1795.22	1203.66

七、自卸汽车运石碴

编号	项目名称	单位	基价	人工费	材料费	施工机具使用费	管理费	利润
1-2-57	自卸汽车（载重 8t 以内）运距 1km 以内	$1000m^3$	17631.44	0.00	67.56	12867.31	2811.51	1885.06
1-2-58	自卸汽车（载重 8t 以内）运距 30km 以内每增加 1km	$1000m^3$	2999.56	0.00	0.00	2197.48	480.15	321.93
1-2-59	自卸汽车（载重 10t 以内）运距 1km 以内	$1000m^3$	16050.88	0.00	67.56	11709.39	2558.50	1715.43
1-2-60	自卸汽车（载重 10t 以内）运距 30km 以内每增加 1km	$1000m^3$	2600.80	0.00	0.00	1905.35	416.32	279.13
1-2-61	自卸汽车（载重 12t 以内）运距 1km 以内	$1000m^3$	18629.06	0.00	67.56	13598.17	2971.20	1992.13
1-2-62	自卸汽车（载重 12t 以内）运距 30km 以内每增加 1km	$1000m^3$	3041.33	0.00	0.00	2228.08	486.84	326.41
1-2-63	自卸汽车（载重 15t 以内）运距 1km 以内	$1000m^3$	18251.17	0.00	67.56	13321.33	2910.71	1951.57
1-2-64	自卸汽车（载重 15t 以内）运距 30km 以内每增加 1km	$1000m^3$	2561.56	0.00	0.00	1876.60	410.04	274.92

第三章　盖挖土石方工程

一、人工开挖土方

编号	项目名称	单位	基价	人工费	材料费	施工机具使用费	管理费	利润
1-3-1	人工开挖土方 一、二类土	$100m^3$	10354.80	6819.07	109.56	686.60	1639.99	1099.58
1-3-2	人工开挖土方 三类土	$100m^3$	13525.04	9141.59	109.56	686.60	2147.46	1439.83
1-3-3	人工开挖土方 四类土	$100m^3$	17367.66	11956.70	109.56	686.60	2762.56	1852.24
1-3-4	人工开挖土方 淤泥、流砂	$100m^3$	27103.82	18322.55	219.12	1373.20	4303.52	2885.43

二、机械开挖土方

编号	项目名称	单位	基价	人工费	材料费	施工机具使用费	管理费	利润
1-3-5	机械开挖土方 一、二类土	$1000m^3$	17505.42	3347.23	109.56	9396.99	2784.61	1867.03
1-3-6	机械开挖土方 三类土	$1000m^3$	19860.70	4508.49	109.56	9961.21	3161.63	2119.81
1-3-7	机械开挖土方 四类土	$1000m^3$	22453.18	5916.04	109.56	10452.91	3576.62	2398.05
1-3-8	机械开挖土方 淤泥、流砂	$1000m^3$	40681.10	9243.89	219.12	20398.59	6476.88	4342.62

三、人工开挖石方

编号	项目名称	单位	基价	人工费	材料费	施工机具使用费	管理费	利润
1-3-9	人工开挖石方 极软岩	$100m^3$	21742.58	14786.85	152.72	1029.90	3455.96	2317.15
1-3-10	人工开挖石方 软岩	$100m^3$	25443.45	17498.11	152.72	1029.90	4048.37	2714.35
1-3-11	人工开挖石方 较软岩	$100m^3$	29929.27	20784.42	152.72	1029.90	4766.43	3195.80

四、液压岩石破碎锤破碎岩石

编号	项目名称	单位	基价	人工费	材料费	施工机具使用费	管理费	利润
1-3-12	液压锤破碎岩石 极软岩	$1000m^3$	78718.60	4426.80	152.72	53130.62	12576.30	8432.16
1-3-13	液压锤破碎岩石 软岩	$1000m^3$	95716.44	5254.50	152.72	64755.55	15297.20	10256.47
1-3-14	液压锤破碎岩石 较软岩	$1000m^3$	136221.44	7207.50	152.72	92476.55	21780.96	14603.71
1-3-15	液压锤破碎岩石 较硬岩	$1000m^3$	185892.80	9616.20	152.72	126457.12	29732.02	19934.74
1-3-16	液压锤破碎岩石 坚硬岩	$1000m^3$	257113.44	13057.20	152.72	175192.41	41132.54	27578.57

第二册

道 路 工 程

第一章　路基处理

一、预压地基

1. 堆载预压

编号	项目名称	单位	基价	人工费	材料费	施工机具使用费	管理费	利润
2-1-1	预压荷载（kN/m²） 80	1000m²	100898.84	28253.02	344.20	45413.38	16096.11	10792.13
2-1-2	预压荷载（kN/m²） 90	1000m²	114258.93	31922.12	364.45	51517.06	18231.46	12223.84
2-1-3	预压荷载（kN/m²） 100	1000m²	127843.86	35591.41	384.70	57785.27	20402.80	13679.68
2-1-4	预压荷载（kN/m²） 110	1000m²	141658.34	39428.87	404.94	64053.48	22610.89	15160.16
2-1-5	预压荷载（kN/m²） 120	1000m²	156033.24	43510.89	425.19	70487.68	24908.69	16700.79
2-1-6	预压荷载（kN/m²） 130	1000m²	170465.55	47470.45	445.44	77086.41	27215.67	18247.58
2-1-7	预压荷载（kN/m²） 140	1000m²	185101.98	51415.02	465.69	83849.66	29555.33	19816.28
2-1-8	预压荷载（kN/m²） 150	1000m²	199555.23	55389.93	485.93	90448.39	31865.67	21365.31

2. 真空预压

编号	项目名称	单位	基价	人工费	材料费	施工机具使用费	管理费	利润
2-1-9	预压期（3 个月）	1000m²	322064.13	70999.49	167769.01	42037.23	24698.52	16559.88
2-1-10	预压期（每增减 0.5 月）	1000m²	12780.81	3057.68	0.00	6305.55	2045.87	1371.71

二、强夯地基

1. 满　　夯

编号	项目名称	单位	基价	人工费	材料费	施工机具使用费	管理费	利润
2-1-11	夯击能量（kN·m 以内） 800 1 遍 2 击	100m^2	1135.83	282.50	0.00	549.61	181.82	121.90
2-1-12	夯击能量（kN·m 以内） 800 每增 1 击	100m^2	568.28	140.97	0.00	275.35	90.97	60.99
2-1-13	夯击能量（kN·m 以内） 1000 1 遍 2 击	100m^2	1475.56	355.57	0.00	725.42	236.20	158.37
2-1-14	夯击能量（kN·m 以内） 1000 每增 1 击	100m^2	738.09	177.60	0.00	363.12	118.15	79.22
2-1-15	夯击能量（kN·m 以内） 1500 1 遍 2 击	100m^2	1968.09	494.51	0.00	947.31	315.04	211.23
2-1-16	夯击能量（kN·m 以内） 1500 每增 1 击	100m^2	982.31	247.35	0.00	472.29	157.24	105.43
2-1-17	夯击能量（kN·m 以内） 2000 1 遍 2 击	100m^2	3417.35	829.73	0.00	1673.82	547.03	366.77
2-1-18	夯击能量（kN·m 以内） 2000 每增 1 击	100m^2	1709.54	414.77	0.00	837.64	273.65	183.48

2. 点　　夯

编号	项目名称	单位	基价	人工费	材料费	施工机具使用费	管理费	利润
2-1-19	夯击能量 1000kN·m 以内 7 夯点 4 击	100m^2	966.16	215.71	0.00	492.10	154.66	103.69
2-1-20	夯击能量 1000kN·m 以内 7 夯点 每增 1 击	100m^2	177.49	39.59	0.00	90.44	28.41	19.05
2-1-21	夯击能量 1000kN·m 以内 4 夯点 4 击	100m^2	553.00	123.40	0.00	281.73	88.52	59.35
2-1-22	夯击能量 1000kN·m 以内 4 夯点 每增 1 击	100m^2	102.20	22.57	0.00	52.30	16.36	10.97
2-1-23	夯击能量 2000kN·m 以内 7 夯点 4 击	100m^2	1408.40	288.05	0.00	743.74	225.45	151.16
2-1-24	夯击能量 2000kN·m 以内 7 夯点 每增 1 击	100m^2	257.03	52.54	0.00	135.76	41.14	27.59
2-1-25	夯击能量 2000kN·m 以内 4 夯点 4 击	100m^2	804.30	164.65	0.00	424.58	128.75	86.32

续前

编号	项目名称	单位	基价	人工费	材料费	施工机具使用费	管理费	利润
2-1-26	夯击能量 2000kN·m 以内 4 夯点 每增 1 击	$100m^2$	147.35	29.97	0.00	77.98	23.59	15.81
2-1-27	夯击能量 3000kN·m 以内 7 夯点 4 击	$100m^2$	1810.35	340.40	0.00	985.86	289.79	194.30
2-1-28	夯击能量 3000kN·m 以内 7 夯点 每增 1 击	$100m^2$	339.34	60.87	0.00	187.73	54.32	36.42
2-1-29	夯击能量 3000kN·m 以内 4 夯点 4 击	$100m^2$	1032.42	194.62	0.00	561.73	165.26	110.81
2-1-30	夯击能量 3000kN·m 以内 4 夯点 每增 1 击	$100m^2$	196.68	37.19	0.00	106.90	31.48	21.11
2-1-31	夯击能量 4000kN·m 以内 7 夯点 4 击	$100m^2$	3642.35	649.35	0.00	2019.04	583.04	390.92
2-1-32	夯击能量 4000kN·m 以内 7 夯点 每增 1 击	$100m^2$	764.20	136.53	0.00	423.32	122.33	82.02
2-1-33	夯击能量 4000kN·m 以内 4 夯点 4 击	$100m^2$	2083.03	371.11	0.00	1154.92	333.44	223.56
2-1-34	夯击能量 4000kN·m 以内 4 夯点 每增 1 击	$100m^2$	437.24	78.07	0.00	242.25	69.99	46.93
2-1-35	夯击能量 5000kN·m 以内 7 夯点 4 击	$100m^2$	4157.34	703.56	0.00	2342.11	665.48	446.19
2-1-36	夯击能量 5000kN·m 以内 7 夯点 每增 1 击	$100m^2$	873.43	147.82	0.00	492.06	139.81	93.74
2-1-37	夯击能量 5000kN·m 以内 4 夯点 4 击	$100m^2$	2373.90	402.01	0.00	1337.11	380.00	254.78
2-1-38	夯击能量 5000kN·m 以内 4 夯点 每增 1 击	$100m^2$	499.64	84.36	0.00	281.68	79.98	53.62
2-1-39	夯击能量 6000kN·m 以内 7 夯点 4 击	$100m^2$	4805.57	774.04	0.00	2746.53	769.24	515.76
2-1-40	夯击能量 6000kN·m 以内 7 夯点 每增 1 击	$100m^2$	1011.40	162.80	0.00	578.15	161.90	108.55
2-1-41	夯击能量 6000kN·m 以内 4 夯点 4 击	$100m^2$	2749.17	442.34	0.00	1571.70	440.07	295.06
2-1-42	夯击能量 6000kN·m 以内 4 夯点 每增 1 击	$100m^2$	579.75	93.06	0.00	331.67	92.80	62.22
2-1-43	夯击能量 8000kN·m 以内 4 夯点 4 击	$100m^2$	3518.60	516.89	0.00	2060.84	563.23	377.64
2-1-44	夯击能量 8000kN·m 以内 4 夯点 每增 1 击	$100m^2$	693.70	101.94	0.00	406.27	111.04	74.45
2-1-45	夯击能量 10000kN·m 以内 4 夯点 4 击	$100m^2$	4595.64	620.68	0.00	2746.09	735.64	493.23
2-1-46	夯击能量 10000kN·m 以内 4 夯点 每增 1 击	$100m^2$	859.08	116.00	0.00	513.36	137.52	92.20

三、掺 石 灰

1. 人 工

编号	项目名称	单位	基价	人工费	材料费	施工机具使用费	管理费	利润
2-1-47	6%含灰量	10m³	1607.58	828.43	476.78	0.00	181.01	121.36
2-1-48	含灰量每增减 1%	10m³	77.35	0.00	77.35	0.00	0.00	0.00

2. 机 械

编号	项目名称	单位	基价	人工费	材料费	施工机具使用费	管理费	利润
2-1-49	6%含灰量	10m³	1214.44	145.04	476.78	395.37	118.08	79.17
2-1-50	含灰量每增减 1%	10m³	77.35	0.00	77.35	0.00	0.00	0.00

四、掺 砂 石

1. 掺 配 砂

编号	项目名称	单位	基价	人工费	材料费	施工机具使用费	管理费	利润
2-1-51	掺配砂 压实厚度（cm） 10	1000m²	19957.92	384.99	17473.04	1435.44	397.76	266.69
2-1-52	掺配砂 压实厚度（cm） 每增减 1	1000m²	1826.55	30.53	1784.88	0.00	6.67	4.47

2. 掺 配 砾 石

编号	项目名称	单位	基价	人工费	材料费	施工机具使用费	管理费	利润
2-1-53	掺配砾石 压实厚度（cm） 10	1000m²	21236.23	415.51	18709.69	1435.44	404.43	271.16
2-1-54	掺配砾石 压实厚度(cm）每增减 1	1000m²	2038.93	52.36	1967.46	0.00	11.44	7.67

五、抛 石 挤 淤

编号	项目名称	单位	基价	人工费	材料费	施工机具使用费	管理费	利润
2-1-55	人工抛石	$1000m^3$	344690.01	42253.45	286729.18	208.70	9277.98	6220.70
2-1-56	机械抛石	$1000m^3$	302672.05	806.05	286729.18	10873.71	2552.03	1711.08

六、袋 装 砂 井

编号	项目名称	单位	基价	人工费	材料费	施工机具使用费	管理费	利润
2-1-57	带门架	1000m	6589.83	1826.69	1560.86	1857.54	805.00	539.74
2-1-58	不带门架	1000m	7070.66	1066.90	1306.48	3155.94	922.69	618.65

七、塑料排水板

编号	项目名称	单位	基价	人工费	材料费	施工机具使用费	管理费	利润
2-1-59	袋装砂井机　带门架	1000m	22942.56	1182.89	19669.36	1215.06	523.95	351.30
2-1-60	袋装砂井机　不带门架	1000m	23288.23	567.03	19414.98	2270.52	620.00	415.70

八、振冲桩（填料）

编号	项目名称	单位	基价	人工费	材料费	施工机具使用费	管理费	利润
2-1-61	振冲碎石桩	$10m^3$	5005.56	495.25	3405.10	677.25	256.19	171.77

九、振动砂石桩

编号	项目名称	单位	基价	人工费	材料费	施工机具使用费	管理费	利润
2-1-62	桩径（mm 以内） ϕ500	$10m^3$	6974.74	1872.39	2950.37	1075.87	644.19	431.92
2-1-63	桩径（mm 以内） ϕ600	$10m^3$	7712.63	2246.64	2991.23	1212.26	755.77	506.73

十、水泥粉煤灰碎石桩（CFG）

编号	项目名称	单位	基价	人工费	材料费	施工机具使用费	管理费	利润
2-1-64	桩径（mm 以内） ϕ400	$10m^3$	6221.05	1116.66	2503.91	1606.52	595.01	398.95
2-1-65	桩径（mm 以内） ϕ600	$10m^3$	5730.00	1130.17	2503.91	1233.27	516.41	346.24
2-1-66	桩径（mm 以内） ϕ800	$10m^3$	5462.57	1143.86	2503.91	1023.66	473.60	317.54

十一、水泥搅拌桩

1. 深层水泥搅拌桩

编号	项目名称	单位	基价	人工费	材料费	施工机具使用费	管理费	利润
2-1-67	深层搅拌法 单头 水泥掺量 13%	$10m^3$	2578.44	670.63	1112.53	403.30	234.65	157.33
2-1-68	深层搅拌法 双头 水泥掺量 13%	$10m^3$	2159.23	356.87	1112.53	409.94	167.55	112.34
2-1-69	深层搅拌法 三轴 水泥掺量 15%	$10m^3$	2348.47	352.61	1283.62	427.50	170.45	114.29
2-1-70	粉体喷搅法 单头 水泥掺量 13%	$10m^3$	2590.55	670.63	1095.11	424.93	239.38	160.50
2-1-71	水泥掺量（每增减 1%）	$10m^3$	88.77	0.00	88.77	0.00	0.00	0.00

2. 钉型水泥土双向搅拌桩

编号	项目名称	单位	基价	人工费	材料费	施工机具使用费	管理费	利润
2-1-72	钉型水泥土双向搅拌桩 水泥掺量 13%	$10m^3$	2811.58	574.80	1112.53	669.93	271.97	182.35

十二、高压水泥旋喷桩

编号	项目名称	单位	基价	人工费	材料费	施工机具使用费	管理费	利润
2-1-73	钻孔	10m	678.94	180.56	11.40	308.48	106.86	71.64
2-1-74	喷浆 单重管法 水泥掺量25%	$10m^3$	5870.14	1124.43	3251.41	794.05	419.19	281.06
2-1-75	喷浆 双重管法 水泥掺量25%	$10m^3$	6362.46	1205.65	3169.35	1133.63	511.13	342.70
2-1-76	喷浆 三重管法 水泥掺量30%	$10m^3$	7046.24	1300.55	3480.77	1311.51	570.74	382.67

十三、石 灰 桩

编号	项目名称	单位	基价	人工费	材料费	施工机具使用费	管理费	利润
2-1-77	粉体喷射石灰搅拌桩（mm）ϕ500	$10m^3$	4686.99	945.35	2569.13	606.20	339.01	227.30

十四、地 基 注 浆

1. 分 层 注 浆

编号	项目名称	单位	基价	人工费	材料费	施工机具使用费	管理费	利润
2-1-78	分层注浆 钻孔	100m	5876.78	2220.00	1434.23	1034.62	711.13	476.80
2-1-79	分层注浆 注浆	$10m^3$	2053.56	476.01	1231.94	125.91	131.52	88.18

2. 压 密 注 浆

编号	项目名称	单位	基价	人工费	材料费	施工机具使用费	管理费	利润
2-1-80	压密注浆 钻孔	100m	5174.10	2220.00	475.20	1222.42	752.17	504.31
2-1-81	压密注浆 注浆	$10m^3$	1223.79	446.04	460.26	113.32	122.22	81.95

十五、褥 垫 层

1. 砂 垫 层

编号	项目名称	单位	基价	人工费	材料费	施工机具使用费	管理费	利润
2-1-82	厚度（cm） 20	100m^2	6505.50	771.45	5452.47	0.00	168.56	113.02
2-1-83	厚度（cm） 每减 1	100m^2	325.15	38.48	272.62	0.00	8.41	5.64

2. 石 屑 垫 层

编号	项目名称	单位	基价	人工费	材料费	施工机具使用费	管理费	利润
2-1-84	厚度（cm） 20	100m^2	3950.46	701.89	2992.38	0.00	153.36	102.83
2-1-85	厚度（cm） 每减 1	100m^2	197.03	34.78	149.55	0.00	7.60	5.10

3. 炉 渣 垫 层

编号	项目名称	单位	基价	人工费	材料费	施工机具使用费	管理费	利润
2-1-86	厚度（cm） 20	100m^2	5119.64	714.29	4144.64	0.00	156.07	104.64
2-1-87	厚度（cm） 每减 1	100m^2	255.61	35.52	207.13	0.00	7.76	5.20

十六、土工合成材料

编号	项目名称	单位	基价	人工费	材料费	施工机具使用费	管理费	利润
2-1-88	土工布 一般软土	1000m^2	10596.31	5656.56	2875.10	0.00	1235.96	828.69
2-1-89	土工布 淤泥	1000m^2	18362.67	8211.23	7154.34	0.00	1794.15	1202.95
2-1-90	土工格栅 单向	1000m^2	20753.50	7351.72	10718.40	0.00	1606.35	1077.03
2-1-91	土工格栅 双向	1000m^2	17370.51	7351.72	7335.41	0.00	1606.35	1077.03

十七、排水沟、截水沟

编号	项目名称	单位	基价	人工费	材料费	施工机具使用费	管理费	利润
2-1-92	边沟.排水沟 浆砌片石	$10m^3$	8024.82	2333.41	4758.35	59.61	522.87	350.58
2-1-93	边沟 混凝土	$10m^3$	12601.93	6429.12	3826.18	0.00	1404.76	941.87
2-1-94	排（截）水沟 铺砌预制块	$10m^3$	15845.54	2804.79	12007.86	6.70	614.31	411.88
2-1-95	排水沟、截水沟 砖砌筑	$10m^3$	6549.81	1272.06	4700.09	83.05	296.09	198.52
2-1-96	排水沟、截水沟 沟盖板安装	$10m^3$	14214.56	1692.57	11896.43	5.69	371.07	248.80

十八、盲　　沟

编号	项目名称	单位	基价	人工费	材料费	施工机具使用费	管理费	利润
2-1-97	砂石盲沟	$10m^3$	4249.76	928.70	2982.09	0.00	202.92	136.05
2-1-98	透水管	100m	2657.27	1112.41	1138.83	0.00	243.06	162.97
2-1-99	排水管	100m	4954.60	1112.41	3436.16	0.00	243.06	162.97

十九、改换炉渣、片石

编号	项目名称	单位	基价	人工费	材料费	施工机具使用费	管理费	利润
2-1-100	改换炉渣	$10m^3$	1940.90	6.29	1855.36	56.38	13.69	9.18
2-1-101	改换片石	$10m^3$	3088.56	6.29	3003.02	56.38	13.69	9.18

二十、毛 渣 换 填

编号	项目名称	单位	基价	人工费	材料费	施工机具使用费	管理费	利润
2-1-102	毛渣	$10m^3$	1115.44	6.29	1029.90	56.38	13.69	9.18

二十一、碎 砖 换 填

编号	项目名称	单位	基价	人工费	材料费	施工机具使用费	管理费	利润
2-1-103	碎砖换填	$10m^3$	758.20	6.29	701.72	35.09	9.04	6.06

二十二、机 械 翻 晒

编号	项目名称	单位	基价	人工费	材料费	施工机具使用费	管理费	利润
2-1-104	机械翻晒 厚度（cm） 20 以内	$100m^2$	51.92	3.33	0.00	34.71	8.31	5.57
2-1-105	机械翻晒 厚度（cm） 每减 1	$100m^2$	2.02	0.19	0.00	1.29	0.32	0.22

第二章 道路基层

一、路床整形

编号	项目名称	单位	基价	人工费	材料费	施工机具使用费	管理费	利润
2-2-1	路床碾压检验	$100m^2$	304.68	44.03	0.00	179.18	48.77	32.70
2-2-2	土边沟成型	$10m^3$	1059.09	775.89	0.00	0.00	169.53	113.67

二、石灰稳定土摊铺

编号	项目名称	单位	基价	人工费	材料费	施工机具使用费	管理费	利润
2-2-3	含灰量（%） 10 厚度（cm） 20	$100m^2$	3040.20	587.93	1588.94	475.26	232.31	155.76
2-2-4	含灰量（%） 10 厚度（cm） 每减 1	$100m^2$	118.91	29.23	79.01	0.00	6.39	4.28
2-2-5	含灰量（%） 12 厚度（cm） 20	$100m^2$	3361.47	593.48	1902.64	475.26	233.52	156.57
2-2-6	含灰量（%） 12 厚度（cm） 每减 1	$100m^2$	135.10	29.60	94.69	0.00	6.47	4.34
2-2-7	含灰量（%） 14 厚度（cm） 20	$100m^2$	3682.56	599.40	2215.65	475.26	234.81	157.44
2-2-8	含灰量（%） 14 厚度（cm） 每减 1	$100m^2$	151.25	29.97	110.34	0.00	6.55	4.39

三、水泥稳定土摊铺

编号	项目名称	单位	基价	人工费	材料费	施工机具使用费	管理费	利润
2-2-9	水泥含量：5% 厚度（cm） 20	$100m^2$	2343.79	697.82	806.38	428.49	246.10	165.00
2-2-10	水泥含量：5% 厚度（cm） 每减 1	$100m^2$	87.48	34.78	40.00	0.00	7.60	5.10

四、石灰、粉煤灰、土摊铺

编号	项目名称	单位	基价	人工费	材料费	施工机具使用费	管理费	利润
2-2-11	石灰：粉煤灰：土（12：35：53）厚度（cm） 20	100m²	6371.24	542.05	5113.21	379.58	201.38	135.02
2-2-12	石灰：粉煤灰：土（12：35：53）厚度（cm） 每减1	100m²	292.09	27.01	255.22	0.00	5.90	3.96
2-2-13	石灰：粉煤灰：土（8：80：12）厚度（cm） 20	100m²	10387.91	611.24	9035.44	379.58	216.49	145.16
2-2-14	石灰：粉煤灰：土（8：80：12）厚度（cm） 每减1	100m²	492.76	30.34	451.35	0.00	6.63	4.44

五、石灰、碎石、土摊铺

编号	项目名称	单位	基价	人工费	材料费	施工机具使用费	管理费	利润
2-2-15	石灰：碎石：土 （8：20：72）厚度（cm） 20	100m²	4671.01	976.43	3082.61	187.23	254.26	170.48
2-2-16	石灰：碎石：土 （8：20：72）厚度（cm） 每减1	100m²	219.76	48.47	153.60	0.00	10.59	7.10

六、石灰、粉煤灰、碎（砾）石摊铺

编号	项目名称	单位	基价	人工费	材料费	施工机具使用费	管理费	利润
2-2-17	石灰：粉煤灰：碎（砾）石（10：20：70） 厚度（cm） 20	100m²	10353.90	1545.12	7989.24	187.23	378.52	253.79
2-2-18	石灰：粉煤灰：碎（砾）石（10：20：70）厚度（cm） 每减1	100m²	504.00	76.96	398.95	0.00	16.82	11.27

七、粉煤灰摊铺

编号	项目名称	单位	基价	人工费	材料费	施工机具使用费	管理费	利润
2-2-19	厚度（cm） 20	100m^2	10062.17	429.20	9375.25	74.04	109.96	73.72
2-2-20	厚度（cm） 每减 1	100m^2	497.92	21.46	468.63	0.00	4.69	3.14

八、矿 渣 摊 铺

编号	项目名称	单位	基价	人工费	材料费	施工机具使用费	管理费	利润
2-2-21	厚度（cm） 20	100m^2	1676.71	174.64	1044.66	288.40	101.17	67.84
2-2-22	厚度（cm） 每减 1	100m^2	63.85	8.51	52.23	0.00	1.86	1.25

九、砂砾石摊铺（天然级配）

编号	项目名称	单位	基价	人工费	材料费	施工机具使用费	管理费	利润
2-2-23	厚度（cm） 20	100m^2	7087.45	490.62	5590.62	605.96	239.60	160.65
2-2-24	厚度（cm） 每减 1	100m^2	312.87	24.42	279.53	0.00	5.34	3.58

十、卵 石 摊 铺

编号	项目名称	单位	基价	人工费	材料费	施工机具使用费	管理费	利润
2-2-25	厚度（cm） 20	100m^2	7220.59	479.89	6113.03	331.51	177.29	118.87
2-2-26	厚度（cm） 每减 1	100m^2	337.75	23.68	305.43	0.00	5.17	3.47

十一、碎 石 摊 铺

编号	项目名称	单位	基价	人工费	材料费	施工机具使用费	管理费	利润
2-2-27	厚度（cm） 20	100m²	6002.92	499.87	4872.12	328.56	181.01	121.36
2-2-28	厚度（cm） 每减 1	100m²	277.45	24.79	243.61	0.00	5.42	3.63

十二、块 石 摊 铺

编号	项目名称	单位	基价	人工费	材料费	施工机具使用费	管理费	利润
2-2-29	人工铺装 厚度（cm） 20	100m²	9624.89	1600.25	7219.35	162.05	385.06	258.18
2-2-30	人工铺装 厚度（cm） 每减 1	100m²	469.95	79.92	360.86	0.00	17.46	11.71

十三、山皮石摊铺

编号	项目名称	单位	基价	人工费	材料费	施工机具使用费	管理费	利润
2-2-31	厚度（cm） 20	100m²	1897.06	179.08	1266.35	282.98	100.96	67.69
2-2-32	厚度（cm） 每减 1	100m²	74.66	8.51	63.04	0.00	1.86	1.25

十四、粉煤灰三渣摊铺

编号	项目名称	单位	基价	人工费	材料费	施工机具使用费	管理费	利润
2-2-33	石灰：粉煤灰：石渣（15：22：63） 厚度（cm） 20	100m²	9522.23	1609.87	7069.18	187.23	392.67	263.28
2-2-34	石灰：粉煤灰：石渣（15：22：63）厚度（cm） 每减 1	100m²	462.82	80.29	353.23	0.00	17.54	11.76

十五、水泥稳定碎（砾）石摊铺

编号	项目名称	单位	基价	人工费	材料费	施工机具使用费	管理费	利润
2-2-35	水泥含量（5%）（集中拌和）厚度（cm） 20	100m²	6689.62	254.93	5519.05	602.63	187.38	125.63
2-2-36	水泥含量（5%）（集中拌和）厚度（cm） 每减 1	100m²	318.52	12.58	275.83	18.70	6.83	4.58
2-2-37	水泥含量（5%）（预拌）厚度（cm） 20	100m²	8827.77	126.91	8119.90	391.68	113.31	75.97
2-2-38	水泥含量（5%）（预拌）厚度（cm） 每减 1	100m²	438.15	5.18	405.55	18.70	5.22	3.50

十六、沥青稳定碎石摊铺

编号	项目名称	单位	基价	人工费	材料费	施工机具使用费	管理费	利润
2-2-39	厚度（cm） 7	100m²	4098.62	57.35	3715.67	223.20	61.30	41.10
2-2-40	厚度（cm） 每增减 1	100m²	554.85	7.77	526.73	12.83	4.50	3.02

十七、多合土养生

编号	项目名称	单位	基价	人工费	材料费	施工机具使用费	管理费	利润
2-2-41	洒水车洒水	100m²	130.50	12.21	81.70	23.54	7.81	5.24
2-2-42	人工洒水	100m²	148.37	48.84	81.70	0.00	10.67	7.16

十八、消 解 石 灰

编号	项目名称	单位	基价	人工费	材料费	施工机具使用费	管理费	利润
2-2-43	集中消解石灰	t	86.34	12.58	6.00	46.28	12.86	8.62
2-2-44	小堆沿线消解石灰	t	23.17	12.58	6.00	0.00	2.75	1.84

十九、补 充 项 目

1. 厂拌石灰稳定土摊铺

编号	项目名称	单位	基价	人工费	材料费	施工机具使用费	管理费	利润
2-2-45	厂拌石灰稳定土摊铺 15cm	$100m^2$	735.35	159.47	22.69	362.62	114.08	76.49
2-2-46	厂拌石灰稳定土摊铺 20cm	$100m^2$	880.76	182.78	30.23	440.32	136.15	91.28
2-2-47	厂拌石灰稳定土摊铺 每增减1cm	$100m^2$	8.47	2.96	1.49	2.15	1.12	0.75

2. 厂拌二灰石摊铺

编号	项目名称	单位	基价	人工费	材料费	施工机具使用费	管理费	利润
2-2-48	厂拌二灰石摊铺 15cm	$100m^2$	7724.05	643.80	6247.27	438.09	236.39	158.50
2-2-49	厂拌二灰石摊铺 20cm	$100m^2$	10030.21	741.85	8328.51	504.81	272.40	182.64
2-2-50	厂拌二灰石摊铺 每增减 1cm	$100m^2$	462.14	31.45	416.77	1.79	7.26	4.87

3. 厂拌二灰石摊铺（摊铺机）

编号	项目名称	单位	基价	人工费	材料费	施工机具使用费	管理费	利润
2-2-51	厂拌二灰石摊铺（摊铺机）10cm	$100m^2$	4572.36	34.78	4197.96	239.51	59.93	40.18
2-2-52	厂拌二灰石摊铺（摊铺机）15cm	$100m^2$	6727.54	47.36	6291.34	272.20	69.82	46.82
2-2-53	厂拌二灰石摊铺（摊铺机）每增减 1cm	$100m^2$	453.05	2.59	419.80	21.77	5.32	3.57

第三章 道 路 面 层

一、沥青表面处治

编号	项目名称	单位	基价	人工费	材料费	施工机具使用费	管理费	利润
2-3-1	人工手泵喷油、撒料 单层式	$100m^2$	1581.79	284.53	1146.49	34.37	69.68	46.72
2-3-2	人工手泵喷油、撒料 双层式	$100m^2$	2959.11	394.05	2350.77	51.62	97.38	65.29
2-3-3	人工手泵喷油、撒料 三层式	$100m^2$	4031.05	473.60	3280.23	76.45	120.19	80.58
2-3-4	机械喷油、撒料 单层式	$100m^2$	1468.33	265.48	957.14	109.02	81.83	54.86
2-3-5	机械喷油、撒料 双层式	$100m^2$	2870.66	371.67	2165.53	144.91	112.87	75.68
2-3-6	机械喷油、撒料 三层式	$100m^2$	3904.20	437.71	2922.79	281.27	157.10	105.33

二、沥青贯入式路面

编号	项目名称	单位	基价	人工费	材料费	施工机具使用费	管理费	利润
2-3-7	厚度（cm） 4	$100m^2$	4514.42	357.05	3601.59	311.69	146.12	97.97
2-3-8	厚度（cm） 5	$100m^2$	5765.72	416.81	4760.37	319.71	160.93	107.90
2-3-9	厚度（cm） 6	$100m^2$	6393.76	456.21	5325.87	326.13	170.94	114.61
2-3-10	厚度（cm） 7	$100m^2$	7342.99	515.97	6181.48	334.95	185.93	124.66
2-3-11	厚度（cm） 8	$100m^2$	8313.36	578.31	7053.63	344.57	201.65	135.20

三、透层、黏层

1. 透　　层

编号	项目名称	单位	基价	人工费	材料费	施工机具使用费	管理费	利润
2-3-12	无结合料粒料基层 石油沥青 1.2kg/m^2	1000m^2	6090.86	291.93	5580.71	81.81	81.66	54.75
2-3-13	无结合料粒料基层 乳化沥青 1kg/m^2	1000m^2	4630.24	60.13	4411.30	100.26	35.05	23.50
2-3-14	半刚性基层 石油沥青 0.72kg/m^2	1000m^2	4130.93	227.18	3635.94	135.45	79.23	53.13
2-3-15	半刚性基层 乳化沥青 0.7kg/m^2	1000m^2	3626.73	48.66	3375.42	135.45	40.23	26.97

2. 黏（粘）层

编号	项目名称	单位	基价	人工费	材料费	施工机具使用费	管理费	利润
2-3-16	沥青层 石油沥青 0.36kg/m^2	1000m^2	1866.49	113.59	1674.21	27.27	30.78	20.64
2-3-17	沥青层 乳化沥青 0.3kg/m^2	1000m^2	1416.85	32.38	1323.39	36.09	14.96	10.03
2-3-18	水泥混凝土 石油沥青 0.24kg/m^2	1000m^2	1252.19	81.22	1116.14	18.45	21.78	14.60
2-3-19	水泥混凝土 乳化沥青 0.3kg/m^2	1000m^2	1382.84	16.28	1323.39	27.27	9.52	6.38

四、封　　层

编号	项目名称	单位	基价	人工费	材料费	施工机具使用费	管理费	利润
2-3-20	层铺法封层 上封层 石油沥青	1000m^2	7734.26	1218.23	5738.31	244.00	319.50	214.22
2-3-21	层铺法封层 上封层 乳化沥青	1000m^2	6521.60	933.33	4926.58	235.18	255.32	171.19
2-3-22	层铺法封层 上封层 改性沥青	1000m^2	8720.20	1218.04	6736.55	235.18	317.53	212.90
2-3-23	层铺法封层 下封层 石油沥青	1000m^2	7855.68	870.06	6322.94	252.83	245.35	164.50
2-3-24	层铺法封层 下封层 乳化沥青	1000m^2	6339.23	553.89	5262.15	235.18	172.41	115.60
2-3-25	层铺法封层 下封层 改性沥青	1000m^2	8574.57	715.77	7276.53	235.18	207.78	139.31
2-3-26	乳化沥青稀浆封层 ES-1 型	1000m^2	7991.98	901.88	5046.09	1256.28	471.56	316.17
2-3-27	乳化沥青稀浆封层 ES-2 型	1000m^2	10762.63	996.97	6862.39	1860.35	624.32	418.60
2-3-28	乳化沥青稀浆封层 ES-3 型	1000m^2	11602.48	1012.51	7347.35	2104.80	681.13	456.69

五、沥青混凝土路面

1. 粗 粒 式

编号	项目名称	单位	基价	人工费	材料费	施工机具使用费	管理费	利润
2-3-29	人工摊铺 厚度（cm） 6	$100m^2$	7187.21	380.73	6262.86	296.45	147.96	99.21
2-3-30	人工摊铺 厚度（cm） 每增减 1	$100m^2$	1199.03	63.64	1043.81	50.07	24.85	16.66
2-3-31	机械摊铺 厚度（cm） 6	$100m^2$	7043.45	231.25	6262.86	340.61	124.95	83.78
2-3-32	机械摊铺 厚度（cm） 每增减 1	$100m^2$	1174.26	38.48	1043.81	57.09	20.88	14.00

2. 中 粒 式

编号	项目名称	单位	基价	人工费	材料费	施工机具使用费	管理费	利润
2-3-33	人工摊铺 厚度（cm） 4	$100m^2$	4951.45	253.82	4335.16	197.68	98.65	66.14
2-3-34	人工摊铺 厚度（cm） 每增减 1	$100m^2$	1238.76	63.46	1083.79	50.07	24.81	16.63
2-3-35	机械摊铺 厚度（cm） 4	$100m^2$	4855.65	153.92	4335.16	227.39	83.32	55.86
2-3-36	机械摊铺 厚度（cm） 每增减 1	$100m^2$	1214.24	38.48	1083.79	57.09	20.88	14.00

3. 细 粒 式

编号	项目名称	单位	基价	人工费	材料费	施工机具使用费	管理费	利润
2-3-37	人工摊铺 厚度（cm） 3	$100m^2$	4147.41	305.99	3405.15	237.79	118.82	79.66
2-3-38	人工摊铺 厚度（cm） 每增减 1	$100m^2$	1373.64	101.94	1135.05	72.85	38.19	25.61
2-3-39	机械摊铺 厚度（cm） 3	$100m^2$	4033.88	188.70	3405.15	271.91	100.64	67.48
2-3-40	机械摊铺 厚度（cm） 每增减 1	$100m^2$	1358.89	62.90	1135.05	101.09	35.83	24.02

4. 彩色沥青混凝土路面

编号	项目名称	单位	基价	人工费	材料费	施工机具使用费	管理费	利润
2-3-41	人工摊铺 厚度（cm） 2	$100m^2$	7923.68	219.97	7458.31	120.96	74.49	49.95
2-3-42	人工摊铺 厚度(cm）每增减 0.5	$100m^2$	1959.38	50.14	1868.54	16.41	14.54	9.75

5. 透水沥青混凝土路面（OCFG-13）

编号	项目名称	单位	基价	人工费	材料费	施工机具使用费	管理费	利润
2-3-43	厚度（cm） 4	$100m^2$	5866.84	147.45	5520.52	106.26	55.44	37.17
2-3-44	厚度（cm） 每增减 1	$100m^2$	1431.02	12.40	1380.08	24.92	8.15	5.47

6. 改性沥青 SMA 路面

编号	项目名称	单位	基价	人工费	材料费	施工机具使用费	管理费	利润
2-3-45	厚度（cm） 4	$100m^2$	5298.18	328.75	4021.25	606.73	204.40	137.05
2-3-46	厚度（cm） 每增减 1	$100m^2$	1274.39	69.75	1005.31	127.38	43.07	28.88

六、水泥混凝土路面

1. 预拌混凝土

编号	项目名称	单位	基价	人工费	材料费	施工机具使用费	管理费	利润
2-3-47	厚度（cm） 22	$100m^2$	12281.58	1859.62	9743.20	0.00	406.33	272.43
2-3-48	厚度（cm） 每增减 1	$100m^2$	505.98	45.51	443.86	0.00	9.94	6.67

2. 水泥混凝土养生

编号	项目名称	单位	基价	人工费	材料费	施工机具使用费	管理费	利润
2-3-49	棉毡养护	$100m^2$	372.23	152.26	164.39	0.00	33.27	22.31
2-3-50	塑料膜养护	$100m^2$	459.48	152.26	251.64	0.00	33.27	22.31

3. 水泥混凝土拉防滑条、刻纹

编号	项目名称	单位	基价	人工费	材料费	施工机具使用费	管理费	利润
2-3-51	防滑条	$100m^2$	198.74	145.60	0.00	0.00	31.81	21.33
2-3-52	刻纹	$100m^2$	645.02	414.22	31.10	35.54	98.27	65.89

4. 伸　缩　缝

（1）伸　　缝

编号	项目名称	单位	基价	人工费	材料费	施工机具使用费	管理费	利润
2-3-53	伸缝 沥青木板	$10m^2$	1949.17	975.69	616.05	0.95	213.40	143.08
2-3-54	伸缝 沥青玛琋脂	$10m^2$	2366.46	526.51	1646.48	0.95	115.25	77.27
2-3-55	伸缝 塑料胶	$10m^2$	231.91	167.43	1.34	1.48	36.91	24.75

（2）缩 缝

编号	项目名称	单位	基价	人工费	材料费	施工机具使用费	管理费	利润
2-3-56	锯缝机切缝 缝宽 6mm 缝深（cm） 5	100m	445.89	240.50	91.62	19.04	56.71	38.02
2-3-57	锯缝机切缝 缝宽 6mm 缝深（cm） 每增减 1	100m	91.60	48.10	20.75	3.81	11.34	7.60
2-3-58	人工填灌缝塑料油膏 缝宽 6mm 缝深（cm） 5	100m	1647.56	654.53	754.13	0.00	143.01	95.89
2-3-59	人工填灌缝塑料油膏 缝宽 6mm 缝深（cm） 每增减 1	100m	329.37	130.80	150.83	0.00	28.58	19.16
2-3-60	PG 道路嵌缝胶	100m	508.60	204.43	229.55	0.00	44.67	29.95

5. 透水混凝土路面

编号	项目名称	单位	基价	人工费	材料费	施工机具使用费	管理费	利润
2-3-61	厚度（cm） 5	$100m^2$	7539.32	1546.79	5427.96	0.00	337.97	226.60
2-3-62	厚度（cm） 每增减 1	$100m^2$	960.53	54.02	886.80	0.00	11.80	7.91

6. 透水彩色水泥混凝土路面

编号	项目名称	单位	基价	人工费	材料费	施工机具使用费	管理费	利润
2-3-63	厚度（cm） 3	$100m^2$	7322.52	2143.60	4396.50	0.00	468.38	314.04

七、块料面层路面

1. 人 工

编号	项目名称	单位	基价	人工费	材料费	施工机具使用费	管理费	利润
2-3-64	青条石路面	$100m^2$	26067.48	3364.78	21414.67	43.87	744.79	499.37
2-3-65	花岗岩路面	$100m^2$	26284.94	3455.80	21507.89	43.87	764.68	512.70

2. 机 械

编号	项目名称	单位	基价	人工费	材料费	施工机具使用费	管理费	利润
2-3-66	青条石路面	$100m^2$	23372.97	1296.48	21414.67	138.17	313.47	210.18
2-3-67	花岗岩路面	$100m^2$	23590.43	1387.50	21507.89	138.17	333.36	223.51

八、其　　他

1. 铺装玻璃纤维格栅

编号	项目名称	单位	基价	人工费	材料费	施工机具使用费	管理费	利润
2-3-68	铺装玻璃纤维格栅	$100m^2$	1453.40	196.10	1185.72	0.00	42.85	28.73

2. 土工布贴缝

编号	项目名称	单位	基价	人工费	材料费	施工机具使用费	管理费	利润
2-3-69	土工布贴缝	$100m^2$	1251.48	229.96	829.20	79.40	67.60	45.32

九、补 充 项 目

1. 应力吸收层（沥青碎石同步封层）

编号	项目名称	单位	基价	人工费	材料费	施工机具使用费	管理费	利润
2-3-70	应力吸收层（沥青碎石同步封层）厚 1cm	$100m^2$	1163.37	150.22	587.37	271.76	92.20	61.82

第四章 人行道及其他

一、人行道整形碾压

编号	项目名称	单位	基价	人工费	材料费	施工机具使用费	管理费	利润
2-4-1	人行道整形碾压	100m²	355.07	242.35	0.00	17.77	56.84	38.11

二、人行道板安砌

编号	项目名称	单位	基价	人工费	材料费	施工机具使用费	管理费	利润
2-4-2	人行道板安砌 规格(cm) 25×25×5	100m²	9365.24	1300.37	7590.24	0.00	284.13	190.50
2-4-3	人行道板安砌 规格(cm) 30×30×6	100m²	9318.78	1266.33	7590.24	0.00	276.69	185.52
2-4-4	人行道板安砌 规格(cm) 40×40×7	100m²	9286.20	1242.46	7590.24	0.00	271.48	182.02
2-4-5	人行道板安砌 规格(cm) 50×50×8	100m²	9268.28	1229.33	7590.24	0.00	268.61	180.10

三、人行道块料铺设

编号	项目名称	单位	基价	人工费	材料费	施工机具使用费	管理费	利润
2-4-6	混凝土彩色步砖 水泥砂浆	100m²	12904.74	1865.36	10324.23	25.12	413.07	276.96
2-4-7	普通型砖 水泥砂浆	100m²	9803.13	1868.50	7218.33	25.12	413.76	277.42
2-4-8	D型砖 水泥砂浆	100m²	11438.22	3066.38	7218.33	25.12	675.49	452.90

续前

编号	项目名称	单位	基价	人工费	材料费	施工机具使用费	管理费	利润
2-4-9	S 型砖 水泥砂浆	$100m^2$	11438.22	3066.38	7218.33	25.12	675.49	452.90
2-4-10	T 型砖 水泥砂浆	$100m^2$	11438.22	3066.38	7218.33	25.12	675.49	452.90
2-4-11	预制灰砂连锁砖	$100m^2$	12779.11	1401.01	10866.73	0.00	306.12	205.25
2-4-12	预制混凝土六角块	$100m^2$	19508.56	1401.01	17596.18	0.00	306.12	205.25
2-4-13	花岗岩人行道板	$100m^2$	24199.89	1744.92	21766.87	37.51	389.46	261.13
2-4-14	花岗岩人行道板伸缩缝	100m	674.14	183.15	424.14	0.00	40.02	26.83
2-4-15	广场砖铺设 规格（mm）100×100	$100m^2$	14668.43	5805.30	6709.90	25.12	1273.95	854.16
2-4-16	广场砖铺设 规格（mm）108×108	$100m^2$	14193.93	5457.69	6709.90	25.12	1197.99	803.23
2-4-17	广场砖铺设 规格（mm）152×152	$100m^2$	11893.17	3772.15	6709.90	25.12	829.70	556.30
2-4-18	广场砖铺设 规格（mm）200×200	$100m^2$	11838.63	3732.19	6709.90	25.12	820.97	550.45
2-4-19	人工铺植草砖	$100m^2$	6728.64	1145.15	5165.51	0.00	250.22	167.76
2-4-20	透水混凝土砖	$100m^2$	8935.63	1624.30	6718.46	0.00	354.91	237.96

四、混凝土人行道

编号	项目名称	单位	基价	人工费	材料费	施工机具使用费	管理费	利润
2-4-21	混凝土底层	$10m^3$	4729.21	803.09	3632.99	0.00	175.48	117.65
2-4-22	1：2 水泥砂浆面层 厚度 20mm 分格	$100m^2$	2500.55	1062.64	1015.75	25.12	237.68	159.36
2-4-23	1：2 水泥砂浆面层 厚度 20mm 压花	$100m^2$	3263.17	1621.34	1015.75	25.12	359.75	241.21

五、安砌侧（平、缘）石

1. 垫 层

编号	项目名称	单位	基价	人工费	材料费	施工机具使用费	管理费	利润
2-4-24	人工铺装垫层 炉渣	$10m^3$	3210.55	833.24	2073.18	0.00	182.06	122.07
2-4-25	人工铺装垫层 石灰土	$10m^3$	2557.12	1292.60	792.72	0.00	282.43	189.37
2-4-26	人工铺装垫层 预拌混凝土	$10m^3$	4539.40	725.57	3548.99	0.00	158.54	106.30
2-4-27	人工铺装垫层 砂	$10m^3$	3622.82	662.49	2718.53	0.00	144.75	97.05

2. 侧缘石安砌

编号	项目名称	单位	基价	人工费	材料费	施工机具使用费	管理费	利润
2-4-28	侧石 混凝土	100m	7604.95	1028.97	6199.49	0.67	224.98	150.84
2-4-29	侧石 石质	100m	17313.79	1383.62	15424.23	0.67	302.47	202.80
2-4-30	缘石 混凝土	100m	6840.44	544.09	6097.76	0.00	118.88	79.71
2-4-31	缘石 石质	100m	14188.21	745.00	13171.29	0.00	162.78	109.14
2-4-32	砖缘石（侧铺）单砖	100m	587.46	197.95	316.81	0.33	43.32	29.05
2-4-33	砖缘石（侧铺）双砖	100m	1153.84	336.33	692.00	2.01	73.93	49.57
2-4-34	砖缘石（立铺）单砖	100m	1203.29	394.61	662.81	1.34	86.52	58.01
2-4-35	砖缘石（立铺）双砖	100m	2400.06	669.15	1479.35	5.36	147.38	98.82

3. 侧平石安砌

编号	项目名称	单位	基价	人工费	材料费	施工机具使用费	管理费	利润
2-4-36	连接型 勾缝	100m	12109.33	2273.65	9004.43	1.00	497.01	333.24
2-4-37	连接型 不勾缝	100m	11817.28	2085.88	8970.06	0.00	455.76	305.58
2-4-38	分离型 勾缝	100m	12819.25	2656.05	9190.55	2.34	580.86	389.45
2-4-39	分离型 不勾缝	100m	12301.64	2349.32	9094.81	0.00	513.33	344.18

六、现浇侧（平、缘）石

编号	项目名称	单位	基价	人工费	材料费	施工机具使用费	管理费	利润
2-4-40	现浇侧（平、缘）石	$10m^3$	6056.06	1753.25	3662.87	0.00	383.09	256.85

七、侧（平、缘）石模板

编号	项目名称	单位	基价	人工费	材料费	施工机具使用费	管理费	利润
2-4-41	侧（平、缘）石模板	$10m^2$	657.78	311.91	232.03	0.00	68.15	45.69

八、检查井升降

编号	项目名称	单位	基价	人工费	材料费	施工机具使用费	管理费	利润
2-4-42	检查井、窨井 升高（mm） 300以下	座	239.17	90.84	114.26	0.67	19.99	13.41
2-4-43	单室雨水进水井 升高（mm）300以下	座	81.60	27.57	43.51	0.33	6.10	4.09
2-4-44	单室雨水进水井 升高（mm）300以上	座	114.56	37.93	61.88	0.67	8.43	5.65
2-4-45	双室雨水进水井 升高（mm）300以下	座	124.14	41.26	66.91	0.67	9.16	6.14
2-4-46	双室雨水进水井 升高（mm）300以上	座	192.46	67.16	99.87	0.67	14.82	9.94
2-4-47	更换井盖（篦）	座	368.69	13.69	350.00	0.00	2.99	2.01

九、砌 筑 树 池

编号	项目名称	单位	基价	人工费	材料费	施工机具使用费	管理费	利润
2-4-48	混凝土块	100m	3303.11	465.09	2667.82	0.33	101.69	68.18
2-4-49	石质条石	100m	6143.16	538.54	5407.61	0.33	117.74	78.94
2-4-50	单层 立砖	100m	1470.91	595.15	656.70	1.34	130.33	87.39
2-4-51	双层 立砖	100m	2511.20	768.49	1454.89	5.36	169.09	113.37

十、多合土运输

编号	项目名称	单位	基价	人工费	材料费	施工机具使用费	管理费	利润
2-4-52	自卸汽车运输　运距（km）　1以内	10m³	117.57	0.00	0.00	86.13	18.82	12.62
2-4-53	自卸汽车运输　运距（km）　每增1	10m³	31.29	0.00	0.00	22.92	5.01	3.36

十一、运输小型构件

1. 人力运输

编号	项目名称	单位	基价	人工费	材料费	施工机具使用费	管理费	利润
2-4-54	人力运输　运距（m）　20	10m³	858.59	629.00	0.00	0.00	137.44	92.15
2-4-55	人力运输　运距（m）　200以内每增减20	10m³	143.19	104.90	0.00	0.00	22.92	15.37
2-4-56	双轮车运输　运距（m）　50	10m³	719.96	527.44	0.00	0.00	115.25	77.27
2-4-57	双轮车运输　运距（m）　500以内　每增减　50	10m³	69.45	50.88	0.00	0.00	11.12	7.45

2. 汽车运输

编号	项目名称	单位	基价	人工费	材料费	施工机具使用费	管理费	利润
2-4-58	人力装卸　运距1km	10m³	1640.33	648.98	0.00	552.73	262.57	176.05
2-4-59	机械装卸　运距1km	10m³	1747.12	183.52	0.00	1096.42	279.67	187.51
2-4-60	运距每增1km	10m³	79.17	0.00	0.00	58.00	12.67	8.50

十二、场内运混凝土（熟料）

1. 双轮车场内运输混凝土

编号	项目名称	单位	基价	人工费	材料费	施工机具使用费	管理费	利润
2-4-61	水泥混凝土（熟料）运距（m）50	$10m^3$	571.22	418.47	0.00	0.00	91.44	61.31
2-4-62	水泥混凝土（熟料）运距（m）500 以内 每增加 50	$10m^3$	82.58	60.50	0.00	0.00	13.22	8.86
2-4-63	沥青混凝土 运距（m） 50	$10m^3$	582.32	426.61	0.00	0.00	93.21	62.50
2-4-64	沥青混凝土 运距（m） 500 以内 每增加 50	$10m^3$	88.39	64.75	0.00	0.00	14.15	9.49

2. 机动翻斗车运输混凝土

编号	项目名称	单位	基价	人工费	材料费	施工机具使用费	管理费	利润
2-4-65	水泥混凝土（熟料）运距（m）200	$10m^3$	648.37	184.08	0.00	290.91	103.79	69.59
2-4-66	水泥混凝土（熟料）运距（m）2000 以内 每增加 200	$10m^3$	69.67	0.00	0.00	51.04	11.15	7.48
2-4-67	沥青混凝土 运距（m） 200	$10m^3$	988.18	426.61	0.00	297.33	158.18	106.06
2-4-68	沥青混凝土 运距（m）2000 以内 每增加 200	$10m^3$	69.67	0.00	0.00	51.04	11.15	7.48

十三、汽 车 运 水

编号	项目名称	单位	基价	人工费	材料费	施工机具使用费	管理费	利润
2-4-69	运距 1km	100t	3142.27	350.76	0.00	1951.27	502.99	337.25
2-4-70	每增 1km	100t	351.67	0.00	0.00	257.64	56.29	37.74

第五章 交通管理设施

一、交通标志杆安装

编号	项目名称	单位	基价	人工费	材料费	施工机具使用费	管理费	利润
2-5-1	单柱杆	根	144.25	43.11	10.45	54.91	21.42	14.36
2-5-2	双柱杆	根	580.76	97.68	20.90	312.47	89.62	60.09
2-5-3	单悬杆	根	433.58	81.77	84.85	173.71	55.82	37.43
2-5-4	双悬杆	根	949.68	187.41	148.79	399.32	128.20	85.96
2-5-5	Y 型杆	根	232.89	47.55	84.85	60.90	23.70	15.89

二、门 架 安 装

编号	项目名称	单位	基价	人工费	材料费	施工机具使用费	管理费	利润
2-5-6	中间法兰式 跨径（m） 22～32	套	4958.59	1128.69	1609.23	1325.06	536.14	359.47
2-5-7	两端悬臂式 跨径（m） 3～9	套	2330.81	620.86	485.91	730.71	295.32	198.01
2-5-8	两端悬臂式 跨径（m） 9～20	套	3269.87	844.53	930.01	869.65	374.55	251.13
2-5-9	整梁式 跨径（m） 14～20	套	3632.32	1034.15	930.01	945.56	432.57	290.03
2-5-10	整梁式 跨径（m） 20～28	套	4890.65	1104.64	1609.23	1299.33	525.27	352.18

三、标志牌安装

编号	项目名称	单位	基价	人工费	材料费	施工机具使用费	管理费	利润
2-5-11	小型	块	130.27	40.52	74.96	0.00	8.85	5.94
2-5-12	大型	块	655.28	150.59	449.73	0.00	32.90	22.06
2-5-13	大型 悬臂杆	块	1137.75	58.28	1058.20	0.00	12.73	8.54
2-5-14	大型 门架杆	块	1158.71	73.63	1058.20	0.00	16.09	10.79

四、视线诱导器

编号	项目名称	单位	基价	人工费	材料费	施工机具使用费	管理费	利润
2-5-15	附着式 轮廓标	100 个	2220.20	798.46	403.77	532.26	290.76	194.95
2-5-16	柱式 轮廓标	100 个	5701.55	2345.80	403.77	1535.36	848.03	568.59
2-5-17	路面凸起路标	100 个	1175.11	480.63	88.72	315.26	173.90	116.60

五、标　　线

编号	项目名称	单位	基价	人工费	材料费	施工机具使用费	管理费	利润
2-5-18	纵向标线 常温漆	$100m^2$	653.57	222.37	13.59	246.48	102.44	68.69
2-5-19	纵向标线 加热型漆	$100m^2$	862.50	280.09	15.89	340.14	135.52	90.86
2-5-20	纵向标线 热熔涂料 普通型	$100m^2$	1460.49	373.70	142.10	592.15	211.04	141.50
2-5-21	纵向标线 热熔涂料 震荡型	$100m^2$	2428.98	737.41	142.10	937.96	366.07	245.44

六、标　　记

编号	项目名称	单位	基价	人工费	材料费	施工机具使用费	管理费	利润
2-5-22	文字、字符、图形标记 常温漆	$100m^2$	3191.40	2025.20	12.02	304.02	508.93	341.23
2-5-23	文字、字符、图形标记 热熔涂料	$100m^2$	4129.96	2314.54	142.10	606.97	638.35	428.00
2-5-24	文字、字符、图形标记 加热型漆	$100m^2$	3193.43	2025.20	14.05	304.02	508.93	341.23
2-5-25	预制成型标线（字符）	m^2	63.53	29.97	22.62	0.00	6.55	4.39
2-5-26	反光膜粘贴	m^2	100.05	68.82	6.11	0.00	15.04	10.08

七、横 道 线

编号	项目名称	单位	基价	人工费	材料费	施工机具使用费	管理费	利润
2-5-27	横道线 常温漆	$100m^2$	2886.44	1268.18	13.78	836.33	459.84	308.31
2-5-28	横道线 加热型漆	$100m^2$	3102.89	1364.56	15.62	897.18	494.19	331.34
2-5-29	横道线 热熔涂料 普通型	$100m^2$	4731.18	1637.62	142.10	1724.34	734.59	492.53
2-5-30	横道线 热熔涂料 振荡型	$100m^2$	5590.23	2229.07	142.10	1762.23	872.10	584.73

八、清 除 标 线

编号	项目名称	单位	基价	人工费	材料费	施工机具使用费	管理费	利润
2-5-31	机械清除	m^2	29.55	4.63	0.95	16.32	4.58	3.07
2-5-32	化学清除	m^2	136.26	76.96	31.21	0.00	16.82	11.27

九、环形检测线圈敷设

编号	项目名称	单位	基价	人工费	材料费	施工机具使用费	管理费	利润
2-5-33	开切线槽灌缝	100m	4524.38	1932.88	1009.60	642.05	562.62	377.23
2-5-34	布设导线线圈	100m	478.59	209.42	192.73	0.00	45.76	30.68
2-5-35	布设导线引线	100m	865.65	281.94	480.81	0.00	61.60	41.30

十、值警亭安装

编号	项目名称	单位	基价	人工费	材料费	施工机具使用费	管理费	利润
2-5-36	值警亭	座	1689.35	445.48	0.00	792.14	270.42	181.31

十一、道路隔离护栏安装

编号	项目名称	单位	基价	人工费	材料费	施工机具使用费	管理费	利润
2-5-37	活动式	100m	959.56	511.90	0.00	191.07	153.60	102.99
2-5-38	固定式 膨胀螺栓	100m	1560.03	821.40	21.53	305.71	246.27	165.12
2-5-39	固定式 预埋	100m	1209.31	651.20	0.00	234.74	193.58	129.79

十二、波 形 栏 杆

编号	项目名称	单位	基价	人工费	材料费	施工机具使用费	管理费	利润
2-5-40	基础	$10m^3$	7845.95	3076.18	3646.96	0.00	672.15	450.66
2-5-41	钢管立柱 埋入	t	6141.76	1247.46	3896.39	397.50	359.42	240.99
2-5-42	钢管立柱 打入	t	5876.87	604.77	3835.54	890.71	326.76	219.09
2-5-43	波形栏杆 单面	t	5819.28	53.47	5687.61	42.99	21.08	14.13
2-5-44	波形栏杆 双面	t	5649.48	53.47	5517.81	42.99	21.08	14.13

十三、隔　离　栅

1. 立　　柱

编号	项目名称	单位	基价	人工费	材料费	施工机具使用费	管理费	利润
2-5-45	钢筋混凝土立柱 预制	$10m^3$	8279.11	2967.40	3735.55	361.22	727.30	487.64
2-5-46	钢筋混凝土立柱 安装	$10m^3$	6047.05	1004.00	227.40	3259.48	931.57	624.60
2-5-47	钢管立柱	t	6008.24	1419.32	3038.12	756.59	475.44	318.77
2-5-48	型钢立柱	t	11208.11	3087.10	3558.34	2517.13	1224.52	821.02

2. 网　　面

编号	项目名称	单位	基价	人工费	材料费	施工机具使用费	管理费	利润
2-5-49	金属网面挂设	$100m^2$	5421.79	1538.28	3261.95	44.02	345.73	231.81
2-5-50	框架式网片安装	$100m^2$	11776.88	1451.70	9795.31	0.00	317.20	212.67
2-5-51	刺铁丝	t	20293.44	11719.94	4295.72	0.00	2560.81	1716.97

十四、架空走线安装

编号	项目名称	单位	基价	人工费	材料费	施工机具使用费	管理费	利润
2-5-52	信号灯架空走线	100m	3859.51	543.72	3003.60	83.32	137.01	91.86

十五、信号灯、灯架安装

编号	项目名称	单位	基价	人工费	材料费	施工机具使用费	管理费	利润
2-5-53	立柱式	套	247.82	64.57	0.00	116.98	39.67	26.60
2-5-54	附着式	套	138.64	46.07	0.00	55.50	22.19	14.88
2-5-55	悬臂式灯架	套	878.42	231.62	0.00	411.91	140.61	94.28

十六、设备控制机箱安装

编号	项目名称	单位	基价	人工费	材料费	施工机具使用费	管理费	利润
2-5-56	悬挂式	只	634.24	372.78	49.95	55.27	93.53	62.71
2-5-57	落地式	只	1080.08	745.55	0.00	45.72	172.89	115.92

十七、防撞筒（墩）安装

编号	项目名称	单位	基价	人工费	材料费	施工机具使用费	管理费	利润
2-5-58	混凝土隔离墩	$10m^3$	8059.29	952.94	4911.79	1352.92	503.83	337.81
2-5-59	塑质隔离筒（墩）	10 个	43.91	18.32	0.00	13.85	7.03	4.71

十八、警　示　柱

编号	项目名称	单位	基价	人工费	材料费	施工机具使用费	管理费	利润
2-5-60	警示柱	个	110.58	36.26	44.79	11.94	10.53	7.06
2-5-61	广角镜安装	个	149.17	36.63	0.00	72.65	23.88	16.01

十九、减　速　垄

编号	项目名称	单位	基价	人工费	材料费	施工机具使用费	管理费	利润
2-5-62	减速垄	m	83.28	18.87	57.53	0.00	4.12	2.76

第三册

桥涵工程

第一章 桩 基

一、搭拆桩基础工作平台

编号	项目名称	单位	基价	人工费	材料费	施工机具使用费	管理费	利润
3-1-1	陆上工作平台 锤重（kg以内）2500	$100m^2$	4855.45	1255.04	2710.53	316.33	343.34	230.21
3-1-2	陆上工作平台 锤重（kg以内）5000	$100m^2$	6604.12	1390.83	4066.67	468.11	406.18	272.33
3-1-3	陆上工作平台 锤重（kg以内）8000	$100m^2$	8349.12	1526.44	5421.06	618.66	468.70	314.26
3-1-4	水上工作平台 锤重（kg以内）600	$100m^2$	31923.34	12400.55	3384.14	8507.29	4568.36	3063.00
3-1-5	水上工作平台 锤重（kg以内）1200	$100m^2$	37187.80	14251.66	3976.59	10078.89	5316.23	3564.43
3-1-6	水上工作平台 锤重（kg以内）1800	$100m^2$	47709.33	18390.11	4874.22	12990.92	6856.76	4597.32
3-1-7	水上工作平台 锤重（kg以内）2500	$100m^2$	60899.25	23008.27	6298.96	16991.94	8740.05	5860.03
3-1-8	水上工作平台 锤重（kg以内）4000	$100m^2$	89951.96	34243.50	8737.25	25254.46	13000.30	8716.45

二、组装拆卸船排

编号	项目名称	单位	基价	人工费	材料费	施工机具使用费	管理费	利润
3-1-9	船排（t）30×2	次	4923.23	2124.91	642.81	1010.93	685.18	459.40
3-1-10	船排（t）50×2	次	5748.17	2375.77	1058.38	1059.97	750.71	503.34
3-1-11	船排（t）80×2	次	11446.60	3277.09	1943.96	3684.55	1521.12	1019.88
3-1-12	船排（t）100×2	次	14084.25	3573.09	2666.94	4791.24	1827.61	1225.37
3-1-13	船排（t）120×2	次	23050.59	6314.61	2777.61	8537.39	3245.16	2175.82

三、组装拆卸柴油打桩机

编号	项目名称	单位	基价	人工费	材料费	施工机具使用费	管理费	利润
3-1-14	轨道式柴油打桩机 锤重（kg 以内） 600	架次	7466.78	1646.87	0.00	3823.30	1195.23	801.38
3-1-15	轨道式柴油打桩机 锤重（kg 以内） 1200	架次	8652.29	2380.21	0.00	3958.46	1385.00	928.62
3-1-16	轨道式柴油打桩机 锤重（kg 以内） 1800	架次	10073.52	3019.39	0.00	4360.48	1612.50	1081.15
3-1-17	轨道式柴油打桩机 锤重（kg 以内） 2500	架次	12062.58	3966.77	0.00	4870.28	1930.90	1294.63
3-1-18	轨道式柴油打桩机 锤重（kg 以内） 4000	架次	15959.14	6347.35	0.00	5344.33	2554.63	1712.83
3-1-19	履带式柴油打桩机 锤重（kg 以内） 2500	架次	10185.35	2656.79	0.00	4805.01	1630.40	1093.15
3-1-20	履带式柴油打桩机 锤重（kg 以内） 5000	架次	11579.56	3246.94	0.00	5236.25	1853.58	1242.79
3-1-21	履带式柴油打桩机 锤重（kg 以内） 7000	架次	12499.06	3571.61	0.00	5585.21	2000.77	1341.47
3-1-22	履带式柴油打桩机 锤重（kg 以内） 8000	架次	13041.79	3928.66	0.00	5625.77	2087.64	1399.72

四、钢筋混凝土方桩

编号	项目名称	单位	基价	人工费	材料费	施工机具使用费	管理费	利润
3-1-23	打预制钢筋混凝土方桩（桩长 m） 12 以内	$10m^3$	3106.85	878.38	0.00	1397.70	497.32	333.45
3-1-24	打预制钢筋混凝土方桩（桩长 m） 25 以内	$10m^3$	3408.74	728.16	0.00	1769.08	545.65	365.85
3-1-25	打预制钢筋混凝土方桩（桩长 m） 45 以内	$10m^3$	2913.28	624.19	0.00	1510.08	466.34	312.67

续前

编号	项目名称	单位	基价	人工费	材料费	施工机具使用费	管理费	利润
3-1-26	打预制钢筋混凝土方桩（桩长 m） 45 以外	$10m^3$	2654.26	543.16	0.00	1401.35	424.88	284.87
3-1-27	压预制钢筋混凝土方桩（桩长 m） 12 以内	$10m^3$	2206.51	589.41	0.00	1027.08	353.20	236.82
3-1-28	压预制钢筋混凝土方桩（桩长 m） 25 以内	$10m^3$	2662.07	462.32	0.00	1487.91	426.13	285.71
3-1-29	压预制钢筋混凝土方桩（桩长 m） 45 以内	$10m^3$	2340.89	369.82	0.00	1345.12	374.71	251.24
3-1-30	压预制钢筋混凝土方桩（桩长 m） 45 以外	$10m^3$	2168.06	323.57	0.00	1264.75	347.05	232.69

五、钢筋混凝土管桩

编号	项目名称	单位	基价	人工费	材料费	施工机具使用费	管理费	利润
3-1-31	打预应力钢筋混凝土管桩（桩径 mm） 400 以内	100m	3041.15	832.13	0.00	1395.82	486.81	326.39
3-1-32	打预应力钢筋混凝土管桩（桩径 mm） 500 以内	100m	4443.69	916.49	0.00	2338.96	711.32	476.92
3-1-33	打预应力钢筋混凝土管桩（桩径 mm） 600 以内	100m	4773.52	941.47	0.00	2555.62	764.11	512.32
3-1-34	打预应力钢筋混凝土管桩（桩径 mm） 600 以外	100m	4980.60	981.80	0.00	2666.99	797.26	534.55
3-1-35	压预应力钢筋混凝土管桩（桩径 mm） 400 以内	100m	4925.17	665.63	0.00	2942.55	788.39	528.60
3-1-36	压预应力钢筋混凝土管桩（桩径 mm） 500 以内	100m	5423.54	733.16	0.00	3240.13	868.16	582.09
3-1-37	压预应力钢筋混凝土管桩（桩径 mm） 600 以内	100m	6175.09	753.14	0.00	3770.73	988.47	662.75
3-1-38	压预应力钢筋混凝土管桩（桩径 mm） 600 以外	100m	7949.63	914.46	0.00	4909.45	1272.52	853.20

六、钢筋混凝土板桩

编号	项目名称	单位	基价	人工费	材料费	施工机具使用费	管理费	利润
3-1-39	打预制钢筋混凝土板桩（单桩体积 m^3） 1 以内	$10m^3$	6149.40	1255.60	184.34	3114.40	954.85	640.21
3-1-40	打预制钢筋混凝土板桩（单桩体积 m^3） 1.5 以内	$10m^3$	5106.02	1041.18	159.21	2582.86	791.85	530.92
3-1-41	打预制钢筋混凝土板桩（单桩体积 m^3） 2.5 以内	$10m^3$	4158.72	794.76	142.51	2147.52	642.89	431.04
3-1-42	打预制钢筋混凝土板桩（单桩体积 m^3） 2.5 以外	$10m^3$	3657.00	698.01	129.68	1886.11	564.63	378.57

七、钢　管　桩

编号	项目名称	单位	基价	人工费	材料费	施工机具使用费	管理费	利润
3-1-43	打钢管桩（桩径 mm）≤450 桩长（m） 30 以内	10t	8320.00	2008.73	0.00	4086.51	1331.81	892.95
3-1-44	打钢管桩（桩径 mm）≤450 桩长（m） 30 以外	10t	6165.90	1488.70	0.00	3028.44	987.00	661.76
3-1-45	打钢管桩（桩径 mm）≤650 桩长（m） 30 以内	10t	7531.14	1423.95	0.00	4093.37	1205.53	808.29
3-1-46	打钢管桩（桩径 mm）≤650 桩长（m） 30 以外	10t	5905.06	1116.48	0.00	3209.57	945.24	633.77
3-1-47	打钢管桩（桩径 mm）≤1000m 桩长（m） 30 以内	10t	5837.14	1040.26	0.00	3236.03	934.37	626.48
3-1-48	打钢管桩（桩径 mm）≤1000m 桩长（m） 30 以外	10t	4345.43	774.41	0.00	2409.05	695.59	466.38
3-1-49	钢管桩内切割（桩径 mm 以内）450	10 根	2748.03	741.30	341.68	1021.60	385.19	258.26
3-1-50	钢管桩内切割（桩径 mm 以内）650	10 根	3020.10	821.59	349.20	1135.11	427.54	286.66
3-1-51	钢管桩内切割（桩径 mm 以内）1000	10 根	3354.72	902.06	419.05	1248.62	469.92	315.07
3-1-52	钢管桩精割盖帽（桩径 mm 以内） 450	10 个	3350.04	888.00	727.20	1033.49	419.85	281.50

续前

编号	项目名称	单位	基价	人工费	材料费	施工机具使用费	管理费	利润
3-1-53	钢管桩精割盖帽（桩径 mm 以内） 650	10 个	4571.04	1221.00	998.41	1396.31	571.88	383.44
3-1-54	钢管桩精割盖帽（桩径 mm 以内） 1000	10 个	6565.02	1786.36	1402.49	1995.72	826.38	554.07
3-1-55	钢管内取土、填芯 管内钻孔取土	$10m^3$	2453.68	1081.51	0.00	716.06	392.77	263.34
3-1-56	钢管内取土、填芯 管内填混凝土	$10m^3$	4780.41	737.60	3770.86	2.00	161.60	108.35
3-1-57	钢管内取土、填芯 管内填黄砂	$10m^3$	2106.09	194.44	1837.95	2.00	42.92	28.78
3-1-58	钢管内取土、填芯 管内填碎石	$10m^3$	2516.92	322.64	2073.79	2.00	70.93	47.56

八、接桩、截（凿）桩头

编号	项目名称	单位	基价	人工费	材料费	施工机具使用费	管理费	利润
3-1-59	预制钢筋混凝土桩接桩 包角钢	10 根	3008.82	958.06	367.99	976.61	422.73	283.43
3-1-60	预制钢筋混凝土桩接桩 包钢板	10 根	4732.92	745.40	2540.80	860.55	350.90	235.27
3-1-61	预制钢筋混凝土桩接桩 法兰连接	10 根	4549.79	726.80	1053.83	1834.34	559.61	375.21
3-1-62	钢管桩电焊接桩（桩径 mm 以内） 450	10 个	2305.94	633.80	235.74	882.83	331.38	222.19
3-1-63	钢管桩电焊接桩（桩径 mm 以内） 650	10 个	3413.32	677.82	354.98	1562.72	489.56	328.24
3-1-64	钢管桩电焊接桩（桩径 mm 以内） 1000	10 个	4735.89	739.51	542.75	2332.39	671.21	450.03
3-1-65	预制钢筋混凝土桩截桩 方桩	10 根	990.48	411.99	290.40	100.89	112.06	75.14
3-1-66	预制钢筋混凝土桩截桩 管桩	10 根	745.71	334.65	196.02	68.05	87.99	59.00
3-1-67	凿桩头 预制钢筋混凝土桩	$10m^3$	2232.44	1316.42	0.00	319.07	357.35	239.60
3-1-68	凿桩头 灌注钢筋混凝土桩	$10m^3$	1801.23	1091.67	0.00	227.91	288.33	193.32
3-1-69	桩头钢筋整理	10 根	98.82	72.39	0.00	0.00	15.82	10.61

九、埋设钢护筒

编号	项目名称	单位	基价	人工费	材料费	施工机具使用费	管理费	利润
3-1-70	钢护筒埋设、拆除 陆上	t	2857.29	1697.01	322.84	159.73	405.70	272.01
3-1-71	钢护筒埋设不拆除 陆上	t	9268.48	1665.00	6755.40	176.08	402.28	269.72
3-1-72	水上钢护筒埋设（水深 m 以内） 5	t	9852.11	1424.50	6604.05	955.03	519.93	348.60
3-1-73	水上钢护筒埋设（水深 m 以内） 10	t	11162.90	1979.32	6604.05	1360.50	729.75	489.28
3-1-74	水上钢护筒埋设（水深 m 以内） 20	t	11797.88	2349.32	6604.05	1455.69	831.39	557.43

十、旋挖钻机钻孔

编号	项目名称	单位	基价	人工费	材料费	施工机具使用费	管理费	利润
3-1-75	$\phi \leqslant 1000$ 砂土、黏土、砂砾、砾石、卵石	$10m^3$	4156.39	738.71	164.24	2185.94	639.04	428.46
3-1-76	$\phi \leqslant 1200$ 砂土、黏土、砂砾、砾石、卵石	$10m^3$	4311.42	754.25	159.56	2287.41	664.60	445.60
3-1-77	$\phi \leqslant 1500$ 砂土、黏土、砂砾、砾石、卵石	$10m^3$	3286.06	569.80	153.28	1725.28	501.47	336.23
3-1-78	$\phi \leqslant 2000$ 砂土、黏土、砂砾、砾石、卵石	$10m^3$	2937.75	429.02	149.09	1613.95	446.39	299.30
3-1-79	$\phi \leqslant 1000$ 软岩	$10m^3$	10861.52	1513.86	152.28	6331.74	1714.26	1149.38
3-1-80	$\phi \leqslant 1200$ 软岩	$10m^3$	11786.81	1328.49	150.41	7196.34	1862.68	1248.89
3-1-81	$\phi \leqslant 1500$ 软岩	$10m^3$	9311.79	1050.25	141.10	5668.21	1467.98	984.25
3-1-82	$\phi \leqslant 2000$ 软岩	$10m^3$	8691.80	843.05	134.82	5425.80	1369.74	918.39
3-1-83	$\phi \leqslant 1000$ 较硬岩	$10m^3$	15438.14	2162.47	177.98	9017.14	2442.74	1637.81
3-1-84	$\phi \leqslant 1200$ 较硬岩	$10m^3$	16766.88	1897.55	167.21	10263.38	2657.16	1781.58
3-1-85	$\phi \leqslant 1500$ 较硬岩	$10m^3$	13224.53	1500.35	144.56	8082.05	2093.75	1403.82
3-1-86	$\phi \leqslant 2000$ 较硬岩	$10m^3$	12543.35	1204.17	117.65	7898.91	1989.02	1333.60

十一、回旋钻机钻孔

编号	项目名称	单位	基价	人工费	材料费	施工机具使用费	管理费	利润
3-1-87	$\phi\leqslant1000$，$H\leqslant40$m 砂土、黏土	10m³	5168.97	1468.90	291.92	2104.03	780.69	523.43
3-1-88	$\phi\leqslant1000$，$H\leqslant40$m 砂砾	10m³	8279.33	2171.35	438.67	3572.72	1255.08	841.51
3-1-89	$\phi\leqslant1000$，$H\leqslant40$m 砾石	10m³	12505.45	3130.76	443.41	5705.90	1930.81	1294.57
3-1-90	$\phi\leqslant1000$，$H\leqslant40$m 卵石	10m³	14586.34	3589.37	449.26	6767.46	2262.97	1517.28
3-1-91	$\phi\leqslant1000$，$H\leqslant40$m 软岩	10m³	22399.49	5410.88	167.48	10876.31	3558.75	2386.07
3-1-92	$\phi\leqslant1000$，$H\leqslant40$m 较硬岩	10m³	31717.47	7510.45	221.39	15563.60	5041.68	3380.35
3-1-93	$\phi\leqslant1000$，$H\leqslant60$m 砂土、黏土	10m³	5337.63	1514.60	292.73	2181.30	807.55	541.45
3-1-94	$\phi\leqslant1000$，$H\leqslant60$m 砂砾	10m³	8828.12	2312.13	442.56	3831.14	1342.30	899.99
3-1-95	$\phi\leqslant1000$，$H\leqslant60$m 砾石	10m³	13772.96	3442.67	448.67	6318.72	2132.86	1430.04
3-1-96	$\phi\leqslant1000$，$H\leqslant60$m 卵石	10m³	16886.02	4151.03	457.31	7884.65	2629.80	1763.23
3-1-97	$\phi\leqslant1000$，$H\leqslant60$m 软岩	10m³	28079.25	6748.43	187.01	13685.45	4464.80	2993.56
3-1-98	$\phi\leqslant1000$，$H\leqslant60$m 较硬岩	10m³	39539.50	9328.44	253.32	19452.64	6288.67	4216.43
3-1-99	$\phi\leqslant1200$，$H\leqslant40$m 砂土、黏土	10m³	3876.10	1164.95	275.01	1473.21	576.44	386.49
3-1-100	$\phi\leqslant1200$，$H\leqslant40$m 砂砾	10m³	6359.86	1715.14	409.58	2644.04	952.48	638.62
3-1-101	$\phi\leqslant1200$，$H\leqslant40$m 砾石	10m³	9500.18	2410.18	413.14	4246.99	1454.59	975.28
3-1-102	$\phi\leqslant1200$，$H\leqslant40$m 卵石	10m³	11243.69	2796.46	418.22	5134.29	1732.87	1161.85
3-1-103	$\phi\leqslant1200$，$H\leqslant40$m 软岩	10m³	16400.21	3993.78	144.76	7914.98	2602.06	1744.63
3-1-104	$\phi\leqslant1200$，$H\leqslant40$m 较硬岩	10m³	23671.29	5596.62	196.52	11601.02	3757.68	2519.45
3-1-105	$\phi\leqslant1200$，$H\leqslant60$m 砂土、黏土	10m³	4245.09	1198.43	269.46	1714.12	636.39	426.69
3-1-106	$\phi\leqslant1200$，$H\leqslant60$m 砂砾	10m³	7002.51	1821.14	405.56	3011.79	1056.00	708.02
3-1-107	$\phi\leqslant1200$，$H\leqslant60$m 砾石	10m³	10704.28	2642.17	407.08	4901.56	1648.31	1105.16
3-1-108	$\phi\leqslant1200$，$H\leqslant60$m 卵石	10m³	25056.01	3221.22	413.18	14832.13	3944.66	2644.82

续前

编号	项目名称	单位	基价	人工费	材料费	施工机具使用费	管理费	利润
3-1-109	$\phi\leqslant 1200$，$H\leqslant 60$m 软岩	$10m^3$	20942.11	4959.67	139.71	10280.18	3329.91	2232.64
3-1-110	$\phi\leqslant 1200$，$H\leqslant 60$m 较硬岩	$10m^3$	29835.01	6928.99	191.48	14787.88	4745.14	3181.52
3-1-111	$\phi\leqslant 1500$，$H\leqslant 40$m 砂土、黏土	$10m^3$	2958.57	882.27	259.67	1094.95	432.02	289.66
3-1-112	$\phi\leqslant 1500$，$H\leqslant 40$m 砂砾	$10m^3$	4597.44	1246.90	393.37	1833.00	672.96	451.21
3-1-113	$\phi\leqslant 1500$，$H\leqslant 40$m 砾石	$10m^3$	6726.18	1722.54	395.88	2915.04	1013.31	679.41
3-1-114	$\phi\leqslant 1500$，$H\leqslant 40$m 卵石	$10m^3$	8014.46	2006.88	399.78	3571.64	1218.91	817.25
3-1-115	$\phi\leqslant 1500$，$H\leqslant 40$m 软岩	$10m^3$	11343.73	2797.76	112.19	5430.47	1797.87	1205.44
3-1-116	$\phi\leqslant 1500$，$H\leqslant 40$m 较硬岩	$10m^3$	16251.47	3879.27	154.22	7913.59	2576.74	1727.65
3-1-117	$\phi\leqslant 1500$，$H\leqslant 60$m 砂土、黏土	$10m^3$	3137.35	894.66	259.67	1213.53	460.64	308.85
3-1-118	$\phi\leqslant 1500$，$H\leqslant 60$m 砂砾	$10m^3$	5167.87	1351.80	393.37	2146.00	764.27	512.43
3-1-119	$\phi\leqslant 1500$，$H\leqslant 60$m 砾石	$10m^3$	7749.30	1926.41	395.88	3460.71	1177.09	789.21
3-1-120	$\phi\leqslant 1500$，$H\leqslant 60$m 卵石	$10m^3$	9427.39	2297.33	399.78	4316.30	1445.08	968.90
3-1-121	$\phi\leqslant 1500$，$H\leqslant 60$m 软岩	$10m^3$	14555.83	3490.21	112.19	7091.21	2312.04	1550.18
3-1-122	$\phi\leqslant 1500$，$H\leqslant 60$m 较硬岩	$10m^3$	20779.90	4861.80	154.22	10248.59	3301.62	2213.67
3-1-123	$\phi\leqslant 2000$，$H\leqslant 40$m 砂土、黏土	$10m^3$	2102.54	651.57	248.62	706.62	296.76	198.97
3-1-124	$\phi\leqslant 2000$，$H\leqslant 40$m 砂砾	$10m^3$	3257.73	905.21	376.66	1205.47	461.18	309.21
3-1-125	$\phi\leqslant 2000$，$H\leqslant 40$m 砾石	$10m^3$	4645.02	1200.84	378.66	1924.70	682.93	457.89
3-1-126	$\phi\leqslant 2000$，$H\leqslant 40$m 卵石	$10m^3$	5426.54	1367.71	380.85	2328.77	807.68	541.53
3-1-127	$\phi\leqslant 2000$，$H\leqslant 40$m 软岩	$10m^3$	7519.75	1864.80	84.66	3582.15	1190.16	797.98
3-1-128	$\phi\leqslant 2000$，$H\leqslant 40$m 较硬岩	$10m^3$	10325.44	2455.51	112.88	5026.22	1634.76	1096.07
3-1-129	$\phi\leqslant 2000$，$H\leqslant 60$m 砂土、黏土	$10m^3$	2198.38	660.27	224.76	785.61	315.92	211.82
3-1-130	$\phi\leqslant 2000$，$H\leqslant 60$m 砂砾	$10m^3$	3538.67	957.56	343.51	1383.22	511.46	342.92
3-1-131	$\phi\leqslant 2000$，$H\leqslant 60$m 砾石	$10m^3$	5199.40	1312.02	345.14	2244.21	777.04	520.99
3-1-132	$\phi\leqslant 2000$，$H\leqslant 60$m 卵石	$10m^3$	11661.27	1510.16	347.71	6778.16	1811.00	1214.24
3-1-133	$\phi\leqslant 2000$，$H\leqslant 60$m 软岩	$10m^3$	8753.83	2111.41	81.19	4242.17	1388.26	930.80
3-1-134	$\phi\leqslant 2000$，$H\leqslant 60$m 较硬岩	$10m^3$	12166.07	2834.57	107.40	5999.62	1930.27	1294.21

十二、冲击式钻机钻孔

编号	项目名称	单位	基价	人工费	材料费	施工机具使用费	管理费	利润
3-1-135	$\phi \leqslant 1000$，$H \leqslant 20$m 砂土	$10m^3$	6508.58	2386.50	350.17	2125.15	985.80	660.96
3-1-136	$\phi \leqslant 1000$，$H \leqslant 20$m 黏土	$10m^3$	8160.55	2734.30	357.26	2982.39	1249.10	837.50
3-1-137	$\phi \leqslant 1000$，$H \leqslant 20$m 砂砾	$10m^3$	17808.58	4872.16	506.00	7803.72	2769.68	1857.02
3-1-138	$\phi \leqslant 1000$，$H \leqslant 20$m 砾石	$10m^3$	25905.87	6748.99	517.18	11850.78	4064.05	2724.87
3-1-139	$\phi \leqslant 1000$，$H \leqslant 20$m 卵石	$10m^3$	30637.79	7844.37	533.28	14210.21	4818.93	3231.00
3-1-140	$\phi \leqslant 1000$，$H \leqslant 20$m 软岩	$10m^3$	47964.46	11598.39	558.50	23131.25	7588.43	5087.89
3-1-141	$\phi \leqslant 1000$，$H \leqslant 20$m 较硬岩	$10m^3$	66788.15	15908.52	612.74	32571.64	10592.91	7102.34
3-1-142	$\phi \leqslant 1000$，$H \leqslant 20$m 坚硬岩	$10m^3$	113403.28	26667.20	662.11	55927.06	18046.85	12100.06
3-1-143	$\phi \leqslant 1000$，$H \leqslant 40$m 砂土	$10m^3$	7214.93	2160.80	329.35	2883.58	1102.20	739.00
3-1-144	$\phi \leqslant 1000$，$H \leqslant 40$m 黏土	$10m^3$	9525.33	2630.15	336.45	4101.63	1470.89	986.21
3-1-145	$\phi \leqslant 1000$，$H \leqslant 40$m 砂砾	$10m^3$	23133.88	5723.72	485.19	10868.73	3625.45	2430.79
3-1-146	$\phi \leqslant 1000$，$H \leqslant 40$m 砾石	$10m^3$	33737.78	8191.62	496.37	16161.06	5321.06	3567.67
3-1-147	$\phi \leqslant 1000$，$H \leqslant 40$m 卵石	$10m^3$	40620.75	9773.37	512.47	19609.99	6420.26	4304.66
3-1-148	$\phi \leqslant 1000$，$H \leqslant 40$m 软岩	$10m^3$	84379.05	16360.29	537.69	45061.95	13420.76	8998.36
3-1-149	$\phi \leqslant 1000$，$H \leqslant 40$m 较硬岩	$10m^3$	99430.03	23104.10	591.92	49304.77	15821.34	10607.90
3-1-150	$\phi \leqslant 1000$，$H \leqslant 40$m 坚硬岩	$10m^3$	161598.25	37495.06	641.30	80422.12	25764.90	17274.87
3-1-151	$\phi \leqslant 1000$，$H \leqslant 60$m 砂土	$10m^3$	6572.53	1957.86	321.32	2621.78	1000.65	670.92
3-1-152	$\phi \leqslant 1000$，$H \leqslant 60$m 黏土	$10m^3$	9176.23	2530.62	331.77	3948.84	1415.76	949.24
3-1-153	$\phi \leqslant 1000$，$H \leqslant 60$m 砂砾	$10m^3$	31747.06	6733.45	496.05	16161.06	5002.45	3354.05
3-1-154	$\phi \leqslant 1000$，$H \leqslant 60$m 砾石	$10m^3$	53297.38	9959.11	512.34	28711.25	8449.47	5665.21
3-1-155	$\phi \leqslant 1000$，$H \leqslant 60$m 卵石	$10m^3$	63410.19	12197.61	543.21	33858.79	10063.32	6747.26
3-1-156	$\phi \leqslant 1000$，$H \leqslant 60$m 软岩	$10m^3$	93444.01	23120.01	590.82	44904.31	14863.31	9965.56
3-1-157	$\phi \leqslant 1000$，$H \leqslant 60$m 较硬岩	$10m^3$	113449.67	26438.35	611.91	56226.67	18062.31	12110.43
3-1-158	$\phi \leqslant 1000$，$H \leqslant 60$m 坚硬岩	$10m^3$	183878.19	42744.25	662.22	91479.90	29327.98	19663.84
3-1-159	$\phi \leqslant 1500$，$H \leqslant 20$m 砂土	$10m^3$	3797.72	1063.01	279.87	1514.17	563.11	377.56
3-1-160	$\phi \leqslant 1500$，$H \leqslant 20$m 黏土	$10m^3$	4833.46	1271.51	283.62	2061.70	728.31	488.32
3-1-161	$\phi \leqslant 1500$，$H \leqslant 20$m 砂砾	$10m^3$	11337.60	2646.61	418.79	5352.52	1747.81	1171.87
3-1-162	$\phi \leqslant 1500$，$H \leqslant 20$m 砾石	$10m^3$	15542.31	3743.11	424.93	7331.89	2419.89	1622.49
3-1-163	$\phi \leqslant 1500$，$H \leqslant 20$m 卵石	$10m^3$	18889.21	4302.55	560.35	9125.19	2933.96	1967.16
3-1-164	$\phi \leqslant 1500$，$H \leqslant 20$m 软岩	$10m^3$	32508.92	7373.92	443.98	16116.88	5132.74	3441.40
3-1-165	$\phi \leqslant 1500$，$H \leqslant 20$m 较硬岩	$10m^3$	46031.82	10371.10	487.97	22994.36	7290.35	4888.04
3-1-166	$\phi \leqslant 1500$，$H \leqslant 20$m 坚硬岩	$10m^3$	73994.67	16767.11	529.05	37053.86	11759.88	7884.77
3-1-167	$\phi \leqslant 1500$，$H \leqslant 40$m 砂土	$10m^3$	4472.44	1325.34	282.16	1744.46	670.75	449.73
3-1-168	$\phi \leqslant 1500$，$H \leqslant 40$m 黏土	$10m^3$	5598.36	1518.67	285.91	2373.24	850.38	570.16

续前

编号	项目名称	单位	基价	人工费	材料费	施工机具使用费	管理费	利润
3-1-169	$\phi\leqslant1500$，$H\leqslant40$m 砂砾	$10m^3$	13586.47	3310.95	421.74	6333.54	2107.32	1412.92
3-1-170	$\phi\leqslant1500$，$H\leqslant40$m 砾石	$10m^3$	19497.78	4670.14	427.88	9300.48	3052.58	2046.70
3-1-171	$\phi\leqslant1500$，$H\leqslant40$m 卵石	$10m^3$	23089.85	5496.91	436.34	11099.07	3626.22	2431.31
3-1-172	$\phi\leqslant1500$，$H\leqslant40$m 软岩	$10m^3$	39812.47	9119.76	448.22	19718.52	6301.16	4224.81
3-1-173	$\phi\leqslant1500$，$H\leqslant40$m 较硬岩	$10m^3$	56009.01	12796.45	492.22	27875.19	8886.75	5958.40
3-1-174	$\phi\leqslant1500$，$H\leqslant40$m 坚硬岩	$10m^3$	89498.09	20467.11	533.95	44708.08	14240.78	9548.17
3-1-175	$\phi\leqslant1500$，$H\leqslant60$m 砂土	$10m^3$	5524.15	1670.18	297.62	2158.78	836.63	560.94
3-1-176	$\phi\leqslant1500$，$H\leqslant60$m 黏土	$10m^3$	12807.38	1823.55	299.53	7339.71	2002.17	1342.42
3-1-177	$\phi\leqslant1500$，$H\leqslant60$m 砂砾	$10m^3$	21411.34	4157.51	438.08	11207.51	3357.26	2250.98
3-1-178	$\phi\leqslant1500$，$H\leqslant60$m 砾石	$10m^3$	24129.02	5840.45	445.32	11510.24	3791.13	2541.88
3-1-179	$\phi\leqslant1500$，$H\leqslant60$m 卵石	$10m^3$	28368.43	6810.41	455.20	13638.84	4468.16	2995.82
3-1-180	$\phi\leqslant1500$，$H\leqslant60$m 软岩	$10m^3$	48852.76	11290.92	468.33	24155.55	7745.05	5192.91
3-1-181	$\phi\leqslant1500$，$H\leqslant60$m 较硬岩	$10m^3$	100258.72	15802.15	513.98	57270.92	15966.47	10705.20
3-1-182	$\phi\leqslant1500$，$H\leqslant60$m 坚硬岩	$10m^3$	108818.25	25002.38	556.22	54310.46	17329.86	11619.33
3-1-183	$\phi\leqslant2000$，$H\leqslant20$m 砂土	$10m^3$	3322.77	871.54	236.30	1389.61	494.06	331.26
3-1-184	$\phi\leqslant2000$，$H\leqslant20$m 黏土	$10m^3$	4254.24	1042.66	238.50	1899.28	642.81	430.99
3-1-185	$\phi\leqslant2000$，$H\leqslant20$m 砂砾	$10m^3$	10601.21	2170.05	360.89	5332.02	1639.20	1099.05
3-1-186	$\phi\leqslant2000$，$H\leqslant20$m 砾石	$10m^3$	14548.21	3069.52	364.71	7321.32	2270.40	1522.26
3-1-187	$\phi\leqslant2000$，$H\leqslant20$m 卵石	$10m^3$	17634.14	3528.14	365.58	9122.82	2764.23	1853.37
3-1-188	$\phi\leqslant2000$，$H\leqslant20$m 软岩	$10m^3$	30164.11	6046.54	370.27	15780.45	4769.20	3197.65
3-1-189	$\phi\leqslant2000$，$H\leqslant20$m 较硬岩	$10m^3$	42793.67	8504.27	406.12	22548.88	6785.11	4549.29
3-1-190	$\phi\leqslant2000$，$H\leqslant20$m 坚硬岩	$10m^3$	68872.46	13749.02	440.02	36384.64	10954.20	7344.58
3-1-191	$\phi\leqslant2000$，$H\leqslant40$m 砂土	$10m^3$	3911.78	1086.88	238.55	1604.13	587.99	394.23
3-1-192	$\phi\leqslant2000$，$H\leqslant40$m 黏土	$10m^3$	4929.26	1245.24	240.74	2189.57	750.51	503.20
3-1-193	$\phi\leqslant2000$，$H\leqslant40$m 砂砾	$10m^3$	12694.29	2714.88	363.43	6318.72	1973.84	1323.42
3-1-194	$\phi\leqslant2000$，$H\leqslant40$m 砾石	$10m^3$	18293.25	3829.69	367.25	9302.91	2869.47	1923.93
3-1-195	$\phi\leqslant2000$，$H\leqslant40$m 卵石	$10m^3$	21697.04	4507.34	379.19	11110.13	3412.42	2287.96
3-1-196	$\phi\leqslant2000$，$H\leqslant40$m 软岩	$10m^3$	36976.78	7478.07	382.27	19331.10	5857.80	3927.54
3-1-197	$\phi\leqslant2000$，$H\leqslant40$m 较硬岩	$10m^3$	52079.51	10493.20	418.09	27354.00	8269.61	5544.61
3-1-198	$\phi\leqslant2000$，$H\leqslant40$m 坚硬岩	$10m^3$	83312.65	16783.02	451.71	43920.97	13263.82	8893.13
3-1-199	$\phi\leqslant2000$，$H\leqslant60$m 砂土	$10m^3$	4840.05	1369.56	254.34	1989.93	734.05	492.17
3-1-200	$\phi\leqslant2000$，$H\leqslant60$m 黏土	$10m^3$	12300.17	1495.36	253.45	7330.07	1928.36	1292.93
3-1-201	$\phi\leqslant2000$，$H\leqslant60$m 砂砾	$10m^3$	20345.62	3409.18	375.57	11220.89	3196.67	2143.31
3-1-202	$\phi\leqslant2000$，$H\leqslant60$m 砾石	$10m^3$	22648.29	4789.28	379.34	11524.97	3564.66	2390.04
3-1-203	$\phi\leqslant2000$，$H\leqslant60$m 卵石	$10m^3$	26657.68	5584.60	382.78	13664.41	4205.91	2819.98
3-1-204	$\phi\leqslant2000$，$H\leqslant60$m 软岩	$10m^3$	45370.10	9258.51	382.95	23699.11	7201.24	4828.29
3-1-205	$\phi\leqslant2000$，$H\leqslant60$m 较硬岩	$10m^3$	94960.87	12957.77	424.89	56299.36	15132.68	10146.17
3-1-206	$\phi\leqslant2000$，$H\leqslant60$m 坚硬岩	$10m^3$	101301.21	20501.89	459.21	53375.03	16142.11	10822.97

十三、卷扬机带冲抓锥冲孔

编号	项目名称	单位	基价	人工费	材料费	施工机具使用费	管理费	利润
3-1-207	$H \leqslant 20$m 砂土	$10m^3$	3369.60	1605.25	347.59	608.68	483.74	324.34
3-1-208	$H \leqslant 20$m 黏土	$10m^3$	4023.76	1835.94	359.26	848.67	586.59	393.30
3-1-209	$H \leqslant 20$m 砂砾	$10m^3$	8562.90	3427.50	472.43	2499.58	1295.07	868.32
3-1-210	$H \leqslant 20$m 砾石	$10m^3$	12999.87	4954.86	478.94	4217.98	2004.27	1343.82
3-1-211	$H \leqslant 20$m 卵石	$10m^3$	16774.13	6426.90	530.81	5472.97	2600.12	1743.33
3-1-212	$H \leqslant 30$m 砂土	$10m^3$	3907.60	1668.89	347.59	939.18	569.86	382.08
3-1-213	$H \leqslant 30$m 黏土	$10m^3$	4430.22	1899.77	349.55	1089.73	653.21	437.96
3-1-214	$H \leqslant 30$m 砂砾	$10m^3$	10333.29	4087.76	472.43	3136.31	1578.46	1058.33
3-1-215	$H \leqslant 30$m 砾石	$10m^3$	16553.12	6188.25	478.94	5587.70	2573.05	1725.18
3-1-216	$H \leqslant 30$m 卵石	$10m^3$	20952.16	7946.49	547.79	7001.77	3266.19	2189.92
3-1-217	$H \leqslant 40$m 砂土	$10m^3$	4378.26	1812.45	347.59	1140.42	645.20	432.60
3-1-218	$H \leqslant 40$m 黏土	$10m^3$	5633.56	2257.56	349.55	1613.51	845.83	567.11
3-1-219	$H \leqslant 40$m 砂砾	$10m^3$	13566.48	4994.82	472.43	4597.89	2096.01	1405.33
3-1-220	$H \leqslant 40$m 砾石	$10m^3$	21220.52	7819.40	478.94	7375.90	3320.17	2226.11
3-1-221	$H \leqslant 40$m 卵石	$10m^3$	29120.57	10142.44	544.58	10792.35	4574.25	3066.95
3-1-222	$H \leqslant 50$m 砂土	$10m^3$	4975.57	1744.55	347.59	1645.91	740.82	496.70
3-1-223	$H \leqslant 50$m 黏土	$10m^3$	7095.52	2568.17	349.55	2373.93	1079.85	724.02
3-1-224	$H \leqslant 50$m 砂砾	$10m^3$	17032.57	5368.15	472.43	6763.82	2650.84	1777.33
3-1-225	$H \leqslant 50$m 砾石	$10m^3$	27768.15	8952.89	478.94	11039.21	4368.27	2928.84
3-1-226	$H \leqslant 50$m 卵石	$10m^3$	41049.73	13370.69	544.58	16303.41	6483.79	4347.26

十四、沉管灌注混凝土桩

编号	项目名称	单位	基价	人工费	材料费	施工机具使用费	管理费	利润
3-1-227	沉管灌注混凝土桩（桩径 mm）480 以下	$10m^3$	7983.33	1216.38	5087.84	904.86	463.49	310.76
3-1-228	沉管灌注混凝土桩（桩径 mm）600 以下	$10m^3$	9027.17	1494.99	5134.84	1356.53	623.06	417.75
3-1-229	沉管混凝土夯扩桩	$10m^3$	9565.51	2164.69	5134.97	1081.13	709.21	475.51

十五、泥浆池及泥浆制作、泥浆处理

编号	项目名称	单位	基价	人工费	材料费	施工机具使用费	管理费	利润
3-1-230	泥浆制作	$10m^3$	721.59	216.27	48.25	277.02	107.78	72.27
3-1-231	泥浆池建造和拆除	$10m^3$	89.95	40.15	33.56	1.16	9.03	6.05
3-1-232	泥浆固化处理	$10m^3$	885.47	30.90	200.34	471.03	109.67	73.53
3-1-233	泥浆运输 运距 1km 内	$10m^3$	1119.17	504.50	0.00	315.40	179.15	120.12
3-1-234	泥浆运输 每增加 1km	$10m^3$	89.94	0.00	0.00	65.89	14.40	9.65

十六、灌注桩混凝土

编号	项目名称	单位	基价	人工费	材料费	施工机具使用费	管理费	利润
3-1-235	回旋（旋挖）钻孔	$10m^3$	5558.36	215.90	4905.37	262.48	104.53	70.08
3-1-236	冲击钻孔	$10m^3$	6071.54	431.61	5108.71	273.76	154.12	103.34
3-1-237	冲抓钻孔	$10m^3$	6276.38	421.43	5312.05	285.04	154.36	103.50

十七、注浆管埋设及灌注桩后注浆

编号	项目名称	单位	基价	人工费	材料费	施工机具使用费	管理费	利润
3-1-238	注浆管埋设 无缝钢管	100m	1387.48	399.60	800.12	30.70	94.02	63.04
3-1-239	预留孔注浆 水泥浆	m^3	636.74	165.58	367.04	32.00	43.17	28.95
3-1-240	预留孔注浆 水泥水玻璃双液浆	m^3	2150.35	200.54	1832.35	32.43	50.90	34.13
3-1-241	预留孔注浆 水泥砂浆	m^3	763.63	165.58	514.75	16.75	39.84	26.71

十八、静钻根植桩

编号	项目名称	单位	基价	人工费	材料费	施工机具使用费	管理费	利润
3-1-242	静钻根植桩成孔 $\phi \leqslant 550$	m^3	280.34	46.81	30.32	136.36	40.02	26.83
3-1-243	静钻根植桩成孔 $\phi \leqslant 650$	m^3	255.14	34.97	25.48	133.28	36.76	24.65
3-1-244	静钻根植桩成孔 $\phi \leqslant 800$	m^3	230.03	29.42	21.07	123.66	33.45	22.43
3-1-245	静钻根植桩注浆 桩端	m^3	2176.37	20.91	1891.45	187.82	45.61	30.58
3-1-246	静钻根植桩注浆 桩周	m^3	943.81	20.91	824.17	66.74	19.15	12.84
3-1-247	静钻根植桩植桩 桩径（mm 以内） 550	10m	6585.69	50.88	6274.36	177.20	49.84	33.41
3-1-248	静钻根植桩植桩 桩径（mm 以内） 650	10m	6640.39	53.65	6280.73	209.84	57.57	38.60
3-1-249	静钻根植桩植桩 桩径（mm 以内） 800	10m	6722.00	69.56	6289.70	247.14	69.20	46.40
3-1-250	静钻根植桩送桩 桩径（mm 以内） 550	10m	557.07	38.85	0.00	369.26	89.17	59.79
3-1-251	静钻根植桩送桩 桩径（mm 以内） 650	10m	655.63	45.88	0.00	434.43	104.95	70.37
3-1-252	静钻根植桩送桩 桩径（mm 以内） 800	10m	923.89	68.64	0.00	608.20	147.89	99.16

十九、声　测　管

编号	项目名称	单位	基价	人工费	材料费	施工机具使用费	管理费	利润
3-1-253	声测管	t	4950.26	788.66	3730.32	105.07	195.28	130.93

二十、补 充 项 目

1. 接桩（浆锚连接）

编号	项目名称	单位	基价	人工费	材料费	施工机具使用费	管理费	利润
3-1-254	预制钢筋混凝土桩接桩 浆锚连接	10 根	3240.39	822.33	320.26	1316.96	467.43	313.41

第二章　基坑与边坡支护

一、地下连续墙

编号	项目名称	单位	基价	人工费	材料费	施工机具使用费	管理费	利润
3-2-1	导墙 导墙开挖	$10m^3$	655.40	269.73	138.65	108.84	82.72	55.46
3-2-2	导墙 现浇混凝土导墙 混凝土	$10m^3$	4324.20	494.51	3649.19	0.00	108.05	72.45
3-2-3	导墙 现浇混凝土导墙 模板	$10m^2$	861.61	433.09	270.44	0.00	94.63	63.45
3-2-4	挖土成槽（m以内）履带式液压抓斗 15	$10m^3$	3076.98	632.40	363.78	1355.29	434.31	291.20
3-2-5	挖土成槽（m以内）履带式液压抓斗 25	$10m^3$	3347.53	727.73	363.78	1458.17	477.62	320.23
3-2-6	挖土成槽（m以内）履带式液压抓斗 35	$10m^3$	3618.09	823.05	363.78	1561.06	520.93	349.27
3-2-7	挖土成槽（m以内）履带式液压抓斗 45	$10m^3$	5021.10	1371.44	363.78	2040.52	745.51	499.85
3-2-8	挖土成槽（m以内）二钻一抓 15	$10m^3$	5928.87	931.40	433.78	3094.30	879.62	589.77
3-2-9	挖土成槽（m以内）二钻一抓 35	$10m^3$	6997.33	960.69	433.78	3847.77	1050.65	704.44
3-2-10	挖土成槽（m以内）冲击式 25以内	$10m^3$	8000.10	2327.64	465.90	3191.92	1206.02	808.62
3-2-11	挖土成槽（m以内）冲击式 25以外	$10m^3$	8231.44	2397.70	474.76	3284.85	1241.64	832.49
3-2-12	挖土成槽 入岩增加费	$10m^3$	16617.56	4149.82	0.00	8024.21	2660.03	1783.50
3-2-13	接头管吊拔（m以内） 15	段	4171.91	1618.20	235.76	1265.43	630.07	422.45
3-2-14	接头管吊拔（m以内） 25	段	5114.87	2279.57	275.95	1265.43	774.58	519.34
3-2-15	接头管吊拔（m以内） 35	段	6254.02	2940.95	512.32	1265.43	919.09	616.23
3-2-16	接头管吊拔（m以内） 45	段	7373.53	3631.37	689.40	1265.43	1069.95	717.38
3-2-17	接头箱吊拔（m以内） 15	段	6429.17	2284.01	226.55	2260.04	992.87	665.70
3-2-18	接头箱吊拔（m以内） 25	段	8303.41	2940.95	320.37	2907.43	1277.87	856.79
3-2-19	接头箱吊拔（m以内） 35	段	10411.89	3631.37	546.80	3595.80	1579.14	1058.78
3-2-20	接头箱吊拔（m以内） 45	段	12776.67	4355.64	931.61	4322.06	1896.08	1271.28
3-2-21	连续墙型钢封口 连续墙型钢封口制作	t	7704.00	1563.07	5071.27	365.67	421.43	282.56
3-2-22	连续墙型钢封口 连续墙型钢封口安装	t	729.23	417.36	34.93	91.28	111.14	74.52
3-2-23	浇捣混凝土连续墙 清底置换	段	4708.86	1715.51	120.62	1645.84	734.45	492.44
3-2-24	浇捣混凝土连续墙 浇注混凝土	$10m^3$	6336.31	784.77	5043.53	162.32	206.94	138.75

二、咬合灌注桩

编号	项目名称	单位	基价	人工费	材料费	施工机具使用费	管理费	利润
3-2-25	咬合灌注桩 成孔	$10m^3$	5006.57	961.82	131.41	2609.73	780.38	523.23
3-2-26	咬合灌注桩 灌注混凝土	$10m^3$	7546.10	623.27	4379.00	1696.95	506.97	339.91

三、型钢水泥土搅拌墙

编号	项目名称	单位	基价	人工费	材料费	施工机具使用费	管理费	利润
3-2-27	三轴水泥土搅拌墙 水泥掺量20%	$10m^3$	2683.77	248.64	1726.14	452.92	153.29	102.78
3-2-28	五轴水泥土搅拌墙 水泥掺量20%	$10m^3$	2650.90	290.64	1726.14	386.84	148.03	99.25
3-2-29	水泥掺量每增减 1%	$10m^3$	87.39	0.00	87.39	0.00	0.00	0.00
3-2-30	渠式切割深层搅拌地下水泥土连续墙 （TRD）TRD 工法搅拌	$10m^3$	10421.63	914.64	2989.12	4530.42	1189.75	797.70
3-2-31	插拔型钢	t	1416.20	160.77	922.35	201.03	79.05	53.00

四、锚杆（索）

编号	项目名称	单位	基价	人工费	材料费	施工机具使用费	管理费	利润
3-2-32	锚杆 钻孔、压浆	10m	1761.30	495.25	89.32	729.64	267.64	179.45
3-2-33	锚杆 制作、安装	t	8980.49	3262.85	4366.50	117.36	738.58	495.20
3-2-34	锚索 钻孔、压浆	10m	2394.16	560.74	130.86	1097.36	362.29	242.91
3-2-35	锚索 制作、安装及张拉	t	19091.86	7546.71	7158.22	1195.88	1910.26	1280.79
3-2-36	锚索 锚墩、承压板制作、安装	10 套	9691.75	6513.30	801.09	0.00	1423.16	954.20

五、土　　钉

编号	项目名称	单位	基价	人工费	材料费	施工机具使用费	管理费	利润
3-2-37	砂浆土钉	10m	466.89	179.45	175.52	34.01	46.64	31.27
3-2-38	钢管护坡土钉	10m	772.19	260.67	332.89	61.16	70.32	47.15

六、喷射混凝土

编号	项目名称	单位	基价	人工费	材料费	施工机具使用费	管理费	利润
3-2-39	喷射混凝土挂网 制作、安装	t	6001.33	1514.04	3596.23	247.94	384.99	258.13
3-2-40	喷射混凝土支护无筋 初喷 5cm	$100m^2$	6017.87	2142.67	2124.29	709.77	623.26	417.88
3-2-41	喷射混凝土支护无筋 每增 1cm	$100m^2$	910.38	230.70	401.61	142.03	81.44	54.60
3-2-42	喷射混凝土支护有筋 初喷 5cm	$100m^2$	7127.78	2678.25	2260.84	887.27	779.07	522.35
3-2-43	喷射混凝土支护有筋 每增 1cm	$100m^2$	1037.08	288.05	401.61	177.50	101.72	68.20

七、骨架护坡（格构护坡）

编号	项目名称	单位	基价	人工费	材料费	施工机具使用费	管理费	利润
3-2-44	格构护坡 浆砌块石骨架	$10m^3$	8263.40	2593.15	4723.75	0.00	566.60	379.90
3-2-45	格构护坡 现浇混凝土骨架	$10m^3$	7217.10	2618.31	3643.11	0.00	572.10	383.58
3-2-46	格构护坡 现浇混凝土骨架模板	$10m^2$	964.74	462.87	328.55	3.20	101.84	68.28
3-2-47	格构护坡 预制骨架	$10m^3$	14320.99	2181.71	11342.96	0.00	476.70	319.62

第三章　现浇混凝土构件

一、垫　　层

编号	项目名称	单位	基价	人工费	材料费	施工机具使用费	管理费	利润
3-3-1	垫层 碎石	$10m^3$	3968.42	550.38	3217.15	0.00	120.26	80.63
3-3-2	垫层 混凝土	$10m^3$	4329.44	543.90	3587.02	0.00	118.84	79.68

二、混凝土基础

编号	项目名称	单位	基价	人工费	材料费	施工机具使用费	管理费	利润
3-3-3	混凝土基础 毛石混凝土	$10m^3$	4456.39	479.52	3662.64	101.98	127.06	85.19
3-3-4	混凝土基础 混凝土	$10m^3$	4389.70	457.32	3590.95	127.84	127.86	85.73
3-3-5	混凝土基础 模板	$10m^2$	632.64	282.68	186.72	44.00	71.38	47.86

三、混凝土承台

编号	项目名称	单位	基价	人工费	材料费	施工机具使用费	管理费	利润
3-3-6	承台 混凝土	$10m^3$	4540.88	559.81	3776.74	0.00	122.32	82.01
3-3-7	承台 模板（无底模）	$10m^2$	689.29	351.13	160.16	36.51	84.70	56.79
3-3-8	承台 模板（有底模）	$10m^2$	1203.09	445.85	449.75	106.05	120.59	80.85

四、混凝土墩（台）帽

编号	项目名称	单位	基价	人工费	材料费	施工机具使用费	管理费	利润
3-3-9	墩帽 混凝土	$10m^3$	4733.42	695.05	3784.68	0.00	151.87	101.82
3-3-10	墩帽 模板	$10m^2$	1386.93	571.84	417.85	138.11	155.12	104.01
3-3-11	台帽 混凝土	$10m^3$	4710.98	677.10	3786.73	0.00	147.95	99.20
3-3-12	台帽 模板	$10m^2$	1436.17	555.00	494.25	135.05	150.78	101.09

五、混凝土墩（台）身

编号	项目名称	单位	基价	人工费	材料费	施工机具使用费	管理费	利润
3-3-13	轻型桥台 混凝土	$10m^3$	4968.16	872.83	3776.75	0.00	190.71	127.87
3-3-14	轻型桥台 模板	$10m^2$	1085.60	436.23	346.80	105.02	118.26	79.29
3-3-15	实体式桥台 混凝土	$10m^3$	4660.29	655.46	3765.59	0.00	143.22	96.02
3-3-16	实体式桥台 模板	$10m^2$	1159.70	555.00	191.21	154.52	155.03	103.94
3-3-17	拱桥墩身 混凝土	$10m^3$	4716.15	698.19	3763.13	0.00	152.55	102.28
3-3-18	拱桥墩身 模板	$10m^2$	1209.66	493.95	444.06	66.93	122.55	82.17
3-3-19	拱桥台身 混凝土	$10m^3$	4756.32	727.24	3763.64	0.00	158.90	106.54
3-3-20	拱桥台身 模板	$10m^2$	1518.44	479.71	681.02	133.78	134.05	89.88
3-3-21	柱式墩台身 混凝土	$10m^3$	5107.38	945.35	3816.98	0.00	206.56	138.49
3-3-22	柱式墩台身 模板	$10m^2$	1517.00	900.77	221.60	48.24	207.36	139.03

六、混凝土支撑梁及横梁

编号	项目名称	单位	基价	人工费	材料费	施工机具使用费	管理费	利润
3-3-23	支撑梁 混凝土	$10m^3$	4641.16	593.67	3830.80	0.00	129.72	86.97
3-3-24	支撑梁 模板	$10m^2$	1248.46	503.57	443.18	86.38	128.90	86.43
3-3-25	横梁 混凝土	$10m^3$	4559.34	560.37	3794.44	0.00	122.44	82.09
3-3-26	横梁 模板	$10m^2$	1259.78	506.35	420.97	108.16	134.27	90.03

七、混凝土墩（台）盖梁

编号	项目名称	单位	基价	人工费	材料费	施工机具使用费	管理费	利润
3-3-27	墩盖梁 混凝土	$10m^3$	4729.51	695.05	3780.77	0.00	151.87	101.82
3-3-28	墩盖梁 模板	$10m^2$	1423.47	699.30	154.26	230.52	203.17	136.22
3-3-29	台盖梁 混凝土	$10m^3$	4706.01	677.10	3781.76	0.00	147.95	99.20
3-3-30	台盖梁 模板	$10m^2$	1562.06	769.23	168.52	251.68	223.07	149.56

八、混凝土拱桥

编号	项目名称	单位	基价	人工费	材料费	施工机具使用费	管理费	利润
3-3-31	拱座 混凝土	$10m^3$	5221.80	1060.42	3774.33	0.00	231.70	155.35
3-3-32	拱座 模板	$10m^2$	2511.36	1504.79	421.50	26.24	334.53	224.30
3-3-33	拱肋 混凝土	$10m^3$	5618.02	1303.14	3839.23	0.00	284.74	190.91
3-3-34	拱肋 模板	$10m^2$	1645.78	920.19	358.10	23.17	206.12	138.20
3-3-35	拱上构件 混凝土	$10m^3$	5820.99	1487.59	3790.43	0.00	325.04	217.93
3-3-36	拱上构件 模板	$10m^2$	1849.75	1034.89	414.87	16.30	229.69	154.00
3-3-37	板拱 混凝土	$10m^3$	5256.42	1063.01	3805.41	0.00	232.27	155.73
3-3-38	板拱 模板	$10m^2$	1838.44	844.71	365.38	234.45	235.80	158.10

九、混 凝 土 梁

编号	项目名称	单位	基价	人工费	材料费	施工机具使用费	管理费	利润
3-3-39	现浇混凝土 0 号块件 混凝土	$10m^3$	5569.95	1086.32	4087.12	0.00	237.36	159.15
3-3-40	现浇混凝土 0 号块件 模板	$10m^2$	3061.01	1741.59	441.11	177.75	419.38	281.18
3-3-41	悬浇混凝土箱梁 混凝土	$10m^3$	6032.90	1419.14	4095.78	0.00	310.08	207.90
3-3-42	悬浇混凝土箱梁 模板	$10m^2$	2584.68	1394.16	458.26	163.66	340.38	228.22
3-3-43	支架上现浇混凝土箱梁 混凝土	$10m^3$	5753.38	1200.10	4115.25	0.00	262.22	175.81
3-3-44	支架上现浇混凝土箱梁 模板	$10m^2$	2021.70	1047.66	421.07	124.96	256.22	171.79
3-3-45	实心板梁 混凝土	$10m^3$	4846.25	736.67	3840.70	0.00	160.96	107.92
3-3-46	实心板梁 模板	$10m^2$	1109.40	571.84	148.63	132.02	153.79	103.12
3-3-47	空心板梁 混凝土	$10m^3$	5081.98	886.15	3872.39	0.00	193.62	129.82
3-3-48	空心板梁 模板	$10m^2$	1684.68	879.86	353.34	95.48	213.11	142.89

十、混 凝 土 板

编号	项目名称	单位	基价	人工费	材料费	施工机具使用费	管理费	利润
3-3-49	矩形实体连续板 混凝土	$10m^3$	5026.79	899.66	3798.75	0.00	196.58	131.80
3-3-50	矩形实体连续板 模板	$10m^2$	723.02	307.66	140.43	119.14	93.26	62.53
3-3-51	矩形空心连续板 混凝土	$10m^3$	5081.50	918.16	3828.21	0.00	200.62	134.51
3-3-52	矩形空心连续板 模板	$10m^2$	1179.09	541.13	324.25	85.12	136.84	91.75

十一、混凝土挡墙

编号	项目名称	单位	基价	人工费	材料费	施工机具使用费	管理费	利润
3-3-53	挡墙墙身 混凝土	$10m^3$	4586.03	600.14	3766.84	0.00	131.13	87.92
3-3-54	挡墙墙身 模板	$10m^2$	989.51	384.80	189.69	201.15	128.03	85.84
3-3-55	挡墙压顶 混凝土	$10m^3$	4126.18	227.55	3815.57	0.00	49.72	33.34
3-3-56	挡墙压顶 模板	$10m^2$	1089.71	556.11	305.26	18.58	125.57	84.19

十二、混凝土小型构件

编号	项目名称	单位	基价	人工费	材料费	施工机具使用费	管理费	利润
3-3-57	楼梯 混凝土	$10m^3$	4358.35	408.48	3800.78	0.00	89.25	59.84
3-3-58	楼梯 模板	$10m^2$	2460.63	1557.15	140.50	142.58	371.39	249.01
3-3-59	防撞护栏 混凝土	$10m^3$	5536.46	1285.57	3781.65	0.00	280.90	188.34
3-3-60	防撞护栏 模板	$10m^2$	1403.85	613.83	84.26	352.90	211.23	141.63
3-3-61	立柱、端柱、灯柱 混凝土	$10m^3$	8242.32	3083.95	4032.73	0.00	673.84	451.80
3-3-62	立柱、端柱、灯柱 模板	$10m^2$	1649.53	928.70	345.07	26.95	208.81	140.00
3-3-63	地梁、侧石、缘石 混凝土	$10m^3$	7527.81	2710.25	3828.32	0.00	592.19	397.05
3-3-64	支座垫石 混凝土	$10m^3$	5437.32	1179.93	3826.72	0.00	257.81	172.86
3-3-65	地梁、侧石、缘石、支座垫石模板	$10m^2$	892.86	420.88	298.49	14.56	95.14	63.79

十三、桥 面 铺 装

编号	项目名称	单位	基价	人工费	材料费	施工机具使用费	管理费	利润
3-3-66	桥面混凝土铺筑 整体化层	$10m^3$	5615.48	1207.31	3967.50	0.00	263.80	176.87
3-3-67	桥面混凝土铺筑 人行道	$10m^3$	4559.54	461.58	3929.48	0.00	100.86	67.62
3-3-68	桥面混凝土铺筑 车行道	$10m^3$	4718.71	496.91	4040.43	0.00	108.57	72.80
3-3-69	伸缩缝钢纤维混凝土	$10m^3$	9141.51	521.70	8429.39	0.00	113.99	76.43

十四、混凝土桥头搭板

编号	项目名称	单位	基价	人工费	材料费	施工机具使用费	管理费	利润
3-3-70	搭板 混凝土	$10m^3$	4659.39	626.04	3804.85	0.00	136.79	91.71
3-3-71	搭板 模板	$10m^2$	696.91	416.99	73.80	39.50	99.74	66.88

十五、钢管拱肋混凝土

编号	项目名称	单位	基价	人工费	材料费	施工机具使用费	管理费	利润
3-3-72	钢管拱肋混凝土	$10m^3$	5436.37	832.50	4265.70	25.14	187.39	125.64

十六、桥 涵 支 架

编号	项目名称	单位	基价	人工费	材料费	施工机具使用费	管理费	利润
3-3-73	支架预压	10t	567.82	117.85	325.78	59.47	38.74	25.98
3-3-74	拱涵 木拱盔	$100m^3$ 空间体积	22804.30	13008.28	1604.90	2522.41	3393.46	2275.25

续前

编号	项目名称	单位	基价	人工费	材料费	施工机具使用费	管理费	利润
3-3-75	拱桥 木拱盔	$100m^3$ 空间体积	19543.39	9435.74	5154.34	1105.69	2303.30	1544.32
3-3-76	木支架	$100m^3$ 空间体积	9849.60	4630.92	2357.99	857.44	1199.21	804.04
3-3-77	木垛	$100m^3$ 空间体积	10050.76	4000.07	1307.32	2405.38	1399.59	938.40
3-3-78	满堂式钢管支架	$100m^3$ 空间体积	3441.90	2432.38	121.70	0.00	531.48	356.34
3-3-79	装配式钢支架	$100m^3$ 空间体积	16269.73	9212.63	294.57	2490.78	2557.20	1714.55
3-3-80	0 号块扇形支架制作	t	9318.10	3175.90	4141.36	616.58	828.66	555.60
3-3-81	0 号块扇形支架安装、拆除	m	6574.33	3492.99	129.11	1228.78	1031.71	691.74
3-3-82	防撞墙悬挑支架	10m	2731.94	1451.88	448.98	220.62	365.44	245.02
3-3-83	门式钢支架	$100m^3$ 空间体积	1413.88	740.37	223.01	132.06	190.63	127.81
3-3-84	钢管柱支架 下部	10t	26150.28	7379.84	10167.04	4329.49	2558.49	1715.42
3-3-85	钢管柱支架 上部	10t	40726.76	13227.50	12571.34	7399.18	4506.93	3021.81

十七、挂篮制作、安装、拆除、推移

编号	项目名称	单位	基价	人工费	材料费	施工机具使用费	管理费	利润
3-3-86	挂篮制作	t	8826.12	3730.16	2784.27	696.10	967.14	648.45
3-3-87	挂篮安装、拆除	t	1053.45	169.09	39.50	573.73	162.31	108.82
3-3-88	挂篮推移	t·m	31.74	6.48	4.89	13.19	4.30	2.88

十八、混凝土输送及泵管安装、拆除使用

编号	项目名称	单位	基价	人工费	材料费	施工机具使用费	管理费	利润
3-3-89	混凝土输送 泵车	m^3	36.34	0.00	0.53	26.24	5.73	3.84
3-3-90	混凝土输送 固定泵	m^3	38.32	0.00	0.53	27.68	6.05	4.06
3-3-91	混凝土输送 起重机配料斗	m^3	60.72	10.36	0.00	34.12	9.72	6.52
3-3-92	垂直泵管 安装、拆除	m	50.42	32.56	5.05	0.68	7.26	4.87
3-3-93	垂直泵管 使用	m·d	0.20	0.00	0.20	0.00	0.00	0.00
3-3-94	水平泵管 安装、拆除	m	16.48	9.25	2.93	0.68	2.17	1.45
3-3-95	水平泵管 使用	m·d	0.20	0.00	0.20	0.00	0.00	0.00

十九、复合模板及定型钢模

编号	项目名称	单位	基价	人工费	材料费	施工机具使用费	管理费	利润
3-3-96	复合模板	$10m^2$	889.62	327.27	302.62	102.77	93.96	63.00
3-3-97	定型钢模	$10m^2$	1107.21	354.65	343.20	205.06	122.30	82.00

二十、高架桥异型钢模板

编号	项目名称	单位	基价	人工费	材料费	施工机具使用费	管理费	利润
3-3-98	高架桥异型钢模板 实体式桥台	$10m^2$	1159.99	180.93	638.41	201.18	83.49	55.98
3-3-99	高架桥异型钢模板 柱式墩台身	$10m^2$	1645.03	293.78	808.08	319.37	133.97	89.83
3-3-100	高架桥异型钢模板 墩盖梁	$10m^2$	1453.47	227.55	706.93	319.37	119.50	80.12
3-3-101	高架桥异型钢模板 台盖梁	$10m^2$	1528.88	250.31	706.93	351.85	131.57	88.22
3-3-102	高架桥异型钢模板 防撞护栏	$10m^2$	1189.43	200.17	555.09	264.55	101.54	68.08

二十一、补 充 项 目

1. 冷却管安装

编号	项目名称	单位	基价	人工费	材料费	施工机具使用费	管理费	利润
3-3-103	冷却管安装	t	5942.10	476.19	4666.61	458.24	204.17	136.89

第四章　预制混凝土构件

一、预制混凝土梁

编号	项目名称	单位	基价	人工费	材料费	施工机具使用费	管理费	利润
3-4-1	T形梁 混凝土	$10m^3$	5290.83	862.47	4113.56	0.00	188.45	126.35
3-4-2	T形梁 模板	$10m^2$	1485.42	700.23	371.24	116.02	178.35	119.58
3-4-3	陆上安装 T 形梁（长度 m 以内） 20	$10m^3$	1446.60	200.36	0.00	859.42	231.56	155.26
3-4-4	陆上安装 T 形梁（长度 m 以内） 30	$10m^3$	1901.25	190.18	0.00	1202.68	304.34	204.05
3-4-5	陆上安装 T 形梁（长度 m 以内） 40	$10m^3$	1918.74	180.75	0.00	1224.92	307.14	205.93
3-4-6	水上安装 T 形梁（长度 m 以内） 20	$10m^3$	8568.10	1572.50	292.32	4490.34	1324.73	888.21
3-4-7	水上安装 T 形梁（长度 m 以内） 30	$10m^3$	8486.33	1528.84	292.32	4474.10	1311.64	879.43
3-4-8	I形梁 混凝土	$10m^3$	5306.48	896.70	4082.48	0.00	195.93	131.37
3-4-9	I形梁 模板	$10m^2$	1249.76	638.99	356.68	15.28	142.96	95.85
3-4-10	陆上安装 I 形梁（长度 m 以内） 20	$10m^3$	1095.05	221.26	0.00	580.97	175.29	117.53
3-4-11	陆上安装 I 形梁（长度 m 以内） 30	$10m^3$	1343.14	210.35	0.00	773.64	215.00	144.15
3-4-12	水上安装 I 形梁（长度 m 以内） 20	$10m^3$	8002.77	1782.48	288.26	3869.17	1234.89	827.97
3-4-13	水上安装 I 形梁（长度 m 以内） 30	$10m^3$	8952.97	1727.35	290.26	4618.96	1386.67	929.73
3-4-14	实心板梁 混凝土	$10m^3$	5148.80	798.83	4058.40	0.00	174.54	117.03
3-4-15	实心板梁 模板	$10m^2$	679.98	394.42	138.71	2.12	86.64	58.09
3-4-16	空心板梁（非预应力）混凝土	$10m^3$	5361.86	901.69	4131.05	0.00	197.02	132.10
3-4-17	空心板梁（非预应力）模板	$10m^2$	1950.41	1152.92	157.51	160.56	287.00	192.42
3-4-18	空心板梁（预应力）混凝土	$10m^3$	5294.19	837.68	4150.76	0.00	183.03	122.72
3-4-19	空心板梁（预应力）模板	$10m^2$	2241.52	1312.76	171.86	203.47	331.30	222.13
3-4-20	陆上安装板梁(长度 m 以内）10	$10m^3$	713.92	192.40	0.00	330.62	114.28	76.62
3-4-21	陆上安装板梁(长度 m 以内）13	$10m^3$	714.34	187.22	0.00	336.10	114.35	76.67
3-4-22	陆上安装板梁(长度 m 以内）16	$10m^3$	968.82	159.84	0.00	549.92	155.08	103.98
3-4-23	陆上安装板梁(长度 m 以内）20	$10m^3$	986.60	138.38	0.00	584.40	157.93	105.89

续前

编号	项目名称	单位	基价	人工费	材料费	施工机具使用费	管理费	利润
3-4-24	陆上安装板梁(长度m以内)25	$10m^3$	1053.58	129.50	0.00	642.35	168.65	113.08
3-4-25	水上安装板梁(长度m以内)10	$10m^3$	5780.47	1444.67	127.99	2696.34	904.81	606.66
3-4-26	水上安装板梁(长度m以内)13	$10m^3$	5667.54	1422.84	127.99	2635.44	886.73	594.54
3-4-27	水上安装板梁(长度m以内)16	$10m^3$	5889.54	1422.84	267.87	2695.60	899.88	603.35
3-4-28	水上安装板梁(长度m以内)20	$10m^3$	6000.03	1336.26	275.83	2857.29	916.29	614.36
3-4-29	水上安装板梁(长度m以内)25	$10m^3$	5976.55	1302.40	330.52	2833.88	903.78	605.97
3-4-30	预应力箱形梁 混凝土	$10m^3$	5514.46	1021.20	4120.52	0.00	223.13	149.61
3-4-31	预应力箱形梁 模板	$10m^2$	2246.18	1535.50	80.16	51.33	346.72	232.47
3-4-32	预应力箱形梁 双导梁安装	$10m^3$	2105.62	660.82	119.68	794.08	317.90	213.14
3-4-33	预应力箱形节段梁 架桥机安装	$10m^3$	6875.59	3269.69	68.60	1717.11	1089.62	730.57
3-4-34	箱形块件 混凝土	$10m^3$	5518.98	1026.57	4117.71	0.00	224.31	150.39
3-4-35	箱形块件 模板	$10m^2$	2208.21	1501.83	88.14	51.33	339.37	227.54
3-4-36	箱形块件 双导梁安装	$10m^3$	2589.57	766.46	119.68	1042.99	395.36	265.08
3-4-37	环氧树脂接缝	$10m^2$	2316.37	1090.58	827.73	0.00	238.29	159.77
3-4-38	槽形梁 混凝土	$10m^3$	5359.96	932.40	4087.23	0.00	203.73	136.60
3-4-39	槽形梁 模板	$10m^2$	2927.14	1579.53	391.62	277.99	405.87	272.13
3-4-40	陆上安装槽型梁(长度m) 30以内	$10m^3$	1675.56	316.54	0.00	910.98	268.21	179.83
3-4-41	陆上安装槽型梁(长度m) 30以外	$10m^3$	1918.36	273.80	0.00	1131.59	307.08	205.89
3-4-42	水上安装槽型梁(长度m) 30以内	$10m^3$	8049.16	1591.37	290.26	4092.81	1241.99	832.73
3-4-43	水上安装槽型梁(长度m) 30以外	$10m^3$	10478.74	1750.29	383.70	5645.34	1615.95	1083.46

二、预制混凝土柱

编号	项目名称	单位	基价	人工费	材料费	施工机具使用费	管理费	利润
3-4-44	矩形柱 混凝土	$10m^3$	5321.89	905.39	4086.03	0.00	197.83	132.64
3-4-45	矩形柱 模板	$10m^2$	621.29	373.70	109.45	1.28	81.93	54.93
3-4-46	异型柱 混凝土	$10m^3$	5460.62	1001.22	4093.95	0.00	218.77	146.68
3-4-47	异型柱 模板	$10m^2$	1216.57	567.03	424.00	13.61	126.87	85.06
3-4-48	柱安装	$10m^3$	3406.31	1553.26	63.32	895.82	535.12	358.79
3-4-49	柱式墩台管节安装(管径mm以内) 1000	10m	1351.18	799.94	14.34	179.43	213.99	143.48
3-4-50	柱式墩台管节安装(管径mm以内) 1500	10m	2709.47	1647.06	52.57	299.39	425.30	285.15
3-4-51	柱式墩台管节安装(管径mm以内) 2000	10m	3561.49	2143.78	90.80	398.85	555.56	372.50

三、预制混凝土板

编号	项目名称	单位	基价	人工费	材料费	施工机具使用费	管理费	利润
3-4-52	矩形板 混凝土	$10m^3$	5035.99	897.62	3810.74	0.00	196.13	131.50
3-4-53	矩形板 模板	$10m^2$	570.95	322.27	129.15	1.39	70.72	47.42
3-4-54	矩形板 安装	$10m^3$	1348.89	516.71	200.71	324.45	183.79	123.23
3-4-55	空心板 混凝土	$10m^3$	5086.63	916.68	3835.37	0.00	200.29	134.29
3-4-56	空心板 模板	$10m^2$	913.04	499.87	210.39	14.89	112.48	75.41
3-4-57	空心板 安装	$10m^3$	1182.06	425.50	191.15	300.44	158.62	106.35
3-4-58	微弯板 混凝土	$10m^3$	5247.15	1019.17	3855.98	0.00	222.69	149.31
3-4-59	微弯板 模板	$10m^2$	990.18	520.04	265.26	11.04	116.04	77.80
3-4-60	微弯板 安装	$10m^3$	9146.69	4610.57	409.27	1790.47	1398.63	937.75

四、预制混凝土拱桥构件

编号	项目名称	单位	基价	人工费	材料费	施工机具使用费	管理费	利润
3-4-61	板拱 混凝土	$10m^3$	5329.82	1119.07	3802.29	0.00	244.52	163.94
3-4-62	板拱 模板	$10m^2$	1544.54	892.26	275.60	37.37	203.12	136.19
3-4-63	安装板拱 扒杆安装	$10m^3$	9756.90	4594.66	191.48	2412.97	1531.17	1026.62
3-4-64	安装板拱 起重机安装	$10m^3$	7597.16	2206.50	66.90	3310.18	1205.39	808.19
3-4-65	桁架拱拱片 混凝土	$10m^3$	5732.41	1337.18	3907.16	0.00	292.17	195.90
3-4-66	桁架拱拱片 模板	$10m^2$	2363.23	1510.90	224.88	55.66	342.29	229.50
3-4-67	桁架拱拱片 安装	$10m^3$	9824.70	4325.30	243.11	2694.18	1533.76	1028.35
3-4-68	桁架拱横向联系构件 混凝土	$10m^3$	6303.36	1797.83	3849.32	0.00	392.83	263.38
3-4-69	桁架拱横向联系构件 模板	$10m^2$	1628.31	958.30	264.58	40.77	218.30	146.36
3-4-70	桁架拱横向联系构件 安装	$10m^3$	8183.36	3616.01	55.52	2338.45	1301.05	872.33
3-4-71	双曲拱肋 混凝土	$10m^3$	5312.09	1057.46	3868.65	0.00	231.06	154.92
3-4-72	双曲拱肋 模板	$10m^2$	1166.33	599.03	326.05	16.56	134.51	90.18
3-4-73	双曲拱肋 安装	$10m^3$	18964.59	8455.98	207.73	5285.31	3002.47	2013.10
3-4-74	拱上构件 混凝土	$10m^3$	6664.99	2081.62	3823.58	0.00	454.83	304.96
3-4-75	拱上构件 模板	$10m^2$	2490.83	1614.68	182.43	76.46	369.51	247.75
3-4-76	拱上构件 安装腹拱圈	$10m^3$	10207.98	5063.82	256.80	2226.42	1592.92	1068.02
3-4-77	拱上构件 安装横隔板系梁	$10m^3$	8963.33	4517.33	118.21	1962.61	1415.87	949.31
3-4-78	拱上构件 安装拱波	$10m^3$	11946.83	8451.17	410.98	0.00	1846.58	1238.10

五、预制混凝土小型构件

编号	项目名称	单位	基价	人工费	材料费	施工机具使用费	管理费	利润
3-4-79	缘石、人行道板、锚锭板 混凝土	$10m^3$	5419.75	1186.22	3800.56	0.00	259.19	173.78
3-4-80	缘石、人行道板、锚锭板 模板	$10m^2$	1161.41	704.48	171.41	20.80	158.47	106.25
3-4-81	安装缘石	$10m^3$	3316.42	2429.61	0.00	0.00	530.87	355.94
3-4-82	安装人行道板	$10m^3$	3191.92	2338.40	0.00	0.00	510.94	342.58
3-4-83	安装锚锭板	$10m^3$	2793.21	1816.70	0.00	229.61	447.12	299.78
3-4-84	灯柱、端柱、栏杆 混凝土	$10m^3$	6485.21	1811.52	4012.48	0.00	395.82	265.39
3-4-85	灯柱、端柱、栏杆 模板	$10m^2$	2241.37	1385.84	288.26	45.01	312.64	209.62
3-4-86	安装灯柱、端柱	$10m^3$	5668.38	2920.23	968.98	522.55	752.25	504.37
3-4-87	安装栏杆	$10m^3$	5644.64	3208.64	559.41	516.80	814.01	545.78
3-4-88	安装预制装配式防撞墙	$10m^3$	3072.41	725.94	165.07	1403.98	465.39	312.03

六、混凝土灌缝与接头

编号	项目名称	单位	基价	人工费	材料费	施工机具使用费	管理费	利润
3-4-89	板梁间灌缝	$10m^3$	7155.81	1794.13	4706.82	0.00	392.02	262.84
3-4-90	板梁底砂浆勾缝	100m	498.93	358.16	10.04	0.00	78.26	52.47
3-4-91	梁与梁接头 混凝土	$10m^3$	5191.55	832.32	4055.44	0.00	181.86	121.93
3-4-92	梁与梁接头 模板	$10m^2$	1528.94	785.33	447.79	6.72	173.06	116.04
3-4-93	柱与柱接头 混凝土	$10m^3$	5230.65	1025.27	3831.16	0.00	224.02	150.20
3-4-94	柱与柱接头 模板	$10m^2$	1167.37	496.73	481.36	5.84	109.81	73.63
3-4-95	肋与肋接头 混凝土	$10m^3$	5410.27	1113.33	3890.58	0.00	243.26	163.10
3-4-96	肋与肋接头 模板	$10m^2$	1271.14	606.80	433.04	7.19	134.16	89.95
3-4-97	拱上构件接头 混凝土	$10m^3$	5713.68	1375.85	3835.65	0.00	300.62	201.56
3-4-98	拱上构件接头 模板	$10m^2$	2716.54	1572.32	534.48	26.26	349.29	234.19

七、构件运输

编号	项目名称	单位	基价	人工费	材料费	施工机具使用费	管理费	利润
3-4-99	混凝土板、梁构件运输（电动卷扬机）构件重 10t 以内（100m）	$10m^3$	1004.52	574.61	184.02	26.49	131.34	88.06
3-4-100	混凝土板、梁构件运输（电动卷扬机）构件重 10t 以内（每增 50m）	$10m^3$	231.80	91.95	88.41	13.10	22.95	15.39
3-4-101	混凝土板、梁构件运输（电动卷扬机）构件重 40t 以内（100m）	$10m^3$	1263.30	725.20	237.25	26.49	164.24	110.12
3-4-102	混凝土板、梁构件运输（电动卷扬机）构件重 40t 以内（每增 50m）	$10m^3$	253.11	91.95	109.72	13.10	22.95	15.39
3-4-103	混凝土板、梁构件运输（电动卷扬机）构件重 60t 以内（100m）	$10m^3$	1604.35	937.40	288.64	26.49	210.61	141.21
3-4-104	混凝土板、梁构件运输（电动卷扬机）构件重 60t 以内（每增 50m）	$10m^3$	285.25	91.95	141.86	13.10	22.95	15.39
3-4-105	混凝土板、梁构件运输（平板拖车组）构件长度（10m 以内） 1km 以内	$10m^3$	1864.97	316.72	134.35	951.13	277.03	185.74
3-4-106	混凝土板、梁构件运输（平板拖车组）构件长度（10m 以内） 每增加 1km	$10m^3$	241.75	0.00	0.00	177.10	38.70	25.95
3-4-107	混凝土板、梁构件运输（平板拖车组）构件长度（20m 以内） 1km 以内	$10m^3$	1320.06	167.61	97.25	728.22	195.74	131.24
3-4-108	混凝土板、梁构件运输（平板拖车组）构件长度（20m 以内） 每增加 1km	$10m^3$	215.22	0.00	0.00	157.67	34.45	23.10
3-4-109	混凝土板、梁构件运输（平板拖车组）构件长度（30m 以内） 1km 以内	$10m^3$	880.83	102.49	54.36	502.98	132.30	88.70
3-4-110	混凝土板、梁构件运输（平板拖车组）构件长度（30m 以内） 每增加 1km	$10m^3$	141.08	0.00	0.00	103.36	22.58	15.14
3-4-111	混凝土板、梁构件运输（平板拖车组）构件长度（30m 以外） 1km 以内	$10m^3$	984.81	83.99	32.66	613.56	152.41	102.19
3-4-112	混凝土板、梁构件运输（平板拖车组）构件长度（30m 以外） 每增加 1km	$10m^3$	44.61	0.00	0.00	32.68	7.14	4.79

八、筑拆胎地模

编号	项目名称	单位	基价	人工费	材料费	施工机具使用费	管理费	利润
3-4-113	砖地模	$100m^2$	8364.35	3801.38	3110.09	47.89	841.07	563.92
3-4-114	混凝土地模	$100m^2$	14651.70	5489.69	6906.81	184.22	1239.75	831.23
3-4-115	土胎模	$100m^2$	5329.24	2618.31	1717.63	27.56	578.12	387.62

九、蒸 汽 养 护

编号	项目名称	单位	基价	人工费	材料费	施工机具使用费	管理费	利润
3-4-116	蒸汽养护	$10m^3$	5338.96	1933.25	1561.37	834.22	604.69	405.43

第五章　砌　　筑

一、干砌片（块）石

编号	项目名称	单位	基价	人工费	材料费	施工机具使用费	管理费	利润
3-5-1	干砌片石 基础、护底	$10m^3$	4595.45	1095.57	3100.00	0.00	239.38	160.50
3-5-2	干砌片石 护坡	$10m^3$	5556.56	1799.68	3100.00	0.00	393.23	263.65
3-5-3	干砌片石 护拱	$10m^3$	4104.04	735.56	3100.00	0.00	160.72	107.76
3-5-4	干砌块石 基础	$10m^3$	4349.24	1080.03	2875.00	0.00	235.99	158.22
3-5-5	干砌块石 台、墙	$10m^3$	5182.33	1690.35	2875.00	0.00	369.34	247.64

二、浆砌片（块）石

编号	项目名称	单位	基价	人工费	材料费	施工机具使用费	管理费	利润
3-5-6	浆砌片石 基础、护底	$10m^3$	6186.81	1156.25	4543.16	47.89	263.10	176.41
3-5-7	浆砌片石 护坡、台阶	$10m^3$	7357.01	1850.37	4760.41	51.90	415.65	278.68
3-5-8	浆砌片石 护拱	$10m^3$	6021.16	1034.89	4543.16	47.89	236.59	158.63
3-5-9	浆砌片石 墩、台、墙	$10m^3$	7194.59	1606.73	4603.91	291.20	414.70	278.05
3-5-10	浆砌块石 基础、护底	$10m^3$	5770.82	1307.77	3934.98	37.17	293.87	197.03
3-5-11	浆砌块石 护坡、台阶	$10m^3$	7225.25	2253.67	4095.06	39.51	501.06	335.95
3-5-12	浆砌块石 护拱	$10m^3$	5523.86	1126.84	3934.98	37.17	254.34	170.53
3-5-13	浆砌块石 墩、台、墙	$10m^3$	7061.79	1933.81	3981.40	322.88	493.09	330.61
3-5-14	浆砌块石 拱圈	$10m^3$	8521.69	2685.65	4262.99	434.28	681.70	457.07

三、浆砌预制块

编号	项目名称	单位	基价	人工费	材料费	施工机具使用费	管理费	利润
3-5-15	浆砌预制块 护坡、台阶	$10m^3$	3766.83	2141.01	816.47	20.43	472.27	316.65
3-5-16	浆砌预制块 墩、台、墙	$10m^3$	3707.91	1899.03	707.60	299.00	480.27	322.01
3-5-17	浆砌预制块 栏杆	$10m^3$	5062.44	3025.86	901.97	22.10	665.98	446.53
3-5-18	浆砌预制块 帽石、缘石	$10m^3$	3993.67	2337.11	776.54	19.76	514.98	345.28
3-5-19	浆砌预制块 拱圈	$10m^3$	3885.36	1857.22	950.97	292.51	469.72	314.94

四、砖 砌 体

编号	项目名称	单位	基价	人工费	材料费	施工机具使用费	管理费	利润
3-5-20	砖砌体 基础、护拱	$10m^3$	5305.68	1132.20	3715.42	32.82	254.56	170.68
3-5-21	砖砌体 墩、台、墙	$10m^3$	6443.16	1692.20	3747.97	282.30	431.43	289.26
3-5-22	砖砌体 栏杆	$10m^3$	7834.39	2860.47	3880.94	35.83	632.84	424.31
3-5-23	砖砌体 帽石、缘石	$10m^3$	6132.21	1655.38	3825.99	34.16	369.16	247.52
3-5-24	砖砌体 拱圈	$10m^3$	7599.76	2227.96	4064.57	361.92	565.89	379.42

五、滤层、泄水孔

编号	项目名称	单位	基价	人工费	材料费	施工机具使用费	管理费	利润
3-5-25	砂滤层	m^3	315.70	49.95	247.52	0.00	10.91	7.32
3-5-26	碎石滤层	m^3	380.59	70.86	283.87	0.00	15.48	10.38
3-5-27	护岸泄水孔	m	107.82	57.54	29.28	0.00	12.57	8.43

第六章　立 交 箱 涵

一、透　水　管

编号	项目名称	单位	基价	人工费	材料费	施工机具使用费	管理费	利润
3-6-1	钢透水管 管径（mm 以内）100	10m	1751.67	606.62	898.30	18.56	136.60	91.59
3-6-2	钢透水管 管径（mm 以内）200	10m	3419.72	965.70	2067.94	24.62	216.38	145.08
3-6-3	混凝土透水管 管径（mm 以内）300	10m	2986.90	717.06	2008.11	0.00	156.68	105.05
3-6-4	混凝土透水管 管径（mm 以内）380	10m	3770.37	898.55	2543.85	0.00	196.33	131.64
3-6-5	混凝土透水管 管径（mm 以内）450	10m	4217.50	1032.49	2808.15	0.00	225.60	151.26

二、箱 涵 制 作

编号	项目名称	单位	基价	人工费	材料费	施工机具使用费	管理费	利润
3-6-6	滑板 混凝土	$10m^3$	4280.33	497.10	3601.78	0.00	108.62	72.83
3-6-7	底板 混凝土	$10m^3$	4473.56	517.82	3766.74	0.00	113.14	75.86
3-6-8	滑板底板 模板	$10m^2$	527.91	313.02	100.64	0.00	68.39	45.86
3-6-9	侧墙 混凝土	$10m^3$	4594.81	599.03	3777.13	0.00	130.89	87.76
3-6-10	侧墙 模板	$10m^2$	673.74	335.59	126.09	65.62	87.66	58.78
3-6-11	顶板 混凝土	$10m^3$	4522.40	545.01	3778.47	0.00	119.08	79.84
3-6-12	顶板 模板	$10m^2$	702.33	368.15	115.83	61.52	93.88	62.95

三、箱 涵 顶 进

编号	项目名称	单位	基价	人工费	材料费	施工机具使用费	管理费	利润
3-6-13	空顶 自重（t以内） 1000	1000t · m	6254.50	2238.69	969.24	1633.29	846.03	567.25
3-6-14	空顶 自重（t以内） 2000	1000t · m	6970.71	2649.02	681.73	1958.29	1006.70	674.97
3-6-15	空顶 自重（t以内） 3000	1000t · m	7846.88	3063.42	519.05	2304.95	1172.99	786.47
3-6-16	无中继间实土顶 自重（t以内）1000	1000t · m	8793.24	3364.78	969.24	2367.09	1252.41	839.72
3-6-17	无中继间实土顶 自重（t以内）2000	1000t · m	10269.91	4086.84	681.73	2937.47	1534.81	1029.06
3-6-18	无中继间实土顶 自重（t以内）3000	1000t · m	12001.37	4802.42	519.05	3609.54	1838.01	1232.35
3-6-19	有中继间实土顶 自重（t以内）1000	1000t · m	12379.89	4665.70	1875.90	3029.53	1681.41	1127.35
3-6-20	有中继间实土顶 自重（t以内）2000	1000t · m	13651.64	5377.03	1305.69	3667.62	1976.26	1325.04
3-6-21	有中继间实土顶 自重（t以内）3000	1000t · m	16414.47	6839.82	982.23	4465.85	2470.29	1656.28

四、箱 涵 接 缝

编号	项目名称	单位	基价	人工费	材料费	施工机具使用费	管理费	利润
3-6-22	接缝 石棉水泥嵌缝	10m	699.56	181.67	451.59	0.00	39.69	26.61
3-6-23	接缝 嵌防水膏	10m	824.08	335.59	366.00	0.00	73.33	49.16
3-6-24	接缝 沥青二度	$10m^2$	1053.77	99.90	917.40	0.00	21.83	14.64
3-6-25	接缝 沥青封口	$10m^2$	4404.21	1381.21	2518.86	0.00	301.79	202.35
3-6-26	接缝 嵌沥青木丝板	$10m^2$	675.19	60.31	592.86	0.00	13.18	8.84

五、箱涵外壁及滑板面处理

编号	项目名称	单位	基价	人工费	材料费	施工机具使用费	管理费	利润
3-6-27	箱涵外壁 防水砂浆	$100m^2$	4472.01	2299.37	1294.97	28.13	508.56	340.98
3-6-28	箱涵外壁 沥青层	$100m^2$	2433.81	499.87	1751.49	0.00	109.22	73.23
3-6-29	滑板面层 石蜡层	$100m^2$	1914.65	1262.81	190.92	0.00	275.92	185.00
3-6-30	滑板面层 塑料薄膜层	$100m^2$	2597.14	1756.21	199.92	0.00	383.73	257.28

六、气垫安装、拆除及使用

编号	项目名称	单位	基价	人工费	材料费	施工机具使用费	管理费	利润
3-6-31	安装、拆除	$100m^2$	9547.38	4947.09	2148.62	473.25	1184.34	794.08
3-6-32	使用	$100m^2 \cdot d$	2820.03	421.06	0.00	1644.90	451.41	302.66

七、箱涵内挖土

编号	项目名称	单位	基价	人工费	材料费	施工机具使用费	管理费	利润
3-6-33	人工挖土 人运机吊	$100m^3$	25156.43	11789.77	76.50	6583.80	4014.63	2691.73
3-6-34	人工挖土 机运机吊	$100m^3$	26857.66	10839.77	212.38	8680.58	4265.20	2859.73
3-6-35	机械挖土	$100m^3$	12238.99	3636.77	135.88	5229.98	1937.38	1298.98

八、金属顶柱、护套及支架制作

编号	项目名称	单位	基价	人工费	材料费	施工机具使用费	管理费	利润
3-6-36	箱涵顶柱	t	9598.32	2466.61	4618.47	1181.63	797.14	534.47
3-6-37	中继间护套	t	11844.48	3508.16	4849.91	1616.07	1119.64	750.70
3-6-38	挖土支架	t	10497.46	3380.51	5155.56	532.97	855.10	573.32

第七章 钢 结 构

一、钢 梁 安 装

编号	项目名称	单位	基价	人工费	材料费	施工机具使用费	管理费	利润
3-7-1	人行天桥 钢主梁	t	1565.15	375.37	682.87	270.99	141.23	94.69
3-7-2	人行天桥 钢盖梁	t	1438.84	655.09	242.95	221.02	191.43	128.35
3-7-3	立交桥 钢箱梁	t	1426.36	375.37	602.31	228.33	131.91	88.44
3-7-4	立交桥 顶推安装钢箱梁	t	593.26	240.50	33.90	169.29	89.54	60.03

二、钢管拱安装

编号	项目名称	单位	基价	人工费	材料费	施工机具使用费	管理费	利润
3-7-5	拱肋安装	t	2632.78	1397.31	152.96	419.41	396.95	266.15
3-7-6	系杆	t	3368.18	1639.10	828.51	221.47	406.53	272.57
3-7-7	吊索	t	6802.57	3997.85	162.36	866.77	1062.92	712.67

三、钢立柱安装

编号	项目名称	单位	基价	人工费	材料费	施工机具使用费	管理费	利润
3-7-8	钢立柱	t	1440.92	605.88	313.96	219.73	180.40	120.95

四、钢梯道安装

编号	项目名称	单位	基价	人工费	材料费	施工机具使用费	管理费	利润
3-7-9	钢梯道安装	t	1672.65	1069.86	56.68	114.00	258.67	173.44

五、钢桁梁安装

编号	项目名称	单位	基价	人工费	材料费	施工机具使用费	管理费	利润
3-7-10	钢桁梁安装 上承式	t	9533.90	1460.58	7052.77	357.10	397.16	266.29
3-7-11	钢桁梁安装 下承式	t	9061.03	1272.62	6875.31	328.64	349.88	234.58

六、补 充 项 目

1. 钢构件混凝土

编号	项目名称	单位	基价	人工费	材料费	施工机具使用费	管理费	利润
3-7-12	钢构件混凝土 箱梁配重铁砂混凝土	$10m^3$	31745.80	2684.35	28081.66	0.00	586.53	393.26
3-7-13	钢构件混凝土 钢拱肋混凝土	$10m^3$	6792.99	1068.56	5303.81	22.41	238.38	159.83

第八章 其 他

一、金属栏杆

编号	项目名称	单位	基价	人工费	材料费	施工机具使用费	管理费	利润
3-8-1	钢管栏杆	t	9431.68	3552.00	4175.91	298.38	841.31	564.08
3-8-2	不锈钢栏杆	t	29545.44	7684.16	18183.18	639.84	1818.79	1219.47
3-8-3	防撞护栏钢管扶手	t	7889.61	2624.41	4072.62	171.92	611.00	409.66

二、支 座

编号	项目名称	单位	基价	人工费	材料费	施工机具使用费	管理费	利润
3-8-4	板式橡胶支座	$100cm^3$	2.02	1.48	0.00	0.00	0.32	0.22
3-8-5	四氟板式橡胶支座	$100cm^3$	4.30	3.15	0.00	0.00	0.69	0.46
3-8-6	辊轴钢支座	t	3540.90	2288.45	394.41	16.67	503.67	337.70
3-8-7	切线支座	t	10170.99	5630.29	1110.44	1007.48	1450.35	972.43
3-8-8	摆式支座	t	7772.15	4695.30	659.89	515.15	1138.48	763.33
3-8-9	盆式金属橡胶组合支座（kN 以内） 3000	个	1543.36	686.91	320.35	209.07	195.77	131.26
3-8-10	盆式金属橡胶组合支座（kN 以内） 4000	个	2135.19	1039.52	410.91	223.69	276.01	185.06
3-8-11	盆式金属橡胶组合支座（kN 以内） 5000	个	3082.82	1649.09	506.52	238.31	412.40	276.50
3-8-12	盆式金属橡胶组合支座（kN 以内） 7000	个	4403.01	2468.09	687.63	253.80	594.73	398.76
3-8-13	盆式金属橡胶组合支座（kN 以内） 10000	个	6924.28	3906.83	959.30	463.12	954.83	640.20
3-8-14	盆式金属橡胶组合支座（kN 以内） 15000	个	10925.16	6432.45	1469.20	494.99	1513.65	1014.87
3-8-15	球形支座（kN） 2000	个	847.86	185.00	263.96	242.76	93.47	62.67
3-8-16	球形支座（kN） 3000	个	997.62	203.50	375.66	252.15	99.56	66.75
3-8-17	球形支座（kN） 4000	个	1130.00	222.00	452.38	274.42	108.47	72.73

续前

编号	项目名称	单位	基价	人工费	材料费	施工机具使用费	管理费	利润
3-8-18	球形支座（kN） 5000	个	1267.26	240.50	551.58	283.81	114.56	76.81
3-8-19	球形支座（kN） 6000	个	1372.61	240.50	648.37	290.08	115.93	77.73
3-8-20	球形支座（kN） 7000	个	1511.67	259.00	749.34	299.48	122.03	81.82
3-8-21	球形支座（kN） 8000	个	1654.51	277.50	836.55	321.74	130.93	87.79
3-8-22	球形支座（kN） 9000	个	1793.68	296.00	946.19	324.87	135.66	90.96
3-8-23	球形支座（kN） 10000	个	2731.40	296.00	1713.04	450.05	163.01	109.30
3-8-24	球形支座（kN） 12500	个	3200.90	314.50	2140.19	462.58	169.79	113.84
3-8-25	球形支座（kN） 15000	个	3522.60	333.00	2415.25	478.24	177.26	118.85
3-8-26	球形支座（kN） 17500	个	4028.51	388.50	2832.58	487.64	191.44	128.35
3-8-27	球形支座（kN） 20000	个	4378.81	407.00	3149.07	493.91	196.85	131.98

三、桥梁伸缩装置

编号	项目名称	单位	基价	人工费	材料费	施工机具使用费	管理费	利润
3-8-28	梳型钢板	10m	2560.15	1202.32	559.25	263.54	320.29	214.75
3-8-29	钢板	10m	1813.49	888.00	281.81	234.11	245.18	164.39
3-8-30	橡胶板	10m	1936.79	1203.61	136.93	114.97	288.11	193.17
3-8-31	毛勒	10m	1800.69	663.60	87.58	591.43	274.22	183.86
3-8-32	镀锌铁皮玛蹄脂	10m	1108.02	511.16	410.29	0.00	111.69	74.88
3-8-33	沥青麻丝	$10m^2$	4152.23	691.16	3208.80	0.00	151.02	101.25

四、沉降缝和止水带

编号	项目名称	单位	基价	人工费	材料费	施工机具使用费	管理费	利润
3-8-34	油毡 一毡	$10m^2$	20.08	5.00	13.26	0.00	1.09	0.73
3-8-35	油毡 一油	$10m^2$	158.17	45.70	95.78	0.00	9.99	6.70
3-8-36	沥青甘蔗板	$10m^2$	763.46	64.20	675.82	0.00	14.03	9.41
3-8-37	发泡聚乙烯	$10m^2$	217.32	64.20	129.68	0.00	14.03	9.41
3-8-38	橡胶止水带	10m	876.23	347.43	401.99	0.00	75.91	50.90
3-8-39	钢板止水带	10m	724.08	229.59	402.47	6.02	51.48	34.52

五、隔 声 屏 障

编号	项目名称	单位	基价	人工费	材料费	施工机具使用费	管理费	利润
3-8-40	隔声屏障 钢骨架	t	10576.65	1573.98	5057.05	2469.68	883.54	592.40
3-8-41	隔声屏障 隔声屏障板材	$10m^2$	5766.07	337.81	5250.00	40.26	82.61	55.39

六、泄水孔和排水管

编号	项目名称	单位	基价	人工费	材料费	施工机具使用费	管理费	利润
3-8-42	泄水孔 钢管	10m	968.06	120.25	803.92	0.00	26.27	17.62
3-8-43	泄水孔 铸铁管	10m	1526.23	138.20	1337.58	0.00	30.20	20.25
3-8-44	泄水孔 塑料管	10m	439.63	90.65	315.89	0.00	19.81	13.28
3-8-45	高架桥排水管	10m	1183.35	218.67	666.03	160.32	82.81	55.52

七、桥面防水层

编号	项目名称	单位	基价	人工费	材料费	施工机具使用费	管理费	利润
3-8-46	一涂沥青	$100m^2$	1760.90	579.24	970.24	0.00	126.56	84.86
3-8-47	一层油毡	$100m^2$	201.41	40.70	145.86	0.00	8.89	5.96
3-8-48	防水砂浆 2cm	$100m^2$	2812.28	1014.73	1388.78	28.13	227.86	152.78
3-8-49	防水橡胶板 2mm	$100m^2$	4536.23	399.60	3990.78	0.00	87.31	58.54
3-8-50	聚氨酯防水涂料 1.5mm	$100m^2$	4497.22	1043.22	3038.50	25.44	233.50	156.56
3-8-51	桥面处理 水泥混凝土桥面抛丸处理	$100m^2$	1330.76	547.60	86.23	364.14	199.22	133.57
3-8-52	桥面处理 钢桥面抛丸	$100m^2$	1679.62	464.72	712.08	244.10	154.88	103.84

八、防眩板安装

编号	项目名称	单位	基价	人工费	材料费	施工机具使用费	管理费	利润
3-8-53	防眩板 安装防眩板	m	116.98	16.65	94.25	0.00	3.64	2.44

第四册

隧道工程

第一章 隧道开挖与出渣

一、平洞钻爆开挖

编号	项目名称	单位	基价	人工费	材料费	施工机具使用费	管理费	利润
4-1-1	断面 $4m^2$ 以内 Ⅰ级	$100m^3$	43165.95	20564.42	5323.20	7159.21	6057.61	4061.51
4-1-2	断面 $4m^2$ 以内 Ⅱ级	$100m^3$	33982.74	16197.12	4426.22	5456.01	4731.21	3172.18
4-1-3	断面 $4m^2$ 以内 Ⅲ级	$100m^3$	25230.69	11991.70	3616.91	3842.57	3459.79	2319.72
4-1-4	断面 $4m^2$ 以内 Ⅳ级	$100m^3$	19778.87	9191.36	3018.29	3087.45	2682.92	1798.85
4-1-5	断面 $4m^2$ 以内 Ⅴ级	$100m^3$	20174.21	9617.97	2563.55	3283.61	2819.00	1890.08
4-1-6	断面 $4m^2$ 以内 Ⅵ级	$100m^3$	25972.44	18982.67	61.10	0.00	4147.71	2780.96
4-1-7	断面 $4m^2$ 以内 洞长 1000m 以上，每 1000m 增加人工、机械 Ⅰ级	$100m^3$	963.29	489.70	0.00	216.00	154.20	103.39
4-1-8	断面 $4m^2$ 以内 洞长 1000m 以上，每 1000m 增加人工、机械 Ⅱ级	$100m^3$	750.65	385.54	0.00	164.39	120.16	80.56
4-1-9	断面 $4m^2$ 以内 洞长 1000m 以上，每 1000m 增加人工、机械 Ⅲ级	$100m^3$	547.96	285.64	0.00	115.80	87.71	58.81
4-1-10	断面 $4m^2$ 以内 洞长 1000m 以上，每 1000m 增加人工、机械 Ⅳ级	$100m^3$	425.70	218.86	0.00	93.01	68.14	45.69
4-1-11	断面 $4m^2$ 以内 洞长 1000m 以上，每 1000m 增加人工、机械 Ⅴ级	$100m^3$	447.62	228.85	0.00	99.08	71.65	48.04
4-1-12	断面 $4m^2$ 以内 洞长 1000m 以上，每 1000m 增加人工、机械 Ⅵ级	$100m^3$	705.81	517.08	0.00	0.00	112.98	75.75
4-1-13	断面 $6m^2$ 以内 Ⅰ级	$100m^3$	38235.26	18294.84	4617.10	6333.85	5381.37	3608.10
4-1-14	断面 $6m^2$ 以内 Ⅱ级	$100m^3$	30236.62	14518.99	3829.22	4827.09	4227.12	2834.20
4-1-15	断面 $6m^2$ 以内 Ⅲ级	$100m^3$	22330.43	10669.32	3126.35	3399.60	3074.06	2061.10
4-1-16	断面 $6m^2$ 以内 Ⅳ级	$100m^3$	17505.19	8186.99	2601.83	2731.22	2385.63	1599.52
4-1-17	断面 $6m^2$ 以内 Ⅴ级	$100m^3$	17860.15	8564.02	2204.06	2905.64	2506.12	1680.31
4-1-18	断面 $6m^2$ 以内 Ⅵ级	$100m^3$	22587.35	16506.81	55.55	0.00	3606.74	2418.25
4-1-19	断面 $6m^2$ 以内 洞长 1000m 以上，每 1000m 增加人工、机械 Ⅰ级	$100m^3$	855.07	435.49	0.00	190.94	136.87	91.77
4-1-20	断面 $6m^2$ 以内 洞长 1000m 以上，每 1000m 增加人工、机械 Ⅱ级	$100m^3$	670.20	345.58	0.00	145.41	107.28	71.93

续前

编号	项目名称	单位	基价	人工费	材料费	施工机具使用费	管理费	利润
4-1-21	断面6m²以内 洞长1000m以上，每1000m增加人工、机械 Ⅲ级	100m³	486.64	254.01	0.00	102.50	77.90	52.23
4-1-22	断面6m²以内 洞长1000m以上，每1000m增加人工、机械 Ⅳ级	100m³	378.61	194.99	0.00	82.38	60.61	40.63
4-1-23	断面6m²以内 洞长1000m以上，每1000m增加人工、机械 Ⅴ级	100m³	397.98	203.87	0.00	87.69	63.71	42.71
4-1-24	断面6m²以内 洞长1000m以上，每1000m增加人工、机械 Ⅵ级	100m³	641.67	470.09	0.00	0.00	102.71	68.87
4-1-25	断面10m²以内 Ⅰ级	100m³	32942.75	15737.77	3945.46	5505.67	4641.69	3112.16
4-1-26	断面10m²以内 Ⅱ级	100m³	26113.51	12543.56	3263.84	4196.13	3657.62	2452.36
4-1-27	断面10m²以内 Ⅲ级	100m³	19195.66	9158.43	2660.80	2955.02	2646.79	1774.62
4-1-28	断面10m²以内 Ⅳ级	100m³	15072.29	7050.35	2207.83	2374.16	2059.26	1380.69
4-1-29	断面10m²以内 Ⅴ级	100m³	15573.50	7378.17	2053.13	2526.86	2164.25	1451.09
4-1-30	断面10m²以内 Ⅵ级	100m³	19643.41	14353.78	50.50	0.00	3136.30	2102.83
4-1-31	断面10m²以内 洞长1000m以上，每1000m增加人工、机械 Ⅰ级	100m³	738.07	374.81	0.00	165.90	118.15	79.21
4-1-32	断面10m²以内 洞长1000m以上，每1000m增加人工、机械 Ⅱ级	100m³	580.16	298.59	0.00	126.43	92.87	62.27
4-1-33	断面10m²以内 洞长1000m以上，每1000m增加人工、机械 Ⅲ级	100m³	419.26	217.93	0.00	89.22	67.11	45.00
4-1-34	断面10m²以内 洞长1000m以上，每1000m增加人工、机械 Ⅳ级	100m³	326.97	167.80	0.00	71.74	52.34	35.09
4-1-35	断面10m²以内 洞长1000m以上，每1000m增加人工、机械 Ⅴ级	100m³	104.15	0.00	0.00	76.30	16.67	11.18
4-1-36	断面10m²以内 洞长1000m以上，每1000m增加人工、机械 Ⅵ级	100m³	556.06	407.37	0.00	0.00	89.01	59.68
4-1-37	断面20m²以内 Ⅰ级	100m³	24427.68	11423.01	3112.18	4192.74	3412.04	2287.71
4-1-38	断面20m²以内 Ⅱ级	100m³	19410.90	9141.96	2570.53	3195.31	2695.69	1807.41
4-1-39	断面20m²以内 Ⅲ级	100m³	14668.77	6960.26	2096.41	2250.26	2012.50	1349.34
4-1-40	断面20m²以内 Ⅳ级	100m³	12128.21	5804.38	1737.22	1808.07	1663.32	1115.22
4-1-41	断面20m²以内 Ⅴ级	100m³	12402.01	6066.89	1495.51	1923.22	1745.84	1170.55
4-1-42	断面20m²以内 Ⅵ级	100m³	15106.06	11040.99	35.10	0.00	2412.46	1617.51
4-1-43	断面20m²以内 洞长1000m以上，每1000m增加人工、机械 Ⅰ级	100m³	542.95	271.77	0.00	126.00	86.91	58.27
4-1-44	断面20m²以内 洞长1000m以上，每1000m增加人工、机械 Ⅱ级	100m³	428.36	217.56	0.00	96.26	68.57	45.97
4-1-45	断面20m²以内 洞长1000m以上，每1000m增加人工、机械 Ⅲ级	100m³	318.54	165.76	0.00	67.60	50.99	34.19

续前

编号	项目名称	单位	基价	人工费	材料费	施工机具使用费	管理费	利润
4-1-46	断面 $20m^2$ 以内 洞长 1000m 以上，每 1000m 增加人工、机械 Ⅳ级	$100m^3$	253.21	138.20	0.00	47.30	40.53	27.18
4-1-47	断面 $20m^2$ 以内 洞长 1000m 以上，每 1000m 增加人工、机械 Ⅴ级	$100m^3$	266.24	144.49	0.00	50.56	42.62	28.57
4-1-48	断面 $20m^2$ 以内 洞长 1000m 以上，每 1000m 增加人工、机械 Ⅵ级	$100m^3$	459.85	336.89	0.00	0.00	73.61	49.35
4-1-49	断面 $35m^2$ 以内 Ⅰ级	$100m^3$	22187.31	10414.58	2789.51	3796.26	3105.07	2081.89
4-1-50	断面 $35m^2$ 以内 Ⅱ级	$100m^3$	17884.45	8524.25	2299.95	2892.97	2494.66	1672.62
4-1-51	断面 $35m^2$ 以内 Ⅲ级	$100m^3$	13328.55	6354.75	1873.24	2037.42	1833.69	1229.45
4-1-52	断面 $35m^2$ 以内 Ⅳ级	$100m^3$	10983.72	5274.91	1548.84	1637.09	1510.27	1012.61
4-1-53	断面 $35m^2$ 以内 Ⅴ级	$100m^3$	11397.53	5512.45	1303.59	1882.38	1615.77	1083.34
4-1-54	断面 $35m^2$ 以内 Ⅵ级	$100m^3$	13487.95	9857.91	31.91	0.00	2153.95	1444.18
4-1-55	断面 $35m^2$ 以内 洞长 1000m 以上，每 1000m 增加人工、机械 Ⅰ级	$100m^3$	494.40	248.09	0.00	114.11	79.14	53.06
4-1-56	断面 $35m^2$ 以内 洞长 1000m 以上，每 1000m 增加人工、机械 Ⅱ级	$100m^3$	395.87	202.95	0.00	87.06	63.37	42.49
4-1-57	断面 $35m^2$ 以内 洞长 1000m 以上，每 1000m 增加人工、机械 Ⅲ级	$100m^3$	289.99	151.33	0.00	61.12	46.42	31.12
4-1-58	断面 $35m^2$ 以内 洞长 1000m 以上，每 1000m 增加人工、机械 Ⅳ级	$100m^3$	238.63	125.62	0.00	49.20	38.20	25.61
4-1-59	断面 $35m^2$ 以内 洞长 1000m 以上，每 1000m 增加人工、机械 Ⅴ级	$100m^3$	250.65	131.17	0.00	52.46	40.12	26.90
4-1-60	断面 $35m^2$ 以内 洞长 1000m 以上，每 1000m 增加人工、机械 Ⅵ级	$100m^3$	438.38	321.16	0.00	0.00	70.17	47.05
4-1-61	断面 $65m^2$ 以内 Ⅰ级	$100m^3$	18456.60	8696.85	2295.64	3142.68	2586.94	1734.49
4-1-62	断面 $65m^2$ 以内 Ⅱ级	$100m^3$	14703.37	6991.15	1891.37	2394.93	2050.86	1375.06
4-1-63	断面 $65m^2$ 以内 Ⅲ级	$100m^3$	11173.91	5370.74	1540.34	1686.82	1542.08	1033.93
4-1-64	断面 $65m^2$ 以内 Ⅳ级	$100m^3$	9183.83	4440.37	1272.70	1355.33	1266.36	849.07
4-1-65	断面 $65m^2$ 以内 Ⅴ级	$100m^3$	9367.85	4636.84	1070.48	1441.82	1328.19	890.52
4-1-66	断面 $65m^2$ 以内 Ⅵ级	$100m^3$	10967.07	8015.13	26.41	0.00	1751.31	1174.22
4-1-67	断面 $65m^2$ 以内 洞长 1000m 以上，每 1000m 增加人工、机械 Ⅰ级	$100m^3$	411.75	207.02	0.00	94.63	65.91	44.19
4-1-68	断面 $65m^2$ 以内 洞长 1000m 以上，每 1000m 增加人工、机械 Ⅱ级	$100m^3$	325.44	166.50	0.00	71.92	52.09	34.93
4-1-69	断面 $65m^2$ 以内 洞长 1000m 以上，每 1000m 增加人工、机械 Ⅲ级	$100m^3$	244.14	128.02	0.00	50.84	39.08	26.20
4-1-70	断面 $65m^2$ 以内 洞长 1000m 以上，每 1000m 增加人工、机械 Ⅳ级	$100m^3$	199.80	105.82	0.00	40.56	31.98	21.44
4-1-71	断面 $65m^2$ 以内 洞长 1000m 以上，每 1000m 增加人工、机械 Ⅴ级	$100m^3$	209.83	110.45	0.00	43.27	33.59	22.52

续前

编号	项目名称	单位	基价	人工费	材料费	施工机具使用费	管理费	利润
4-1-72	断面 $65m^2$ 以内 洞长 1000m 以上，每 1000m 增加人工、机械 Ⅵ级	$100m^3$	406.32	297.67	0.00	0.00	65.04	43.61
4-1-73	断面 $100m^2$ 以内 Ⅰ级	$100m^3$	18098.91	8673.54	2098.90	3048.08	2561.17	1717.22
4-1-74	断面 $100m^2$ 以内 Ⅱ级	$100m^3$	14538.60	7041.84	1728.11	2343.13	2050.62	1374.90
4-1-75	断面 $100m^2$ 以内 Ⅲ级	$100m^3$	11180.73	5471.38	1406.88	1688.95	1564.53	1048.99
4-1-76	断面 $100m^2$ 以内 Ⅳ级	$100m^3$	9366.61	4628.15	1161.79	1382.71	1313.37	880.59
4-1-77	断面 $100m^2$ 以内 Ⅴ级	$100m^3$	9538.12	4809.63	976.86	1462.35	1370.43	918.85
4-1-78	断面 $100m^2$ 以内 Ⅵ级	$100m^3$	10011.52	6085.58	24.41	1230.98	1598.67	1071.88
4-1-79	断面 $100m^2$ 以内 洞长 1000m 以上，每 1000m 增加人工、机械 Ⅰ级	$100m^3$	419.35	206.46	0.00	100.75	67.13	45.01
4-1-80	断面 $100m^2$ 以内 洞长 1000m 以上，每 1000m 增加人工、机械 Ⅱ级	$100m^3$	328.98	167.61	0.00	73.40	52.66	35.31
4-1-81	断面 $100m^2$ 以内 洞长 1000m 以上，每 1000m 增加人工、机械 Ⅲ级	$100m^3$	251.76	130.24	0.00	54.20	40.30	27.02
4-1-82	断面 $100m^2$ 以内 洞长 1000m 以上，每 1000m 增加人工、机械 Ⅳ级	$100m^3$	211.23	110.26	0.00	44.49	33.81	22.67
4-1-83	断面 $100m^2$ 以内 洞长 1000m 以上，每 1000m 增加人工、机械 Ⅴ级	$100m^3$	220.73	114.52	0.00	47.19	35.33	23.69
4-1-84	断面 $100m^2$ 以内 洞长 1000m 以上，每 1000m 增加人工、机械 Ⅵ级	$100m^3$	425.25	288.42	0.00	23.12	68.07	45.64
4-1-85	断面 $200m^2$ 以内 Ⅰ级	$100m^3$	17447.96	8417.50	2005.84	2895.41	2471.87	1657.34
4-1-86	断面 $200m^2$ 以内 Ⅱ级	$100m^3$	13877.53	6732.15	1650.27	2225.55	1957.26	1312.30
4-1-87	断面 $200m^2$ 以内 Ⅲ级	$100m^3$	10758.88	5200.35	1469.30	1605.21	1487.01	997.01
4-1-88	断面 $200m^2$ 以内 Ⅳ级	$100m^3$	9102.64	4538.05	1113.98	1314.45	1278.77	857.39
4-1-89	断面 $200m^2$ 以内 Ⅴ级	$100m^3$	9148.15	4621.30	942.59	1390.10	1313.49	880.67
4-1-90	断面 $200m^2$ 以内 Ⅵ级	$100m^3$	9772.08	5927.96	22.60	1214.52	1560.63	1046.37
4-1-91	断面 $200m^2$ 以内 洞长 1000m 以上，每 1000m 增加人工、机械 Ⅰ级	$100m^3$	411.29	199.80	0.00	101.51	65.84	44.14
4-1-92	断面 $200m^2$ 以内 洞长 1000m 以上，每 1000m 增加人工、机械 Ⅱ级	$100m^3$	337.11	166.50	0.00	80.47	53.96	36.18
4-1-93	断面 $200m^2$ 以内 洞长 1000m 以上，每 1000m 增加人工、机械 Ⅲ级	$100m^3$	245.43	125.80	0.00	54.00	39.29	26.34
4-1-94	断面 $200m^2$ 以内 洞长 1000m 以上，每 1000m 增加人工、机械 Ⅳ级	$100m^3$	207.63	107.30	0.00	44.81	33.24	22.28
4-1-95	断面 $200m^2$ 以内 洞长 1000m 以上，每 1000m 增加人工、机械 Ⅴ级	$100m^3$	215.64	111.00	0.00	46.98	34.52	23.14
4-1-96	断面 $200m^2$ 以内 洞长 1000m 以上，每 1000m 增加人工、机械 Ⅵ级	$100m^3$	398.65	271.03	0.00	21.02	63.81	42.79

二、斜井钻爆开挖

编号	项目名称	单位	基价	人工费	材料费	施工机具使用费	管理费	利润
4-1-97	断面 5m² 以内 Ⅰ级	100m³	53566.47	25272.11	5779.06	9736.98	7649.49	5128.83
4-1-98	断面 5m² 以内 Ⅱ级	100m³	40899.25	19411.31	4758.20	7065.65	5785.22	3878.87
4-1-99	断面 5m² 以内 Ⅲ级	100m³	30010.35	14344.53	3855.64	4816.43	4186.67	2807.08
4-1-100	断面 5m² 以内 Ⅳ级	100m³	24148.34	11568.24	3200.29	3778.32	3353.22	2248.27
4-1-101	断面 5m² 以内 Ⅴ级	100m³	25121.93	12290.85	2725.91	4116.49	3585.00	2403.68
4-1-102	断面 5m² 以内 Ⅵ级	100m³	28778.40	18912.37	32.54	2146.87	4601.44	3085.18
4-1-103	断面 10m² 以内 Ⅰ级	100m³	44109.04	21038.20	4548.92	7943.57	6332.52	4245.83
4-1-104	断面 10m² 以内 Ⅱ级	100m³	33793.84	16263.54	3726.02	5764.17	4813.05	3227.06
4-1-105	断面 10m² 以内 Ⅲ级	100m³	24881.51	12091.23	3013.44	3929.34	3500.49	2347.01
4-1-106	断面 10m² 以内 Ⅳ级	100m³	20034.74	9772.63	2487.72	3082.33	2808.81	1883.25
4-1-107	断面 10m² 以内 Ⅴ级	100m³	20837.54	10362.41	2108.72	3358.34	2997.98	2010.09
4-1-108	断面 10m² 以内 Ⅵ级	100m³	23457.39	15375.91	27.12	1789.12	3750.56	2514.68
4-1-109	断面 20m² 以内 Ⅰ级	100m³	35830.99	17272.90	3583.95	6351.30	5161.89	3460.95
4-1-110	断面 20m² 以内 Ⅱ级	100m³	27506.96	13396.96	2929.07	4608.82	3934.26	2637.85
4-1-111	断面 20m² 以内 Ⅲ级	100m³	20329.69	10018.12	2366.84	3141.48	2875.37	1927.88
4-1-112	断面 20m² 以内 Ⅳ级	100m³	16402.91	8124.46	1949.29	2464.27	2313.64	1551.25
4-1-113	断面 20m² 以内 Ⅴ级	100m³	17047.19	8595.66	1648.70	2685.28	2464.89	1652.66
4-1-114	断面 20m² 以内 Ⅵ级	100m³	19547.78	12813.29	22.60	1490.87	3125.46	2095.56

三、竖井钻爆开挖

编号	项目名称	单位	基价	人工费	材料费	施工机具使用费	管理费	利润
4-1-115	断面 5m² 以内 Ⅰ级	100m³	48778.41	23147.94	5242.77	8746.30	6968.89	4672.51
4-1-116	断面 5m² 以内 Ⅱ级	100m³	37350.89	17847.88	4325.64	6346.44	5286.46	3544.47
4-1-117	断面 5m² 以内 Ⅲ级	100m³	27516.43	13257.29	3515.06	4326.13	3841.98	2575.97
4-1-118	断面 5m² 以内 Ⅳ级	100m³	22180.37	10711.87	2926.38	3393.62	3082.05	2066.45
4-1-119	断面 5m² 以内 Ⅴ级	100m³	23055.12	11360.85	2500.27	3697.65	3290.28	2206.07
4-1-120	断面 5m² 以内 Ⅵ级	100m³	21157.42	13205.12	1348.04	1307.25	3170.95	2126.06
4-1-121	断面 10m² 以内 Ⅰ级	100m³	40220.26	19296.61	4140.84	7135.20	5775.35	3872.26
4-1-122	断面 10m² 以内 Ⅱ级	100m³	30916.89	14979.82	3401.68	5177.84	4404.45	2953.10
4-1-123	断面 10m² 以内 Ⅲ级	100m³	22862.04	11196.20	2761.60	3529.40	3217.54	2157.30
4-1-124	断面 10m² 以内 Ⅳ级	100m³	18445.43	9067.22	2289.40	2768.70	2586.15	1733.96
4-1-125	断面 10m² 以内 Ⅴ级	100m³	19166.08	9596.69	1948.94	3016.60	2756.00	1847.85
4-1-126	断面 10m² 以内 Ⅵ级	100m³	17668.90	11095.93	1067.14	1066.53	2657.50	1781.80
4-1-127	断面 25m² 以内 Ⅰ级	100m³	31630.92	15317.82	3160.94	5539.31	4557.28	3055.57
4-1-128	断面 25m² 以内 Ⅱ级	100m³	24335.75	11911.23	2590.52	4019.34	3480.83	2333.83
4-1-129	断面 25m² 以内 Ⅲ级	100m³	18059.37	8951.41	2100.73	2739.90	2554.55	1712.78
4-1-130	断面 25m² 以内 Ⅳ级	100m³	14602.91	7276.05	1737.17	2149.40	2059.46	1380.83
4-1-131	断面 25m² 以内 Ⅴ级	100m³	15165.47	7687.31	1475.53	2341.95	2191.39	1469.29
4-1-132	断面 25m² 以内 Ⅵ级	100m³	14026.17	8848.92	817.23	827.96	2114.40	1417.66

四、洞内地沟钻爆开挖

编号	项目名称	单位	基价	人工费	材料费	施工机具使用费	管理费	利润
4-1-133	爆破开挖 深 1m 以内 Ⅰ级	100m³	41051.49	20526.49	3851.71	6726.10	5954.69	3992.50
4-1-134	爆破开挖 深 1m 以内 Ⅱ级	100m³	31142.03	16080.20	3156.95	4421.69	4479.66	3003.53
4-1-135	爆破开挖 深 1m 以内 Ⅲ级	100m³	24998.41	13336.47	2603.21	3070.27	3584.87	2403.59
4-1-136	爆破开挖 深 1m 以内 Ⅳ级	100m³	21465.35	11742.88	2241.22	2340.73	3077.27	2063.25
4-1-137	爆破开挖 深 1m 以内 Ⅴ级	100m³	20804.66	11577.30	1940.54	2242.57	3019.64	2024.61
4-1-138	爆破开挖 深 2m 以内 Ⅰ级	100m³	40662.83	22198.89	2787.49	5548.61	6062.83	4065.01
4-1-139	爆破开挖 深 2m 以内 Ⅱ级	100m³	32449.72	18460.41	2272.06	3647.76	4830.64	3238.85
4-1-140	爆破开挖 深 2m 以内 Ⅲ级	100m³	27344.82	16117.20	1887.41	2532.92	4075.05	2732.24
4-1-141	爆破开挖 深 2m 以内 Ⅳ级	100m³	24344.54	14725.82	1608.12	1930.90	3639.49	2440.21
4-1-142	爆破开挖 深 2m 以内 Ⅴ级	100m³	23835.92	14589.10	1396.27	1850.20	3591.99	2408.36

五、平洞非爆开挖

编号	项目名称	单位	基价	人工费	材料费	施工机具使用费	管理费	利润
4-1-143	岩石破碎机开挖 $35m^2$ 以内 Ⅰ级	$100m^3$	73096.13	18313.15	131.50	35140.79	11679.69	7831.00
4-1-144	岩石破碎机开挖 $35m^2$ 以内 Ⅱ级	$100m^3$	56234.90	14087.20	108.55	27031.00	8984.33	6023.82
4-1-145	岩石破碎机开挖 $35m^2$ 以内 Ⅲ级	$100m^3$	41936.05	10565.17	90.66	20090.79	6698.33	4491.10
4-1-146	岩石破碎机开挖 $35m^2$ 以内 Ⅳ级	$100m^3$	33556.02	8452.28	81.20	16071.40	5358.42	3592.72
4-1-147	岩石破碎机开挖 $35m^2$ 以内 Ⅴ级	$100m^3$	26852.54	6761.57	73.63	12856.68	4286.59	2874.07
4-1-148	岩石破碎机开挖 $65m^2$ 以内 Ⅰ级	$100m^3$	57640.02	14084.79	112.55	28059.88	9208.61	6174.19
4-1-149	岩石破碎机开挖 $65m^2$ 以内 Ⅱ级	$100m^3$	44347.68	10834.71	94.57	21585.15	7083.74	4749.51
4-1-150	岩石破碎机开挖 $65m^2$ 以内 Ⅲ级	$100m^3$	31787.97	7188.18	80.54	16040.71	5075.51	3403.03
4-1-151	岩石破碎机开挖 $65m^2$ 以内 Ⅳ级	$100m^3$	26462.43	6500.72	73.10	12832.12	4224.23	2832.26
4-1-152	岩石破碎机开挖 $65m^2$ 以内 Ⅴ级	$100m^3$	21181.53	5200.91	67.16	10267.49	3379.85	2266.12
4-1-153	岩石破碎机开挖 $100m^2$ 以内 Ⅰ级	$100m^3$	39630.61	9087.76	90.40	19879.43	6329.33	4243.69
4-1-154	岩石破碎机开挖 $100m^2$ 以内 Ⅱ级	$100m^3$	31292.24	6990.78	79.04	15876.03	4996.40	3349.99
4-1-155	岩石破碎机开挖 $100m^2$ 以内 Ⅲ级	$100m^3$	24519.57	5242.90	70.48	12668.52	3913.65	2624.02
4-1-156	岩石破碎机开挖 $100m^2$ 以内 Ⅳ级	$100m^3$	19624.83	4194.51	65.06	10134.99	3131.00	2099.27
4-1-157	岩石破碎机开挖 $100m^2$ 以内 Ⅴ级	$100m^3$	15707.98	3355.72	60.72	8107.47	2504.71	1679.36
4-1-158	静力破碎开挖 Ⅰ级	$100m^3$	74486.76	37278.98	6168.92	12770.72	10935.86	7332.28
4-1-159	静力破碎开挖 Ⅱ级	$100m^3$	66459.87	34248.50	5632.21	10313.89	9736.88	6528.39
4-1-160	静力破碎开挖 Ⅲ级	$100m^3$	45697.92	22880.62	4979.31	6949.86	6517.96	4370.17
4-1-161	静力破碎开挖 Ⅳ级	$100m^3$	38361.26	19623.51	3442.02	5958.35	5589.64	3747.74
4-1-162	静力破碎开挖 Ⅴ级	$100m^3$	32203.39	16816.50	2276.78	5107.76	4790.45	3211.90
4-1-163	悬臂式掘进机开挖 $35m^2$ 以内 Ⅱ级	$100m^3$	33382.07	4854.03	1358.97	18606.12	5126.04	3436.91
4-1-164	悬臂式掘进机开挖 $35m^2$ 以内 Ⅲ级	$100m^3$	24758.78	2891.18	725.81	14715.39	3847.04	2579.36
4-1-165	悬臂式掘进机开挖 $65m^2$ 以内 Ⅱ级	$100m^3$	25844.75	3093.20	896.28	15184.07	3993.58	2677.62
4-1-166	悬臂式掘进机开挖 $65m^2$ 以内 Ⅲ级	$100m^3$	19921.89	1982.46	462.40	12273.58	3114.94	2088.51

六、斜井非爆开挖

编号	项目名称	单位	基价	人工费	材料费	施工机具使用费	管理费	利润
4-1-167	岩石破碎机开挖 Ⅰ级	$100m^3$	71434.52	16822.24	127.18	35417.57	11414.40	7653.13
4-1-168	岩石破碎机开挖 Ⅱ级	$100m^3$	54955.71	12940.01	105.53	27243.27	8780.05	5886.85
4-1-169	岩石破碎机开挖 Ⅲ级	$100m^3$	39389.29	9705.10	86.98	19087.80	6291.25	4218.16
4-1-170	岩石破碎机开挖 Ⅳ级	$100m^3$	31520.10	7763.90	78.26	15270.41	5033.00	3374.53
4-1-171	岩石破碎机开挖 Ⅴ级	$100m^3$	25223.60	6211.38	71.28	12215.23	4026.21	2699.50

七、竖井非爆开挖

编号	项目名称	单位	基价	人工费	材料费	施工机具使用费	管理费	利润
4-1-172	人机配合开挖 Ⅰ级	$100m^3$	66147.97	46413.73	1785.25	738.45	10302.75	6907.79
4-1-173	人机配合开挖 Ⅱ级	$100m^3$	48779.08	34088.10	1443.00	590.35	7577.24	5080.39
4-1-174	人机配合开挖 Ⅲ级	$100m^3$	36101.69	25284.51	1022.60	414.46	5615.22	3764.90
4-1-175	人机配合开挖 Ⅳ级	$100m^3$	28880.77	20227.53	817.61	331.56	4492.16	3011.91
4-1-176	人机配合开挖 Ⅴ级	$100m^3$	23105.51	16182.14	654.79	265.27	3593.76	2409.55

八、洞内地沟非爆开挖

编号	项目名称	单位	基价	人工费	材料费	施工机具使用费	管理费	利润
4-1-177	机械开挖 Ⅰ级	$100m^3$	44987.49	15240.86	412.53	17414.79	7135.26	4784.05
4-1-178	机械开挖 Ⅱ级	$100m^3$	30379.76	8717.94	321.49	13302.77	4811.53	3226.03
4-1-179	机械开挖 Ⅲ级	$100m^3$	20420.38	4820.55	259.89	9949.04	3227.16	2163.74
4-1-180	机械开挖 Ⅳ级	$100m^3$	17210.82	4269.06	259.89	8149.20	2713.39	1819.28
4-1-181	机械开挖 Ⅴ级	$100m^3$	14589.68	3789.54	259.89	6708.47	2293.82	1537.96

九、平 洞 出 渣

编号	项目名称	单位	基价	人工费	材料费	施工机具使用费	管理费	利润
4-1-182	人装双轮车运输 运距 60m 内	100m³	13691.40	10030.33	0.00	0.00	2191.63	1469.44
4-1-183	人装双轮车运输 每增运 20m	100m³	1092.18	800.13	0.00	0.00	174.83	117.22
4-1-184	人力、机械装渣，轻轨斗车运输 人力装运距 100m 内	100m³	10928.81	7702.11	303.54	81.97	1700.82	1140.37
4-1-185	人力、机械装渣，轻轨斗车运输 机装 运距 100m 内	100m³	10330.47	5158.36	303.54	2187.38	1605.04	1076.15
4-1-186	人力、机械装渣，轻轨斗车运输 每增运 50m	100m³	1073.99	771.45	0.00	15.35	171.92	115.27
4-1-187	平洞石渣 经斜井运输 运距 25m 内	100m³	4574.95	2139.53	0.00	1212.08	732.33	491.01
4-1-188	平洞石渣 经斜井运输 每增运 25m	100m³	1201.21	713.36	0.00	166.65	192.28	128.92
4-1-189	平洞石渣 经竖井运输 运距 25m 内	100m³	4393.87	1925.48	126.65	1200.69	683.07	457.98
4-1-190	平洞石渣 经竖井运输 每增运 25m	100m³	998.75	577.57	0.00	154.12	159.87	107.19
4-1-191	机装、电瓶车运输 运距 500m 内	100m³	10717.67	3246.94	303.54	4382.46	1667.02	1117.71
4-1-192	机装、电瓶车运输 每增运 200m	100m³	1156.28	516.52	0.00	330.57	185.09	124.10
4-1-193	机械装、自卸汽车运输 运距 1000m 内	100m³	2440.08	179.08	0.00	1608.53	390.59	261.88
4-1-194	机械装、自卸汽车运输 每增运 1000m	100m³	273.75	35.71	0.00	164.84	43.82	29.38

十、开挖斜井、竖井出渣

编号	项目名称	单位	基价	人工费	材料费	施工机具使用费	管理费	利润
4-1-195	斜井人装、卷扬机轻轨运输 运距 25m 内	100m³	22084.42	13428.23	338.32	2502.98	3480.97	2333.92
4-1-196	斜井人装、卷扬机轻轨运输 每增运 25m	100m³	4911.83	2868.24	0.00	730.17	786.25	527.17
4-1-197	竖井人装、卷扬机吊斗提升 运距 25m 内	100m³	21206.44	12788.87	556.84	2339.04	3305.45	2216.24
4-1-198	竖井人装、卷扬机吊斗提升 每增运 25m	100m³	4321.85	2731.71	0.00	434.48	691.81	463.85

第二章 隧道衬砌

一、混凝土及钢筋混凝土衬砌拱部

编号	项目名称	单位	基价	人工费	材料费	施工机具使用费	管理费	利润
4-2-1	洞内 跨径 10m 以内、混凝土衬砌 厚 500mm 以内	$10m^3$	4877.61	725.02	3887.95	0.00	158.42	106.22
4-2-2	洞内 跨径 10m 以内、混凝土衬砌 厚 800mm 以内	$10m^3$	4840.09	706.33	3875.95	0.00	154.33	103.48
4-2-3	洞内 跨径 10m 以内、混凝土衬砌 厚 800mm 以上	$10m^3$	4814.33	693.75	3867.37	0.00	151.58	101.63
4-2-4	洞内 跨径 10m 以内、混凝土衬砌 模板	$10m^2$	1669.51	833.06	300.09	170.18	219.21	146.97
4-2-5	明洞 跨径 10m 以内、混凝土衬砌 厚 500mm 以内	$10m^3$	4950.58	778.48	3887.95	0.00	170.10	114.05
4-2-6	明洞 跨径 10m 以内、混凝土衬砌 厚 800mm 以内	$10m^3$	4887.82	741.30	3875.95	0.00	161.97	108.60
4-2-7	明洞 跨径 10m 以内、混凝土衬砌 厚 800mm 以上	$10m^3$	4845.41	716.51	3867.37	0.00	156.56	104.97
4-2-8	明洞 跨径 10m 以内、混凝土衬砌 模板	$10m^2$	1604.39	799.57	300.09	155.96	208.78	139.99
4-2-9	洞内 跨径 10m 以上、混凝土衬砌 厚 500mm 以内	$10m^3$	4859.20	725.57	3868.79	0.00	158.54	106.30
4-2-10	洞内 跨径 10m 以上、混凝土衬砌 厚 800mm 以内	$10m^3$	4819.16	707.07	3854.01	0.00	154.49	103.59
4-2-11	洞内 跨径 10m 以上、混凝土衬砌 厚 800mm 以上	$10m^3$	4796.81	694.86	3848.32	0.00	151.83	101.80
4-2-12	洞内 跨径 10m 以上、混凝土衬砌 模板	$10m^2$	1495.85	786.44	274.54	108.29	195.50	131.08
4-2-13	明洞 跨径 10m 以上、混凝土衬砌 厚 500mm 以内	$10m^3$	4932.93	779.59	3868.79	0.00	170.34	114.21
4-2-14	明洞 跨径 10m 以上、混凝土衬砌 厚 800mm 以内	$10m^3$	4867.40	742.41	3854.01	0.00	162.22	108.76
4-2-15	明洞 跨径 10m 以上、混凝土衬砌 厚 800mm 以上	$10m^3$	4828.12	717.80	3848.32	0.00	156.84	105.16
4-2-16	明洞 跨径 10m 以上、混凝土衬砌 模板	$10m^2$	1564.09	757.58	274.54	187.15	206.42	138.40

二、混凝土及钢筋混凝土衬砌边墙

编号	项目名称	单位	基价	人工费	材料费	施工机具使用费	管理费	利润
4-2-17	混凝土衬砌 厚500mm以内	$10m^3$	4845.35	726.68	3853.43	0.00	158.78	106.46
4-2-18	混凝土衬砌 厚800mm以内	$10m^3$	4820.84	710.40	3851.15	0.00	155.22	104.07
4-2-19	混凝土衬砌 厚800mm以上	$10m^3$	4796.16	698.56	3842.62	0.00	152.64	102.34
4-2-20	混凝土衬砌 模板	$10m^2$	1251.20	716.14	170.36	75.69	173.01	116.00
4-2-21	中隔墙 混凝土	$10m^3$	4940.70	821.03	3819.99	0.00	179.40	120.28
4-2-22	中隔墙 模板	$10m^2$	1198.53	749.62	121.86	39.15	172.35	115.55

三、混凝土模板台车衬砌及制作、安装

编号	项目名称	单位	基价	人工费	材料费	施工机具使用费	管理费	利润
4-2-23	混凝土衬砌 混凝土	$10m^3$	4851.48	730.75	3854.01	0.00	159.67	107.05
4-2-24	混凝土衬砌 模板台车 挡头模板	$10m^2$	1393.42	810.30	184.04	75.69	193.59	129.80
4-2-25	混凝土衬砌 模板台车 台车制作	t	12634.56	4390.05	4938.26	1248.27	1231.97	826.01
4-2-26	混凝土衬砌 模板台车 台车安装	t	2294.96	1167.35	0.00	513.94	367.36	246.31
4-2-27	混凝土衬砌 模板台车 台车拆除	t	1816.87	919.45	0.00	411.59	290.83	195.00
4-2-28	混凝土衬砌 模板台车 移动就位	次	836.36	597.55	20.71	0.00	130.56	87.54

四、仰拱、底板混凝土衬砌

编号	项目名称	单位	基价	人工费	材料费	施工机具使用费	管理费	利润
4-2-29	仰拱混凝土衬砌 混凝土	$10m^3$	4627.60	571.65	3847.29	0.00	124.91	83.75
4-2-30	底板混凝土 混凝土	$10m^3$	4656.64	592.93	3847.29	0.00	129.56	86.86
4-2-31	仰拱、底板混凝土衬砌 模板	$10m^2$	986.30	537.80	153.99	71.95	133.23	89.33
4-2-32	仰拱回填 混凝土	$10m^3$	4557.60	546.12	3812.14	0.00	119.33	80.01
4-2-33	仰拱回填 片石混凝土	$10m^3$	4491.68	653.24	3600.01	0.00	142.73	95.70

五、竖井混凝土及钢筋混凝土衬砌

编号	项目名称	单位	基价	人工费	材料费	施工机具使用费	管理费	利润
4-2-34	竖井混凝土衬砌 厚250mm以内	$10m^3$	4922.05	788.29	3846.04	0.00	172.24	115.48
4-2-35	竖井混凝土衬砌 厚350mm以内	$10m^3$	4914.73	786.25	3841.49	0.00	171.80	115.19
4-2-36	竖井混凝土衬砌 厚450mm以内	$10m^3$	4886.19	765.35	3841.49	0.00	167.23	112.12
4-2-37	竖井混凝土衬砌 模板	$10m^2$	1545.47	1063.01	53.59	29.94	238.81	160.12

六、斜井拱部混凝土及钢筋混凝土衬砌

编号	项目名称	单位	基价	人工费	材料费	施工机具使用费	管理费	利润
4-2-38	拱部混凝土衬砌 厚500mm以内	$10m^3$	5373.05	1087.43	3888.71	0.00	237.60	159.31
4-2-39	拱部混凝土衬砌 厚800mm以内	$10m^3$	5323.17	1059.68	3876.71	0.00	231.54	155.24
4-2-40	拱部混凝土衬砌 模板	$10m^2$	2462.31	1374.37	327.42	189.65	341.74	229.13

七、斜井边墙混凝土及钢筋混凝土衬砌

编号	项目名称	单位	基价	人工费	材料费	施工机具使用费	管理费	利润
4-2-41	边墙混凝土衬砌 厚500mm以内	$10m^3$	5341.90	1090.02	3854.02	0.00	238.17	159.69
4-2-42	边墙混凝土衬砌 厚800mm以内	$10m^3$	5306.55	1065.79	3851.74	0.00	232.88	156.14
4-2-43	边墙混凝土衬砌 模板	$10m^2$	1925.26	1181.60	189.63	89.92	277.83	186.28

八、块料衬砌及沟槽

编号	项目名称	单位	基价	人工费	材料费	施工机具使用费	管理费	利润
4-2-44	拱部 浆砌拱石	$10m^3$	14594.61	6620.04	5197.18	264.52	1504.28	1008.59
4-2-45	拱部 浆砌混凝土预制块	$10m^3$	22204.33	6289.08	13258.67	264.52	1431.96	960.10
4-2-46	边墙 浆砌块石	$10m^3$	10024.13	4281.46	4126.01	39.51	944.13	633.02
4-2-47	边墙 浆砌条石	$10m^3$	24176.48	3892.22	18824.29	28.80	856.74	574.43
4-2-48	边墙 浆砌混凝土预制块	$10m^3$	17514.77	3697.60	12441.04	19.42	812.17	544.54
4-2-49	沟槽 混凝土浇筑 混凝土	$10m^3$	6349.93	1824.29	3859.77	0.00	398.61	267.26
4-2-50	沟槽 混凝土浇筑 模板	$10m^2$	1550.19	826.40	102.71	234.03	231.70	155.35

九、喷射混凝土支护、锚杆

编号	项目名称	单位	基价	人工费	材料费	施工机具使用费	管理费	利润
4-2-51	喷射混凝土支护 拱部 混凝土 初喷厚 50mm	$100m^2$	7899.28	2841.97	2781.79	907.11	819.17	549.24
4-2-52	喷射混凝土支护 拱部 混凝土 每增 10mm	$100m^2$	1234.49	378.88	489.94	166.58	119.18	79.91
4-2-53	喷射混凝土支护 拱部 钢钎维混凝土 初喷厚 50mm	$100m^2$	12068.44	3126.13	6464.21	979.53	897.09	601.48
4-2-54	喷射混凝土支护 拱部 钢钎维混凝土 每增 10mm	$100m^2$	1973.64	416.81	1159.33	179.75	130.35	87.40
4-2-55	喷射混凝土支护 边墙 混凝土 初喷厚 50mm	$100m^2$	7194.33	2328.78	2543.85	1078.16	744.42	499.12
4-2-56	喷射混凝土支护 边墙 混凝土 每增 10mm	$100m^2$	1149.00	311.54	464.20	190.14	109.62	73.50
4-2-57	喷射混凝土支护 边墙 钢钎维混凝土 初喷厚 50mm	$100m^2$	10976.93	2561.70	5890.40	1164.69	814.22	545.92
4-2-58	喷射混凝土支护 边墙 钢钎维混凝土 每增 10mm	$100m^2$	1845.75	342.62	1097.38	205.64	119.79	80.32
4-2-59	锚杆 砂浆锚杆	t	23326.35	7809.04	6498.00	4519.42	2693.77	1806.12
4-2-60	锚杆 药卷锚杆	t	22855.49	7046.65	8750.40	3286.75	2257.85	1513.84
4-2-61	锚杆 中空注浆锚杆	100m	5875.60	2253.67	1461.83	979.86	706.53	473.71
4-2-62	锚杆 自进式锚杆	100m	8311.69	1914.75	4360.55	979.86	632.47	424.06

十、钢　支　撑

编号	项目名称	单位	基价	人工费	材料费	施工机具使用费	管理费	利润
4-2-63	钢支撑 型钢钢架 制作	t	7355.84	2416.47	3655.11	294.69	592.39	397.18
4-2-64	钢支撑 型钢钢架 安装	t	1460.87	1070.23	0.00	0.00	233.85	156.79
4-2-65	钢支撑 型钢钢架 拆除	t	502.28	367.97	0.00	0.00	80.40	53.91
4-2-66	钢支撑 格栅钢架 制作	t	8608.68	2587.41	4515.17	411.50	655.26	439.34
4-2-67	钢支撑 格栅钢架 安装	t	1347.23	986.98	0.00	0.00	215.66	144.59
4-2-68	钢支撑 格栅钢架 拆除	t	477.27	349.65	0.00	0.00	76.40	51.22

十一、管棚及小导管

编号	项目名称	单位	基价	人工费	材料费	施工机具使用费	管理费	利润
4-2-69	套拱 混凝土	$10m^3$	4937.10	774.23	3880.28	0.00	169.17	113.42
4-2-70	套拱 模板	$10m^2$	1593.74	782.55	312.68	155.96	205.06	137.49
4-2-71	套拱 孔口管	10m	697.59	148.19	451.78	31.89	39.35	26.38
4-2-72	管棚 管径（mm） ϕ89	10m	2594.33	1028.97	794.70	289.44	288.07	193.15
4-2-73	管棚 管径（mm） ϕ108	10m	2816.17	1071.34	935.86	306.17	300.99	201.81
4-2-74	管棚 管径（mm） ϕ159	10m	3506.99	1253.75	1307.52	357.58	352.08	236.06
4-2-75	管棚 管径（mm） ϕ203	10m	4081.13	1395.09	1629.63	400.88	392.42	263.11
4-2-76	小导管（mm） ϕ42	100m	7270.35	3068.23	1873.14	885.77	863.95	579.26
4-2-77	注浆 水泥浆	$10m^3$	8145.34	2349.50	3826.69	814.35	691.30	463.50
4-2-78	注浆 水泥水玻璃浆	$10m^3$	24163.07	2866.02	18760.21	1092.12	864.85	579.87

十二、拱、墙背压浆

编号	项目名称	单位	基价	人工费	材料费	施工机具使用费	管理费	利润
4-2-79	拱、墙背压浆 预留孔压浆	$10m^3$	8280.03	2461.98	3807.84	814.35	715.88	479.98
4-2-80	拱、墙背压浆 钻孔压浆	$10m^3$	9013.86	2963.89	3809.75	848.64	833.04	558.54

十三、防水板、止水带（条）、止水胶

编号	项目名称	单位	基价	人工费	材料费	施工机具使用费	管理费	利润
4-2-81	防水层 复合式防水板	$100m^2$	5000.41	2328.41	1822.13	0.00	508.76	341.11
4-2-82	防水层 细石混凝土保护层	$10m^3$	11037.62	5347.80	3737.88	0.00	1168.49	783.45
4-2-83	防水层 无纺布	$100m^2$	4231.23	1398.97	777.30	1131.38	552.88	370.70
4-2-84	防水层 聚氨酯防水涂料 2mm 厚	$100m^2$	5735.01	1338.85	3813.76	68.66	307.54	206.20
4-2-85	防水层 油毛毡隔离层	$100m^2$	1294.18	536.13	468.64	68.66	132.15	88.60
4-2-86	止水带（条）橡胶止水带	100m	7932.44	3882.23	2633.19	0.00	848.27	568.75
4-2-87	止水带（条）遇水膨胀止水条	100m	5301.23	3448.96	593.40	0.00	753.60	505.27
4-2-88	止水胶	100m	7342.06	4077.03	1776.92	0.00	890.83	597.28

十四、排 水 管 沟

编号	项目名称	单位	基价	人工费	材料费	施工机具使用费	管理费	利润
4-2-89	排水管 纵向排水管 弹簧管	100m	3934.58	579.98	3142.90	0.00	126.73	84.97
4-2-90	排水管 纵向排水管 HPDE 管	100m	1788.08	579.98	996.40	0.00	126.73	84.97
4-2-91	排水管 横向排水管	100m	2496.92	841.20	1348.68	0.00	183.80	123.24
4-2-92	排水管 环向排水管 弹簧管	100m	6025.74	3138.90	1741.14	0.00	685.85	459.85
4-2-93	排水管 环向排水管 无纺布	100m	3411.34	2302.88	267.91	0.00	503.18	337.37
4-2-94	排水管 环向排水管 塑料盲沟	100m	5175.52	2849.00	1286.63	0.00	622.51	417.38
4-2-95	侧式排水沟 单（双）壁打孔波纹管	100m	12869.24	1220.63	10204.27	731.73	426.59	286.02
4-2-96	透水软管	100m	5518.75	1047.66	4088.70	0.00	228.91	153.48

十五、明 洞 工 程

编号	项目名称	单位	基价	人工费	材料费	施工机具使用费	管理费	利润
4-2-97	明洞修筑 浆砌片石	$10m^3$	7174.86	1572.87	4833.24	142.60	374.83	251.32
4-2-98	明洞修筑 浆砌块石	$10m^3$	6802.92	1749.55	4259.31	113.90	407.16	273.00
4-2-99	明洞修筑 片石混凝土	$10m^3$	6478.69	1508.31	3803.94	451.21	428.16	287.07
4-2-100	明洞修筑 混凝土	$10m^3$	6866.23	1583.97	3983.05	528.25	461.52	309.44
4-2-101	明洞回填 浆砌片石	$10m^3$	6203.38	1017.87	4624.09	139.12	252.80	169.50
4-2-102	明洞回填 干砌片石	$10m^3$	3861.96	546.86	3115.50	0.00	119.49	80.11
4-2-103	明洞回填 回填碎石	$10m^3$	3042.99	471.01	2400.06	0.00	102.92	69.00
4-2-104	明洞回填 回填土石	$10m^3$	390.40	286.01	0.00	0.00	62.49	41.90
4-2-105	明洞防水层 隔水层	$10m^3$	1294.33	749.25	271.60	0.00	163.71	109.77
4-2-106	明洞防水层 SBS 改性沥青（聚合物）第一层	$10m^2$	1054.19	166.32	817.79	6.87	37.84	25.37
4-2-107	明洞防水层 SBS 改性沥青（聚合物）每增加一层	$10m^2$	1048.25	144.86	841.14	6.87	33.15	22.23
4-2-108	明洞防水层 EVA 聚氯乙烯（高分子）平面	$10m^2$	448.09	64.38	350.83	6.87	15.57	10.44
4-2-109	明洞防水层 EVA 聚氯乙烯（高分子）立面	$10m^2$	465.26	76.96	350.83	6.87	18.32	12.28
4-2-110	明洞防水层 PVC 防水板	$10m^2$	442.70	143.01	238.11	6.87	32.75	21.96
4-2-111	明洞防水层 苯乙烯泡沫保护层	$10m^2$	271.61	101.94	123.09	6.87	23.77	15.94
4-2-112	明洞防水层 土工布防水层 第一层	$10m^2$	345.70	193.14	72.69	6.87	43.70	29.30
4-2-113	明洞防水层 土工布防水层 每增加一层	$10m^2$	265.16	134.13	72.69	6.87	30.81	20.66
4-2-114	明洞防水层 非焦油聚氨酯防水涂料（厚 mm） 2	$10m^2$	622.23	92.87	486.09	6.87	21.79	14.61
4-2-115	明洞防水层 非焦油聚氨酯防水涂料（厚 mm）每增减 0.5	$10m^2$	154.43	20.72	123.80	1.72	4.90	3.29
4-2-116	防水保护层 水泥砂浆（厚 mm） 25	$10m^2$	398.52	76.04	152.71	104.04	39.35	26.38
4-2-117	防水保护层 水泥砂浆(厚 mm) 每增减 10	$10m^2$	163.32	30.34	63.06	43.11	16.05	10.76
4-2-118	防水保护层 防水水泥砂浆（厚 mm） 25	$10m^2$	411.11	101.01	131.22	104.04	44.80	30.04
4-2-119	防水保护层 防水水泥砂浆（厚 mm）每增减 10	$10m^2$	166.12	40.15	52.47	43.11	18.19	12.20
4-2-120	防水保护层 细石混凝土	$10m^3$	11210.22	2782.77	3746.20	2685.38	1194.79	801.08
4-2-121	变形缝 紫铜板止水带	10m	5544.73	198.51	5260.03	10.06	45.57	30.56
4-2-122	变形缝 钢板止水带	10m	654.43	172.42	405.35	10.06	39.87	26.73
4-2-123	变形缝 不锈钢止水带	10m	562.33	205.54	268.03	10.06	47.11	31.59
4-2-124	变形缝 橡胶止水带	10m	394.90	82.33	282.52	0.00	17.99	12.06
4-2-125	施工缝 钢板腻子止水带	10m	960.22	238.65	630.85	2.65	52.72	35.35
4-2-126	接水槽 不锈钢板	10m	1098.89	257.52	747.37	0.00	56.27	37.73

十六、洞内、洞门装饰

编号	项目名称	单位	基价	人工费	材料费	施工机具使用费	管理费	利润
4-2-127	洞内装饰 镶贴瓷砖	$100m^2$	15224.71	5686.90	7045.53	305.17	1309.27	877.84
4-2-128	洞内装饰 喷涂防火涂料	$100m^2$	3591.81	445.85	2983.22	0.00	97.42	65.32
4-2-129	洞内装饰 喷涂面漆	$100m^2$	3971.18	72.15	3872.70	0.00	15.76	10.57
4-2-130	洞门墙装饰 镶水刷石 砌石墙面	$100m^2$	11376.45	6721.05	2202.22	0.00	1468.55	984.63
4-2-131	洞门墙装饰 镶水刷石 混凝土墙面	$100m^2$	9459.36	5883.00	1429.06	0.00	1285.44	861.86
4-2-132	洞门墙装饰 镶贴瓷砖	$100m^2$	14055.07	4510.30	7698.74	146.35	1017.48	682.20

十七、洞 门 工 程

编号	项目名称	单位	基价	人工费	材料费	施工机具使用费	管理费	利润
4-2-133	洞门墙砌筑 浆砌块石	$10m^3$	10211.31	4430.75	4109.41	39.51	976.75	654.89
4-2-134	洞门墙砌筑 浆砌条石	$10m^3$	24345.01	4027.82	18807.73	28.80	886.37	594.29
4-2-135	洞门墙砌筑 浆砌混凝土预制块	$10m^3$	16467.88	2942.80	12424.44	19.42	647.25	433.97
4-2-136	现浇混凝土洞门墙 片石混凝土	$10m^3$	6447.04	2090.50	3593.51	0.00	456.77	306.26
4-2-137	现浇混凝土洞门墙 现浇混凝土	$10m^3$	6671.13	2127.50	3767.09	0.00	464.86	311.68
4-2-138	现浇混凝土洞门墙 模板	$10m^2$	1458.92	716.51	370.18	81.10	174.28	116.85

第三章 临时工程

一、洞内通风机

编号	项目名称	单位	基价	人工费	材料费	施工机具使用费	管理费	利润
4-3-1	开挖断面 10m² 内 安装及运行（洞长 m） 1000 内	100m	14218.20	4699.74	0.00	5716.53	2275.95	1525.98
4-3-2	开挖断面 10m² 内 安装及运行（洞长 m） 1000 以外每增加 1000 以内	100m	14374.25	4699.74	0.00	5830.85	2300.93	1542.73
4-3-3	开挖断面 65m² 内 安装及运行（洞长 m） 1000 内	100m	30240.08	4112.37	0.00	18041.53	4840.63	3245.55
4-3-4	开挖断面 65m² 内 安装及运行（洞长 m） 1000 以外每增加 1000 以内	100m	30732.66	4112.37	0.00	18402.40	4919.48	3298.41
4-3-5	开挖断面 100m² 内 安装及运行（洞长 m） 1000 以内	100m	57392.54	3870.39	0.00	38175.43	9187.01	6159.71
4-3-6	开挖断面 100m² 内 安装及运行（洞长 m） 1000 以外每增加 1000 以内	100m	58434.51	3870.39	0.00	38938.78	9353.80	6271.54
4-3-7	开挖断面 200m² 内 安装及运行（洞长 m） 1000 以内	100m	76593.16	3655.42	0.00	52456.78	12260.52	8220.44
4-3-8	开挖断面 200m² 内 安装及运行（洞长 m） 1000 以外每增加 1000 以内	100m	78025.21	3655.42	0.00	53505.91	12489.75	8374.13

二、洞内通风筒安、拆年摊销

编号	项目名称	单位	基价	人工费	材料费	施工机具使用费	管理费	利润
4-3-9	ϕ500 以内通风筒 粘胶布轻便软管 一年内	100m	19334.72	13677.98	664.28	0.00	2988.64	2003.82
4-3-10	ϕ500 以内通风筒 粘胶布轻便软管 每增加一季	100m	3668.54	2605.36	112.22	0.00	569.27	381.69

续前

编号	项目名称	单位	基价	人工费	材料费	施工机具使用费	管理费	利润
4-3-11	ϕ500 以内通风筒 $\delta=2$ 薄钢板风筒 一年内	100m	24730.83	16550.29	1885.30	186.36	3656.96	2451.92
4-3-12	ϕ500 以内通风筒 $\delta=2$ 薄钢板风筒 每增加一季	100m	3944.03	2605.36	335.29	38.41	577.66	387.31
4-3-13	ϕ1000 以内通风筒 粘胶布轻便软管 一年内	100m	29313.10	20516.87	1307.57	0.00	4482.94	3005.72
4-3-14	ϕ1000 以内通风筒 粘胶布轻便软管 每增加一季	100m	5545.76	3907.94	211.43	0.00	853.88	572.51
4-3-15	ϕ1000 以内通风筒 $\delta=2$ 薄钢板风筒 一年内	100m	37814.41	24825.34	3419.64	372.30	5505.68	3691.45
4-3-16	ϕ1000 以内通风筒 $\delta=2$ 薄钢板风筒 每增加一季	100m	6050.87	3907.94	611.03	77.29	870.77	583.84
4-3-17	ϕ1500 以内通风筒 粘胶布轻便软管 一年内	100m	43969.48	30775.31	1961.18	0.00	6724.41	4508.58
4-3-18	ϕ1500 以内通风筒 粘胶布轻便软管 每增加一季	100m	8332.10	5862.10	330.33	0.00	1280.87	858.80
4-3-19	ϕ1500 以内通风筒 $\delta=2$ 薄钢板风筒 一年内	100m	57005.12	37238.10	5412.54	558.66	8258.59	5537.23
4-3-20	ϕ1500 以内通风筒 $\delta=2$ 薄钢板风筒 每增加一季	100m	9098.81	5862.10	939.11	115.70	1306.15	875.75

三、洞内风、水管道安、拆年摊销

编号	项目名称	单位	基价	人工费	材料费	施工机具使用费	管理费	利润
4-3-21	镀锌钢管（水管 mm）ϕ25 以内 一年内	100m	5700.20	3974.54	263.04	8.73	870.34	583.55
4-3-22	镀锌钢管（水管 mm）ϕ25 以内 每增加一季	100m	818.22	566.66	42.35	1.74	124.20	83.27
4-3-23	镀锌钢管（水管 mm）ϕ50 以内 一年内	100m	7376.25	4975.95	550.92	24.29	1092.55	732.54
4-3-24	镀锌钢管（水管 mm）ϕ50 以内 每增加一季	100m	1038.76	691.90	87.68	4.86	152.24	102.08
4-3-25	镀锌钢管（水管 mm）ϕ80 以内 一年内	100m	9442.34	6151.62	1012.22	24.29	1349.44	904.77
4-3-26	镀锌钢管（水管 mm）ϕ80 以内 每增加一季	100m	1317.78	838.79	166.20	4.86	184.34	123.59
4-3-27	镀锌钢管（水管 mm）ϕ100 以内 一年内	100m	10877.04	6996.89	1293.13	24.29	1534.13	1028.60

续前

编号	项目名称	单位	基价	人工费	材料费	施工机具使用费	管理费	利润
4-3-28	镀锌钢管（水管 mm）ϕ100 以内 每增加一季	100m	1507.73	944.24	212.21	4.86	207.38	139.04
4-3-29	钢管（mm）ϕ80 以内 一年内	100m	20237.01	13188.10	1716.05	380.37	2964.71	1987.78
4-3-30	钢管（mm）ϕ80 以内 每增加一季	100m	2677.12	1656.86	311.04	76.53	378.75	253.94
4-3-31	钢管（mm）ϕ100 以内 一年内	100m	22273.36	14131.60	2361.06	456.16	3187.43	2137.11
4-3-32	钢管（mm）ϕ100 以内 每增加一季	100m	2969.21	1775.08	423.11	90.20	407.56	273.26
4-3-33	钢管（mm）ϕ150 以内 一年内	100m	29802.16	18307.23	3611.64	879.97	4192.40	2810.92
4-3-34	钢管（mm）ϕ150 以内 每增加一季	100m	4026.24	2296.78	650.25	176.47	540.41	362.33

四、洞内电路架设、拆除年摊销

编号	项目名称	单位	基价	人工费	材料费	施工机具使用费	管理费	利润
4-3-35	照明 一年内	100m	17636.14	6673.88	8526.30	0.00	1458.24	977.72
4-3-36	照明 每增一年	100m	4846.95	3217.71	454.78	0.00	703.07	471.39
4-3-37	动力 $3\times70mm^2+2\times25mm^2$ 一年内	100m	17931.96	8955.30	5707.98	0.00	1956.73	1311.95
4-3-38	动力 $3\times70mm^2+2\times25mm^2$ 每增一年	100m	6136.50	3919.78	786.00	0.00	856.47	574.25
4-3-39	动力 $3\times120mm^2+2\times70mm^2$ 一年内	100m	26431.69	12274.94	9676.40	0.00	2682.07	1798.28
4-3-40	动力 $3\times120mm^2+2\times70mm^2$ 每增一年	100m	8293.85	4941.17	1549.15	0.00	1079.65	723.88
4-3-41	动力 $3\times150mm^2+2\times120mm^2$ 一年内	100m	32383.44	13934.94	13362.25	0.00	3044.78	2041.47
4-3-42	动力 $3\times150mm^2+2\times120mm^2$ 每增一年	100m	9699.88	5451.95	2257.97	0.00	1191.25	798.71
4-3-43	动力 $3\times180mm^2+2\times150mm^2$ 一年内	100m	37065.22	15239.01	16263.98	0.00	3329.72	2232.51
4-3-44	动力 $3\times180mm^2+2\times150mm^2$ 每增一年	100m	10805.39	5853.03	2816.00	0.00	1278.89	857.47

五、洞内外轻便轨道铺、拆年摊销

编号	项目名称	单位	基价	人工费	材料费	施工机具使用费	管理费	利润
4-3-45	轻便轨道（kg/m） 15 一年内	100m	19554.92	10907.05	4666.80	0.00	2383.19	1597.88
4-3-46	轻便轨道（kg/m）15 每增一季	100m	2183.26	986.61	836.54	0.00	215.57	144.54
4-3-47	轻便轨道（kg/m） 18 一年内	100m	21983.69	11220.25	6668.05	0.00	2451.62	1643.77
4-3-48	轻便轨道（kg/m）18 每增一季	100m	2575.93	1012.51	1193.86	0.00	221.23	148.33
4-3-49	轻便轨道（kg/m） 24 一年内	100m	22494.32	11324.78	7036.00	0.00	2474.46	1659.08
4-3-50	轻便轨道（kg/m）24 每增一季	100m	2651.55	1021.20	1257.61	0.00	223.13	149.61

六、洞内反坡排水

编号	项目名称	单位	基价	人工费	材料费	施工机具使用费	管理费	利润
4-3-51	洞内反坡排水 洞长（m） 1000 以内	$100m^3$	122.19	17.76	7.80	66.04	18.31	12.28
4-3-52	洞内反坡排水 洞长（m） 每增加 1000	$100m^3$	27.22	0.00	1.00	19.21	4.20	2.81

第四章　盾构法掘进

一、盾构吊装及吊拆

编号	项目名称	单位	基价	人工费	材料费	施工机具使用费	管理费	利润
4-4-1	盾构整体吊装 ϕ5000 以内	台	135671.66	52116.00	14819.19	36420.61	19345.25	12970.61
4-4-2	盾构分段吊装 ϕ7000 以内	台	679020.35	288315.00	31063.58	186378.61	103720.55	69542.61
4-4-3	盾构分块吊装 ϕ11500 以内	台	1674629.89	770029.60	101914.52	382142.83	251749.68	168793.26
4-4-4	盾构分块吊装 ϕ15500 以内	台	2793796.01	1190598.84	223933.86	692084.06	411366.21	275813.04
4-4-5	盾构整体吊拆 ϕ5000 以内	台	105992.64	41624.00	11896.59	27310.84	15062.26	10098.95
4-4-6	盾构分段吊拆 ϕ7000 以内	台	531024.46	230265.00	26913.92	139046.75	80694.62	54104.17
4-4-7	盾构分块吊拆 ϕ11500 以内	台	1251282.07	414631.37	54510.27	462124.53	191571.16	128444.74
4-4-8	盾构分块吊拆 ϕ15500 以内	台	2187741.17	572276.25	116173.62	945355.66	331602.57	222333.07
4-4-9	车架安装（t 以内） 30	节	18218.66	6993.95	2974.89	4173.65	2440.12	1636.05
4-4-10	车架安装（t 以内） 50	节	21371.83	8223.75	3310.56	5007.95	2891.13	1938.44
4-4-11	车架安装（t 以内） 100	节	523221.65	49390.23	121282.57	245070.63	64339.70	43138.52
4-4-12	车架拆除（t 以内） 30	节	15044.12	6167.92	1578.94	3696.68	2155.42	1445.16
4-4-13	车架拆除（t 以内） 50	节	18011.96	7401.59	1852.17	4437.08	2586.75	1734.37
4-4-14	车架拆除（t 以内） 100	节	324335.20	33627.29	43800.14	171892.90	44906.16	30108.71

二、盾构掘进

编号	项目名称	单位	基价	人工费	材料费	施工机具使用费	管理费	利润
4-4-15	φ≤5000 复合式土压平衡盾构掘进 负环段掘进	m	21585.38	9494.40	2901.94	4193.10	2990.72	2005.22
4-4-16	φ≤5000 复合式土压平衡盾构掘进 始发段掘进	m	14389.40	3797.76	3001.23	4545.22	1822.94	1222.25
4-4-17	φ≤5000 复合式土压平衡盾构掘进 正常段掘进	m	10335.17	3257.68	2484.50	2493.73	1256.68	842.58
4-4-18	φ≤5000 复合式土压平衡盾构掘进 到达段掘进	m	13160.83	3716.49	2954.42	3760.74	1633.77	1095.41
4-4-19	φ≤6500 复合式土压平衡盾构掘进 负环段掘进	m	32329.81	13638.31	4595.83	6679.62	4439.47	2976.58
4-4-20	φ≤6500 复合式土压平衡盾构掘进 始发段掘进	m	18676.64	4996.60	4657.10	5274.13	2244.15	1504.66
4-4-21	φ≤6500 复合式土压平衡盾构掘进 正常段掘进	m	14286.26	4074.68	4200.06	3314.48	1614.53	1082.51
4-4-22	φ≤6500 复合式土压平衡盾构掘进 到达段掘进	m	18401.84	4646.37	4541.52	5507.71	2218.67	1487.57
4-4-23	φ≤7000 复合式土压平衡盾构掘进 负环段掘进	m	35383.05	13638.31	5534.62	8228.67	4777.94	3203.51
4-4-24	φ≤7000 复合式土压平衡盾构掘进 始发段掘进	m	20906.27	4996.60	5868.03	6020.43	2407.22	1613.99
4-4-25	φ≤7000 复合式土压平衡盾构掘进 正常段掘进	m	16066.21	4074.68	5365.21	3764.88	1712.94	1148.50
4-4-26	φ≤7000 复合式土压平衡盾构掘进 到达段掘进	m	20891.96	4646.37	5693.52	6488.02	2432.86	1631.19
4-4-27	φ≤9000 复合式土压平衡盾构掘进 负环段掘进	m	43813.09	16591.12	8360.12	9381.75	5675.07	3805.03
4-4-28	φ≤9000 复合式土压平衡盾构掘进 始发段掘进	m	34649.27	7960.16	8807.92	10971.23	4136.51	2773.45
4-4-29	φ≤9000 复合式土压平衡盾构掘进 正常段掘进	m	23512.98	4453.51	7505.08	7273.89	2562.44	1718.06
4-4-30	φ≤9000 复合式土压平衡盾构掘进 到达段掘进	m	27761.91	5567.64	7915.41	8971.92	3176.89	2130.05
4-4-31	φ≤11500 复合式土压平衡盾构掘进 负环段掘进	m	73033.09	27717.80	14362.72	15264.15	9391.56	6296.86
4-4-32	φ≤11500 复合式土压平衡盾构掘进 始发段掘进	m	54817.27	13594.02	14031.22	16285.87	6528.76	4377.40
4-4-33	φ≤11500 复合式土压平衡盾构掘进 正常段掘进	m	38045.70	7605.41	12095.63	11405.63	4153.91	2785.12
4-4-34	φ≤11500 复合式土压平衡盾构掘进 到达段掘进	m	46340.73	9508.16	13085.45	14854.68	5323.28	3569.16

续前

编号	项目名称	单位	基价	人工费	材料费	施工机具使用费	管理费	利润
4-4-35	ϕ≤5000 复合式泥水平衡盾构掘进 负环段掘进	m	22272.34	10024.16	3457.78	3759.40	3011.71	2019.29
4-4-36	ϕ≤5000 复合式泥水平衡盾构掘进 始发段掘进	m	17064.53	4196.80	3504.01	5737.64	2170.68	1455.40
4-4-37	ϕ≤5000 复合式泥水平衡盾构掘进 正常段掘进	m	12344.63	3422.80	2769.55	3591.91	1532.71	1027.66
4-4-38	ϕ≤5000 复合式泥水平衡盾构掘进 到达段掘进	m	15374.27	3902.90	3017.81	5149.45	1977.94	1326.17
4-4-39	ϕ≤6500 复合式泥水平衡盾构掘进 负环段掘进	m	30964.10	12888.18	5442.90	5808.67	4085.26	2739.09
4-4-40	ϕ≤6500 复合式泥水平衡盾构掘进 始发段掘进	m	20466.82	5246.22	5221.19	5922.74	2440.42	1636.25
4-4-41	ϕ≤6500 复合式泥水平衡盾构掘进 正常段掘进	m	15720.95	4278.50	4672.81	3815.38	1768.51	1185.75
4-4-42	ϕ≤6500 复合式泥水平衡盾构掘进 到达段掘进	m	20227.14	4878.78	4813.81	6413.04	2467.26	1654.25
4-4-43	ϕ≤7000 复合式泥水平衡盾构掘进 负环段掘进	m	35847.03	14320.29	6451.21	7215.11	4705.48	3154.94
4-4-44	ϕ≤7000 复合式泥水平衡盾构掘进 始发段掘进	m	22895.25	5246.22	6161.49	7012.94	2678.63	1795.97
4-4-45	ϕ≤7000 复合式泥水平衡盾构掘进 正常段掘进	m	17478.28	4278.50	5527.74	4476.48	1912.96	1282.60
4-4-46	ϕ≤7000 复合式泥水平衡盾构掘进 到达段掘进	m	22698.79	4878.78	5678.50	7590.30	2724.49	1826.72
4-4-47	ϕ≤9000 复合式泥水平衡盾构掘进 负环段掘进	m	48825.48	17769.11	9327.96	11166.80	6322.50	4239.11
4-4-48	ϕ≤9000 复合式泥水平衡盾构掘进 始发段掘进	m	40599.77	8525.18	10190.09	13752.97	4867.78	3263.75
4-4-49	ϕ≤9000 复合式泥水平衡盾构掘进 正常段掘进	m	28028.64	4769.56	8899.26	9244.64	3062.10	2053.08
4-4-50	ϕ≤9000 复合式泥水平衡盾构掘进 到达段掘进	m	33929.45	5962.81	9204.72	12150.54	3957.77	2653.61
4-4-51	ϕ≤11500 复合式泥水平衡盾构掘进 负环段掘进	m	77753.42	30345.75	15449.26	15298.32	9973.23	6686.86
4-4-52	ϕ≤11500 复合式泥水平衡盾构掘进 始发段掘进	m	58615.11	14558.94	15147.34	17285.58	6958.03	4665.22
4-4-53	ϕ≤11500 复合式泥水平衡盾构掘进 正常段掘进	m	41967.07	8145.49	13278.57	12871.73	4592.26	3079.02
4-4-54	ϕ≤11500 复合式泥水平衡盾构掘进 到达段掘进	m	51971.02	10183.26	14135.91	17534.77	6056.39	4060.69
4-4-55	ϕ≤15500 复合式泥水平衡盾构掘进 负环段掘进	m	144117.55	55126.86	24375.18	32596.49	19167.55	12851.47
4-4-56	ϕ≤15500 复合式泥水平衡盾构掘进 始发段掘进	m	106482.15	26448.44	25348.57	32990.08	12987.32	8707.74

续前

编号	项目名称	单位	基价	人工费	材料费	施工机具使用费	管理费	利润
4-4-57	$\phi\leqslant15500$ 复合式泥水平衡盾构掘进 正常段掘进	m	73938.52	14797.59	21293.51	23770.18	8427.06	5650.18
4-4-58	$\phi\leqslant15500$ 复合式泥水平衡盾构掘进 到达段掘进	m	89331.71	18499.46	22241.18	30651.11	10739.40	7200.56
4-4-59	复合式土压平衡盾构空推掘进拼管片 ϕ6500 以内	m	4388.62	1065.54	841.68	1532.95	567.77	380.68
4-4-60	复合式土压平衡盾构空推掘进拼管片 ϕ7000 以内	m	4873.00	1248.29	993.71	1593.68	620.97	416.35
4-4-61	复合式土压平衡盾构空推掘进拼管片 ϕ9000 以内	m	7809.86	1622.39	1569.92	2948.99	998.85	669.71
4-4-62	复合式泥水平衡盾构空推掘进拼管片 ϕ6500 以内	m	4326.48	1065.54	897.20	1446.75	548.94	368.05
4-4-63	复合式泥水平衡盾构空推掘进拼管片 ϕ7000 以内	m	5002.74	1248.29	1027.82	1663.74	636.28	426.61
4-4-64	复合式土压平衡盾构停止掘进空转保压 ϕ6500 以内	天	9159.71	2920.56	1094.24	2988.21	1291.07	865.63
4-4-65	复合式土压平衡盾构停止掘进空转保压 ϕ7000 以内	天	9410.97	2920.56	1261.78	3049.54	1304.47	874.62
4-4-66	复合式土压平衡盾构停止掘进空转保压 ϕ9000 以内	天	13043.17	3504.93	1913.22	4648.88	1781.61	1194.53
4-4-67	复合式泥水平衡盾构停止掘进空转保压 ϕ6500 以内	天	11515.53	3894.51	1317.81	3576.35	1632.38	1094.48
4-4-68	复合式泥水平衡盾构停止掘进空转保压 ϕ7000 以内	天	12082.76	3894.51	1516.92	3846.03	1691.31	1133.99
4-4-69	盾构机开仓 仓内压力 常压	人·小时	325.76	238.65	0.00	0.00	52.15	34.96
4-4-70	盾构机开仓 仓内压力 3.0Bar 以内	人·小时	648.58	475.15	0.00	0.00	103.82	69.61
4-4-71	盾构机开仓 仓内压力 3.0Bar 以上	人·小时	1113.74	815.93	0.00	0.00	178.28	119.53

三、衬砌壁后压浆

编号	项目名称	单位	基价	人工费	材料费	施工机具使用费	管理费	利润
4-4-72	同步压浆 水泥：粉煤灰 1：5.8	$10m^3$	11682.61	4499.52	2164.23	2473.65	1523.64	1021.57
4-4-73	同步压浆 水泥砂浆 1：2.5	$10m^3$	15264.85	4855.56	5260.48	2473.65	1601.43	1073.73
4-4-74	同步压浆 水泥水玻璃浆	$10m^3$	27208.69	5185.80	16753.54	2473.65	1673.59	1122.11
4-4-75	同步压浆 惰性浆	$10m^3$	11016.97	3857.10	2375.50	2473.65	1383.27	927.45

四、钢筋混凝土管片

编号	项目名称	单位	基价	人工费	材料费	施工机具使用费	管理费	利润
4-4-76	预制钢筋混凝土管片 ϕ5000以内	$10m^3$	24211.37	7292.59	6438.95	5727.50	2844.89	1907.44
4-4-77	预制钢筋混凝土管片 ϕ6000以内	$10m^3$	22239.99	6489.35	6285.60	5198.85	2553.87	1712.32
4-4-78	预制钢筋混凝土管片 ϕ7000以内	$10m^3$	20692.36	5858.97	6162.87	4785.35	2325.78	1559.39
4-4-79	预制钢筋混凝土管片 ϕ11500以内	$10m^3$	20281.65	5679.87	6127.14	4689.73	2265.76	1519.15
4-4-80	预制钢筋混凝土管片 ϕ15500以内	$10m^3$	20099.67	4755.80	6310.73	5345.99	2207.24	1479.91
4-4-81	预制钢筋混凝土管片 钢筋制作安装	t	12673.28	4437.60	3799.45	2063.38	1420.46	952.39
4-4-82	预埋槽道	t	19513.41	4042.00	11996.24	1465.08	1203.30	806.79
4-4-83	预制管片成环水平拼装 ϕ5000以内	组	10247.05	4434.16	511.21	2698.32	1558.45	1044.91
4-4-84	预制管片成环水平拼装 ϕ7000以内	组	14727.54	6995.24	704.85	3277.79	2244.66	1505.00
4-4-85	预制管片成环水平拼装 ϕ9000以内	组	17970.87	8473.15	912.04	4024.16	2730.66	1830.86
4-4-86	预制管片成环水平拼装 ϕ11500以内	组	20637.88	9630.28	1119.24	4669.09	3124.41	2094.86
4-4-87	预制管片成环水平拼装 ϕ15500以内	组	48570.93	15142.45	1355.48	19447.62	7557.93	5067.45
4-4-88	管片场内运输 ϕ5000以内	$10m^3$	1366.73	288.10	22.72	696.52	215.14	144.25
4-4-89	管片场内运输 ϕ6000以内	$10m^3$	1529.38	386.57	24.78	715.70	240.85	161.48
4-4-90	管片场内运输 ϕ7000以内	$10m^3$	1334.32	349.16	26.85	608.69	209.29	140.33
4-4-91	管片场内运输 ϕ11500以内	$10m^3$	1267.91	278.21	28.91	629.48	198.33	132.98
4-4-92	管片场内运输 ϕ15500以内	$10m^3$	1099.66	366.36	30.98	416.55	171.07	114.70
4-4-93	口字件场内运输	$10m^3$	2591.07	1364.39	42.42	502.75	407.97	273.54
4-4-94	管片场外运输 运距 10km以内	$10m^3$	1152.84	215.43	45.43	595.86	177.27	118.85
4-4-95	管片场外运输 运距 每增加1km	$10m^3$	35.85	0.00	0.00	26.26	5.74	3.85

五、钢 管 片

编号	项目名称	单位	基价	人工费	材料费	施工机具使用费	管理费	利润
4-4-96	钢管片 1t 内	t	26017.91	7833.10	5587.19	7134.46	3270.41	2192.75
4-4-97	钢管片 1t 外	t	23128.09	7612.51	5410.58	5367.35	2836.10	1901.55
4-4-98	复合管片钢壳	t	18109.92	4930.60	5264.15	4480.22	2056.26	1378.69
4-4-99	管片防腐处理（厚度 mm） 1.5	$10m^2$	1805.02	682.84	556.54	231.80	199.85	133.99
4-4-100	管片防腐处理（厚度 mm） 每增减 0.5	$10m^2$	479.96	170.71	183.66	46.36	47.43	31.80

六、管片设置密封条

编号	项目名称	单位	基价	人工费	材料费	施工机具使用费	管理费	利润
4-4-101	三元乙丙橡胶密封条 ϕ5000 以内	环	1201.51	682.84	52.85	158.67	183.87	123.28
4-4-102	三元乙丙橡胶密封条 ϕ7000 以内	环	1986.79	1179.92	81.49	215.90	304.99	204.49
4-4-103	三元乙丙橡胶密封条 ϕ11500 以内	环	2840.45	1365.68	170.74	590.15	427.35	286.53
4-4-104	三元乙丙橡胶密封条 ϕ15500 以内	环	3322.38	1465.87	264.79	774.12	489.44	328.16

七、柔性接缝环

编号	项目名称	单位	基价	人工费	材料费	施工机具使用费	管理费	利润
4-4-105	柔性接缝环（施工阶段）临时防水环板安装、拆除	t	25608.17	6948.16	6624.24	6959.48	3038.82	2037.47
4-4-106	柔性接缝环（施工阶段）临时止水缝 ϕ7000 以内	m	2918.85	1089.19	909.45	382.90	321.65	215.66
4-4-107	柔性接缝环（施工阶段）临时止水缝 ϕ9000 以内	m	3663.56	1532.52	1049.01	382.90	418.52	280.61

续前

编号	项目名称	单位	基价	人工费	材料费	施工机具使用费	管理费	利润
4-4-108	柔性接缝环（施工阶段）临时止水缝 φ15500 以内	m	4528.33	1922.10	1382.01	382.90	503.64	337.68
4-4-109	柔性接缝环（正式阶段）拆除洞口环管片	m^3	8257.49	3359.16	29.13	2668.94	1317.14	883.12
4-4-110	柔性接缝环（正式阶段）安装钢环板	t	14917.58	4631.10	3170.31	3974.96	1880.42	1260.79
4-4-111	柔性接缝环（正式阶段）柔性接缝环 φ7000 以内	m	7313.34	1873.51	1771.50	2186.45	887.10	594.78
4-4-112	柔性接缝环（正式阶段）柔性接缝环 φ9000 以内	m	8935.13	2538.72	2037.24	2514.68	1104.17	740.32
4-4-113	柔性接缝环（正式阶段）柔性接缝环 φ15500 以内	m	10023.91	2685.78	2484.92	2837.29	1206.79	809.13
4-4-114	洞口混凝土环圈	m^3	5590.84	2012.83	609.13	1636.77	797.44	534.67

八、管片嵌缝

编号	项目名称	单位	基价	人工费	材料费	施工机具使用费	管理费	利润
4-4-115	管片嵌缝 φ5000 以内	环	1385.20	894.40	101.13	46.31	205.55	137.81
4-4-116	管片嵌缝 φ7000 以内	环	2058.77	1291.72	173.80	89.21	301.73	202.31
4-4-117	管片嵌缝 φ11500 以内	环	4191.93	2653.96	334.89	171.71	617.41	413.96
4-4-118	管片嵌缝 φ15500 以内	环	5984.21	3762.50	467.80	278.83	883.03	592.05
4-4-119	管片手孔封堵	100 个	4171.12	2228.48	690.52	321.41	557.15	373.56

九、负环管片拆除

编号	项目名称	单位	基价	人工费	材料费	施工机具使用费	管理费	利润
4-4-120	负环管片拆除 φ5000 以内	m	9260.71	5467.88	201.65	1168.80	1450.11	972.27
4-4-121	负环管片拆除 φ7000 以内	m	18342.50	11446.60	261.82	1799.32	2894.23	1940.53
4-4-122	负环管片拆除 φ11500 以内	m	36447.87	23839.20	348.47	2607.25	5778.55	3874.40
4-4-123	负环管片拆除 φ15500 以内	m	51772.80	25316.25	967.73	11903.58	8132.53	5452.71

十、隧道内管线路拆除

编号	项目名称	单位	基价	人工费	材料费	施工机具使用费	管理费	利润
4-4-124	隧道内管线路拆除 ϕ5000 以内	100m	53245.48	21627.28	1455.49	16314.11	8290.19	5558.41
4-4-125	隧道内管线路拆除 ϕ7000 以内	100m	66560.18	27033.24	1819.35	20395.94	10363.28	6948.37
4-4-126	隧道内管线路拆除 ϕ11500 以内	100m	105652.38	42793.60	2951.38	32445.23	16439.68	11022.49
4-4-127	隧道内管线路拆除 ϕ15500 以内	100m	265974.25	70547.09	3479.15	121757.01	42018.45	28172.55

十一、金 属 构 件

编号	项目名称	单位	基价	人工费	材料费	施工机具使用费	管理费	利润
4-4-128	板式扶梯	t	10249.04	4450.50	2751.08	1042.51	1200.22	804.73
4-4-129	格式扶梯	t	12037.83	5672.13	2408.45	1382.36	1541.41	1033.48
4-4-130	垂直扶梯	t	12605.20	7386.76	2522.27	0.00	1614.01	1082.16
4-4-131	钢管栏杆	t	15139.17	7279.04	4079.93	822.97	1770.29	1186.94
4-4-132	钢支撑 活络头	t	15021.83	5012.94	4560.36	2651.14	1674.60	1122.79
4-4-133	钢支撑 固定头	t	13071.24	3963.74	4446.89	2354.46	1380.53	925.62
4-4-134	盾构钢基座	t	9949.22	3013.44	3970.79	1366.36	956.99	641.64
4-4-135	钢结构反力架	t	12715.29	5349.20	4487.11	678.77	1317.11	883.10

十二、盾构其他工程

编号	项目名称	单位	基价	人工费	材料费	施工机具使用费	管理费	利润
4-4-136	盾构泥浆分离	$10m^3$	741.81	414.52	28.71	107.90	114.15	76.53
4-4-137	盾构泥浆压滤	$10m^3$	1100.31	138.46	0.00	667.63	176.13	118.09
4-4-138	复合式土压平衡盾构机过站 ϕ6500 以内	次	555587.90	240327.00	45153.47	133617.64	81706.90	54782.89
4-4-139	复合式土压平衡盾构机过站 ϕ7000 以内	次	611281.25	267030.00	49657.47	144415.99	89900.95	60276.84
4-4-140	复合式土压平衡盾构机过站 ϕ9000 以内	次	771747.24	293733.00	66104.91	223221.09	112954.47	75733.77
4-4-141	复合式泥水平衡盾构机过站 ϕ6500 以内	次	590911.50	260107.00	50847.55	135544.24	86449.80	57962.91
4-4-142	复合式泥水平衡盾构机过站 ϕ7000 以内	次	654727.88	286810.00	55159.41	152434.30	95974.88	64349.29
4-4-143	地层钻孔 孔径≤200mm 土层	100m	17617.27	4441.04	1262.41	7540.54	2617.98	1755.30
4-4-144	地层钻孔 孔径≤200mm 岩层	100m	38314.39	7939.09	1737.62	18857.08	5854.96	3925.64
4-4-145	深孔爆破地底孤石 孤石直径（m 以内） 1	处	2038.30	682.84	1106.22	0.00	149.20	100.04
4-4-146	深孔爆破地底孤石 孤石直径（m 以内） 2	处	3740.09	1366.11	1875.34	0.00	298.50	200.14
4-4-147	深孔爆破地底孤石 孤石直径（m 以内） 3	处	5696.22	2048.95	2899.40	0.00	447.70	300.17
4-4-148	深孔爆破地底孤石 孤石直径（m 以内） 4	处	8522.11	3415.49	3859.97	0.00	746.28	500.37
4-4-149	爆破地底基岩	m^3	2741.75	853.55	1576.65	0.00	186.50	125.05

十三、措施项目工程

编号	项目名称	单位	基价	人工费	材料费	施工机具使用费	管理费	利润
4-4-150	地表监测孔布置 土体分层沉降（m） 10	孔	5322.45	1793.96	898.42	1447.09	708.17	474.81
4-4-151	地表监测孔布置 土体分层沉降（m） 20	孔	7656.40	2496.80	1781.76	1806.97	940.37	630.50
4-4-152	地表监测孔布置 土体分层沉降（m） 30	孔	9979.07	3199.63	2665.07	2158.61	1170.78	784.98
4-4-153	地表监测孔布置 土体水平位移（m） 10	孔	5164.20	1886.20	614.26	1447.09	728.32	488.33
4-4-154	地表监测孔布置 土体水平位移（m） 20	孔	7340.69	2681.91	1213.37	1806.97	980.82	657.62
4-4-155	地表监测孔布置 土体水平位移（m） 30	孔	9505.02	3476.98	1812.44	2158.61	1231.38	825.61
4-4-156	地表监测孔布置 墙体位移（m） 20	孔	4747.31	887.52	452.64	2258.76	687.46	460.93
4-4-157	地表监测孔布置 墙体位移（m） 30	孔	5189.75	1072.85	642.10	2258.76	727.96	488.08
4-4-158	地表监测孔布置 墙体位移（m） 40	孔	6658.58	1257.54	831.56	3011.34	932.75	625.39
4-4-159	地表监测孔布置（m）孔隙水压力 10	孔	4157.62	1442.65	601.59	1162.50	569.23	381.65
4-4-160	地表监测孔布置（m）孔隙水压力 20	孔	4860.05	1645.83	629.69	1453.33	677.17	454.03
4-4-161	地表监测孔布置（m）孔隙水压力 30	孔	5554.10	1849.43	657.79	1737.61	783.77	525.50
4-4-162	地表监测孔布置（m）水位观察孔 15	孔	4721.87	1609.06	680.36	1351.75	646.94	433.76
4-4-163	地下监测孔布置 地表桩	只	1324.63	758.52	242.11	34.54	173.28	116.18
4-4-164	地下监测孔布置 混凝土构件变形	只	405.97	259.29	31.57	15.00	59.93	40.18
4-4-165	地下监测孔布置 建筑物倾斜	只	446.47	277.57	20.44	34.54	68.20	45.72
4-4-166	地下监测孔布置 建筑物振动	只	451.23	277.57	25.20	34.54	68.20	45.72
4-4-167	地下监测孔布置 地下管线沉降	只	884.60	609.31	5.75	34.54	140.68	94.32
4-4-168	地下监测孔布置 地下管线位移	只	884.60	609.31	5.75	34.54	140.68	94.32

续前

编号	项目名称	单位	基价	人工费	材料费	施工机具使用费	管理费	利润
4-4-169	地下监测孔布置 混凝土构件钢筋应力	只	766.25	369.80	250.79	7.83	82.51	55.32
4-4-170	地下监测孔布置 混凝土构件混凝土应变	只	943.82	351.53	277.83	136.37	106.61	71.48
4-4-171	地下监测孔布置 钢支撑轴力	只	3591.46	555.13	2066.76	561.87	244.06	163.64
4-4-172	地下监测孔布置 混凝土水化热	只	704.01	351.53	63.23	117.91	102.57	68.77
4-4-173	地下监测孔布置 混凝土构件界面土压力	只	2983.59	1313.01	424.38	561.87	409.66	274.67
4-4-174	地下监测孔布置 混凝土构件界面孔隙水压力	只	3026.70	1313.01	467.49	561.87	409.66	274.67
4-4-175	地下监测孔布置 基坑回弹	孔	5073.66	2182.47	2032.35	45.60	486.83	326.41
4-4-176	地下监测孔布置 混凝土支撑轴力	端面	1896.21	776.80	742.75	68.22	184.64	123.80
4-4-177	地下监测孔布置 隧道纵向沉降及位移	个	640.99	425.27	60.50	0.00	92.92	62.30
4-4-178	地下监测孔布置 隧道直径变形（收敛）	环	1198.05	795.29	112.48	0.00	173.77	116.51
4-4-179	地下监测孔布置 隧道环缝纵缝变化	个	1377.60	795.29	292.03	0.00	173.77	116.51
4-4-180	地下监测孔布置 衬砌表面应变计	个	1325.57	795.29	240.00	0.00	173.77	116.51
4-4-181	裂缝监测孔布置 地面建筑	个	8113.18	5934.00	13.27	0.00	1296.58	869.33
4-4-182	裂缝监测孔布置 隧道内部	个	1290.19	935.47	13.27	0.00	204.40	137.05
4-4-183	监控测试 地面监测（项）3以内	组日	1166.64	832.48	25.80	3.30	182.62	122.44
4-4-184	监控测试 地面监测（项）6以内	组日	2332.69	1664.53	51.60	6.60	365.14	244.82
4-4-185	监控测试 地面监测（项）6以外	组日	3499.04	2496.80	77.40	9.90	547.71	367.23
4-4-186	监控测试 地下监测（项）3以内	组日	1319.68	943.42	27.00	3.60	206.92	138.74
4-4-187	监控测试 地下监测（项）6以内	组日	2638.49	1886.20	54.00	7.20	413.71	277.38
4-4-188	监控测试 地下监测（项）6以外	组日	3958.46	2829.83	81.00	10.80	620.68	416.15

十四、补 充 项 目

1. 金 属 构 件

编号	项目名称	单位	基价	人工费	材料费	施工机具使用费	管理费	利润
4-4-189	金属构件制作 走道板制作	t	8183.07	2248.90	3766.17	986.92	707.03	474.05
4-4-190	金属构件制作 配套定型走道板制作	t	13960.24	4798.80	6400.18	739.71	1210.16	811.39
4-4-191	金属构件制作 钢轨跑板制作	t	9400.01	1027.70	6183.47	1328.74	514.88	345.22
4-4-192	金属构件制作 钢围令制作	t	7268.19	1298.60	4202.45	947.37	490.74	329.03
4-4-193	金属构件制作 钢闸墙制作	t	11116.62	2767.05	5446.70	1386.74	907.60	608.53
4-4-194	金属构件制作 钢轨枕制作	t	7614.05	1763.00	4592.72	450.43	483.63	324.27
4-4-195	金属构件制作 角钢支架制作	t	9131.06	3605.55	4076.99	97.07	809.02	542.43
4-4-196	金属构件制作 混合支架制作	t	9662.30	2696.10	4956.84	751.12	753.22	505.02

2. 管片设置密封条

编号	项目名称	单位	基价	人工费	材料费	施工机具使用费	管理费	利润
4-4-197	盾构掘进 管片设置密封条（氯丁橡胶条）ϕ4000 以内	环	1721.01	589.10	552.53	266.93	187.04	125.41
4-4-198	盾构掘进 管片设置密封条（氯丁橡胶条）ϕ5000 以内	环	2190.37	683.70	782.66	347.59	225.34	151.08
4-4-199	盾构掘进 管片设置密封条（氯丁橡胶条）ϕ6000 以内	环	3020.34	838.50	1286.12	431.99	277.60	186.13
4-4-200	盾构掘进 管片设置密封条（氯丁橡胶条）ϕ7000 以内	环	4049.78	1182.50	1796.86	467.99	360.63	241.80
4-4-201	盾构掘进 管片设置密封条（氯丁橡胶条）ϕ11000 以内	环	6539.34	1367.40	3862.88	593.38	428.43	287.25

3. 衬砌壁后压浆

编号	项目名称	单位	基价	人工费	材料费	施工机具使用费	管理费	利润
4-4-202	盾构掘进 衬砌压浆 同步压浆 石膏 粉煤灰	$10m^3$	11806.86	5383.60	1345.91	2280.10	1674.52	1122.73
4-4-203	盾构掘进 衬砌压浆 同步压浆 石膏、黏土	$10m^3$	12033.12	5297.60	1689.56	2280.10	1655.73	1110.13
4-4-204	盾构掘进 衬砌压浆 同步压浆 水泥	$10m^3$	12355.65	5183.65	2167.63	2280.10	1630.83	1093.44
4-4-205	盾构掘进 衬砌压浆 分块压浆 石膏 粉煤灰	$10m^3$	20346.91	10762.90	1372.93	3137.45	3037.23	2036.40
4-4-206	盾构掘进 衬砌压浆 分块压浆 石膏、黏土	$10m^3$	20455.77	10590.90	1716.58	3137.45	2999.64	2011.20
4-4-207	盾构掘进 衬砌压浆 分块压浆 水泥	$10m^3$	20635.39	10367.30	2201.40	3137.45	2950.79	1978.45

第五章 垂直顶升

一、顶升管节、复合管片制作

编号	项目名称	单位	基价	人工费	材料费	施工机具使用费	管理费	利润
4-5-1	顶升管节制作	m^3	9529.82	3732.01	929.28	2568.75	1376.72	923.06
4-5-2	复合管片制作	$10m^3$	37870.06	13667.99	6552.59	9275.21	5013.09	3361.18
4-5-3	管节试拼装	节	1858.92	725.94	242.43	458.30	258.76	173.49

二、垂直顶升设备安装、拆除

编号	项目名称	单位	基价	人工费	材料费	施工机具使用费	管理费	利润
4-5-4	顶升车架 安装	t	7413.58	2465.87	632.07	2502.27	1085.54	727.83
4-5-5	顶升车架 拆除	t	6008.57	2129.54	216.07	2114.05	927.22	621.69
4-5-6	顶升设备 安装	套	11359.39	3183.67	2390.70	3386.80	1435.65	962.57
4-5-7	顶升设备 拆除	套	5964.07	1956.38	642.73	1942.04	851.80	571.12

三、管节垂直顶升

编号	项目名称	单位	基价	人工费	材料费	施工机具使用费	管理费	利润
4-5-8	首节顶升	节	16527.00	5256.59	1949.72	5422.74	2333.43	1564.52
4-5-9	中间节顶升	节	5049.49	1458.36	551.97	1836.53	719.93	482.70
4-5-10	尾节顶升	节	12822.81	3561.81	1931.42	4417.23	1743.42	1168.93

四、顶升止水框、联系梁、车架

编号	项目名称	单位	基价	人工费	材料费	施工机具使用费	管理费	利润
4-5-11	止水框	t	23488.86	6828.35	6080.16	5925.27	2786.67	1868.41
4-5-12	联系梁	t	12495.08	1700.89	5252.28	3605.19	1159.38	777.34
4-5-13	转向法兰	t	24578.92	8301.32	6163.34	5189.95	2947.84	1976.47
4-5-14	顶升车架	t	13345.96	3790.10	4332.89	2812.88	1442.75	967.34

五、阴极保护安装及附件制作

编号	项目名称	单位	基价	人工费	材料费	施工机具使用费	管理费	利润
4-5-15	恒电位仪安装	个	4369.93	1005.48	2159.99	613.53	353.75	237.18
4-5-16	阳极安装	个	7163.71	1636.51	4051.14	643.76	498.24	334.06
4-5-17	阴极安装	个	3186.72	711.33	1650.16	414.36	245.96	164.91
4-5-18	参比电极安装	个	2133.13	533.54	1035.89	270.30	175.64	117.76
4-5-19	隧道内电缆铺设	100m	6482.10	1848.34	2958.65	732.94	564.01	378.16
4-5-20	接线箱制作	个	1138.21	235.88	426.60	285.45	113.91	76.37
4-5-21	分支箱制作	个	1060.52	235.88	425.13	229.61	101.71	68.19
4-5-22	过渡盒制作	个	938.54	235.88	324.44	214.01	98.30	65.91

六、滩地揭顶盖

编号	项目名称	单位	基价	人工费	材料费	施工机具使用费	管理费	利润
4-5-23	滩地揭顶盖	个	8455.59	5046.25	119.89	1060.49	1334.32	894.64

七、顶升管节钢壳

编号	项目名称	单位	基价	人工费	材料费	施工机具使用费	管理费	利润
4-5-24	顶升管节钢壳 首节	t	28687.13	8608.24	10059.10	5038.67	2981.85	1999.27
4-5-25	顶升管节钢壳 中间节	t	16032.40	5546.67	4111.06	3186.91	1908.29	1279.47
4-5-26	顶升管节钢壳 尾节	t	16837.85	5876.16	4466.76	3186.91	1980.28	1327.74

第六章　隧道沉井

一、沉井制作

编号	项目名称	单位	基价	人工费	材料费	施工机具使用费	管理费	利润
4-6-1	沉井基坑垫层 砂垫层	$10m^3$	4247.99	796.43	2759.71	293.89	238.23	159.73
4-6-2	沉井基坑垫层 刃脚基础垫层	$10m^3$	9000.66	3154.07	4166.89	387.15	773.76	518.79
4-6-3	沉井制作 刃脚 混凝土	$10m^3$	6022.57	1240.80	3716.15	448.88	369.20	247.54
4-6-4	沉井制作 刃脚 模板	$10m^2$	2380.43	1087.62	767.93	93.70	258.12	173.06
4-6-5	沉井制作 框架 混凝土	$10m^3$	5910.45	1213.60	3696.08	408.65	354.46	237.66
4-6-6	沉井制作 框架 模板	$10m^2$	2939.69	1077.44	1138.95	241.78	288.25	193.27
4-6-7	沉井制作 井壁、隔墙 混凝土	$10m^3$	5892.00	1255.97	3696.56	352.41	351.43	235.63
4-6-8	沉井制作 井壁、隔墙 模板	$10m^2$	1863.00	934.44	453.80	97.94	225.58	151.24
4-6-9	沉井制作 底板 混凝土	$10m^3$	6979.92	2178.56	3717.05	211.82	522.30	350.19
4-6-10	沉井制作 底板 模板	$10m^2$	2703.15	1433.20	708.00	28.45	319.37	214.13
4-6-11	砖封预留孔洞	$10m^3$	14769.66	6857.77	4410.85	731.10	1658.17	1111.77

二、沉 井 下 沉

编号	项目名称	单位	基价	人工费	材料费	施工机具使用费	管理费	利润
4-6-12	吊车挖土下沉 排水下沉（m 以内） 8	$100m^3$	11971.77	5616.60	299.24	2934.70	1868.46	1252.77
4-6-13	吊车挖土下沉 排水下沉（m 以内） 12	$100m^3$	14679.14	6927.14	299.18	3607.63	2301.85	1543.34
4-6-14	吊车挖土下沉 排水下沉（m 以内） 16	$100m^3$	18524.77	8780.84	299.18	4571.24	2917.43	1956.08
4-6-15	水力机械冲吸泥下沉 下沉深度（m 以内） 15	$100m^3$	12653.22	6780.81	934.04	1804.67	1875.93	1257.77
4-6-16	水力机械冲吸泥下沉 下沉深度（m 以内） 20	$100m^3$	16936.89	9286.08	933.98	2437.66	2561.64	1717.53
4-6-17	不排水潜水员吸泥下沉 下沉深度（m 以内） 29	$100m^3$	59773.56	23215.28	163.34	20455.21	9542.00	6397.73
4-6-18	不排水潜水员吸泥下沉 下沉深度（m 以内） 32	$100m^3$	71793.67	27895.78	163.34	24580.65	11466.10	7687.80
4-6-19	钻吸法出土下沉 下沉深度（m 以内） 20	$100m^3$	23659.54	13112.25	1048.13	3452.89	3619.48	2426.79
4-6-20	钻吸法出土下沉 下沉深度（m 以内） 25	$100m^3$	26922.55	15117.28	756.42	4052.04	4188.50	2808.31
4-6-21	钻吸法出土下沉 下沉深度（m 以内） 30	$100m^3$	32578.12	18499.26	619.50	4913.65	5115.72	3429.99
4-6-22	钻吸法出土下沉 下沉深度（m 以内） 35	$100m^3$	38250.17	21811.32	599.64	5771.49	6026.84	4040.88
4-6-23	触变泥浆制作、输送	$10m^3$	6768.82	823.81	3043.54	1905.33	596.32	399.82
4-6-24	环氧沥青防水层	$100m^2$	4300.85	2605.91	743.78	0.00	569.39	381.77

三、沉井混凝土封底

编号	项目名称	单位	基价	人工费	材料费	施工机具使用费	管理费	利润
4-6-25	混凝土干封底	$10m^3$	6229.82	1395.64	3753.46	418.54	396.40	265.78
4-6-26	水下混凝土封底	$10m^3$	11357.40	3170.90	5010.38	1478.93	1015.99	681.20

四、沉井填心

编号	项目名称	单位	基价	人工费	材料费	施工机具使用费	管理费	利润
4-6-27	砂石料填心（排水下沉）井内铺块石	$10m^3$	4896.74	1176.23	2833.05	335.63	330.34	221.49
4-6-28	砂石料填心（排水下沉）井内铺碎石	$10m^3$	4280.60	1169.57	2071.44	448.86	353.63	237.10
4-6-29	砂石料填心（排水下沉）井内铺黄砂	$10m^3$	4230.93	788.10	2761.04	288.74	235.29	157.76
4-6-30	砂石料填心（不排水下沉）井内水下抛铺块石	$10m^3$	6187.47	1327.56	2833.05	1129.89	536.95	360.02
4-6-31	砂石料填心（不排水下沉）井内水下铺碎石	$10m^3$	5906.32	1307.03	2071.44	1502.41	613.86	411.58

五、钢封门

编号	项目名称	单位	基价	人工费	材料费	施工机具使用费	管理费	利润
4-6-32	钢封门安装 ϕ4000 以内	t	4277.96	911.50	2759.76	200.74	243.02	162.94
4-6-33	钢封门安装 ϕ5000 以内	t	4201.74	862.47	2732.49	213.90	235.19	157.69
4-6-34	钢封门安装 ϕ7000 以内	t	3966.39	747.96	2680.40	194.16	205.85	138.02
4-6-35	钢封门拆除 ϕ4000 以内	t	1442.54	646.76	12.52	400.87	228.91	153.48
4-6-36	钢封门拆除 ϕ5000 以内	t	1299.82	605.88	12.52	337.20	206.06	138.16
4-6-37	钢封门拆除 ϕ7000 以内	t	1110.76	508.94	12.52	295.63	175.80	117.87

第七章 地下混凝土结构

一、隧道内钢筋混凝土结构

编号	项目名称	单位	基价	人工费	材料费	施工机具使用费	管理费	利润
4-7-1	基坑垫层 砂垫层	$10m^3$	4690.85	1065.42	2738.98	364.52	312.44	209.49
4-7-2	基坑垫层 混凝土垫层	$10m^3$	5883.31	988.27	3740.15	581.81	343.06	230.02
4-7-3	钢丝网水泥护坡 混凝土护坡（厚 mm） 100	$100m^2$	7699.51	2050.91	3969.30	681.84	597.11	400.35
4-7-4	钢丝网水泥护坡 混凝土护坡（厚 mm） 厚每增减 20	$100m^2$	1423.08	422.36	718.61	93.73	112.77	75.61
4-7-5	钢丝网水泥护坡 水泥砂浆护坡（厚 mm） 50	$100m^2$	6556.46	2298.63	2709.95	519.33	615.72	412.83
4-7-6	钢丝网水泥护坡 水泥砂浆护坡（厚 mm） 厚每增减 10	$100m^2$	1125.49	413.85	480.27	58.84	103.28	69.25
4-7-7	地梁 混凝土	$10m^3$	5308.39	383.32	3982.44	588.07	212.25	142.31
4-7-8	地梁 模板（砖模）	$10m^2$	5577.93	613.65	3725.71	743.29	296.49	198.79
4-7-9	底板 混凝土（底板厚 mm） 0.6 以上	$10m^3$	4606.52	267.51	3806.38	318.67	128.08	85.88
4-7-10	底板 混凝土（底板厚 mm） 0.6 以下	$10m^3$	4471.64	241.80	3783.37	262.43	110.17	73.87
4-7-11	底板 模板	$10m^2$	1764.13	839.35	314.60	222.58	232.03	155.57
4-7-12	墙 混凝土（墙厚 mm） 0.5 以内	$10m^3$	5100.29	362.97	3837.22	562.36	202.18	135.56
4-7-13	墙 混凝土（墙厚 mm） 0.5 以外	$10m^3$	4951.15	325.60	3815.85	506.12	181.73	121.85
4-7-14	墙 模板	$10m^2$	1517.37	853.78	197.29	113.31	211.31	141.68
4-7-15	衬墙 混凝土	$10m^3$	5262.45	418.10	3821.78	637.34	230.61	154.62
4-7-16	衬墙 模板	$10m^2$	2319.16	1417.84	220.48	119.66	335.94	225.24
4-7-17	柱 混凝土	$10m^3$	5304.68	509.12	3816.53	581.10	238.21	159.72
4-7-18	柱 模板	$10m^2$	1468.27	843.42	159.85	115.13	209.44	140.43
4-7-19	梁 混凝土（梁高 m） 0.6 以内	$10m^3$	5416.92	512.27	3873.30	618.59	247.09	165.67
4-7-20	梁 混凝土（梁高 m） 0.6 以外	$10m^3$	5246.00	471.75	3834.44	562.36	225.95	151.50
4-7-21	梁 模板	$10m^2$	1767.43	1016.95	191.65	137.47	252.24	169.12
4-7-22	平台、顶板 混凝土（板厚 m） 0.3 以下	$10m^3$	4799.26	296.56	3857.12	393.65	150.81	101.12
4-7-23	平台、顶板 混凝土（板厚 m） 0.5 以下	$10m^3$	4700.85	280.65	3831.61	356.16	139.14	93.29
4-7-24	平台、顶板 混凝土（板厚 m） 0.5 以上	$10m^3$	4641.39	263.63	3820.97	337.41	131.33	88.05
4-7-25	平台、顶板 模板	$10m^2$	1982.58	1012.88	386.26	156.58	255.53	171.33

二、隧道内其他结构混凝土

编号	项目名称	单位	基价	人工费	材料费	施工机具使用费	管理费	利润
4-7-26	楼梯 混凝土	$10m^3$	8499.95	1947.13	4022.71	1332.90	716.69	480.52
4-7-27	楼梯 模板	$10m^2$	2458.83	1459.65	233.92	170.32	356.15	238.79
4-7-28	电缆沟 混凝土	$10m^3$	7636.89	1634.85	3882.61	1115.54	600.96	402.93
4-7-29	电缆沟 模板	$10m^2$	1386.30	768.12	177.37	117.54	193.52	129.75
4-7-30	车道侧石 混凝土	$10m^3$	5541.54	622.34	3719.73	712.32	291.62	195.53
4-7-31	车道侧石 模板	$10m^2$	1700.79	1079.11	136.05	67.22	250.47	167.94
4-7-32	弓形底板 混凝土	$10m^3$	6059.63	931.48	3902.04	649.17	345.37	231.57
4-7-33	弓形底板 模板	$10m^2$	12628.48	6881.82	2289.52	692.51	1654.99	1109.64
4-7-34	支承墙 混凝土	$10m^3$	6339.20	920.38	3874.10	885.55	394.60	264.57
4-7-35	支承墙 模板	$10m^2$	1980.14	1159.03	248.70	109.42	277.16	185.83
4-7-36	侧墙及顶内衬	$10m^3$	11152.49	3760.31	4050.45	1442.65	1136.85	762.23
4-7-37	槽形板安装	$100m^2$	18471.47	2276.06	9822.48	4060.20	1384.47	928.26
4-7-38	隧道内车道 引道道路	$10m^3$	7262.29	2071.08	4244.48	139.77	483.07	323.89
4-7-39	隧道内车道 圆隧道道路	$10m^3$	11292.92	3631.18	4397.41	1420.47	1103.79	740.07

三、隧道内装配式混凝土结构

编号	项目名称	单位	基价	人工费	材料费	施工机具使用费	管理费	利润
4-7-40	口字型件 预制	m^3	1662.38	404.23	458.48	477.75	192.71	129.21
4-7-41	中层板 预制	m^3	1214.22	310.25	449.74	249.81	122.37	82.05
4-7-42	护板 预制	m^3	1117.90	399.05	468.66	76.58	103.93	69.68
4-7-43	口字型件 模板	m^2	238.76	118.96	38.08	28.06	32.12	21.54
4-7-44	中层板 模板	m^2	405.94	87.88	15.56	198.11	62.49	41.90
4-7-45	口字型件 安装	m^3	734.48	332.26	42.66	174.57	110.74	74.25
4-7-46	中层板 安装	m^3	797.56	346.14	68.46	188.00	116.71	78.25
4-7-47	护板 安装	m^3	1355.44	399.23	66.82	544.82	206.27	138.30

第五册

市政管网工程

第一章 管道铺设

一、管道（渠）垫层及基础

1. 垫层

编号	项目名称	单位	基价	人工费	材料费	施工机具使用费	管理费	利润
5-1-1	毛石 灌浆	$10m^3$	5612.63	1567.32	3412.40	44.57	352.20	236.14
5-1-2	碎石 灌浆	$10m^3$	5148.42	1273.36	3354.69	40.73	287.13	192.51
5-1-3	碎石 干铺	$10m^3$	4183.95	1241.72	2448.06	29.99	277.87	186.31
5-1-4	碎砖 灌浆	$10m^3$	3509.13	1296.30	1695.97	32.02	290.24	194.60
5-1-5	碎砖 干铺	$10m^3$	2512.01	1201.02	833.97	28.31	268.61	180.10
5-1-6	混凝土	$10m^3$	4268.50	518.00	3561.43	0.00	113.18	75.89
5-1-7	炉渣	$10m^3$	3176.26	843.23	1999.04	19.20	188.44	126.35
5-1-8	砂砾石	$10m^3$	4929.57	1087.80	3408.34	26.65	243.51	163.27
5-1-9	砂	$10m^3$	3854.16	820.85	2707.49	19.20	183.55	123.07
5-1-10	砾石	$10m^3$	4782.13	1120.18	3216.68	26.67	250.59	168.01
5-1-11	灰土 2∶8	$10m^3$	2196.66	965.33	789.25	65.74	225.29	151.05
5-1-12	灰土 3∶7	$10m^3$	2590.46	965.33	1180.42	67.67	225.71	151.33

2. 管道（渠）基础

（1）平基

编号	项目名称	单位	基价	人工费	材料费	施工机具使用费	管理费	利润
5-1-13	砖石平基 砖	$10m^3$	6914.96	2276.98	3766.66	29.47	503.96	337.89
5-1-14	砖石平基 块石	$10m^3$	7561.09	2087.91	4650.30	44.54	465.94	312.40
5-1-15	砂基础	$10m^3$	3840.89	820.85	2694.22	19.20	183.55	123.07
5-1-16	砂石基础 天然级配	$10m^3$	4749.31	1053.95	3276.60	24.96	235.74	158.06
5-1-17	砂石基础 人工级配	$10m^3$	4909.04	1091.13	3385.57	24.96	243.87	163.51
5-1-18	混凝土平基 混凝土	$10m^3$	4827.71	825.10	3701.45	0.00	180.28	120.88
5-1-19	混凝土平基 钢筋混凝土	$10m^3$	5020.87	966.63	3701.42	0.00	211.21	141.61

（2）负拱基础

编号	项目名称	单位	基价	人工费	材料费	施工机具使用费	管理费	利润
5-1-20	砖负拱基础	$10m^3$	7637.52	2816.63	3754.42	28.13	621.58	416.76
5-1-21	混凝土负拱基础	$10m^3$	5109.53	1031.56	3701.45	0.00	225.40	151.12

（3）混凝土枕基、管座

编号	项目名称	单位	基价	人工费	材料费	施工机具使用费	管理费	利润
5-1-22	混凝土枕基 预制	$10m^3$	8459.03	3352.02	3883.52	0.00	732.42	491.07
5-1-23	混凝土枕基 安装	$10m^3$	3147.98	2306.21	0.00	0.00	503.91	337.86
5-1-24	混凝土枕基 现浇	$10m^3$	6223.41	1714.21	3883.52	0.00	374.55	251.13
5-1-25	混凝土管座 现浇	$10m^3$	5642.86	1288.90	3883.52	0.00	281.62	188.82

二、管 道 铺 设

1. 预应力（自应力）混凝土管安装（胶圈接口）

编号	项目名称	单位	基价	人工费	材料费	施工机具使用费	管理费	利润
5-1-26	公称直径（mm 以内） 300	10m	540.42	289.16	0.65	106.28	86.40	57.93
5-1-27	公称直径（mm 以内） 400	10m	778.71	439.56	0.73	130.39	124.53	83.50
5-1-28	公称直径（mm 以内） 500	10m	958.01	546.68	0.90	154.50	153.21	102.72
5-1-29	公称直径（mm 以内） 600	10m	1139.27	661.38	1.06	172.47	182.20	122.16
5-1-30	公称直径（mm 以内） 700	10m	1490.85	865.80	1.22	225.50	238.45	159.88
5-1-31	公称直径（mm 以内） 800	10m	1572.89	899.84	1.38	251.45	251.56	168.66
5-1-32	公称直径（mm 以内） 900	10m	2175.39	1288.16	1.55	304.40	347.97	233.31
5-1-33	公称直径（mm 以内） 1000	10m	2332.35	1333.11	1.71	374.32	373.07	250.14
5-1-34	公称直径（mm 以内） 1200	10m	2967.68	1748.99	2.04	423.64	474.72	318.29
5-1-35	公称直径（mm 以内） 1400	10m	3752.36	2110.11	2.44	637.09	600.26	402.46
5-1-36	公称直径（mm 以内） 1600	10m	4465.20	2532.10	2.77	737.08	714.32	478.93
5-1-37	公称直径（mm 以内） 1800	10m	5693.24	3037.89	3.09	1130.72	910.84	610.70

2. 平接（企口）式混凝土管道铺设

编号	项目名称	单位	基价	人工费	材料费	施工机具使用费	管理费	利润
5-1-38	人工下管 管径（mm 以内）600	100m	5316.42	3894.81	0.00	0.00	851.02	570.59
5-1-39	人工下管 管径（mm 以内）700	100m	6186.86	4532.50	0.00	0.00	990.35	664.01
5-1-40	人机配合下管 管径（mm 以内）600	100m	3891.45	2140.08	0.00	710.80	622.92	417.65
5-1-41	人机配合下管 管径（mm 以内）700	100m	4586.51	2557.44	0.00	802.64	734.18	492.25
5-1-42	人机配合下管 管径（mm 以内）800	100m	5656.93	3095.05	0.00	1049.22	905.52	607.14
5-1-43	人机配合下管 管径（mm 以内）900	100m	7296.30	4001.55	0.00	1343.73	1167.94	783.08

续前

编号	项目名称	单位	基价	人工费	材料费	施工机具使用费	管理费	利润
5-1-44	人机配合下管 管径(mm以内)1000	100m	8536.79	4624.82	0.00	1629.24	1366.51	916.22
5-1-45	人机配合下管 管径(mm以内)1100	100m	8016.31	3904.61	0.00	1968.14	1283.20	860.36
5-1-46	人机配合下管 管径(mm以内)1200	100m	8358.82	4082.58	0.00	2041.10	1338.02	897.12
5-1-47	人机配合下管 管径(mm以内)1350	100m	10114.14	5087.69	0.00	2321.94	1619.00	1085.51
5-1-48	人机配合下管 管径(mm以内)1500	100m	13150.34	6230.62	0.00	3403.33	2105.02	1411.37
5-1-49	人机配合下管 管径(mm以内)1650	100m	15569.57	7224.44	0.00	4181.84	2492.27	1671.02
5-1-50	人机配合下管 管径(mm以内)1800	100m	19307.59	8814.33	0.00	5330.42	3090.63	2072.21
5-1-51	人机配合下管 管径(mm以内)2000	100m	27189.88	11007.50	0.00	8911.83	4352.37	2918.18
5-1-52	人机配合下管 管径(mm以内)2200	100m	33596.89	13592.88	0.00	11020.23	5377.96	3605.82
5-1-53	人机配合下管 管径(mm以内)2400	100m	40096.81	16198.79	0.00	13176.16	6418.43	4303.43
5-1-54	人机配合下管 管径(mm以内)2600	100m	46187.26	18625.06	0.00	15211.76	7393.35	4957.09
5-1-55	人机配合下管 管径(mm以内)2800	100m	64224.08	21137.73	0.00	25912.88	10280.56	6892.91
5-1-56	人机配合下管 管径(mm以内)3000	100m	78299.90	23662.98	0.00	33699.58	12533.72	8403.62

3. 套箍式钢筋混凝土管安装

编号	项目名称	单位	基价	人工费	材料费	施工机具使用费	管理费	利润
5-1-57	人工下管 管径(mm以内)300	100m	2881.31	2110.85	0.00	0.00	461.22	309.24
5-1-58	人工下管 管径(mm以内)400	100m	3484.60	2552.82	0.00	0.00	557.79	373.99
5-1-59	人工下管 管径(mm以内)500	100m	4600.76	3370.52	0.00	0.00	736.46	493.78
5-1-60	人工下管 管径(mm以内)600	100m	5769.18	4226.51	0.00	0.00	923.49	619.18
5-1-61	人工下管 管径(mm以内)700	100m	6783.59	4969.66	0.00	0.00	1085.87	728.06
5-1-62	人机配合下管 管径(mm以内)300	100m	1910.46	1086.14	0.00	313.47	305.81	205.04
5-1-63	人机配合下管 管径(mm以内)400	100m	2603.49	1434.12	0.00	473.20	416.75	279.42
5-1-64	人机配合下管 管径(mm以内)500	100m	3279.62	1832.61	0.00	570.04	524.98	351.99
5-1-65	人机配合下管 管径(mm以内)600	100m	4153.61	2271.25	0.00	771.69	664.88	445.79
5-1-66	人机配合下管 管径(mm以内)700	100m	4971.18	2750.40	0.00	891.49	795.75	533.54
5-1-67	人机配合下管 管径(mm以内)800	100m	6157.69	3346.10	0.00	1165.03	985.68	660.88
5-1-68	人机配合下管 管径(mm以内)900	100m	7937.64	4323.64	0.00	1491.48	1270.60	851.92

续前

编号	项目名称	单位	基价	人工费	材料费	施工机具使用费	管理费	利润
5-1-69	人机配合下管 管径（mm以内）1000	100m	9318.30	5016.65	0.00	1809.94	1491.61	1000.10
5-1-70	人机配合下管 管径（mm以内）1100	100m	8866.37	4310.69	0.00	2184.82	1419.27	951.59
5-1-71	人机配合下管 管径（mm以内）1200	100m	9237.73	4501.98	0.00	2265.59	1478.71	991.45
5-1-72	人机配合下管 管径（mm以内）1350	100m	11870.21	5610.50	0.00	3085.63	1900.10	1273.98
5-1-73	人机配合下管 管径（mm以内）1500	100m	14548.17	6876.45	0.00	3781.55	2328.77	1561.40
5-1-74	人机配合下管 管径（mm以内）1650	100m	17505.73	8098.75	0.00	4725.96	2802.20	1878.82
5-1-75	人机配合下管 管径（mm以内）1800	100m	21345.84	9720.64	0.00	5917.34	3416.90	2290.96
5-1-76	人机配合下管 管径（mm以内）2000	100m	30076.65	12140.81	0.00	9893.36	4814.47	3228.01
5-1-77	人机配合下管 管径（mm以内）2200	100m	37554.94	15146.69	0.00	12366.09	6011.54	4030.62
5-1-78	人机配合下管 管径（mm以内）2400	100m	48631.80	19548.21	0.00	16079.48	7784.65	5219.46
5-1-79	人机配合下管 管径（mm以内）2600	100m	54770.56	21992.43	0.00	18132.52	8767.30	5878.31
5-1-80	人机配合下管 管径（mm以内）2800	100m	74867.52	24520.83	0.00	30327.17	11984.29	8035.23
5-1-81	人机配合下管 管径（mm以内）3000	100m	89995.37	27064.21	0.00	38866.47	14405.85	9658.84

4. 承插式混凝土管

编号	项目名称	单位	基价	人工费	材料费	施工机具使用费	管理费	利润
5-1-82	人工下管 管径（mm以内）200	100m	1270.71	930.92	0.00	0.00	203.41	136.38
5-1-83	人工下管 管径（mm以内）250	100m	1773.49	1299.26	0.00	0.00	283.89	190.34
5-1-84	人工下管 管径（mm以内）300	100m	2274.50	1666.30	0.00	0.00	364.09	244.11
5-1-85	人机配合下管 管径（mm以内）300	100m	1401.61	804.20	0.00	222.62	224.36	150.43
5-1-86	人机配合下管 管径（mm以内）400	100m	1959.73	1099.27	0.00	336.43	313.70	210.33
5-1-87	人机配合下管 管径（mm以内）500	100m	2439.27	1382.69	0.00	404.32	390.46	261.80
5-1-88	人机配合下管 管径（mm以内）600	100m	3136.90	1751.03	0.00	547.07	502.13	336.67
5-1-89	人机配合下管 管径（mm以内）700	100m	3637.93	1866.28	0.00	798.87	582.34	390.44
5-1-90	人机配合下管 管径（mm以内）800	100m	4380.76	2249.05	0.00	960.30	701.24	470.17
5-1-91	人机配合下管 管径（mm以内）900	100m	5507.67	2752.62	0.00	1282.30	881.63	591.12
5-1-92	人机配合下管 管径（mm以内）1000	100m	6683.48	3341.10	0.00	1555.22	1069.85	717.31

续前

编号	项目名称	单位	基价	人工费	材料费	施工机具使用费	管理费	利润
5-1-93	人机配合下管 管径(mm 以内) 1100	100m	7118.79	3503.72	0.00	1711.51	1139.53	764.03
5-1-94	人机配合下管 管径(mm 以内) 1200	100m	7540.60	3667.63	0.00	1856.62	1207.05	809.30
5-1-95	人机配合下管 管径(mm 以内) 1350	100m	10457.50	4568.58	0.00	3092.59	1673.97	1122.36
5-1-96	人机配合下管 管径(mm 以内) 1500	100m	12769.22	5571.28	0.00	3783.46	2044.01	1370.47
5-1-97	人机配合下管 管径(mm 以内) 1650	100m	14817.22	6473.52	0.00	4381.59	2371.84	1590.27
5-1-98	人机配合下管 管径(mm 以内) 1800	100m	21821.44	7895.25	0.00	8091.15	3493.03	2342.01
5-1-99	人机配合下管 管径(mm 以内) 2000	100m	29558.71	10229.21	0.00	11425.52	4731.56	3172.42
5-1-100	人机配合下管 管径(mm 以内) 2200	100m	37439.07	13145.55	0.00	14282.34	5992.99	4018.19
5-1-101	人机配合下管 管径(mm 以内) 2400	100m	46393.64	15418.09	0.00	18569.93	7426.38	4979.24
5-1-102	人机配合下管 管径(mm 以内) 2600	100m	52698.11	17692.66	0.00	20914.01	8435.56	5655.88
5-1-103	人机配合下管 管径(mm 以内) 2800	100m	64027.75	19946.52	0.00	26960.26	10249.13	6871.84
5-1-104	人机配合下管 管径(mm 以内) 3000	100m	70810.87	22197.60	0.00	29678.49	11334.93	7599.85

5. 碳钢管安装

（1）碳钢管安装（电弧焊）

编号	项目名称	单位	基价	人工费	材料费	施工机具使用费	管理费	利润
5-1-105	管外径 × 壁厚（mm × mm 以内） 57 × 3.5	10m	135.85	92.32	3.50	4.64	21.19	14.20
5-1-106	管外径 × 壁厚（mm × mm 以内） 75 × 4	10m	176.79	118.22	5.23	7.47	27.46	18.41
5-1-107	管外径 × 壁厚（mm × mm 以内） 89 × 4	10m	209.52	140.42	5.97	8.70	32.58	21.85
5-1-108	管外径 × 壁厚（mm × mm 以内） 114 × 4	10m	233.06	154.29	7.27	11.13	36.14	24.23
5-1-109	管外径 × 壁厚（mm × mm 以内） 133 × 4.5	10m	270.10	176.12	9.99	14.43	41.64	27.92
5-1-110	管外径 × 壁厚（mm × mm 以内） 159 × 5	10m	324.80	206.65	12.57	22.09	49.98	33.51
5-1-111	管外径 × 壁厚（mm × mm 以内） 219 × 5	10m	360.54	224.59	17.07	27.04	54.98	36.86
5-1-112	管外径 × 壁厚（mm × mm 以内） 219 × 6	10m	429.28	268.44	20.11	31.32	65.50	43.91

续前

编号	项目名称	单位	基价	人工费	材料费	施工机具使用费	管理费	利润
5-1-113	管外径 × 壁厚（mm × mm 以内） 219 × 7	10m	468.21	290.45	23.79	35.13	71.14	47.70
5-1-114	管外径 × 壁厚（mm × mm 以内） 273 × 6	10m	498.13	305.44	27.95	39.02	75.26	50.46
5-1-115	管外径 × 壁厚（mm × mm 以内） 273 × 7	10m	513.16	313.76	30.68	39.71	77.23	51.78
5-1-116	管外径 × 壁厚（mm × mm 以内） 273 × 8	10m	549.00	333.00	34.11	44.21	82.42	55.26
5-1-117	管外径 × 壁厚（mm × mm 以内） 325 × 7	10m	655.30	341.51	36.73	111.65	99.02	66.39
5-1-118	管外径 × 壁厚（mm × mm 以内） 325 × 8	10m	728.09	381.29	39.85	122.91	110.17	73.87
5-1-119	管外径 × 壁厚（mm × mm 以内） 325 × 9	10m	741.05	385.17	40.23	128.25	112.18	75.22
5-1-120	管外径 × 壁厚（mm × mm 以内） 377 × 8	10m	752.89	392.20	41.05	129.29	113.95	76.40
5-1-121	管外径 × 壁厚（mm × mm 以内） 377 × 9	10m	784.07	404.60	54.39	129.97	116.80	78.31
5-1-122	管外径 × 壁厚（mm × mm 以内） 377 × 10	10m	850.00	448.26	58.97	131.25	126.62	84.90
5-1-123	管外径 × 壁厚（mm × mm 以内） 426 × 8	10m	867.37	448.26	55.43	146.57	129.97	87.14
5-1-124	管外径 × 壁厚（mm × mm 以内） 426 × 9	10m	908.44	472.31	59.09	149.92	135.96	91.16
5-1-125	管外径 × 壁厚（mm × mm 以内） 426 × 10	10m	991.27	523.00	65.25	155.40	148.23	99.39
5-1-126	管外径 × 壁厚（mm × mm 以内） 478 × 8	10m	1007.86	529.84	60.21	164.41	151.69	101.71
5-1-127	管外径 × 壁厚（mm × mm 以内） 478 × 9	10m	1070.75	565.55	70.70	167.09	160.08	107.33
5-1-128	管外径 × 壁厚（mm × mm 以内） 478 × 10	10m	1105.29	580.53	76.16	173.41	164.74	110.45
5-1-129	管外径 × 壁厚（mm × mm 以内） 529 × 9	10m	1203.70	631.41	74.55	195.80	180.75	121.19
5-1-130	管外径 × 壁厚（mm × mm 以内） 529 × 10	10m	1235.21	635.85	86.18	205.93	183.93	123.32
5-1-131	管外径 × 壁厚（mm × mm 以内） 529 × 12	10m	1427.39	764.79	99.42	208.08	212.57	142.53

（2）碳钢管安装（氩电联焊）

编号	项目名称	单位	基价	人工费	材料费	施工机具使用费	管理费	利润
5-1-132	管外径 × 壁厚（mm × mm 以内） 57 × 3.5	10m	160.58	106.19	5.20	7.64	24.87	16.68

续前

编号	项目名称	单位	基价	人工费	材料费	施工机具使用费	管理费	利润
5-1-133	管外径 × 壁厚（mm × mm 以内） 75 × 4	10m	206.01	137.64	6.41	8.59	31.95	21.42
5-1-134	管外径 × 壁厚（mm × mm 以内） 89 × 4	10m	243.03	162.62	7.39	10.01	37.72	25.29
5-1-135	管外径 × 壁厚（mm × mm 以内） 114 × 4	10m	290.19	191.66	9.26	14.15	44.97	30.15
5-1-136	管外径 × 壁厚（mm × mm 以内） 133 × 4.5	10m	313.01	202.58	12.73	17.40	48.07	32.23
5-1-137	管外径 × 壁厚（mm × mm 以内） 159 × 5	10m	340.90	212.01	15.50	26.38	52.09	34.92
5-1-138	管外径 × 壁厚（mm × mm 以内） 219 × 5	10m	375.65	225.70	20.92	34.18	56.78	38.07
5-1-139	管外径 × 壁厚（mm × mm 以内） 219 × 6	10m	446.67	271.21	23.97	38.46	67.66	45.37
5-1-140	管外径 × 壁厚（mm × mm 以内） 219 × 7	10m	485.11	292.86	27.64	42.28	73.23	49.10
5-1-141	管外径 × 壁厚（mm × mm 以内） 273 × 6	10m	513.61	302.85	32.61	49.53	77.00	51.62
5-1-142	管外径 × 壁厚（mm × mm 以内） 273 × 7	10m	528.39	310.99	35.34	50.22	78.92	52.92
5-1-143	管外径 × 壁厚（mm × mm 以内） 273 × 8	10m	566.21	331.71	38.76	54.70	84.43	56.61
5-1-144	管外径 × 壁厚（mm × mm 以内） 325 × 7	10m	676.99	342.62	41.38	123.03	101.74	68.22
5-1-145	管外径 × 壁厚（mm × mm 以内） 325 × 8	10m	752.28	384.25	44.49	134.28	113.30	75.96
5-1-146	管外径 × 壁厚（mm × mm 以内） 325 × 9	10m	763.49	386.84	44.87	139.62	115.03	77.13
5-1-147	管外径 × 壁厚（mm × mm 以内） 377 × 8	10m	830.30	433.46	45.68	141.35	125.60	84.21
5-1-148	管外径 × 壁厚（mm × mm 以内） 377 × 9	10m	863.51	447.33	59.02	142.04	128.78	86.34
5-1-149	管外径 × 壁厚（mm × mm 以内） 377 × 10	10m	929.98	491.36	63.60	143.35	138.68	92.99
5-1-150	管外径 × 壁厚（mm × mm 以内） 426 × 8	10m	897.65	452.88	60.71	160.26	133.97	89.83
5-1-151	管外径 × 壁厚（mm × mm 以内） 426 × 9	10m	937.45	476.01	64.37	163.61	139.76	93.70
5-1-152	管外径 × 壁厚（mm × mm 以内） 426 × 10	10m	1022.58	528.36	70.52	169.12	152.40	102.18
5-1-153	管外径 × 壁厚（mm × mm 以内） 478 × 8	10m	1043.88	535.58	65.77	180.98	156.57	104.98
5-1-154	管外径 × 壁厚（mm × mm 以内） 478 × 9	10m	1108.53	572.58	76.26	183.66	165.24	110.79

续前

编号	项目名称	单位	基价	人工费	材料费	施工机具使用费	管理费	利润
5-1-155	管外径 × 壁厚（mm × mm 以内） 478 × 10	10m	1143.35	587.75	81.73	189.99	169.94	113.94
5-1-156	管外径 × 壁厚（mm × mm 以内） 529 × 9	10m	1246.26	639.92	80.73	213.95	186.57	125.09
5-1-157	管外径 × 壁厚（mm × mm 以内） 529 × 10	10m	1294.47	656.57	92.37	224.09	192.42	129.02
5-1-158	管外径 × 壁厚（mm × mm 以内） 529 × 12	10m	1471.99	774.78	105.61	226.23	218.72	146.65

6. 碳素钢板卷管安装

编号	项目名称	单位	基价	人工费	材料费	施工机具使用费	管理费	利润
5-1-159	管外径 × 壁厚（mm × mm 以内） 219 × 5	10m	318.24	206.65	17.51	13.66	48.14	32.28
5-1-160	管外径 × 壁厚（mm × mm 以内） 219 × 6	10m	325.15	209.24	20.59	13.88	48.75	32.69
5-1-161	管外径 × 壁厚（mm × mm 以内） 219 × 7	10m	339.00	214.79	24.69	15.48	50.31	33.73
5-1-162	管外径 × 壁厚（mm × mm 以内） 273 × 6	10m	381.88	243.46	26.01	17.25	56.97	38.19
5-1-163	管外径 × 壁厚（mm × mm 以内） 273 × 7	10m	397.56	250.31	29.65	19.22	58.89	39.49
5-1-164	管外径 × 壁厚（mm × mm 以内） 273 × 8	10m	409.19	254.75	33.85	20.23	60.08	40.28
5-1-165	管外径 × 壁厚（mm × mm 以内） 325 × 6	10m	541.49	287.68	32.42	85.26	81.49	54.64
5-1-166	管外径 × 壁厚（mm × mm 以内） 325 × 7	10m	566.60	295.82	34.09	94.30	85.24	57.15
5-1-167	管外径 × 壁厚（mm × mm 以内） 325 × 8	10m	578.70	299.89	39.05	95.46	86.38	57.92
5-1-168	管外径 × 壁厚（mm × mm 以内） 377 × 8	10m	655.10	348.17	44.25	99.34	97.78	65.56
5-1-169	管外径 × 壁厚（mm × mm 以内） 377 × 9	10m	670.17	353.72	49.85	100.72	99.30	66.58
5-1-170	管外径 × 壁厚（mm × mm 以内） 377 × 10	10m	684.05	357.98	56.48	101.78	100.46	67.35
5-1-171	管外径 × 壁厚（mm × mm 以内） 426 × 8	10m	766.14	406.26	52.86	116.29	114.18	76.55
5-1-172	管外径 × 壁厚（mm × mm 以内） 426 × 9	10m	783.16	411.44	58.10	119.74	116.06	77.82
5-1-173	管外径 × 壁厚（mm × mm 以内） 426 × 10	10m	797.21	416.99	62.93	120.94	117.54	78.81

续前

编号	项目名称	单位	基价	人工费	材料费	施工机具使用费	管理费	利润
5-1-174	管外径×壁厚（mm×mm 以内） 478×8	10m	910.78	499.50	54.30	127.96	137.10	91.92
5-1-175	管外径×壁厚（mm×mm 以内） 478×9	10m	936.15	506.53	63.22	132.98	139.73	93.69
5-1-176	管外径×壁厚（mm×mm 以内） 478×10	10m	951.85	511.90	69.70	134.36	141.21	94.68
5-1-177	管外径×壁厚（mm×mm 以内） 529×8	10m	1076.35	587.75	63.08	154.57	162.20	108.75
5-1-178	管外径×壁厚（mm×mm 以内） 529×9	10m	1094.75	595.89	67.96	156.34	164.36	110.20
5-1-179	管外径×壁厚（mm×mm 以内） 529×10	10m	1189.98	653.79	76.66	161.83	178.21	119.49
5-1-180	管外径×壁厚（mm×mm 以内） 630×8	10m	1361.85	764.79	74.48	178.34	206.07	138.17
5-1-181	管外径×壁厚（mm×mm 以内） 630×9	10m	1445.28	772.19	90.08	220.63	216.93	145.45
5-1-182	管外径×壁厚（mm×mm 以内） 630×10	10m	1493.50	775.89	100.35	244.73	223.01	149.52
5-1-183	管外径×壁厚（mm×mm 以内） 720×8	10m	1642.95	892.81	91.05	244.11	248.42	166.56
5-1-184	管外径×壁厚（mm×mm 以内） 720×9	10m	1683.04	899.84	102.21	258.28	253.05	169.66
5-1-185	管外径×壁厚（mm×mm 以内） 720×10	10m	1728.56	905.58	113.92	277.31	258.46	173.29
5-1-186	管外径×壁厚（mm×mm 以内） 820×9	10m	1902.19	1022.50	116.90	285.40	285.78	191.61
5-1-187	管外径×壁厚（mm×mm 以内） 820×10	10m	1957.55	1027.86	130.25	310.82	292.50	196.12
5-1-188	管外径×壁厚（mm×mm 以内） 820×12	10m	2050.57	1044.51	159.11	341.18	302.77	203.00
5-1-189	管外径×壁厚（mm×mm 以内） 920×9	10m	2124.67	1146.26	131.69	313.80	319.02	213.90
5-1-190	管外径×壁厚（mm×mm 以内） 920×10	10m	2183.14	1153.29	144.00	340.59	326.41	218.85
5-1-191	管外径×壁厚（mm×mm 以内） 920×12	10m	2276.63	1171.05	178.24	366.23	335.90	225.21
5-1-192	管外径×壁厚（mm×mm 以内） 1020×10	10m	2393.56	1278.35	161.31	357.00	357.32	239.58
5-1-193	管外径×壁厚（mm×mm 以内） 1020×12	10m	2541.62	1298.89	197.43	418.47	375.24	251.59
5-1-194	管外径×壁厚（mm×mm 以内） 1020×14	10m	2691.76	1342.92	237.18	455.31	392.91	263.44

续前

编号	项目名称	单位	基价	人工费	材料费	施工机具使用费	管理费	利润
5-1-195	管外径×壁厚（mm×mm 以内） 1220×10	10m	3119.70	1702.19	198.37	437.98	467.63	313.53
5-1-196	管外径×壁厚（mm×mm 以内） 1220×12	10m	3357.41	1731.05	313.76	498.73	487.21	326.66
5-1-197	管外径×壁厚（mm×mm 以内） 1220×14	10m	3650.89	1801.35	377.57	596.69	523.97	351.31
5-1-198	管外径×壁厚（mm×mm 以内） 1420×10	10m	3889.46	2074.78	296.71	557.27	575.10	385.60
5-1-199	管外径×壁厚（mm×mm 以内） 1420×12	10m	4044.46	2096.79	360.82	601.85	589.65	395.35
5-1-200	管外径×壁厚（mm×mm 以内） 1420×14	10m	4284.33	2178.19	437.65	639.89	615.75	412.85
5-1-201	管外径×壁厚（mm×mm 以内） 1620×10	10m	4607.70	2460.32	336.44	668.81	683.71	458.42
5-1-202	管外径×壁厚（mm×mm 以内） 1620×12	10m	4776.95	2498.80	412.54	698.57	698.63	468.41
5-1-203	管外径×壁厚（mm×mm 以内） 1620×14	10m	5147.83	2592.41	502.34	810.88	743.62	498.58
5-1-204	管外径×壁厚（mm×mm 以内） 1820×12	10m	5578.76	2943.17	468.02	800.96	818.09	548.52
5-1-205	管外径×壁厚（mm×mm 以内） 1820×14	10m	6085.29	3046.40	563.50	998.87	883.89	592.63
5-1-206	管外径×壁厚（mm×mm 以内） 1820×16	10m	6342.02	3068.41	691.26	1071.34	904.54	606.47
5-1-207	管外径×壁厚（mm×mm 以内） 2020×12	10m	6386.25	3378.10	518.88	920.34	939.21	629.72
5-1-208	管外径×壁厚（mm×mm 以内） 2020×14	10m	6853.47	3493.73	623.63	1070.26	997.23	668.62
5-1-209	管外径×壁厚（mm×mm 以内） 2020×16	10m	7352.92	3517.04	766.61	1308.10	1054.29	706.88
5-1-210	管外径×壁厚（mm×mm 以内） 2220×12	10m	8046.38	4338.44	572.13	1137.20	1196.43	802.18
5-1-211	管外径×壁厚（mm×mm 以内） 2220×14	10m	8667.32	4504.94	699.18	1332.52	1275.49	855.19
5-1-212	管外径×壁厚（mm×mm 以内） 2220×16	10m	9415.29	4539.16	1122.64	1536.04	1327.43	890.02
5-1-213	管外径×壁厚（mm×mm 以内） 2420×12	10m	9202.92	4935.62	690.56	1300.54	1362.60	913.60
5-1-214	管外径×壁厚（mm×mm 以内） 2420×14	10m	10070.82	5117.10	996.43	1530.80	1452.57	973.92
5-1-215	管外径×壁厚（mm×mm 以内） 2420×16	10m	10514.73	5154.29	1223.56	1652.43	1487.27	997.18

续前

编号	项目名称	单位	基价	人工费	材料费	施工机具使用费	管理费	利润
5-1-216	管外径 × 壁厚（mm × mm 以内） 2620 × 12	10m	10853.28	5719.83	895.55	1575.21	1593.97	1068.72
5-1-217	管外径 × 壁厚（mm × mm 以内） 2620 × 14	10m	11482.27	5916.49	1078.15	1705.58	1665.42	1116.63
5-1-218	管外径 × 壁厚（mm × mm 以内） 2620 × 16	10m	11997.82	5957.93	1323.95	1861.76	1708.60	1145.58
5-1-219	管外径 × 壁厚（mm × mm 以内） 2820 × 12	10m	12246.53	6534.57	963.37	1731.48	1806.13	1210.98
5-1-220	管外径 × 壁厚（mm × mm 以内） 2820 × 14	10m	12878.53	6746.40	1159.64	1838.87	1875.88	1257.74
5-1-221	管外径 × 壁厚（mm × mm 以内） 2820 × 16	10m	13430.55	6785.06	1375.21	2046.69	1929.74	1293.85
5-1-222	管外径 × 壁厚（mm × mm 以内） 3020 × 12	10m	13786.25	7310.65	1144.46	1950.74	2023.61	1356.79
5-1-223	管外径 × 壁厚（mm × mm 以内） 3020 × 14	10m	14547.82	7537.46	1349.63	2131.54	2112.68	1416.51
5-1-224	管外径 × 壁厚（mm × mm 以内） 3020 × 16	10m	14908.22	7582.97	1523.74	2222.51	2142.50	1436.50

7. 套管内铺设钢板卷管

编号	项目名称	单位	基价	人工费	材料费	施工机具使用费	管理费	利润
5-1-225	管外径（mm 以内） 219	10m	1151.59	687.09	153.19	44.34	159.82	107.15
5-1-226	管外径（mm 以内） 273	10m	1345.44	799.39	177.70	56.10	186.92	125.33
5-1-227	管外径（mm 以内） 325	10m	1847.62	1040.44	211.87	157.91	261.84	175.56
5-1-228	管外径（mm 以内） 377	10m	2099.13	1148.11	236.22	216.66	298.20	199.94
5-1-229	管外径（mm 以内） 426	10m	2331.82	1268.36	260.29	249.24	331.60	222.33
5-1-230	管外径（mm 以内） 529	10m	3091.44	1702.00	326.85	323.34	442.54	296.71
5-1-231	管外径（mm 以内） 630	10m	3874.38	2157.66	388.84	395.85	557.94	374.09
5-1-232	管外径（mm 以内） 720	10m	4446.79	2482.89	436.55	455.02	641.93	430.40
5-1-233	管外径（mm 以内） 820	10m	5211.67	2906.17	490.78	552.36	755.69	506.67
5-1-234	管外径（mm 以内） 920	10m	5887.44	3267.47	540.46	649.73	855.91	573.87
5-1-235	管外径（mm 以内） 1020	10m	6235.59	3430.09	597.87	700.11	902.45	605.07
5-1-236	管外径（mm 以内） 1220	10m	8009.34	4352.50	826.20	909.87	1149.83	770.94

8. 铸铁管（球墨铸铁管）安装

（1）活动法兰铸铁管（机械接口）

编号	项目名称	单位	基价	人工费	材料费	施工机具使用费	管理费	利润
5-1-237	公称直径（mm 以内） 75	10m	204.95	138.38	16.06	0.00	30.24	20.27
5-1-238	公称直径（mm 以内） 100	10m	217.13	147.08	16.36	0.00	32.14	21.55
5-1-239	公称直径（mm 以内） 150	10m	282.17	189.63	23.33	0.00	41.43	27.78
5-1-240	公称直径（mm 以内） 200	10m	306.93	207.02	24.35	0.00	45.23	30.33
5-1-241	公称直径（mm 以内） 250	10m	365.37	249.20	25.21	0.00	54.45	36.51
5-1-242	公称直径（mm 以内） 300	10m	601.36	333.56	40.29	77.48	89.81	60.22
5-1-243	公称直径（mm 以内） 350	10m	712.22	405.15	41.17	86.46	107.42	72.02
5-1-244	公称直径（mm 以内） 400	10m	892.78	521.70	50.37	95.45	134.85	90.41
5-1-245	公称直径（mm 以内） 450	10m	1053.43	629.37	51.79	104.43	160.34	107.50
5-1-246	公称直径（mm 以内） 500	10m	1406.94	860.99	69.86	118.56	214.03	143.50
5-1-247	公称直径（mm 以内） 600	10m	1639.55	1005.48	80.71	136.53	249.53	167.30

（2）承插铸铁管（球墨铸铁管）安装（膨胀水泥接口）

编号	项目名称	单位	基价	人工费	材料费	施工机具使用费	管理费	利润
5-1-248	公称直径（mm 以内） 75	10m	143.51	102.86	3.11	0.00	22.47	15.07
5-1-249	公称直径（mm 以内） 100	10m	148.13	105.45	4.19	0.00	23.04	15.45
5-1-250	公称直径（mm 以内） 150	10m	188.36	133.57	6.03	0.00	29.19	19.57
5-1-251	公称直径（mm 以内） 200	10m	300.06	213.68	8.39	0.00	46.69	31.30
5-1-252	公称直径（mm 以内） 300	10m	366.81	183.34	10.79	77.48	56.99	38.21
5-1-253	公称直径（mm 以内） 400	10m	486.64	249.20	16.19	95.45	75.31	50.49
5-1-254	公称直径（mm 以内） 500	10m	610.15	318.39	22.10	112.42	94.13	63.11
5-1-255	公称直径（mm 以内） 600	10m	720.15	371.11	27.22	136.53	110.92	74.37
5-1-256	公称直径（mm 以内） 700	10m	953.45	511.16	32.57	163.48	147.41	98.83
5-1-257	公称直径（mm 以内） 800	10m	1004.92	529.84	37.88	178.61	154.80	103.79
5-1-258	公称直径（mm 以内） 900	10m	1227.98	681.17	43.47	186.60	189.61	127.13
5-1-259	公称直径（mm 以内） 1000	10m	1354.20	705.78	52.62	247.76	208.35	139.69
5-1-260	公称直径（mm 以内） 1200	10m	1598.95	865.25	64.82	258.66	245.57	164.65
5-1-261	公称直径（mm 以内） 1400	10m	2065.89	1146.08	82.66	306.84	317.46	212.85
5-1-262	公称直径（mm 以内） 1600	10m	2519.97	1444.30	98.02	330.02	387.69	259.94

（3）承插铸铁管（球墨铸铁管）安装（胶圈接口）

编号	项目名称	单位	基价	人工费	材料费	施工机具使用费	管理费	利润
5-1-263	公称直径（mm 以内） 100	10m	140.38	102.12	0.99	0.00	22.31	14.96
5-1-264	公称直径（mm 以内） 150	10m	184.63	134.31	1.29	0.00	29.35	19.68
5-1-265	公称直径（mm 以内） 200	10m	279.31	202.95	2.29	0.00	44.34	29.73
5-1-266	公称直径（mm 以内） 300	10m	376.89	196.47	2.95	77.48	59.86	40.13
5-1-267	公称直径（mm 以内） 400	10m	520.02	281.76	5.13	95.45	82.42	55.26
5-1-268	公称直径（mm 以内） 500	10m	638.67	350.76	6.43	112.42	101.20	67.86
5-1-269	公称直径（mm 以内） 600	10m	745.65	404.04	7.78	136.53	118.11	79.19
5-1-270	公称直径（mm 以内） 700	10m	993.39	557.59	9.13	163.48	157.55	105.64
5-1-271	公称直径（mm 以内） 800	10m	1044.11	578.87	10.15	178.61	165.51	110.97
5-1-272	公称直径（mm 以内） 900	10m	1245.63	717.62	11.37	186.60	197.57	132.47
5-1-273	公称直径（mm 以内） 1000	10m	1414.48	779.22	12.65	247.76	224.40	150.45
5-1-274	公称直径（mm 以内） 1200	10m	1662.71	949.24	13.92	258.66	263.93	176.96
5-1-275	公称直径（mm 以内） 1400	10m	2057.33	1189.18	15.26	306.84	326.88	219.17
5-1-276	公称直径（mm 以内） 1600	10m	2491.95	1483.33	16.72	330.02	396.22	265.66

9. 套管内铺设铸铁管（机械接口）

编号	项目名称	单位	基价	人工费	材料费	施工机具使用费	管理费	利润
5-1-277	公称直径（mm 以内） 100	10m	706.32	453.99	48.99	27.57	105.22	70.55
5-1-278	公称直径（mm 以内） 150	10m	758.24	486.92	55.96	27.57	112.42	75.37
5-1-279	公称直径（mm 以内） 200	10m	909.77	579.61	73.28	33.20	133.90	89.78
5-1-280	公称直径（mm 以内） 250	10m	1009.72	637.70	82.39	41.66	148.44	99.53
5-1-281	公称直径（mm 以内） 300	10m	1295.61	753.14	97.68	124.46	191.76	128.57
5-1-282	公称直径（mm 以内） 350	10m	1501.11	872.09	105.89	150.05	223.34	149.74
5-1-283	公称直径（mm 以内） 400	10m	1797.67	1052.84	120.37	175.95	268.49	180.02
5-1-284	公称直径（mm 以内） 450	10m	2067.98	1221.56	129.30	198.72	310.33	208.07
5-1-285	公称直径（mm 以内） 500	10m	2589.52	1559.92	150.88	226.63	390.36	261.73
5-1-286	公称直径（mm 以内） 600	10m	3004.37	1798.39	174.22	274.98	453.03	303.75

10. 塑料管安装

（1）塑料管安装（黏接）

编号	项目名称	单位	基价	人工费	材料费	施工机具使用费	管理费	利润
5-1-287	管外径（mm 以内） 110	10m	193.38	140.60	1.46	0.00	30.72	20.60
5-1-288	管外径（mm 以内） 125	10m	221.48	160.95	1.78	0.00	35.17	23.58
5-1-289	管外径（mm 以内） 140	10m	242.37	176.12	1.97	0.00	38.48	25.80
5-1-290	管外径（mm 以内） 160	10m	278.33	202.39	2.07	0.00	44.22	29.65

（2）塑料管安装（胶圈接口）

编号	项目名称	单位	基价	人工费	材料费	施工机具使用费	管理费	利润
5-1-291	管外径（mm 以内） 110	10m	121.91	88.62	0.95	0.00	19.36	12.98
5-1-292	管外径（mm 以内） 125	10m	139.07	101.01	1.19	0.00	22.07	14.80
5-1-293	管外径（mm 以内） 160	10m	176.53	128.39	1.28	0.00	28.05	18.81
5-1-294	管外径（mm 以内） 250	10m	300.19	218.49	1.95	0.00	47.74	32.01
5-1-295	管外径（mm 以内） 315	10m	358.41	261.04	2.09	0.00	57.04	38.24
5-1-296	管外径（mm 以内） 355	10m	430.90	313.95	2.36	0.00	68.60	45.99
5-1-297	管外径（mm 以内） 400	10m	474.56	345.77	2.58	0.00	75.55	50.66
5-1-298	管外径（mm 以内） 500	10m	547.55	399.05	2.85	0.00	87.19	58.46
5-1-299	管外径（mm 以内） 600	10m	634.40	425.50	3.17	36.94	101.04	67.75
5-1-300	管外径（mm 以内） 700	10m	722.02	475.27	3.49	51.12	115.02	77.12
5-1-301	管外径（mm 以内） 800	10m	800.04	525.22	3.80	58.10	127.46	85.46
5-1-302	管外径（mm 以内） 900	10m	888.79	574.98	4.12	73.13	141.61	94.95
5-1-303	管外径（mm 以内） 1000	10m	989.91	633.81	4.43	88.15	157.75	105.77
5-1-304	管外径（mm 以内） 1200	10m	1058.70	665.45	4.50	106.86	168.75	113.14
5-1-305	管外径（mm 以内） 1500	10m	1152.72	692.46	4.74	148.55	183.76	123.21
5-1-306	管外径（mm 以内） 1800	10m	1343.54	751.10	5.07	229.47	214.25	143.65
5-1-307	管外径（mm 以内） 2000	10m	1523.92	809.93	5.44	302.51	243.07	162.97

（3）塑料管安装（对接熔接）

编号	项目名称	单位	基价	人工费	材料费	施工机具使用费	管理费	利润
5-1-308	管外径（mm 以内） 110	10m	75.86	49.77	0.20	5.66	12.11	8.12
5-1-309	管外径（mm 以内） 125	10m	93.38	60.68	0.31	7.50	14.90	9.99
5-1-310	管外径（mm 以内） 160	10m	119.13	77.15	0.39	9.84	19.01	12.74
5-1-311	管外径（mm 以内） 200	10m	144.92	93.61	0.47	12.22	23.12	15.50
5-1-312	管外径（mm 以内） 250	10m	190.73	123.95	0.75	15.23	30.41	20.39
5-1-313	管外径（mm 以内） 315	10m	278.77	181.86	0.85	21.74	44.49	29.83
5-1-314	管外径（mm 以内） 355	10m	405.80	269.92	0.99	26.64	64.80	43.45
5-1-315	管外径（mm 以内） 400	10m	511.93	338.55	1.36	35.49	81.73	54.80
5-1-316	管外径（mm 以内） 450	10m	678.07	455.66	1.59	39.93	108.29	72.60
5-1-317	管外径（mm 以内） 500	10m	793.00	529.66	1.88	49.91	126.64	84.91
5-1-318	管外径（mm 以内） 560	10m	868.67	579.24	1.98	55.70	138.73	93.02
5-1-319	管外径（mm 以内） 630	10m	992.75	627.34	2.07	98.43	158.58	106.33

（4）塑料管安装（电熔管件熔接）

编号	项目名称	单位	基价	人工费	材料费	施工机具使用费	管理费	利润
5-1-320	管外径（mm 以内） 110	10m	69.03	47.36	0.12	3.12	11.03	7.40
5-1-321	管外径（mm 以内） 125	10m	84.09	57.35	0.13	4.16	13.44	9.01
5-1-322	管外径（mm 以内） 160	10m	109.20	74.00	0.21	5.84	17.45	11.70
5-1-323	管外径（mm 以内） 200	10m	131.74	89.54	0.29	6.76	21.04	14.11
5-1-324	管外径（mm 以内） 250	10m	176.35	122.10	0.45	6.76	28.16	18.88
5-1-325	管外径（mm 以内） 315	10m	220.69	154.48	0.60	6.76	35.23	23.62
5-1-326	管外径（mm 以内） 400	10m	268.36	186.67	0.75	9.38	42.84	28.72
5-1-327	管外径（mm 以内） 500	10m	312.46	218.86	0.91	9.38	49.87	33.44
5-1-328	管外径（mm 以内） 600	10m	411.13	251.05	1.07	49.36	65.64	44.01
5-1-329	管外径（mm 以内） 700	10m	475.10	283.61	1.24	63.54	75.85	50.86
5-1-330	管外径（mm 以内） 800	10m	528.98	315.98	1.41	70.52	84.45	56.62
5-1-331	管外径（mm 以内） 900	10m	597.51	347.99	1.58	88.59	95.39	63.96
5-1-332	管外径（mm 以内） 1000	10m	662.32	380.36	1.69	103.62	105.75	70.90
5-1-333	管外径（mm 以内） 1200	10m	731.91	412.55	1.81	122.32	116.87	78.36

（5）塑料管安装（电熔连接）

编号	项目名称	单位	基价	人工费	材料费	施工机具使用费	管理费	利润
5-1-334	管外径（mm 以内） 160	10m	84.86	56.61	0.16	5.44	13.56	9.09
5-1-335	管外径（mm 以内） 200	10m	99.68	66.05	0.29	6.76	15.91	10.67
5-1-336	管外径（mm 以内） 315	10m	136.08	88.25	0.64	10.97	21.68	14.54
5-1-337	管外径（mm 以内） 400	10m	175.23	112.85	1.20	14.64	27.86	18.68
5-1-338	管外径（mm 以内） 500	10m	222.71	141.90	2.26	19.60	35.29	23.66
5-1-339	管外径（mm 以内） 600	10m	357.77	198.14	3.32	61.53	56.74	38.04
5-1-340	管外径（mm 以内） 700	10m	417.06	221.63	4.39	80.69	66.06	44.29
5-1-341	管外径（mm 以内） 800	10m	464.54	243.65	5.46	92.67	73.49	49.27
5-1-342	管外径（mm 以内） 900	10m	524.87	267.14	6.42	112.68	82.99	55.64
5-1-343	管外径（mm 以内） 1000	10m	584.99	290.45	7.39	132.70	92.46	61.99
5-1-344	管外径（mm 以内） 1200	10m	650.11	313.76	8.35	156.39	102.73	68.88
5-1-345	管外径（mm 以内） 1500	10m	728.77	335.96	9.32	191.11	115.16	77.22
5-1-346	管外径（mm 以内） 1800	10m	846.50	359.09	10.28	253.52	133.86	89.75
5-1-347	管外径（mm 以内） 2000	10m	969.21	382.77	10.90	319.29	153.40	102.85
5-1-348	管外径（mm 以内） 2500	10m	1080.04	405.89	11.79	376.71	171.00	114.65
5-1-349	管外径（mm 以内） 3000	10m	1138.30	427.91	12.68	396.72	180.18	120.81

（6）玻璃钢夹砂管安装（胶圈接口）

编号	项目名称	单位	基价	人工费	材料费	施工机具使用费	管理费	利润
5-1-350	公称直径（mm 以内） 300	10m	512.23	288.97	0.54	85.89	81.91	54.92
5-1-351	公称直径（mm 以内） 400	10m	686.15	397.57	0.61	104.65	109.74	73.58
5-1-352	公称直径（mm 以内） 500	10m	795.44	458.80	0.74	123.40	127.21	85.29
5-1-353	公称直径（mm 以内） 600	10m	872.17	488.96	0.88	149.35	139.47	93.51
5-1-354	公称直径（mm 以内） 700	10m	974.27	546.68	1.01	166.33	155.79	104.46
5-1-355	公称直径（mm 以内） 800	10m	1069.60	603.66	1.15	179.09	171.03	114.67
5-1-356	公称直径（mm 以内） 900	10m	1185.55	661.56	1.28	206.04	189.57	127.10
5-1-357	公称直径（mm 以内） 1000	10m	1354.35	728.90	1.42	262.26	216.57	145.20
5-1-358	公称直径（mm 以内） 1200	10m	1437.42	765.35	1.69	286.47	229.82	154.09
5-1-359	公称直径（mm 以内） 1400	10m	1563.03	785.88	2.03	357.71	249.87	167.54
5-1-360	公称直径（mm 以内） 1600	10m	1692.95	818.81	2.30	419.76	270.63	181.45
5-1-361	公称直径（mm 以内） 1800	10m	1791.45	863.77	2.57	446.77	286.35	191.99
5-1-362	公称直径（mm 以内） 2000	10m	1892.94	931.29	2.89	453.36	302.55	202.85

11. 预制钢套钢复合保温管安装

（1）预制钢套钢复合保温管安装（电弧焊）

编号	项目名称	单位	基价	人工费	材料费	施工机具使用费	管理费	利润
5-1-363	公称直径（mm 以内） 65	100m	3002.51	1611.35	67.33	538.97	469.84	315.02
5-1-364	公称直径（mm 以内） 80	100m	3159.75	1652.79	75.85	606.48	493.65	330.98
5-1-365	公称直径（mm 以内） 100	100m	3827.30	2035.19	91.68	701.53	597.97	400.93
5-1-366	公称直径（mm 以内） 125	100m	4484.38	2314.35	120.60	882.56	698.52	468.35
5-1-367	公称直径（mm 以内） 150	100m	5071.92	2684.54	154.93	917.65	787.08	527.72
5-1-368	公称直径（mm 以内） 200	100m	6699.27	3333.89	228.36	1406.70	1035.82	694.50
5-1-369	公称直径（mm 以内） 250	100m	8563.86	4389.13	293.89	1669.46	1323.80	887.58
5-1-370	公称直径（mm 以内） 300	100m	10996.37	5469.71	369.31	2315.68	1701.11	1140.56
5-1-371	公称直径（mm 以内） 350	100m	12903.41	6548.26	416.70	2599.51	1998.79	1340.15
5-1-372	公称直径（mm 以内） 400	100m	15109.71	7606.28	547.63	3061.91	2331.00	1562.89
5-1-373	公称直径（mm 以内） 450	100m	16428.33	8447.10	625.30	3130.21	2529.64	1696.08
5-1-374	公称直径（mm 以内） 500	100m	20156.01	10693.74	699.79	3559.90	3114.42	2088.16
5-1-375	公称直径（mm 以内） 600	100m	21615.52	11537.16	965.89	3590.78	3305.45	2216.24
5-1-376	公称直径（mm 以内） 700	100m	26733.08	14777.62	1095.14	4004.75	4103.95	2751.62
5-1-377	公称直径（mm 以内） 800	100m	29688.08	16511.25	1511.90	4130.64	4510.25	3024.04
5-1-378	公称直径（mm 以内） 900	100m	33168.77	18341.27	1692.86	4718.01	5038.45	3378.18

（2）预制钢套钢复合保温管安装（氩电联焊）

编号	项目名称	单位	基价	人工费	材料费	施工机具使用费	管理费	利润
5-1-379	公称直径（mm 以内） 65	100m	2637.68	1788.77	79.65	85.25	409.47	274.54
5-1-380	公称直径（mm 以内） 80	100m	2764.62	1859.07	90.91	99.69	427.99	286.96
5-1-381	公称直径（mm 以内） 100	100m	4392.72	2401.12	117.30	731.06	684.38	458.86
5-1-382	公称直径（mm 以内） 125	100m	4898.19	2569.10	148.35	910.64	760.32	509.78
5-1-383	公称直径（mm 以内） 150	100m	5358.70	2834.39	177.12	961.64	829.43	556.12
5-1-384	公称直径（mm 以内） 200	100m	7069.39	3504.83	267.50	1478.24	1088.80	730.02
5-1-385	公称直径（mm 以内） 250	100m	9006.53	4576.35	359.29	1758.63	1384.19	928.07
5-1-386	公称直径（mm 以内） 300	100m	11480.78	5699.11	408.99	2412.09	1772.30	1188.29
5-1-387	公称直径（mm 以内） 350	100m	13891.22	7139.89	456.39	2702.47	2150.56	1441.91
5-1-388	公称直径（mm 以内） 400	100m	15630.80	7897.84	510.27	3179.47	2420.39	1622.83
5-1-389	公称直径（mm 以内） 450	100m	17139.21	8792.50	673.21	3270.50	2635.77	1767.23
5-1-390	公称直径（mm 以内） 500	100m	20980.00	11086.13	762.87	3724.96	3236.22	2169.82
5-1-391	公称直径（mm 以内） 600	100m	22706.03	11974.87	970.38	3948.68	3479.30	2332.80
5-1-392	公称直径（mm 以内） 700	100m	27965.49	15258.06	1112.58	4414.40	4298.43	2882.02
5-1-393	公称直径（mm 以内） 800	100m	31123.92	17042.39	1526.60	4640.63	4737.74	3176.56
5-1-394	公称直径（mm 以内） 900	100m	34748.73	18913.66	1709.47	5290.93	5288.70	3545.97

12. 直埋式预制保温管安装

（1）直埋式预制保温管安装（电弧焊）

编号	项目名称	单位	基价	人工费	材料费	施工机具使用费	管理费	利润
5-1-395	公称直径（mm 以内） 50	100m	1415.18	837.87	132.31	101.96	205.35	137.69
5-1-396	公称直径（mm 以内） 65	100m	1876.10	1090.95	209.55	129.97	266.77	178.86
5-1-397	公称直径（mm 以内） 80	100m	2186.27	1270.95	224.03	166.59	314.10	210.60
5-1-398	公称直径（mm 以内） 100	100m	2383.24	1328.30	270.22	219.70	338.24	226.78
5-1-399	公称直径（mm 以内） 125	100m	2955.94	1660.93	306.97	279.71	424.03	284.30
5-1-400	公称直径（mm 以内） 150	100m	3329.03	1867.95	353.51	311.92	476.30	319.35
5-1-401	公称直径（mm 以内） 200	100m	3994.04	2139.16	456.09	452.75	566.33	379.71
5-1-402	公称直径（mm 以内） 250	100m	5393.78	2792.39	770.02	594.98	740.14	496.25
5-1-403	公称直径（mm 以内） 300	100m	6531.68	3192.36	862.76	960.70	907.44	608.42
5-1-404	公称直径（mm 以内） 350	100m	8171.40	4029.86	962.64	1251.28	1153.93	773.69
5-1-405	公称直径（mm 以内） 400	100m	9655.88	4549.71	1143.46	1686.50	1362.61	913.60
5-1-406	公称直径（mm 以内） 500	100m	14331.77	7332.29	1369.89	2163.59	2074.85	1391.15
5-1-407	公称直径（mm 以内） 600	100m	16126.37	7957.04	1568.54	2708.04	2330.32	1562.43
5-1-408	公称直径（mm 以内） 700	100m	17865.80	8580.86	1791.40	3195.26	2573.08	1725.20
5-1-409	公称直径（mm 以内） 800	100m	21154.86	10169.64	2015.50	3851.87	3063.70	2054.15
5-1-410	公称直径（mm 以内） 900	100m	24484.22	12051.83	2229.43	4252.04	3562.40	2388.52
5-1-411	公称直径（mm 以内） 1000	100m	28955.75	14281.63	2648.78	4990.88	4211.04	2823.42
5-1-412	公称直径（mm 以内） 1200	100m	33999.18	16925.84	3127.64	5690.67	4941.71	3313.32

（2）直埋式预制保温管安装（氩电联焊）

编号	项目名称	单位	基价	人工费	材料费	施工机具使用费	管理费	利润
5-1-413	公称直径（mm 以内） 50	100m	1356.61	853.78	139.89	37.59	194.76	130.59
5-1-414	公称直径（mm 以内） 65	100m	1906.87	1098.35	216.57	139.97	270.57	181.41
5-1-415	公称直径（mm 以内） 80	100m	2224.26	1280.57	232.37	178.69	318.85	213.78
5-1-416	公称直径（mm 以内） 100	100m	2439.70	1344.21	281.58	236.83	345.46	231.62
5-1-417	公称直径（mm 以内） 125	100m	3021.77	1680.36	318.77	299.86	432.68	290.10
5-1-418	公称直径（mm 以内） 150	100m	3471.18	1906.61	368.75	366.23	496.62	332.97
5-1-419	公称直径（mm 以内） 200	100m	4194.41	2194.10	477.75	528.73	594.94	398.89
5-1-420	公称直径（mm 以内） 250	100m	5684.89	2878.05	796.21	703.40	782.55	524.68
5-1-421	公称直径（mm 以内） 300	100m	6870.81	3293.93	894.31	1084.46	956.68	641.43
5-1-422	公称直径（mm 以内） 350	100m	8564.80	4149.92	999.82	1392.19	1210.95	811.92
5-1-423	公称直径（mm 以内） 400	100m	10119.07	4697.71	1184.26	1847.94	1430.22	958.94
5-1-424	公称直径（mm 以内） 500	100m	13253.56	6298.70	1421.75	2369.29	1893.96	1269.86
5-1-425	公称直径（mm 以内） 600	100m	16829.19	8181.07	1630.19	2953.73	2432.95	1631.25
5-1-426	公称直径（mm 以内） 700	100m	18713.48	8852.25	1872.46	3485.49	2695.80	1807.48
5-1-427	公称直径（mm 以内） 800	100m	22242.65	10491.35	2108.61	4258.86	3222.92	2160.91
5-1-428	公称直径（mm 以内） 900	100m	25657.27	12433.48	2334.02	4653.15	3733.43	2503.19
5-1-429	公称直径（mm 以内） 1000	100m	30349.20	14735.25	2795.71	5450.45	4410.58	2957.21
5-1-430	公称直径（mm 以内） 1200	100m	35585.43	17464.00	3320.63	6173.22	5164.73	3462.85

三、水平导向钻进

编号	项目名称	单位	基价	人工费	材料费	施工机具使用费	管理费	利润
5-1-431	钻导向孔 $DN \leqslant 300$mm	10m	972.90	289.90	54.03	383.26	147.09	98.62
5-1-432	钻导向孔 $DN \leqslant 600$	10m	1272.68	315.80	54.03	576.99	195.07	130.79
5-1-433	钻导向孔 $DN > 600$	10m	1532.02	344.10	54.03	738.67	236.59	158.63
5-1-434	扩孔（mm 以内） *DN*100	10m	243.73	54.95	18.65	109.94	36.03	24.16
5-1-435	扩孔（mm 以内） *DN*200	10m	341.37	77.70	26.11	153.26	50.46	33.84
5-1-436	扩孔（mm 以内） *DN*300	10m	1228.44	278.43	93.23	553.22	181.72	121.84
5-1-437	扩孔（mm 以内） *DN*500	10m	3145.24	833.80	287.32	1259.91	457.48	306.73
5-1-438	扩孔（mm 以内） *DN*600	10m	4478.82	1113.70	405.69	1870.28	652.00	437.15
5-1-439	扩孔（mm 以内） *DN*800	10m	8992.03	2293.82	781.18	3721.45	1314.34	881.24
5-1-440	回拖布管（mm 以内） *DN*100	10m	96.67	25.90	8.03	39.04	14.19	9.51
5-1-441	回拖布管（mm 以内） *DN*200	10m	310.46	66.42	20.86	145.74	46.36	31.08
5-1-442	回拖布管（mm 以内） *DN*300	10m	933.01	252.71	80.24	372.03	136.51	91.52
5-1-443	回拖布管（mm 以内） *DN*500	10m	1842.90	553.89	122.44	706.52	275.40	184.65
5-1-444	回拖布管（mm 以内） *DN*600	10m	2260.74	704.30	143.16	847.04	338.97	227.27
5-1-445	回拖布管（mm 以内） *DN*800	10m	3197.47	914.46	169.69	1303.69	484.67	324.96

四、顶　　管

1. 中继间安装、拆除

编号	项目名称	单位	基价	人工费	材料费	施工机具使用费	管理费	利润
5-1-446	管径（mm 内） 800	套	27322.74	849.25	23236.49	2144.34	654.10	438.56
5-1-447	管径（mm 内） 1000	套	33492.77	849.25	29406.52	2144.34	654.10	438.56
5-1-448	管径（mm 内） 1200	套	44851.39	1355.15	39063.85	2884.81	926.43	621.15
5-1-449	管径（mm 内） 1400	套	61696.56	1493.61	55288.17	3201.18	1025.81	687.79
5-1-450	管径（mm 内） 1600	套	77379.09	1666.04	70061.36	3694.94	1171.37	785.38
5-1-451	管径（mm 内） 1800	套	85315.29	2072.39	76211.90	4596.76	1457.21	977.03
5-1-452	管径（mm 内） 2000	套	94602.23	2708.36	83479.57	5440.11	1780.44	1193.75
5-1-453	管径（mm 内） 2200	套	106558.04	2903.36	94437.28	5976.32	1940.21	1300.87
5-1-454	管径（mm 内） 2400	套	109676.57	3125.03	96386.98	6610.93	2127.31	1426.32

2. 顶进触变泥浆减阻

编号	项目名称	单位	基价	人工费	材料费	施工机具使用费	管理费	利润
5-1-455	管径（mm 内） 800	10m	3413.22	646.29	326.75	1614.86	494.06	331.26
5-1-456	管径（mm 内） 1000	10m	4116.57	776.15	409.18	1939.89	593.45	397.90
5-1-457	管径（mm 内） 1200	10m	4683.51	878.06	491.76	2192.82	670.99	449.88
5-1-458	管径（mm 内） 1400	10m	5263.49	983.41	567.06	2457.20	751.77	504.05
5-1-459	管径（mm 内） 1600	10m	6314.66	1141.87	861.40	2853.19	872.92	585.28
5-1-460	管径（mm 内） 1800	10m	7095.59	1284.41	961.92	3209.12	981.84	658.30
5-1-461	管径（mm 内） 2000	10m	8168.80	1487.37	1066.03	3716.13	1136.96	762.31
5-1-462	管径（mm 内） 2200	10m	9711.26	1791.81	1166.55	4468.05	1367.78	917.07
5-1-463	管径（mm 内） 2400	10m	11388.45	2117.32	1277.75	5289.79	1618.45	1085.14
5-1-464	压浆孔制作与封孔	只	189.26	104.49	32.64	10.25	25.07	16.81

3. 顶 管 顶 进

（1）混凝土管顶进

编号	项目名称	单位	基价	人工费	材料费	施工机具使用费	管理费	利润
5-1-465	管径（mm 以内） 800	10m	14395.11	8275.57	0.00	2270.30	2304.27	1544.97
5-1-466	管径（mm 以内） 1000	10m	15138.24	8452.51	0.00	2637.77	2423.23	1624.73
5-1-467	管径（mm 以内） 1100	10m	15601.43	8629.46	0.00	2800.16	2497.37	1674.44
5-1-468	管径（mm 以内） 1200	10m	16205.73	8806.19	0.00	3066.14	2594.10	1739.30
5-1-469	管径（mm 以内） 1350	10m	16904.21	9202.86	0.00	3181.18	2705.91	1814.26
5-1-470	管径（mm 以内） 1500	10m	18314.82	9620.82	0.00	3796.63	2931.71	1965.66
5-1-471	管径（mm 以内） 1650	10m	19143.92	10015.56	0.00	4009.29	3064.43	2054.64
5-1-472	管径（mm 以内） 1800	10m	21304.29	10614.12	0.00	4993.42	3410.25	2286.50
5-1-473	管径（mm 以内） 2000	10m	23468.38	11823.71	0.00	5369.24	3756.66	2518.77
5-1-474	管径（mm 以内） 2200	10m	26326.36	13025.99	0.00	6260.72	4214.15	2825.50
5-1-475	管径（mm 以内） 2400	10m	32467.32	14286.11	0.00	9499.47	5197.15	3484.59

（2）封闭式顶进

编号	项目名称	单位	基价	人工费	材料费	施工机具使用费	管理费	利润
5-1-476	水力机械（管径 mm 以内）800	10m	13399.45	3754.76	195.74	5918.29	2113.56	1417.10
5-1-477	水力机械（管径 mm 以内）1200	10m	15117.50	4080.49	198.76	6848.99	2388.09	1601.17
5-1-478	水力机械（管径 mm 以内）1600	10m	23368.79	5182.15	203.55	11788.72	3708.14	2486.23
5-1-479	水力机械（管径 mm 以内）1800	10m	27137.85	5782.64	208.42	13945.88	4310.68	2890.23
5-1-480	切削机械（管径 mm 以内）2200	10m	30107.11	6845.60	673.85	14717.23	4711.48	3158.95
5-1-481	切削机械（管径 mm 以内）2400	10m	39362.07	7919.31	682.09	20417.67	6191.63	4151.37

（3）钢 管 顶 进

编号	项目名称	单位	基价	人工费	材料费	施工机具使用费	管理费	利润
5-1-482	公称直径（mm 以内） 800	10m	11541.68	5668.05	144.28	2681.69	1824.42	1223.24
5-1-483	公称直径（mm 以内） 900	10m	12473.18	5933.14	241.62	3027.71	1957.95	1312.76
5-1-484	公称直径（mm 以内） 1000	10m	13244.47	6101.06	268.40	3405.22	2077.12	1392.67
5-1-485	公称直径（mm 以内） 1200	10m	15526.86	7252.38	319.45	3888.58	2434.30	1632.15
5-1-486	公称直径（mm 以内） 1400	10m	18958.22	8977.11	400.36	4618.39	2970.62	1991.74
5-1-487	公称直径（mm 以内） 1600	10m	21967.61	10190.79	442.39	5578.60	3445.61	2310.22
5-1-488	公称直径（mm 以内） 1800	10m	26471.12	11810.81	597.44	7144.27	4141.68	2776.92
5-1-489	公称直径（mm 以内） 2000	10m	29224.16	13174.34	664.17	7748.73	4571.69	3065.23
5-1-490	公称直径（mm 以内） 2200	10m	32315.62	14446.07	752.25	8677.28	5052.45	3387.57
5-1-491	公称直径（mm 以内） 2400	10m	39024.23	15904.20	985.90	11962.71	6088.92	4082.50
5-1-492	公称直径（mm 以内） 2600	10m	42646.70	17881.34	1053.31	12590.01	6657.99	4464.05

（4）钢管挤压顶进

编号	项目名称	单位	基价	人工费	材料费	施工机具使用费	管理费	利润
5-1-493	公称直径（mm 以内） 150	10m	6208.23	4042.65	121.66	416.37	974.30	653.25
5-1-494	公称直径（mm 以内） 200	10m	7123.69	4648.52	129.77	475.23	1119.54	750.63
5-1-495	公称直径（mm 以内） 300	10m	7817.87	5060.67	199.88	520.27	1219.44	817.61
5-1-496	公称直径（mm 以内） 400	10m	8966.71	5510.24	209.34	905.42	1401.82	939.89
5-1-497	公称直径（mm 以内） 500	10m	9849.76	5929.70	230.09	1117.68	1539.85	1032.44
5-1-498	公称直径（mm 以内） 600	10m	10553.67	6360.56	230.09	1202.50	1652.53	1107.99

（5）铸铁管挤压顶进

编号	项目名称	单位	基价	人工费	材料费	施工机具使用费	管理费	利润
5-1-499	公称直径（mm 以内） 150	10m	6387.96	4278.29	3.43	399.02	1021.99	685.23
5-1-500	公称直径（mm 以内） 200	10m	7300.19	4887.60	4.77	457.03	1167.80	782.99
5-1-501	公称直径（mm 以内） 300	10m	8278.84	5209.24	7.23	850.55	1324.06	887.76
5-1-502	公称直径（mm 以内） 400	10m	8825.99	5580.11	11.54	877.36	1410.96	946.02
5-1-503	公称直径（mm 以内） 500	10m	9814.06	6095.25	15.75	1083.00	1568.45	1051.61
5-1-504	公称直径（mm 以内） 600	10m	10570.90	6593.84	19.02	1136.48	1689.07	1132.49

（6）方（拱）涵顶进

编号	项目名称	单位	基价	人工费	材料费	施工机具使用费	管理费	利润
5-1-505	方（拱）涵截面积（m^2 以内） 2	10m	21736.26	13497.92	56.23	2384.89	3470.39	2326.83
5-1-506	方（拱）涵截面积（m^2 以内） 4	10m	26567.13	16197.89	104.41	3188.72	4235.97	2840.14

4. 混凝土管顶管接口

（1）沥青麻丝膨胀水泥（平口）

编号	项目名称	单位	基价	人工费	材料费	施工机具使用费	管理费	利润
5-1-507	管径（mm） 800	10 个口	910.69	606.09	83.38	0.00	132.43	88.79
5-1-508	管径（mm） 1000	10 个口	1055.93	683.06	123.55	0.00	149.25	100.07
5-1-509	管径（mm） 1100	10 个口	1178.02	748.20	156.73	0.00	163.48	109.61
5-1-510	管径（mm） 1200	10 个口	1309.63	817.22	194.13	0.00	178.56	119.72
5-1-511	管径（mm） 1350	10 个口	1835.48	1165.30	244.84	0.00	254.62	170.72
5-1-512	管径（mm） 1500	10 个口	1800.82	1097.36	302.93	0.00	239.77	160.76
5-1-513	管径（mm） 1650	10 个口	2043.33	1228.73	366.11	0.00	268.48	180.01
5-1-514	管径（mm） 1800	10 个口	2363.66	1413.41	434.36	0.00	308.83	207.06
5-1-515	管径（mm） 2000	10 个口	2834.26	1678.94	542.51	0.00	366.85	245.96
5-1-516	管径（mm） 2200	10 个口	3351.95	1982.09	646.39	0.00	433.09	290.38
5-1-517	管径（mm） 2400	10 个口	4052.56	2399.19	777.67	0.00	524.22	351.48

（2）沥青麻丝膨胀水泥接口（企口）

编号	项目名称	单位	基价	人工费	材料费	施工机具使用费	管理费	利润
5-1-518	管径（mm） 1100	10 个口	1375.38	896.12	152.18	0.00	195.80	131.28
5-1-519	管径（mm） 1200	10 个口	1485.47	956.54	179.80	0.00	209.00	140.13
5-1-520	管径（mm） 1350	10 个口	1698.74	1079.09	225.78	0.00	235.78	158.09
5-1-521	管径（mm） 1500	10 个口	1960.09	1228.94	282.59	0.00	268.52	180.04
5-1-522	管径（mm） 1650	10 个口	2250.12	1398.58	341.06	0.00	305.59	204.89
5-1-523	管径（mm） 1800	10 个口	2580.78	1596.81	401.14	0.00	348.90	233.93
5-1-524	管径（mm） 2000	10 个口	3064.63	1879.10	499.66	0.00	410.58	275.29
5-1-525	管径（mm） 2200	10 个口	3634.10	2222.67	600.16	0.00	485.65	325.62
5-1-526	管径（mm） 2400	10 个口	4361.88	2675.46	709.88	0.00	584.59	391.95

（3）橡胶垫板膨胀水泥接口

编号	项目名称	单位	基价	人工费	材料费	施工机具使用费	管理费	利润
5-1-527	管径（mm） 1100	10 个口	1918.83	998.68	555.63	0.00	218.21	146.31
5-1-528	管径（mm） 1200	10 个口	2129.27	1077.80	658.07	0.00	235.50	157.90
5-1-529	管径（mm） 1350	10 个口	2621.02	1231.09	940.59	0.00	268.99	180.35
5-1-530	管径（mm） 1500	10 个口	3121.48	1420.94	1181.89	0.00	310.48	208.17
5-1-531	管径（mm） 1650	10 个口	3646.38	1629.49	1422.13	0.00	356.04	238.72
5-1-532	管径（mm） 1800	10 个口	4221.58	1868.57	1670.98	0.00	408.28	273.75
5-1-533	管径（mm） 2000	10 个口	5359.13	2216.01	2334.27	0.00	484.20	324.65
5-1-534	管径（mm） 2200	10 个口	6385.06	2626.44	2799.97	0.00	573.88	384.77
5-1-535	管径（mm） 2400	10 个口	7608.71	3152.55	3305.48	0.00	688.83	461.85

5. 顶管接口外套环

编号	项目名称	单位	基价	人工费	材料费	施工机具使用费	管理费	利润
5-1-536	公称直径（mm 以内）1000	10 个口	4082.47	2641.49	175.68	220.63	625.37	419.30
5-1-537	公称直径（mm 以内）1200	10 个口	4717.69	3088.69	200.46	220.63	723.09	484.82
5-1-538	公称直径（mm 以内）1400	10 个口	6735.55	4550.91	222.40	220.63	1042.58	699.03
5-1-539	公称直径（mm 以内）1600	10 个口	7074.02	4774.94	255.07	220.63	1091.53	731.85
5-1-540	公称直径（mm 以内）1800	10 个口	7340.16	4957.26	272.34	220.63	1131.37	758.56
5-1-541	公称直径（mm 以内）2000	10 个口	8035.21	5425.74	303.38	238.60	1237.66	829.83
5-1-542	公称直径（mm 以内）2200	10 个口	8692.80	5892.29	324.13	238.60	1339.60	898.18
5-1-543	公称直径（mm 以内）2400	10 个口	9392.05	6379.27	358.66	238.60	1446.00	969.52

6. 顶管接口内套环

（1）平　口

编号	项目名称	单位	基价	人工费	材料费	施工机具使用费	管理费	利润
5-1-544	管径（mm）1000	10 个口	7893.25	5487.45	402.88	0.00	1199.01	803.91
5-1-545	管径（mm）1100	10 个口	8443.43	5847.36	461.78	0.00	1277.65	856.64
5-1-546	管径（mm）1200	10 个口	8981.64	6193.94	526.91	0.00	1353.38	907.41
5-1-547	管径（mm）1350	10 个口	10071.54	6922.14	622.82	0.00	1512.49	1014.09
5-1-548	管径（mm）1500	10 个口	12712.99	8090.88	1668.94	0.00	1767.86	1185.31
5-1-549	管径（mm）1650	10 个口	14231.04	9054.30	1871.93	0.00	1978.36	1326.45
5-1-550	管径（mm）1800	10 个口	15569.96	9879.90	2083.89	0.00	2158.76	1447.41
5-1-551	管径（mm）2000	10 个口	19129.85	11813.39	3004.57	0.00	2581.23	1730.66
5-1-552	管径（mm）2200	10 个口	22198.17	13791.61	3372.62	0.00	3013.47	2020.47
5-1-553	管径（mm）2400	10 个口	26204.68	16726.79	3372.62	0.00	3654.80	2450.47

（2）企　口

编号	项目名称	单位	基价	人工费	材料费	施工机具使用费	管理费	利润
5-1-554	管径（mm）1100	10 个口	9163.62	6377.55	458.27	0.00	1393.49	934.31
5-1-555	管径（mm）1200	10 个口	9675.68	6722.41	499.59	0.00	1468.85	984.83
5-1-556	管径（mm）1350	10 个口	10858.29	7511.46	605.15	0.00	1641.25	1100.43
5-1-557	管径（mm）1500	10 个口	14269.41	9245.22	1649.69	0.00	2020.08	1354.42
5-1-558	管径（mm）1650	10 个口	15992.19	10362.57	1847.28	0.00	2264.22	1518.12
5-1-559	管径（mm）1800	10 个口	17515.14	11330.93	2048.42	0.00	2475.81	1659.98
5-1-560	管径（mm）2000	10 个口	21358.35	13477.71	2961.28	0.00	2944.88	1974.48
5-1-561	管径（mm）2200	10 个口	24711.39	15667.05	3325.87	0.00	3423.25	2295.22
5-1-562	管径（mm）2400	10 个口	29663.80	19026.43	3692.73	0.00	4157.27	2787.37

7. 方（拱）涵接口

编号	项目名称	单位	基价	人工费	材料费	施工机具使用费	管理费	利润
5-1-563	方涵接口	$10m^2$	4445.71	3112.13	197.65	0.00	680.00	455.93

8. 泥水平衡机械及附属设施安装、拆除

编号	项目名称	单位	基价	人工费	材料费	施工机具使用费	管理费	利润
5-1-564	管径（mm 内） 800	套	40958.00	14106.58	4762.76	12410.08	5793.89	3884.69
5-1-565	管径（mm 内） 1200	套	46514.44	15188.89	4762.76	15398.42	6683.33	4481.04
5-1-566	管径（mm 内） 1600	套	57736.43	16438.47	5282.20	21989.54	8396.52	5629.70
5-1-567	管径（mm 内） 1800	套	64455.00	17541.21	5421.58	25706.72	9449.67	6335.82

9. 顶进后座及坑内平台安装、拆除

编号	项目名称	单位	基价	人工费	材料费	施工机具使用费	管理费	利润
5-1-568	每坑管径（mm） 800～1200	套	7562.73	2499.81	1902.22	1647.08	906.10	607.52
5-1-569	每坑管径（mm） 1400～1800	套	11736.61	3964.60	2333.12	2924.40	1505.25	1009.24
5-1-570	每坑管径（mm） 2000～2400	套	15419.63	5008.43	2995.46	4093.52	1988.78	1333.44
5-1-571	钢筋混凝土后座	$10m^3$	23700.13	7344.40	5663.60	5869.17	2887.17	1935.79

五、新旧管连接

1. 钢管（焊接）

编号	项目名称	单位	基价	人工费	材料费	施工机具使用费	管理费	利润
5-1-572	公称直径（mm 以内） 200	处	1146.03	723.17	111.93	34.41	165.53	110.99
5-1-573	公称直径（mm 以内） 300	处	1672.94	943.69	160.93	164.01	242.03	162.28
5-1-574	公称直径（mm 以内） 400	处	2319.05	1325.71	252.10	188.54	330.86	221.84
5-1-575	公称直径（mm 以内） 500	处	2744.54	1556.96	307.35	228.53	390.13	261.57
5-1-576	公称直径（mm 以内） 600	处	3661.49	2029.27	521.84	270.84	502.57	336.97
5-1-577	公称直径（mm 以内） 700	处	4574.40	2584.08	638.64	299.26	630.01	422.41
5-1-578	公称直径（mm 以内） 800	处	5286.43	2962.04	804.67	321.30	717.41	481.01
5-1-579	公称直径（mm 以内） 900	处	5998.84	3305.95	1004.68	352.78	799.43	536.00
5-1-580	公称直径（mm 以内） 1000	处	6678.92	3750.69	1068.09	359.81	898.14	602.19
5-1-581	公称直径（mm 以内） 1200	处	8764.13	4727.31	1737.14	420.67	1124.83	754.18
5-1-582	公称直径（mm 以内） 1400	处	10947.32	5371.48	2901.15	523.15	1287.98	863.56
5-1-583	公称直径（mm 以内） 1600	处	13742.26	6127.02	4454.01	677.56	1486.80	996.87
5-1-584	公称直径（mm 以内） 1800	处	15648.74	6946.38	5171.35	729.36	1677.15	1124.50
5-1-585	公称直径（mm 以内） 2000	处	17361.71	7756.87	5681.70	799.91	1869.66	1253.57

2. 铸铁管（膨胀水泥接口）

编号	项目名称	单位	基价	人工费	材料费	施工机具使用费	管理费	利润
5-1-586	公称直径（mm 以内） 100	处	1400.06	985.50	54.85	0.00	215.33	144.38
5-1-587	公称直径（mm 以内） 200	处	2111.31	1481.85	88.59	0.00	323.78	217.09
5-1-588	公称直径（mm 以内） 300	处	3595.98	2428.31	127.88	112.42	555.15	372.22
5-1-589	公称直径（mm 以内） 400	处	5091.67	3464.50	196.92	121.40	783.52	525.33
5-1-590	公称直径（mm 以内） 500	处	6381.94	4352.68	241.92	145.51	982.85	658.98
5-1-591	公称直径（mm 以内） 600	处	7666.37	5131.53	438.68	163.48	1156.96	775.72
5-1-592	公称直径（mm 以内） 700	处	9339.69	6257.07	552.47	180.45	1406.60	943.10
5-1-593	公称直径（mm 以内） 800	处	11008.42	7347.28	700.16	204.56	1650.08	1106.34
5-1-594	公称直径（mm 以内） 900	处	12846.63	8536.09	891.11	222.53	1913.76	1283.14
5-1-595	公称直径（mm 以内） 1000	处	14527.51	9672.54	943.58	279.06	2174.42	1457.91
5-1-596	公称直径（mm 以内） 1200	处	18524.52	12130.82	1556.93	299.65	2716.06	1821.06
5-1-597	公称直径（mm 以内） 1400	处	22432.43	14154.72	2631.91	351.16	3169.53	2125.11
5-1-598	公称直径（mm 以内） 1600	处	26741.62	16202.30	4097.78	386.60	3624.67	2430.27

六、渠道（方沟）

1. 墙身、拱盖砌筑

编号	项目名称	单位	基价	人工费	材料费	施工机具使用费	管理费	利润
5-1-599	墙身 砖砌	$10m^3$	7370.72	2607.39	3770.95	29.80	576.23	386.35
5-1-600	墙身 石砌	$10m^3$	9338.36	3389.94	4650.30	44.54	750.43	503.15
5-1-601	墙身 预制块	$10m^3$	15317.05	2940.39	11289.70	10.05	644.67	432.24
5-1-602	拱盖 砖砌	$10m^3$	8054.24	3111.52	3766.78	29.47	686.31	460.16
5-1-603	拱盖 石砌	$10m^3$	9868.67	3778.44	4650.30	44.54	835.32	560.07
5-1-604	拱盖 预制块	$10m^3$	16512.76	3816.37	11289.70	10.05	836.07	560.57

2. 现浇混凝土方沟

编号	项目名称	单位	基价	人工费	材料费	施工机具使用费	管理费	利润
5-1-605	壁	$10m^3$	7064.98	2456.06	3712.46	0.00	536.65	359.81
5-1-606	顶	$10m^3$	5826.29	1551.04	3709.12	0.00	338.90	227.23

3. 现浇混凝土、砌筑墙帽

编号	项目名称	单位	基价	人工费	材料费	施工机具使用费	管理费	利润
5-1-607	现浇混凝土 无筋	$10m^3$	6448.83	1769.71	4033.18	0.00	386.68	259.26
5-1-608	现浇混凝土 有筋	$10m^3$	6462.76	1780.07	4032.96	0.00	388.95	260.78
5-1-609	预制块	$10m^3$	14840.78	2591.48	11289.70	10.05	568.43	381.12
5-1-610	块石	$10m^3$	9338.36	3389.94	4650.30	44.54	750.43	503.15
5-1-611	砖	$10m^3$	7721.10	2877.86	3754.42	28.13	634.96	425.73

4. 抹　　灰

编号	项目名称	单位	基价	人工费	材料费	施工机具使用费	管理费	利润
5-1-612	底面	$100m^2$	4679.89	1455.03	2500.11	141.88	348.92	233.95
5-1-613	砖墙立面	$100m^2$	6307.67	2647.54	2500.11	141.88	609.49	408.65
5-1-614	石墙立面	$100m^2$	6756.90	2976.65	2500.11	141.88	681.40	456.86
5-1-615	正拱面	$100m^2$	6953.37	3120.58	2500.11	141.88	712.85	477.95
5-1-616	负拱面	$100m^2$	7731.65	3690.75	2500.11	141.88	837.43	561.48

5. 勾　　缝

编号	项目名称	单位	基价	人工费	材料费	施工机具使用费	管理费	利润
5-1-617	砖墙	$100m^2$	1800.35	1227.48	103.64	15.53	271.60	182.10
5-1-618	片石墙 平缝	$100m^2$	2117.70	1190.29	417.43	55.33	272.17	182.48
5-1-619	片石墙 凹缝	$100m^2$	3082.60	1897.18	417.43	55.33	426.62	286.04
5-1-620	片石墙 凸缝	$100m^2$	3593.50	2126.21	585.36	77.56	481.52	322.85
5-1-621	块石墙 平缝	$100m^2$	1891.95	1170.13	249.50	33.13	262.91	176.28
5-1-622	块石墙 凹缝	$100m^2$	2859.37	1878.86	249.50	33.13	417.77	280.11
5-1-623	块石墙 凸缝	$100m^2$	3280.16	2099.57	350.26	46.88	469.00	314.45

6. 渠道沉降缝

编号	项目名称	单位	基价	人工费	材料费	施工机具使用费	管理费	利润
5-1-624	二毡三油	$100m^2$	3513.45	1842.23	998.80	0.00	402.53	269.89
5-1-625	每增减 一毡一油	$100m^2$	1371.22	812.52	262.13	0.00	177.54	119.03
5-1-626	二布三油	$100m^2$	6499.14	2285.68	3379.19	0.00	499.42	334.85
5-1-627	每增减 一布一油	$100m^2$	2436.19	1006.77	1061.95	0.00	219.98	147.49
5-1-628	油浸麻丝	100m	4052.29	1778.96	1624.01	0.00	388.70	260.62
5-1-629	建筑油膏	100m	2111.69	883.93	905.12	0.00	193.14	129.50
5-1-630	预埋橡胶 止水带	100m	5227.43	1748.44	2840.81	0.00	382.03	256.15
5-1-631	预埋塑料 止水带	100m	4820.90	1748.44	2434.28	0.00	382.03	256.15

7. 钢筋混凝土盖板、过梁的预制安装

（1）预　制

编号	项目名称	单位	基价	人工费	材料费	施工机具使用费	管理费	利润
5-1-632	矩形盖板（板厚 cm 以内） 10	$10m^3$	7332.92	2218.71	4304.38	0.00	484.79	325.04
5-1-633	矩形盖板（板厚 cm 以内） 20	$10m^3$	7072.56	2213.16	4051.59	0.00	483.58	324.23
5-1-634	矩形盖板（板厚 cm 以内） 30	$10m^3$	6939.77	2211.68	3920.83	0.00	483.25	324.01
5-1-635	矩形盖板（板厚 cm 以内） 40	$10m^3$	6887.64	2210.20	3870.72	0.00	482.93	323.79
5-1-636	矩形盖板（板厚 cm 以内）40 外	$10m^3$	6882.55	2210.20	3865.63	0.00	482.93	323.79
5-1-637	弧（拱）形盖板	$10m^3$	7712.72	2585.56	4183.44	0.00	564.94	378.78
5-1-638	井室盖板	$10m^3$	7732.42	2661.97	4098.83	0.00	581.64	389.98
5-1-639	槽形盖板	$10m^3$	8016.11	2866.39	4103.48	0.00	626.31	419.93
5-1-640	过梁（体积 m^3 以内） 0.5	$10m^3$	6589.87	1716.80	4246.44	0.00	375.12	251.51
5-1-641	过梁（体积 m^3 以内） 1	$10m^3$	6088.46	1492.21	4051.59	0.00	326.05	218.61

（2）安　装

①渠 道 盖 板

编号	项目名称	单位	基价	人工费	材料费	施工机具使用费	管理费	利润
5-1-642	矩形盖板（每块体积 m^3 以内） 0.1	$10m^3$	4473.94	2756.32	687.34	17.75	606.13	406.40
5-1-643	矩形盖板（每块体积 m^3 以内） 0.3	$10m^3$	3141.30	1536.61	420.41	456.72	435.54	292.02
5-1-644	矩形盖板（每块体积 m^3 以内） 0.5	$10m^3$	2688.15	1275.95	326.25	454.38	378.08	253.49
5-1-645	矩形盖板（每块体积 m^3 以内） 0.7	$10m^3$	2329.96	1122.58	272.11	385.00	329.41	220.86
5-1-646	矩形盖板（每块体积 m^3 以内） 1	$10m^3$	2142.50	1011.77	237.27	384.00	304.98	204.48
5-1-647	矩形盖板（每块体积 m^3 以内） 1 以外	$10m^3$	1988.16	914.64	207.61	389.79	285.02	191.10
5-1-648	槽形盖板	$10m^3$	2703.14	1297.96	311.66	454.04	382.81	256.67

②井 室 盖 板

编号	项目名称	单位	基价	人工费	材料费	施工机具使用费	管理费	利润
5-1-649	矩形盖板（每块体积 m^3 以内） 0.05	$10m^3$	5469.53	3239.17	1012.87	25.78	713.39	478.32
5-1-650	矩形盖板（每块体积 m^3 以内） 0.1	$10m^3$	5146.64	3258.78	675.09	17.08	715.78	479.91

续前

编号	项目名称	单位	基价	人工费	材料费	施工机具使用费	管理费	利润
5-1-651	矩形盖板（每块体积 m^3 以内）0.3	$10m^3$	4003.65	2067.01	554.18	460.07	552.17	370.22
5-1-652	矩形盖板（每块体积 m^3 以内）0.5	$10m^3$	3683.68	1866.65	509.08	459.06	508.17	340.72
5-1-653	矩形盖板（每块体积 m^3 以内）0.7	$10m^3$	3296.50	1693.49	453.42	389.35	455.10	305.14
5-1-654	矩形盖板（每块体积 m^3 以内）1	$10m^3$	2847.09	1440.41	352.66	387.01	399.29	267.72
5-1-655	矩形盖板（每块体积 m^3 以内）1 以外	$10m^3$	2327.96	1142.93	226.95	396.27	336.32	225.49

③过　梁

编号	项目名称	单位	基价	人工费	材料费	施工机具使用费	管理费	利润
5-1-656	过梁（体积 m^3 内） 0.5	$10m^3$	5154.97	2691.75	842.22	467.77	690.36	462.87
5-1-657	过梁（体积 m^3 内） 1	$10m^3$	4518.16	2330.82	792.79	398.39	596.33	399.83

七、混凝土排水管道接口

1. 水泥砂浆接口

编号	项目名称	单位	基价	人工费	材料费	施工机具使用费	管理费	利润
5-1-658	管径（mm 以内） 150	10 个口	33.45	22.76	2.39	0.00	4.97	3.33
5-1-659	管径（mm 以内） 200	10 个口	44.20	29.23	4.30	0.00	6.39	4.28
5-1-660	管径（mm 以内） 250	10 个口	51.19	33.30	5.73	0.00	7.28	4.88
5-1-661	管径（mm 以内） 300	10 个口	70.47	45.70	7.64	0.33	10.06	6.74
5-1-662	管径（mm 以内） 350	10 个口	76.60	48.10	10.50	0.33	10.58	7.09
5-1-663	管径（mm 以内） 400	10 个口	79.95	48.10	13.85	0.33	10.58	7.09
5-1-664	管径（mm 以内） 450	10 个口	87.09	50.88	17.19	0.33	11.19	7.50
5-1-665	管径（mm 以内） 500	10 个口	90.39	50.51	20.53	0.67	11.18	7.50
5-1-666	管径（mm 以内） 600	10 个口	103.81	54.39	28.65	0.67	12.03	8.07

2. 钢丝网水泥砂浆抹带接口

（1）120°混凝土基础

编号	项目名称	单位	基价	人工费	材料费	施工机具使用费	管理费	利润
5-1-667	管径（mm 以内） 600	10 个口	406.94	205.35	125.27	1.00	45.09	30.23
5-1-668	管径（mm 以内） 700	10 个口	477.65	241.98	145.51	1.34	53.17	35.65
5-1-669	管径（mm 以内） 800	10 个口	550.15	280.65	164.78	1.67	61.69	41.36
5-1-670	管径（mm 以内） 900	10 个口	625.90	320.98	185.48	1.67	70.50	47.27
5-1-671	管径（mm 以内） 1000	10 个口	702.62	359.64	208.97	2.01	79.02	52.98
5-1-672	管径（mm 以内） 1100	10 个口	853.29	396.09	307.60	3.68	87.35	58.57
5-1-673	管径（mm 以内） 1200	10 个口	920.43	423.28	336.71	4.35	93.44	62.65
5-1-674	管径（mm 以内） 1350	10 个口	1046.66	483.78	379.90	4.69	106.73	71.56
5-1-675	管径（mm 以内） 1500	10 个口	1203.25	564.81	424.97	5.36	124.58	83.53
5-1-676	管径（mm 以内） 1650	10 个口	1319.15	616.05	470.02	6.03	135.92	91.13
5-1-677	管径（mm 以内） 1800	10 个口	1498.10	712.07	516.98	6.70	157.05	105.30
5-1-678	管径（mm 以内） 2000	10 个口	1734.32	838.05	579.87	7.70	184.80	123.90
5-1-679	管径（mm 以内） 2200	10 个口	2041.09	1013.99	645.10	8.71	223.46	149.83
5-1-680	管径（mm 以内） 2400	10 个口	2344.57	1193.25	702.53	9.71	262.85	176.23
5-1-681	管径（mm 以内） 2600	10 个口	2532.90	1292.04	755.10	10.38	284.58	190.80
5-1-682	管径（mm 以内） 2800	10 个口	2739.02	1390.46	825.04	11.72	306.38	205.42
5-1-683	管径（mm 以内） 3000	10 个口	2943.13	1487.77	894.95	12.73	327.86	219.82

（2）180°混凝土基础

编号	项目名称	单位	基价	人工费	材料费	施工机具使用费	管理费	利润
5-1-684	管径（mm 以内） 600	10 个口	336.09	173.35	98.10	1.00	38.10	25.54
5-1-685	管径（mm 以内） 700	10 个口	394.05	204.80	113.13	1.00	44.97	30.15
5-1-686	管径（mm 以内） 800	10 个口	452.45	235.88	128.65	1.34	51.83	34.75
5-1-687	管径（mm 以内） 900	10 个口	515.91	270.66	144.63	1.34	59.43	39.85
5-1-688	管径（mm 以内） 1000	10 个口	580.55	303.22	164.37	1.67	66.62	44.67
5-1-689	管径（mm 以内） 1100	10 个口	699.72	333.93	239.80	3.01	73.62	49.36
5-1-690	管径（mm 以内） 1200	10 个口	755.52	357.61	262.81	3.35	78.87	52.88
5-1-691	管径（mm 以内） 1350	10 个口	859.65	408.30	296.84	4.02	90.09	60.40
5-1-692	管径（mm 以内） 1500	10 个口	989.94	476.75	333.24	4.35	105.12	70.48
5-1-693	管径（mm 以内） 1650	10 个口	1085.27	519.30	369.58	5.02	114.56	76.81
5-1-694	管径（mm 以内） 1800	10 个口	1235.09	600.70	407.36	5.69	132.50	88.84
5-1-695	管径（mm 以内） 2000	10 个口	1431.85	706.70	458.53	6.36	155.80	104.46
5-1-696	管径（mm 以内） 2200	10 个口	1688.31	855.07	511.08	7.37	188.44	126.35
5-1-697	管径（mm 以内） 2400	10 个口	1941.26	1005.85	557.31	8.04	221.53	148.53
5-1-698	管径（mm 以内） 2600	10 个口	2098.43	1089.10	599.92	8.71	239.87	160.83
5-1-699	管径（mm 以内） 2800	10 个口	2270.63	1171.98	657.62	9.71	258.20	173.12
5-1-700	管径（mm 以内） 3000	10 个口	2442.58	1254.30	715.82	10.72	276.41	185.33

3. 膨胀水泥砂浆接口

编号	项目名称	单位	基价	人工费	材料费	施工机具使用费	管理费	利润
5-1-701	管径（mm 以内） 1000	10 个口	262.92	172.05	27.62	0.33	37.67	25.25
5-1-702	管径（mm 以内） 1100	10 个口	322.20	210.90	33.87	0.33	46.15	30.95
5-1-703	管径（mm 以内） 1200	10 个口	380.91	249.38	40.06	0.33	54.56	36.58
5-1-704	管径（mm 以内） 1350	10 个口	473.60	310.43	49.41	0.33	67.90	45.53
5-1-705	管径（mm 以内） 1500	10 个口	590.40	387.76	60.20	0.67	84.87	56.90
5-1-706	管径（mm 以内） 1650	10 个口	661.74	430.68	72.95	0.67	94.25	63.19
5-1-707	管径（mm 以内） 1800	10 个口	749.41	484.89	86.17	1.00	106.17	71.18
5-1-708	管径（mm 以内） 2000	10 个口	861.91	553.52	104.99	1.00	121.16	81.24
5-1-709	管径（mm 以内） 2200	10 个口	1009.60	645.84	126.20	1.34	141.41	94.81
5-1-710	管径（mm 以内） 2400	10 个口	1106.67	704.30	143.03	1.67	154.25	103.42
5-1-711	管径（mm 以内） 2600	10 个口	1202.63	763.68	157.93	1.67	167.23	112.12
5-1-712	管径（mm 以内） 2800	10 个口	1308.26	821.96	183.54	2.01	180.04	120.71
5-1-713	管径（mm 以内） 3000	10 个口	1417.08	881.16	211.11	2.34	193.04	129.43

4. 预拌混凝土（现浇）套环接口

（1）120°管基

编号	项目名称	单位	基价	人工费	材料费	施工机具使用费	管理费	利润
5-1-714	管径（mm 以内） 600	10 个口	320.81	113.59	165.31	0.33	24.89	16.69
5-1-715	管径（mm 以内） 700	10 个口	367.98	127.10	194.04	0.33	27.84	18.67
5-1-716	管径（mm 以内） 800	10 个口	424.53	143.93	227.15	0.67	31.60	21.18
5-1-717	管径（mm 以内） 900	10 个口	478.66	161.51	257.28	0.67	35.44	23.76
5-1-718	管径（mm 以内） 1000	10 个口	544.58	184.08	291.95	1.00	40.44	27.11
5-1-719	管径（mm 以内） 1100	10 个口	625.74	215.16	330.21	1.34	47.31	31.72
5-1-720	管径（mm 以内） 1200	10 个口	703.42	245.68	366.24	1.34	53.97	36.19
5-1-721	管径（mm 以内） 1350	10 个口	1423.31	454.18	801.08	1.67	99.60	66.78
5-1-722	管径（mm 以内） 1500	10 个口	1627.09	527.99	903.19	2.34	115.88	77.69
5-1-723	管径（mm 以内） 1650	10 个口	1728.02	562.96	955.92	2.68	123.59	82.87
5-1-724	管径（mm 以内） 1800	10 个口	1888.97	616.42	1043.44	3.01	135.35	90.75
5-1-725	管径（mm 以内） 2000	10 个口	2100.57	685.98	1158.71	4.02	150.77	101.09
5-1-726	管径（mm 以内） 2200	10 个口	2335.04	767.57	1280.90	4.69	168.74	113.14
5-1-727	管径（mm 以内） 2400	10 个口	2523.13	828.43	1385.01	5.36	182.18	122.15
5-1-728	管径（mm 以内） 2600	10 个口	2695.97	886.34	1477.89	6.03	194.98	130.73
5-1-729	管径（mm 以内） 2800	10 个口	2903.63	947.76	1600.34	7.03	208.62	139.88
5-1-730	管径（mm 以内） 3000	10 个口	3119.19	1010.84	1728.41	8.04	222.63	149.27

（2）180°管基

编号	项目名称	单位	基价	人工费	材料费	施工机具使用费	管理费	利润
5-1-731	管径（mm以内） 600	10个口	271.15	97.50	137.61	0.33	21.38	14.33
5-1-732	管径（mm以内） 700	10个口	317.26	110.82	165.08	0.67	24.36	16.33
5-1-733	管径（mm以内） 800	10个口	363.37	124.51	192.05	1.00	27.42	18.39
5-1-734	管径（mm以内） 900	10个口	414.20	140.60	220.92	1.00	30.94	20.74
5-1-735	管径（mm以内） 1000	10个口	471.97	160.40	251.20	1.34	35.34	23.69
5-1-736	管径（mm以内） 1100	10个口	545.04	188.52	285.43	1.67	41.56	27.86
5-1-737	管径（mm以内） 1200	10个口	613.72	214.97	317.54	2.01	47.41	31.79
5-1-738	管径（mm以内） 1350	10个口	1188.72	382.95	662.80	2.34	84.19	56.44
5-1-739	管径（mm以内） 1500	10个口	1364.10	446.96	749.89	3.01	98.32	65.92
5-1-740	管径（mm以内） 1650	10个口	1522.49	495.25	841.45	3.68	109.02	73.09
5-1-741	管径（mm以内） 1800	10个口	1691.18	548.90	935.99	4.35	120.89	81.05
5-1-742	管径（mm以内） 2000	10个口	1922.30	619.94	1068.76	5.36	136.63	91.61
5-1-743	管径（mm以内） 2200	10个口	2179.69	704.48	1209.39	6.36	155.32	104.14
5-1-744	管径（mm以内） 2400	10个口	2395.00	770.16	1333.67	7.37	169.89	113.91
5-1-745	管径（mm以内） 2600	10个口	2602.94	835.46	1451.57	8.04	184.30	123.57
5-1-746	管径（mm以内） 2800	10个口	2859.05	905.58	1610.13	9.38	199.92	134.04
5-1-747	管径（mm以内） 3000	10个口	3117.27	975.51	1771.07	10.72	215.49	144.48

5. 预拌混凝土（现浇）套环柔性接口（120°、180°管基）

编号	项目名称	单位	基价	人工费	材料费	施工机具使用费	管理费	利润
5-1-748	管径（mm以内） 600	10个口	6667.46	1760.65	4263.73	0.33	384.77	257.98
5-1-749	管径（mm以内） 700	10个口	7464.63	1981.35	4759.63	0.33	433.00	290.32
5-1-750	管径（mm以内） 800	10个口	8335.93	2224.26	5299.37	0.33	486.07	325.90
5-1-751	管径（mm以内） 900	10个口	9223.81	2473.82	5846.60	0.33	540.60	362.46
5-1-752	管径（mm以内） 1000	10个口	10122.23	2728.38	6397.54	0.33	596.22	399.76
5-1-753	管径（mm以内） 1100	10个口	12392.66	3398.08	7753.83	0.33	742.55	497.87
5-1-754	管径（mm以内） 1200	10个口	13454.03	3705.92	8394.99	0.33	809.82	542.97
5-1-755	管径（mm以内） 1350	10个口	15096.90	4183.41	9386.09	0.33	914.15	612.92
5-1-756	管径（mm以内） 1500	10个口	16845.55	4696.97	10433.28	0.67	1026.43	688.20
5-1-757	管径（mm以内） 1650	10个口	18594.90	5200.91	11494.74	0.67	1136.55	762.03
5-1-758	管径（mm以内） 1800	10个口	20443.96	5737.59	12611.23	0.67	1253.81	840.66
5-1-759	管径（mm以内） 2000	10个口	22928.14	6458.35	14111.57	0.67	1411.30	946.25
5-1-760	管径（mm以内） 2200	10个口	25604.05	7242.20	15717.53	0.67	1582.57	1061.08
5-1-761	管径（mm以内） 2400	10个口	27980.95	7931.32	17153.34	1.00	1733.21	1162.08
5-1-762	管径（mm以内） 2600	10个口	30274.39	8597.14	18537.93	1.00	1878.69	1259.63
5-1-763	管径（mm以内） 2800	10个口	33161.32	9434.26	20282.19	1.00	2061.60	1382.27
5-1-764	管径（mm以内） 3000	10个口	36164.33	10306.17	22095.04	1.00	2252.12	1510.00

6. 橡胶圈接口

（1）承插口、企口

编号	项目名称	单位	基价	人工费	材料费	施工机具使用费	管理费	利润
5-1-765	管径（mm 以内） 200	10 个口	110.32	79.18	2.24	0.00	17.30	11.60
5-1-766	管径（mm 以内） 300	10 个口	234.88	169.83	3.06	0.00	37.11	24.88
5-1-767	管径（mm 以内） 400	10 个口	389.73	282.68	3.87	0.00	61.77	41.41
5-1-768	管径（mm 以内） 500	10 个口	486.92	353.35	4.59	0.00	77.21	51.77
5-1-769	管径（mm 以内） 600	10 个口	582.96	423.10	5.43	0.00	92.45	61.98
5-1-770	管径（mm 以内） 700	10 个口	689.70	500.80	6.11	0.00	109.42	73.37
5-1-771	管径（mm 以内） 800	10 个口	831.99	604.40	6.99	0.00	132.06	88.54
5-1-772	管径（mm 以内） 900	10 个口	972.24	706.52	7.84	0.00	154.37	103.51
5-1-773	管径（mm 以内） 1000	10 个口	1117.26	812.15	8.68	0.00	177.45	118.98
5-1-774	管径（mm 以内） 1100	10 个口	1200.66	872.65	9.50	0.00	190.67	127.84
5-1-775	管径（mm 以内） 1200	10 个口	1350.72	981.98	10.32	0.00	214.56	143.86
5-1-776	管径（mm 以内） 1350	10 个口	1632.54	1187.15	12.08	0.00	259.39	173.92
5-1-777	管径（mm 以内） 1500	10 个口	1806.11	1313.69	12.92	0.00	287.04	192.46
5-1-778	管径（mm 以内） 1650	10 个口	1980.93	1441.15	13.76	0.00	314.89	211.13
5-1-779	管径（mm 以内） 1800	10 个口	2126.82	1546.79	15.46	0.00	337.97	226.60
5-1-780	管径（mm 以内） 2000	10 个口	2302.55	1674.25	17.20	0.00	365.82	245.28
5-1-781	管径（mm 以内） 2200	10 个口	2478.61	1801.53	19.53	0.00	393.63	263.92
5-1-782	管径（mm 以内） 2400	10 个口	2653.16	1928.07	21.35	0.00	421.28	282.46
5-1-783	管径（mm 以内） 2600	10 个口	2775.70	2016.50	23.17	0.00	440.61	295.42
5-1-784	管径（mm 以内） 2800	10 个口	2896.46	2103.64	24.99	0.00	459.65	308.18
5-1-785	管径（mm 以内） 3000	10 个口	3014.94	2189.11	26.81	0.00	478.32	320.70

（2）钢　承　口

编号	项目名称	单位	基价	人工费	材料费	施工机具使用费	管理费	利润
5-1-786	管径（mm 以内） 1000	10 个口	1579.83	853.22	415.18	0.00	186.43	125.00
5-1-787	管径（mm 以内） 1100	10 个口	1768.18	915.75	518.18	0.00	200.09	134.16
5-1-788	管径（mm 以内） 1200	10 个口	2004.45	1031.01	597.12	0.00	225.28	151.04
5-1-789	管径（mm 以内） 1350	10 个口	2486.54	1246.16	785.53	0.00	272.29	182.56
5-1-790	管径（mm 以内） 1500	10 个口	2837.65	1379.92	954.06	0.00	301.51	202.16
5-1-791	管径（mm 以内） 1650	10 个口	3253.00	1513.12	1187.59	0.00	330.62	221.67
5-1-792	管径（mm 以内） 1800	10 个口	3611.51	1624.49	1394.08	0.00	354.95	237.99
5-1-793	管径（mm 以内） 2000	10 个口	4171.97	1757.50	1772.99	0.00	384.01	257.47
5-1-794	管径（mm 以内） 2200	10 个口	4713.94	1891.26	2132.37	0.00	413.24	277.07
5-1-795	管径（mm 以内） 2400	10 个口	5287.61	2024.46	2524.23	0.00	442.34	296.58
5-1-796	管径（mm 以内） 2600	10 个口	5917.28	2118.07	3026.11	0.00	462.80	310.30
5-1-797	管径（mm 以内） 2800	10 个口	6505.77	2209.46	3489.85	0.00	482.77	323.69
5-1-798	管径（mm 以内） 3000	10 个口	7124.21	2298.63	3986.58	0.00	502.25	336.75

(3)双 插 口

编号	项目名称	单位	基价	人工费	材料费	施工机具使用费	管理费	利润
5-1-799	管径(mm 以内) 1000	10 个口	2476.92	1041.74	753.78	220.63	275.83	184.94
5-1-800	管径(mm 以内) 1100	10 个口	2796.33	1130.35	952.24	220.63	295.19	197.92
5-1-801	管径(mm 以内) 1200	10 个口	3066.14	1217.86	1102.60	220.63	314.31	210.74
5-1-802	管径(mm 以内) 1350	10 个口	4228.56	1802.09	1467.55	220.63	441.96	296.33
5-1-803	管径(mm 以内) 1500	10 个口	4612.79	1844.64	1793.70	220.63	451.26	302.56
5-1-804	管径(mm 以内) 1650	10 个口	5126.03	1886.45	2249.86	220.63	460.40	308.69
5-1-805	管径(mm 以内) 1800	10 个口	5624.19	1957.49	2651.06	220.63	475.92	319.09
5-1-806	管径(mm 以内) 2000	10 个口	6641.97	2141.01	3393.81	238.60	519.94	348.61
5-1-807	管径(mm 以内) 2200	10 个口	7596.48	2325.27	4096.79	238.60	560.21	375.61
5-1-808	管径(mm 以内) 2400	10 个口	8627.06	2517.30	4865.26	238.60	602.16	403.74
5-1-809	管径(mm 以内) 2600	10 个口	9837.80	2680.10	5853.77	238.60	637.74	427.59
5-1-810	管径(mm 以内) 2800	10 个口	10971.74	2842.53	6765.99	238.60	673.23	451.39
5-1-811	管径(mm 以内) 3000	10 个口	12172.93	3005.88	7744.21	238.60	708.92	475.32

八、闭水试验、试压、吹扫

1. 闭 水 试 验

(1)方沟闭水试验

编号	项目名称	单位	基价	人工费	材料费	施工机具使用费	管理费	利润
5-1-812	砖堵 24cm	$100m^3$	2373.50	845.45	1215.35	3.01	185.39	124.30
5-1-813	砖堵 36cm	$100m^3$	2879.35	1066.71	1416.89	4.69	234.10	156.96
5-1-814	砖堵 49cm	$100m^3$	3579.19	1317.02	1772.32	6.70	289.23	193.92

(2)管道闭水试验

编号	项目名称	单位	基价	人工费	材料费	施工机具使用费	管理费	利润
5-1-815	管径(mm 以内) 400	100m	560.49	291.93	161.09	0.67	63.93	42.87
5-1-816	管径(mm 以内) 600	100m	996.80	480.26	339.88	1.00	105.16	70.50
5-1-817	管径(mm 以内) 800	100m	1487.47	681.91	554.39	1.67	149.36	100.14
5-1-818	管径(mm 以内) 1000	100m	2148.66	961.26	832.88	2.68	210.62	141.22
5-1-819	管径(mm 以内) 1200	100m	2930.14	1262.44	1201.42	4.02	276.72	185.54

续前

编号	项目名称	单位	基价	人工费	材料费	施工机具使用费	管理费	利润
5-1-820	管径（mm 以内） 1350	100m	3640.15	1536.98	1534.41	5.69	337.07	226.00
5-1-821	管径（mm 以内） 1500	100m	4384.29	1841.31	1861.31	7.03	403.86	270.78
5-1-822	管径（mm 以内） 1650	100m	6690.67	2952.05	2643.29	13.06	647.88	434.39
5-1-823	管径（mm 以内） 1800	100m	7919.71	3414.73	3237.59	15.40	749.48	502.51
5-1-824	管径（mm 以内） 2000	100m	9672.24	4144.37	3989.11	19.09	909.72	609.95
5-1-825	管径（mm 以内） 2200	100m	11607.85	4949.49	4823.91	20.43	1085.93	728.09
5-1-826	管径（mm 以内） 2400	100m	13699.11	5835.83	5701.21	23.44	1280.25	858.38
5-1-827	管径（mm 以内） 2600	100m	15735.81	6585.26	6708.08	28.46	1445.10	968.91
5-1-828	管径（mm 以内） 2800	100m	18034.90	7535.61	7704.45	32.48	1653.63	1108.73
5-1-829	管径（mm 以内） 3000	100m	20488.78	8549.78	8768.04	36.84	1876.18	1257.94

2. 管 道 试 压

（1）液 压 试 验

编号	项目名称	单位	基价	人工费	材料费	施工机具使用费	管理费	利润
5-1-830	公称直径（mm 以内） 100	100m	445.28	284.90	44.33	8.84	64.18	43.03
5-1-831	公称直径（mm 以内） 200	100m	685.35	439.93	69.94	10.92	98.51	66.05
5-1-832	公称直径（mm 以内） 300	100m	824.87	520.04	100.03	10.98	116.03	77.79
5-1-833	公称直径（mm 以内） 400	100m	1086.28	669.52	154.58	13.04	149.14	100.00
5-1-834	公称直径（mm 以内） 500	100m	1339.17	815.48	208.16	13.10	181.04	121.39
5-1-835	公称直径（mm 以内） 600	100m	1643.73	970.51	296.43	16.52	215.67	144.60
5-1-836	公称直径（mm 以内） 800	100m	2314.10	1342.36	459.15	16.58	296.93	199.08
5-1-837	公称直径（mm 以内） 1000	100m	2887.45	1577.87	645.34	64.70	358.90	240.64
5-1-838	公称直径（mm 以内） 1200	100m	3500.96	1819.85	911.68	77.06	414.47	277.90
5-1-839	公称直径（mm 以内） 1400	100m	4186.86	2111.78	1182.26	89.39	480.96	322.47
5-1-840	公称直径（mm 以内） 1600	100m	5001.77	2455.69	1499.51	110.07	560.62	375.88
5-1-841	公称直径（mm 以内） 1800	100m	5912.44	2852.70	1848.73	124.38	650.49	436.14
5-1-842	公称直径（mm 以内） 2000	100m	6953.07	3317.24	2235.58	138.80	755.14	506.31
5-1-843	公称直径（mm 以内） 2200	100m	8153.66	3849.67	2687.45	154.88	874.99	586.67
5-1-844	公称直径（mm 以内） 2400	100m	9501.08	4476.63	3155.49	172.15	1015.76	681.05
5-1-845	公称直径（mm 以内） 2600	100m	11036.30	5215.34	3656.13	191.38	1181.37	792.08
5-1-846	公称直径（mm 以内） 2800	100m	12773.89	6075.59	4194.40	209.75	1373.35	920.80
5-1-847	公称直径（mm 以内） 3000	100m	14735.84	7076.25	4770.04	224.70	1595.26	1069.59

（2）气压试验

编号	项目名称	单位	基价	人工费	材料费	施工机具使用费	管理费	利润
5-1-848	公称直径（mm 以内） 50	100m	481.25	304.51	41.20	17.87	70.44	47.23
5-1-849	公称直径（mm 以内） 100	100m	566.70	361.49	45.02	20.69	83.51	55.99
5-1-850	公称直径（mm 以内） 150	100m	644.20	404.23	56.02	26.67	94.15	63.13
5-1-851	公称直径（mm 以内） 200	100m	710.33	445.11	63.59	28.69	103.53	69.41
5-1-852	公称直径（mm 以内） 300	100m	852.11	532.43	77.98	34.70	123.92	83.08
5-1-853	公称直径（mm 以内） 400	100m	1172.79	703.37	143.52	50.67	164.76	110.47
5-1-854	公称直径（mm 以内） 500	100m	1398.94	786.99	232.55	67.51	186.71	125.18
5-1-855	公称直径（mm 以内） 600	100m	1593.66	885.23	279.50	77.53	210.36	141.04
5-1-856	公称直径（mm 以内） 700	100m	1764.75	954.42	342.46	87.55	227.67	152.65
5-1-857	公称直径（mm 以内） 800	100m	2006.04	1025.46	470.24	99.67	245.84	164.83
5-1-858	公称直径（mm 以内） 900	100m	2243.19	1125.36	556.28	110.47	270.03	181.05
5-1-859	公称直径（mm 以内） 1000	100m	2439.55	1223.41	605.06	120.54	293.65	196.89
5-1-860	公称直径（mm 以内） 1200	100m	3125.44	1611.54	756.25	124.13	379.24	254.28
5-1-861	公称直径（mm 以内） 1400	100m	3634.73	1894.59	879.95	123.56	440.97	295.66
5-1-862	公称直径（mm 以内） 1600	100m	3893.69	2035.19	926.16	138.83	475.02	318.49
5-1-863	公称直径（mm 以内） 1800	100m	4613.07	2332.67	1171.43	188.68	550.91	369.38
5-1-864	公称直径（mm 以内） 2000	100m	5074.23	2473.27	1390.84	225.19	589.61	395.32
5-1-865	公称直径（mm 以内） 2200	100m	5799.81	2770.75	1657.54	263.88	663.07	444.57
5-1-866	公称直径（mm 以内） 2400	100m	6491.94	3053.98	1920.27	295.23	731.80	490.66
5-1-867	公称直径（mm 以内） 2600	100m	7202.31	3335.00	2204.60	326.33	800.00	536.38
5-1-868	公称直径（mm 以内） 2800	100m	8022.51	3632.66	2547.69	378.20	876.37	587.59
5-1-869	公称直径（mm 以内） 3000	100m	8835.86	3915.71	2903.50	430.34	949.61	636.70

3. 管道消毒冲洗

编号	项目名称	单位	基价	人工费	材料费	施工机具使用费	管理费	利润
5-1-870	公称直径（mm 以内） 100	100m	344.53	220.15	44.03	0.00	48.10	32.25
5-1-871	公称直径（mm 以内） 200	100m	519.55	291.56	121.57	0.00	63.71	42.71
5-1-872	公称直径（mm 以内） 300	100m	703.43	344.84	232.72	0.00	75.35	50.52
5-1-873	公称直径（mm 以内） 400	100m	941.28	385.17	415.52	0.00	84.16	56.43
5-1-874	公称直径（mm 以内） 500	100m	1232.96	432.35	642.80	0.00	94.47	63.34
5-1-875	公称直径（mm 以内） 600	100m	1622.52	506.72	930.85	0.00	110.72	74.23
5-1-876	公称直径（mm 以内） 800	100m	2430.32	582.75	1634.87	0.00	127.33	85.37
5-1-877	公称直径（mm 以内） 1000	100m	3499.39	695.97	2549.39	0.00	152.07	101.96
5-1-878	公称直径（mm 以内） 1200	100m	4916.15	849.89	3756.05	0.00	185.70	124.51
5-1-879	公称直径（mm 以内） 1400	100m	6087.36	995.67	4728.27	0.00	217.55	145.87
5-1-880	公称直径（mm 以内） 1600	100m	8391.04	1160.69	6806.70	0.00	253.61	170.04
5-1-881	公称直径（mm 以内） 1800	100m	11957.17	1220.45	10291.25	0.00	266.67	178.80
5-1-882	公称直径（mm 以内） 2000	100m	14449.50	1280.39	12701.76	0.00	279.77	187.58
5-1-883	公称直径（mm 以内） 2200	100m	16946.23	1341.81	15114.65	0.00	293.19	196.58
5-1-884	公称直径（mm 以内） 2400	100m	19445.24	1408.41	17522.76	0.00	307.74	206.33
5-1-885	公称直径（mm 以内） 2600	100m	21947.53	1479.63	19927.83	0.00	323.30	216.77
5-1-886	公称直径（mm 以内） 2800	100m	23257.60	1552.34	21138.65	0.00	339.19	227.42
5-1-887	公称直径（mm 以内） 3000	100m	24568.75	1630.04	22343.75	0.00	356.16	238.80

4. 气密性试验

编号	项目名称	单位	基价	人工费	材料费	施工机具使用费	管理费	利润
5-1-888	公称直径（mm 以内） 50	100m	816.59	552.23	38.40	17.87	124.57	83.52
5-1-889	公称直径（mm 以内） 100	100m	965.67	655.83	42.22	20.69	147.82	99.11
5-1-890	公称直径（mm 以内） 150	100m	1092.66	734.82	53.22	26.67	166.39	111.56
5-1-891	公称直径（mm 以内） 200	100m	1211.32	814.19	60.79	28.69	184.17	123.48
5-1-892	公称直径（mm 以内） 300	100m	1452.85	974.58	75.18	34.70	220.53	147.86
5-1-893	公称直径（mm 以内） 400	100m	1968.97	1288.71	140.72	50.67	292.65	196.22
5-1-894	公称直径（mm 以内） 500	100m	2264.77	1445.59	199.39	67.51	330.61	221.67
5-1-895	公称直径（mm 以内） 600	100m	2575.20	1617.27	261.80	77.53	370.31	248.29
5-1-896	公称直径（mm 以内） 700	100m	2870.52	1788.77	309.30	87.58	409.98	274.89
5-1-897	公称直径（mm 以内） 800	100m	3248.85	1960.26	437.08	99.64	450.09	301.78
5-1-898	公称直径（mm 以内） 900	100m	3584.01	2131.94	523.12	110.47	489.97	328.51
5-1-899	公称直径（mm 以内） 1000	100m	3880.63	2303.44	571.90	120.54	529.64	355.11
5-1-900	公称直径（mm 以内） 1200	100m	4291.78	2475.12	723.09	139.31	571.25	383.01

5. 管 道 吹 扫

编号	项目名称	单位	基价	人工费	材料费	施工机具使用费	管理费	利润
5-1-901	公称直径（mm 以内） 50	100m	377.25	225.15	42.33	20.21	53.61	35.95
5-1-902	公称直径（mm 以内） 100	100m	450.72	267.14	55.78	22.19	63.22	42.39
5-1-903	公称直径（mm 以内） 200	100m	584.33	330.23	100.57	24.17	77.44	51.92
5-1-904	公称直径（mm 以内） 300	100m	715.12	394.98	142.91	24.22	91.60	61.41
5-1-905	公称直径（mm 以内） 400	100m	931.92	521.15	184.78	26.20	119.60	80.19
5-1-906	公称直径（mm 以内） 500	100m	1043.70	582.75	209.78	28.18	133.49	89.50
5-1-907	公称直径（mm 以内） 600	100m	1188.39	655.83	247.43	33.52	150.62	100.99
5-1-908	公称直径（mm 以内） 700	100m	1286.63	709.11	270.54	35.28	162.65	109.05
5-1-909	公称直径（mm 以内） 800	100m	1380.29	760.91	293.49	35.28	173.97	116.64
5-1-910	公称直径（mm 以内） 900	100m	1532.09	833.80	343.09	37.26	190.33	127.61
5-1-911	公称直径（mm 以内） 1000	100m	1685.98	908.17	392.69	39.30	207.02	138.80
5-1-912	公称直径（mm 以内） 1200	100m	2204.36	1194.92	512.43	44.59	270.83	181.59

6. 井、池渗漏试验

编号	项目名称	单位	基价	人工费	材料费	施工机具使用费	管理费	利润
5-1-913	井、池（容量 m^3 以内） 500	$100m^3$	1884.13	948.68	578.44	7.87	209.01	140.13
5-1-914	井、池（容量 m^3 以内） 5000	$1000m^3$	8331.17	1721.98	5695.50	208.91	421.90	282.88
5-1-915	井、池（容量 m^3 以内） 10000	$1000m^3$	9570.89	2421.28	5695.50	417.83	620.35	415.93
5-1-916	井、池（容量 m^3 以内） 10000 以上	$1000m^3$	10334.71	2770.93	5695.50	627.76	742.61	497.91

九、其　他

1. 防 水 工 程

编号	项目名称	单位	基价	人工费	材料费	施工机具使用费	管理费	利润
5-1-917	防水砂浆 平池底	$100m^2$	4731.28	1425.61	2747.39	27.79	317.57	212.92
5-1-918	防水砂浆 锥池底	$100m^2$	5148.77	1625.97	2889.56	29.13	361.64	242.47
5-1-919	防水砂浆 直池壁	$100m^2$	6081.78	2317.87	2878.12	29.13	512.82	343.84
5-1-920	防水砂浆 圆池壁	$100m^2$	6762.92	2711.92	3019.56	30.47	599.21	401.76
5-1-921	防水砂浆 池沟槽	$100m^2$	8642.88	4247.97	2806.00	28.13	934.33	626.45
5-1-922	五层防水 平池底	$100m^2$	6652.20	2811.45	2784.40	22.10	619.13	415.12
5-1-923	五层防水 锥池底	$100m^2$	7335.96	3204.20	2930.23	23.44	705.24	472.85
5-1-924	五层防水 直池壁	$100m^2$	7908.99	3636.36	2913.82	23.11	799.59	536.11
5-1-925	五层防水 圆池壁	$100m^2$	8992.29	4319.94	3062.20	24.45	949.25	636.45
5-1-926	涂沥青 平面一遍	$100m^2$	1669.02	355.94	1183.16	0.00	77.77	52.15
5-1-927	涂沥青 平面每增一遍	$100m^2$	834.57	109.52	685.08	0.00	23.93	16.04
5-1-928	涂沥青 立面一遍	$100m^2$	1962.23	434.01	1369.81	0.00	94.83	63.58
5-1-929	涂沥青 立面每增一遍	$100m^2$	1056.79	152.63	848.45	0.00	33.35	22.36
5-1-930	油毡防水层 平面 二毡三油	$100m^2$	4963.34	1241.35	3268.90	0.00	271.23	181.86
5-1-931	油毡防水层 平面 增减一毡一油	$100m^2$	1615.01	435.49	1020.57	0.00	95.15	63.80
5-1-932	油毡防水层 立面 二毡三油	$100m^2$	6303.61	2091.61	3448.56	0.00	457.02	306.42
5-1-933	油毡防水层 立面 增减一毡一油	$100m^2$	2040.29	700.97	1083.47	0.00	153.16	102.69
5-1-934	苯乙烯涂料 平面二遍	$100m^2$	1036.46	351.13	557.17	0.00	76.72	51.44
5-1-935	苯乙烯涂料 立面二遍	$100m^2$	1053.01	351.13	573.72	0.00	76.72	51.44

2. 施　工　缝

编号	项目名称	单位	基价	人工费	材料费	施工机具使用费	管理费	利润
5-1-936	油浸麻丝 平面	100m	3242.72	1195.10	1611.41	0.00	261.13	175.08
5-1-937	油浸麻丝 立面	100m	4039.18	1778.59	1611.41	0.00	388.62	260.56
5-1-938	油浸木丝板	100m	2351.11	932.96	1077.62	0.00	203.85	136.68
5-1-939	玛琋脂	100m	1751.07	1058.57	306.12	0.00	231.30	155.08
5-1-940	建筑油膏	100m	2111.16	883.56	905.10	0.00	193.06	129.44
5-1-941	沥青砂浆	100m	2093.69	1045.81	666.16	0.00	228.51	153.21
5-1-942	氯丁橡胶片止水带	100m	2357.58	569.06	1580.81	0.00	124.34	83.37
5-1-943	预埋式紫铜板止水片	100m	58724.57	4200.61	52860.69	95.27	938.65	629.35

续前

编号	项目名称	单位	基价	人工费	材料费	施工机具使用费	管理费	利润
5-1-944	聚氯乙烯胶泥	100m	2350.65	1201.39	710.76	0.00	262.50	176.00
5-1-945	预埋式止水带 橡胶	100m	5227.43	1748.44	2840.81	0.00	382.03	256.15
5-1-946	预埋式止水带 塑料	100m	4820.90	1748.44	2434.28	0.00	382.03	256.15
5-1-947	预埋式止水带 钢板平面	100m	8291.98	3063.60	3946.38	119.99	695.61	466.40
5-1-948	预埋式止水带 钢板立面	100m	8877.33	3492.43	3946.38	119.99	789.31	529.22
5-1-949	铁皮盖缝 平面	100m	7338.44	1166.24	5746.53	0.00	254.82	170.85
5-1-950	铁皮盖缝 立面	100m	4850.27	1027.86	3447.24	0.00	224.59	150.58

3. 警示（示踪）带铺设

编号	项目名称	单位	基价	人工费	材料费	施工机具使用费	管理费	利润
5-1-951	警示（示踪）带	100m	329.71	35.52	281.23	0.00	7.76	5.20

4. 混凝土管截断

（1）有　筋

编号	项目名称	单位	基价	人工费	材料费	施工机具使用费	管理费	利润
5-1-952	管径（mm 以内） 300	10 根	477.53	349.84	0.00	0.00	76.44	51.25
5-1-953	管径（mm 以内） 600	10 根	794.70	582.20	0.00	0.00	127.21	85.29
5-1-954	管径（mm 以内） 800	10 根	1193.44	874.31	0.00	0.00	191.04	128.09
5-1-955	管径（mm 以内） 1000	10 根	1835.35	1344.58	0.00	0.00	293.79	196.98
5-1-956	管径（mm 以内） 1200	10 根	2982.82	2185.22	0.00	0.00	477.47	320.13
5-1-957	管径（mm 以内） 1500	10 根	4772.73	3496.50	0.00	0.00	763.99	512.24
5-1-958	管径（mm 以内） 1650	10 根	5297.97	3881.30	0.00	0.00	848.06	568.61
5-1-959	管径（mm 以内） 1800	10 根	5966.15	4370.81	0.00	0.00	955.02	640.32
5-1-960	管径（mm 以内） 2000	10 根	6825.25	5000.18	0.00	0.00	1092.54	732.53
5-1-961	管径（mm 以内） 2200	10 根	7946.72	5821.77	0.00	0.00	1272.06	852.89
5-1-962	管径（mm 以内） 2400	10 根	9545.44	6993.00	0.00	0.00	1527.97	1024.47

（2）无　筋

编号	项目名称	单位	基价	人工费	材料费	施工机具使用费	管理费	利润
5-1-963	管径（mm 以内） 300	10 根	341.17	249.94	0.00	0.00	54.61	36.62
5-1-964	管径（mm 以内） 600	10 根	596.72	437.16	0.00	0.00	95.52	64.04

5. 塑料管与检查井的连接

编号	项目名称	单位	基价	人工费	材料费	施工机具使用费	管理费	利润
5-1-965	水泥砂浆	m^3	1949.23	1057.09	489.39	12.39	233.68	156.68
5-1-966	膨胀水泥砂浆	m^3	1969.70	1057.09	509.86	12.39	233.68	156.68
5-1-967	预制圈梁	m^3	654.31	196.66	385.87	0.00	42.97	28.81
5-1-968	现浇圈梁	m^3	2083.70	242.17	1753.14	0.00	52.91	35.48

6. 管道支墩（挡墩）

编号	项目名称	单位	基价	人工费	材料费	施工机具使用费	管理费	利润
5-1-969	每处（m^3 内） 1	$10m^3$	6440.81	2012.99	3693.08	0.00	439.84	294.90
5-1-970	每处（m^3 内） 3	$10m^3$	5590.46	1394.35	3687.17	0.00	304.67	204.27
5-1-971	每处（m^3 内） 5	$10m^3$	5291.84	1179.93	3681.24	0.00	257.81	172.86
5-1-972	每处（m^3 外） 5	$10m^3$	5072.34	1023.05	3675.87	0.00	223.54	149.88

十、补 充 项 目

1. 承插铸铁管（球墨铸铁管）安装（胶圈接口）

编号	项目名称	单位	基价	人工费	材料费	施工机具使用费	管理费	利润
5-1-973	公称直径（mm 以内） 1800	10m	3074.72	1833.72	18.80	405.05	489.17	327.98
5-1-974	公称直径（mm 以内） 2000	10m	3725.85	2222.59	20.91	491.65	593.06	397.64
5-1-975	公称直径（mm 以内） 2200	10m	4554.15	2647.91	22.99	671.62	725.32	486.31
5-1-976	公称直径（mm 以内） 2400	10m	5410.00	3150.00	25.10	794.98	861.98	577.94
5-1-977	公称直径（mm 以内） 2600	10m	6597.96	3746.25	27.39	1067.36	1051.77	705.19

2. 直埋球墨铸铁自锚管安装

编号	项目名称	单位	基价	人工费	材料费	施工机具使用费	管理费	利润
5-1-978	公称直径（mm 以内） 300	10m	494.03	206.46	106.45	77.48	62.04	41.60
5-1-979	公称直径（mm 以内） 400	10m	642.71	295.82	108.63	95.45	85.49	57.32
5-1-980	公称直径（mm 以内） 500	10m	765.90	368.15	109.93	112.42	105.00	70.40
5-1-981	公称直径（mm 以内） 600	10m	876.70	424.21	111.29	136.53	122.52	82.15
5-1-982	公称直径（mm 以内） 700	10m	1134.78	585.34	112.64	163.48	163.62	109.70
5-1-983	公称直径（mm 以内） 800	10m	1187.26	607.91	113.66	178.61	171.85	115.23

续前

编号	项目名称	单位	基价	人工费	材料费	施工机具使用费	管理费	利润
5-1-984	公称直径（mm 以内） 900	10m	1398.13	753.51	114.88	186.60	205.41	137.73
5-1-985	公称直径（mm 以内） 1000	10m	1571.28	818.26	116.16	247.76	232.93	156.17
5-1-986	公称直径（mm 以内） 1200	10m	1805.23	996.78	91.56	258.66	274.31	183.92
5-1-987	公称直径（mm 以内） 1400	10m	2216.27	1248.75	92.89	306.84	339.90	227.89
5-1-988	公称直径（mm 以内） 1600	10m	2700.35	1557.89	94.35	351.27	417.15	279.69
5-1-989	公称直径（mm 以内） 1800	10m	3332.27	1925.48	96.44	445.09	517.97	347.29
5-1-990	公称直径（mm 以内） 2000	10m	4119.18	2332.85	98.54	612.67	643.60	431.52

3. 塑料管安装（对接熔接）

编号	项目名称	单位	基价	人工费	材料费	施工机具使用费	管理费	利润
5-1-991	管外径（mm 以内） 710	10m	1194.11	743.15	2.26	130.00	190.78	127.92
5-1-992	管外径（mm 以内） 800	10m	1414.94	880.05	2.51	154.70	226.09	151.59

4. 水平导向钻进

编号	项目名称	单位	基价	人工费	材料费	施工机具使用费	管理费	利润
5-1-993	扩孔（mm 以内） *DN*1000	10m	16094.48	4724.35	1522.24	5951.28	2332.63	1563.98
5-1-994	回拖布管（mm 以内） *DN*1000	10m	4113.26	1187.33	201.32	1678.56	626.20	419.85

5. 顶　　管

（1）中继间安装、拆除

编号	项目名称	单位	基价	人工费	材料费	施工机具使用费	管理费	利润
5-1-995	管径（mm 内） 2600	套	116863.41	3459.35	102730.95	6894.10	2262.23	1516.78
5-1-996	管径（mm 内） 2800	套	123055.68	3680.80	107796.37	7498.18	2442.61	1637.72
5-1-997	管径（mm 内） 3000	套	134253.61	3874.30	117840.57	8149.90	2627.29	1761.55
5-1-998	管径（mm 内） 3500	套	205263.08	4531.56	186070.23	9529.14	3072.26	2059.89
5-1-999	管径（mm 内） 4000	套	221706.49	5438.00	198675.48	11434.53	3686.65	2471.83

（2）顶进触变泥浆减阻

编号	项目名称	单位	基价	人工费	材料费	施工机具使用费	管理费	利润
5-1-1000	管径（mm 内） 2600	10m	12496.82	2330.60	1373.24	5818.54	1780.59	1193.85
5-1-1001	管径（mm 内） 2800	10m	13751.57	2563.45	1519.68	6397.64	1958.00	1312.80
5-1-1002	管径（mm 内） 3000	10m	15161.32	2820.59	1705.15	7037.41	2153.97	1444.20
5-1-1003	管径（mm 内） 3500	10m	18188.00	3386.04	2040.03	8443.97	2584.86	1733.10
5-1-1004	管径（mm 内） 4000	10m	21709.43	4064.36	2329.72	10133.23	3102.17	2079.95

（3）顶管顶进

①封闭式顶进

编号	项目名称	单位	基价	人工费	材料费	施工机具使用费	管理费	利润
5-1-1005	水力机械（管径 mm 以内）1000	10m	11997.71	3899.24	197.10	4745.90	1888.96	1266.51
5-1-1006	水力机械（管径 mm 以内）1350	10m	14115.22	4301.94	198.76	5893.27	2227.65	1493.60
5-1-1007	水力机械（管径 mm 以内）1500	10m	17541.52	4624.87	199.03	8080.25	2776.07	1861.30
5-1-1008	水力机械（管径 mm 以内）2000	10m	26468.13	6147.07	216.00	13085.26	4202.26	2817.54
5-1-1009	水力机械（管径 mm 以内）2200	10m	28773.95	6432.80	224.48	14482.56	4570.01	3064.10
5-1-1010	水力机械（管径 mm 以内）2400	10m	32963.66	6731.87	235.46	17244.83	5238.91	3512.59
5-1-1011	水力机械（管径 mm 以内）2600	10m	35143.69	7044.91	243.60	18522.92	5586.57	3745.69
5-1-1012	水力机械（管径 mm 以内）2800	10m	40536.79	7372.57	252.65	22139.62	6448.41	4323.54
5-1-1013	水力机械（管径 mm 以内）3000	10m	43167.70	7715.49	279.69	23704.30	6865.22	4603.00
5-1-1014	水力机械（管径 mm 以内）3500	10m	54743.07	8432.73	320.92	31436.98	8711.53	5840.91
5-1-1015	水力机械（管径 mm 以内）4000	10m	62089.01	9217.27	373.17	35995.80	9879.06	6623.71
5-1-1016	切削机械（管径 mm 以内）1600	10m	23640.63	5730.61	656.10	11107.87	3679.21	2466.84
5-1-1017	切削机械（管径 mm 以内）1800	10m	25607.20	6116.11	661.42	12159.19	3993.15	2677.33
5-1-1018	切削机械（管径 mm 以内）2000	10m	27729.91	6527.40	667.63	13298.44	4331.95	2904.49
5-1-1019	切削机械（管径 mm 以内）2600	10m	41686.57	8287.61	691.10	21745.70	6562.28	4399.88
5-1-1020	切削机械（管径 mm 以内）2800	10m	47941.83	8672.89	701.50	25935.41	7561.91	5070.12
5-1-1021	切削机械（管径 mm 以内）3000	10m	50657.36	9076.01	713.65	27512.79	7994.65	5360.26
5-1-1022	切削机械（管径 mm 以内）3500	10m	76254.77	9920.32	738.80	45402.73	12088.09	8104.83
5-1-1023	切削机械（管径 mm 以内）4000	10m	85270.86	10842.88	771.15	51061.67	13526.14	9069.02

（4）混凝土管顶管接口

① 橡胶垫板膨胀水泥接口

编号	项目名称	单位	基价	人工费	材料费	施工机具使用费	管理费	利润
5-1-1024	管径（mm） 2600	10 个口	9022.95	3738.42	3920.01	0.00	816.84	547.68
5-1-1025	管径（mm） 2800	10 个口	10694.82	4431.15	4646.30	0.00	968.21	649.16
5-1-1026	管径（mm） 3000	10 个口	12837.15	5318.67	5577.16	0.00	1162.13	779.19
5-1-1027	管径（mm） 3500	10 个口	15408.83	6384.00	6694.67	0.00	1394.90	935.26
5-1-1028	管径（mm） 4000	10 个口	18495.08	7662.60	8035.63	0.00	1674.28	1122.57

（5）泥水平衡机械及附属设施安装、拆除

编号	项目名称	单位	基价	人工费	材料费	施工机具使用费	管理费	利润
5-1-1029	管径（mm 内） 1000	套	39250.93	14647.74	4762.76	10618.32	5520.63	3701.48
5-1-1030	管径（mm 内） 1350	套	46264.35	15605.35	5102.56	14549.81	6588.90	4417.73
5-1-1031	管径（mm 内） 1500	套	49269.08	16033.20	5389.99	16112.65	7023.87	4709.37
5-1-1032	管径（mm 内） 2000	套	64201.02	18646.31	5619.21	24270.77	9377.38	6287.35
5-1-1033	管径（mm 内） 2200	套	73515.20	19513.40	5775.35	30112.86	10843.34	7270.25
5-1-1034	管径（mm 内） 2400	套	98342.46	20420.70	5913.21	47293.04	14795.45	9920.06
5-1-1035	管径（mm 内） 2600	套	110372.20	21370.36	6082.77	55032.15	16693.95	11192.97
5-1-1036	管径（mm 内） 2800	套	119526.87	22364.09	6260.26	60615.11	18130.96	12156.45
5-1-1037	管径（mm 内） 3000	套	141174.28	23404.04	6445.41	75298.43	21566.49	14459.91
5-1-1038	管径（mm 内） 3500	套	166887.57	25580.49	6832.27	91676.14	25620.57	17178.10
5-1-1039	管径（mm 内） 4000	套	195904.78	27959.25	7256.18	110244.85	30197.60	20246.90

（6）土压平衡机械及附属设施安装、拆除

编号	项目名称	单位	基价	人工费	材料费	施工机具使用费	管理费	利润
5-1-1040	管径（mm 内） 1600	套	55448.69	12992.45	2857.84	25535.64	8418.39	5644.37
5-1-1041	管径（mm 内） 1800	套	59658.12	13866.00	3001.56	27640.64	9069.20	6080.72
5-1-1042	管径（mm 内） 2000	套	65190.92	14798.45	3154.27	30649.64	9930.41	6658.15
5-1-1043	管径（mm 内） 2200	套	69201.81	15519.99	3273.35	32779.25	10553.38	7075.84
5-1-1044	管径（mm 内） 2400	套	91124.86	16488.14	3421.71	47763.25	14038.93	9412.83
5-1-1045	管径（mm 内） 2600	套	97719.01	17254.61	3547.51	51735.50	15074.34	10107.05
5-1-1046	管径（mm 内） 2800	套	105071.86	18057.21	3679.14	56223.17	16230.26	10882.08
5-1-1047	管径（mm 内） 3000	套	114713.21	18896.78	3816.46	62346.26	17751.60	11902.11
5-1-1048	管径（mm 内） 3500	套	132088.85	20654.41	4103.46	73107.78	20487.04	13736.16
5-1-1049	管径（mm 内） 4000	套	152360.33	22575.00	4417.93	85807.71	23681.62	15878.07

6. 其 他

（1）牺牲阳极、测试桩安装

编号	项目名称	单位	基价	人工费	材料费	施工机具使用费	管理费	利润
5-1-1050	牺牲阳极、测试桩安装	套	3126.26	1241.72	1426.02	3.88	272.16	182.48

（2）PE 热收缩套接口

编号	项目名称	单位	基价	人工费	材料费	施工机具使用费	管理费	利润
5-1-1051	公称直径（mm 以内） 300	10 个口	1933.59	789.95	855.31	0.00	172.60	115.73
5-1-1052	公称直径（mm 以内） 400	10 个口	2429.81	896.88	1205.57	0.00	195.97	131.39
5-1-1053	公称直径（mm 以内） 500	10 个口	3074.42	1085.77	1592.34	0.00	237.24	159.07
5-1-1054	公称直径（mm 以内） 600	10 个口	3516.32	1132.76	1970.10	0.00	247.51	165.95
5-1-1055	公称直径（mm 以内） 700	10 个口	4313.88	1266.70	2584.84	0.00	276.77	185.57
5-1-1056	公称直径（mm 以内） 800	10 个口	4976.96	1400.45	3065.34	0.00	306.00	205.17
5-1-1057	公称直径（mm 以内） 900	10 个口	5648.41	1502.57	3597.40	0.00	328.31	220.13
5-1-1058	公称直径（mm 以内） 1000	10 个口	6890.87	1605.06	4699.96	0.00	350.71	235.14

第二章 管件、阀门及附件安装

一、管件安装

1. 铸铁管件

（1）膨胀水泥接口

编号	项目名称	单位	基价	人工费	材料费	施工机具使用费	管理费	利润
5-2-1	公称直径（mm 以内） 75	个	90.85	64.75	2.46	0.00	14.15	9.49
5-2-2	公称直径（mm 以内） 100	个	93.93	66.42	3.27	0.00	14.51	9.73
5-2-3	公称直径（mm 以内） 150	个	131.48	92.87	4.71	0.00	20.29	13.61
5-2-4	公称直径（mm 以内） 200	个	171.28	120.62	6.63	0.00	26.36	17.67
5-2-5	公称直径（mm 以内） 300	个	212.04	133.76	10.68	13.76	32.23	21.61
5-2-6	公称直径（mm 以内） 400	个	303.14	187.59	16.03	22.75	45.96	30.81
5-2-7	公称直径（mm 以内） 500	个	416.20	257.15	21.88	31.73	63.12	42.32
5-2-8	公称直径（mm 以内） 600	个	557.67	338.74	26.95	50.07	84.95	56.96
5-2-9	公称直径（mm 以内） 700	个	770.55	490.81	32.25	50.07	118.18	79.24
5-2-10	公称直径（mm 以内） 800	个	808.46	513.38	37.50	51.43	123.41	82.74
5-2-11	公称直径（mm 以内） 900	个	1075.31	677.84	43.05	78.39	165.24	110.79
5-2-12	公称直径（mm 以内） 1000	个	1210.34	751.66	52.10	96.87	185.40	124.31
5-2-13	公称直径（mm 以内） 1200	个	1620.96	1023.05	64.18	117.45	249.20	167.08
5-2-14	公称直径（mm 以内） 1400	个	2194.40	1420.80	81.85	126.86	338.16	226.73
5-2-15	公称直径（mm 以内） 1600	个	3218.50	2134.72	97.05	152.06	499.66	335.01

（2）胶 圈 接 口

编号	项目名称	单位	基价	人工费	材料费	施工机具使用费	管理费	利润
5-2-16	公称直径（mm 以内） 100	个	140.52	102.12	1.13	0.00	22.31	14.96
5-2-17	公称直径（mm 以内） 150	个	159.86	116.00	1.52	0.00	25.35	16.99
5-2-18	公称直径（mm 以内） 200	个	184.29	133.20	2.48	0.00	29.10	19.51
5-2-19	公称直径（mm 以内） 300	个	246.51	164.28	3.49	13.76	38.90	26.08
5-2-20	公称直径（mm 以内） 400	个	378.28	249.94	6.06	22.75	59.58	39.95
5-2-21	公称直径（mm 以内） 500	个	491.88	323.01	7.66	31.73	77.51	51.97
5-2-22	公称直径（mm 以内） 600	个	627.36	402.75	9.26	50.07	98.94	66.34

续前

编号	项目名称	单位	基价	人工费	材料费	施工机具使用费	管理费	利润
5-2-23	公称直径（mm 以内） 700	个	890.07	594.04	10.86	50.07	140.74	94.36
5-2-24	公称直径（mm 以内） 800	个	904.73	602.55	12.05	51.43	142.89	95.81
5-2-25	公称直径（mm 以内） 900	个	1188.67	782.55	13.48	78.39	188.12	126.13
5-2-26	公称直径（mm 以内） 1000	个	1380.56	903.54	15.00	96.87	218.59	146.56
5-2-27	公称直径（mm 以内） 1200	个	1862.69	1235.06	16.52	117.45	295.52	198.14
5-2-28	公称直径（mm 以内） 1400	个	2516.26	1703.30	18.09	126.86	399.89	268.12
5-2-29	公称直径（mm 以内） 1600	个	3547.61	2432.38	19.85	152.06	564.70	378.62

（3）机 械 接 口

编号	项目名称	单位	基价	人工费	材料费	施工机具使用费	管理费	利润
5-2-30	公称直径（mm 以内） 75	个	149.27	96.20	17.96	0.00	21.02	14.09
5-2-31	公称直径（mm 以内） 100	个	156.89	101.20	18.75	0.00	22.11	14.83
5-2-32	公称直径（mm 以内） 150	个	167.98	103.42	26.81	0.00	22.60	15.15
5-2-33	公称直径（mm 以内） 200	个	172.63	106.01	27.93	0.00	23.16	15.53
5-2-34	公称直径（mm 以内） 250	个	211.18	128.21	36.18	0.00	28.01	18.78
5-2-35	公称直径（mm 以内） 300	个	270.97	150.96	46.13	13.76	35.99	24.13
5-2-36	公称直径（mm 以内） 350	个	337.30	191.85	56.64	13.76	44.93	30.12
5-2-37	公称直径（mm 以内） 400	个	406.36	232.73	57.63	22.75	55.82	37.43
5-2-38	公称直径（mm 以内） 450	个	482.27	272.51	78.31	23.43	64.66	43.36
5-2-39	公称直径（mm 以内） 500	个	571.81	311.54	101.38	33.10	75.30	50.49
5-2-40	公称直径（mm 以内） 600	个	701.56	378.33	116.79	50.07	93.61	62.76

2. 钢管管件制作、安装

（1）管 件 制 作

①焊接弯头制作（30°）

编号	项目名称	单位	基价	人工费	材料费	施工机具使用费	管理费	利润
5-2-41	管外径 × 壁厚（mm × mm 以内） 219 × 5	个	108.55	60.50	14.10	8.69	15.12	10.14
5-2-42	管外径 × 壁厚（mm × mm 以内） 219 × 6	个	116.22	64.01	16.65	8.93	15.94	10.69
5-2-43	管外径 × 壁厚（mm × mm 以内） 219 × 7	个	129.36	70.30	19.86	9.92	17.53	11.75
5-2-44	管外径 × 壁厚（mm × mm 以内） 273 × 6	个	139.85	77.15	19.41	11.08	19.28	12.93
5-2-45	管外径 × 壁厚（mm × mm 以内） 273 × 7	个	155.92	84.92	23.24	12.28	21.24	14.24

续前

编号	项目名称	单位	基价	人工费	材料费	施工机具使用费	管理费	利润
5-2-46	管外径×壁厚（mm×mm 以内） 273×8	个	166.87	89.91	26.54	12.90	22.46	15.06
5-2-47	管外径×壁厚（mm×mm 以内） 325×6	个	168.66	94.35	21.87	13.19	23.50	15.75
5-2-48	管外径×壁厚（mm×mm 以内） 325×7	个	186.53	102.68	26.28	14.72	25.65	17.20
5-2-49	管外径×壁厚（mm×mm 以内） 325×8	个	198.94	108.23	30.08	15.48	27.03	18.12
5-2-50	管外径×壁厚（mm×mm 以内） 377×8	个	226.05	123.03	33.63	17.94	30.80	20.65
5-2-51	管外径×壁厚（mm×mm 以内） 377×9	个	239.34	128.58	38.10	18.85	32.21	21.60
5-2-52	管外径×壁厚（mm×mm 以内） 377×10	个	250.73	132.83	42.75	19.54	33.29	22.32
5-2-53	管外径×壁厚（mm×mm 以内） 426×8	个	253.49	138.01	37.49	20.23	34.58	23.18
5-2-54	管外径×壁厚（mm×mm 以内） 426×9	个	268.55	144.30	42.52	21.29	36.18	24.26
5-2-55	管外径×壁厚（mm×mm 以内） 426×10	个	280.91	148.74	47.78	22.05	37.32	25.02
5-2-56	管外径×壁厚（mm×mm 以内） 478×8	个	286.89	157.07	41.25	22.89	39.32	26.36
5-2-57	管外径×壁厚（mm×mm 以内） 478×9	个	303.15	163.73	46.83	24.05	41.03	27.51
5-2-58	管外径×壁厚（mm×mm 以内） 478×10	个	318.19	169.65	52.66	24.88	42.50	28.50
5-2-59	管外径×壁厚（mm×mm 以内） 529×8	个	314.75	172.05	45.13	25.47	43.16	28.94
5-2-60	管外径×壁厚（mm×mm 以内） 529×9	个	334.96	181.12	51.28	26.70	45.41	30.45
5-2-61	管外径×壁厚（mm×mm 以内） 529×10	个	351.52	187.59	57.66	27.69	47.04	31.54
5-2-62	管外径×壁厚（mm×mm 以内） 630×8	个	397.96	212.20	59.66	35.64	54.15	36.31
5-2-63	管外径×壁厚（mm×mm 以内） 630×9	个	414.59	218.12	66.96	36.55	55.65	37.31
5-2-64	管外径×壁厚（mm×mm 以内） 630×10	个	432.37	224.96	74.56	37.17	57.28	38.40
5-2-65	管外径×壁厚（mm×mm 以内） 720×8	个	451.76	241.24	66.63	40.91	61.65	41.33
5-2-66	管外径×壁厚（mm×mm 以内） 720×9	个	471.40	248.64	74.83	41.89	63.48	42.56
5-2-67	管外径×壁厚（mm×mm 以内） 720×10	个	490.33	255.49	83.37	42.65	65.14	43.68
5-2-68	管外径×壁厚（mm×mm 以内） 820×9	个	543.15	287.86	85.01	47.77	73.34	49.17

续前

编号	项目名称	单位	基价	人工费	材料费	施工机具使用费	管理费	利润
5-2-69	管外径×壁厚（mm×mm 以内） 820×10	个	563.67	294.89	94.70	48.68	75.07	50.33
5-2-70	管外径×壁厚（mm×mm 以内） 820×12	个	610.50	311.17	115.44	51.51	79.25	53.13
5-2-71	管外径×壁厚（mm×mm 以内） 920×9	个	605.71	320.42	95.13	53.63	81.73	54.80
5-2-72	管外径×壁厚（mm×mm 以内） 920×10	个	629.48	328.56	106.41	54.64	83.73	56.14
5-2-73	管外径×壁厚（mm×mm 以内） 920×12	个	680.93	346.32	129.35	57.77	88.29	59.20
5-2-74	管外径×壁厚（mm×mm 以内） 1020×10	个	712.99	362.97	117.05	73.62	95.39	63.96
5-2-75	管外径×壁厚（mm×mm 以内） 1020×12	个	776.85	383.32	142.88	81.13	101.48	68.04
5-2-76	管外径×壁厚（mm×mm 以内） 1020×14	个	879.31	423.28	171.06	95.59	113.37	76.01
5-2-77	管外径×壁厚（mm×mm 以内） 1220×10	个	873.09	442.34	141.69	93.48	117.08	78.50
5-2-78	管外径×壁厚（mm×mm 以内） 1220×12	个	950.55	466.76	172.98	102.89	124.47	83.45
5-2-79	管外径×壁厚（mm×mm 以内） 1220×14	个	1072.77	513.75	207.09	120.45	138.57	92.91
5-2-80	管外径×壁厚（mm×mm 以内） 1420×10	个	1011.44	509.86	161.66	112.69	136.03	91.20
5-2-81	管外径×壁厚（mm×mm 以内） 1420×12	个	1099.09	536.13	197.56	124.33	144.31	96.76
5-2-82	管外径×壁厚（mm×mm 以内） 1420×14	个	1237.37	592.00	237.09	140.80	160.12	107.36
5-2-83	管外径×壁厚（mm×mm 以内） 1620×10	个	1150.82	575.54	185.83	131.41	154.47	103.57
5-2-84	管外径×壁厚（mm×mm 以内） 1620×12	个	1245.44	609.21	223.35	139.57	163.61	109.70
5-2-85	管外径×壁厚（mm×mm 以内） 1620×14	个	1404.42	673.03	271.61	156.87	181.33	121.58
5-2-86	管外径×壁厚（mm×mm 以内） 1820×12	个	1406.07	687.09	254.42	156.61	184.35	123.60
5-2-87	管外径×壁厚（mm×mm 以内） 1820×14	个	1594.96	758.50	304.79	186.68	206.52	138.47
5-2-88	管外径×壁厚（mm×mm 以内） 1820×16	个	1700.22	777.37	370.87	196.52	212.79	142.67
5-2-89	管外径×壁厚（mm×mm 以内） 2020×12	个	1545.09	745.37	282.02	179.96	202.18	135.56
5-2-90	管外径×壁厚（mm×mm 以内） 2020×14	个	1774.07	842.68	337.97	209.41	229.88	154.13
5-2-91	管外径×壁厚（mm×mm 以内） 2020×16	个	1914.49	863.77	411.34	237.44	240.61	161.33

② 焊接弯头制作（45°、60°）

编号	项目名称	单位	基价	人工费	材料费	施工机具使用费	管理费	利润
5-2-92	管外径 × 壁厚（mm × mm 以内） 219 × 5	个	213.82	119.88	26.34	17.47	30.01	20.12
5-2-93	管外径 × 壁厚（mm × mm 以内） 219 × 6	个	227.17	125.80	31.10	17.84	31.39	21.04
5-2-94	管外径 × 壁厚（mm × mm 以内） 219 × 7	个	251.34	137.09	37.24	19.76	34.27	22.98
5-2-95	管外径 × 壁厚（mm × mm 以内） 273 × 6	个	275.78	153.18	36.48	22.13	38.31	25.68
5-2-96	管外径 × 壁厚（mm × mm 以内） 273 × 7	个	304.82	166.69	43.76	24.56	41.79	28.02
5-2-97	管外径 × 壁厚（mm × mm 以内） 273 × 8	个	324.36	175.20	50.00	25.79	43.92	29.45
5-2-98	管外径 × 壁厚（mm × mm 以内） 325 × 6	个	332.83	187.04	41.27	26.56	46.67	31.29
5-2-99	管外径 × 壁厚（mm × mm 以内） 325 × 7	个	365.92	202.21	49.69	29.46	50.62	33.94
5-2-100	管外径 × 壁厚（mm × mm 以内） 325 × 8	个	388.10	211.83	56.89	30.81	53.02	35.55
5-2-101	管外径 × 壁厚（mm × mm 以内） 377 × 8	个	443.08	241.98	63.83	35.86	60.71	40.70
5-2-102	管外径 × 壁厚（mm × mm 以内） 377 × 9	个	468.51	252.53	72.37	37.68	63.41	42.52
5-2-103	管外径 × 壁厚（mm × mm 以内） 377 × 10	个	490.82	261.04	81.28	38.99	65.56	43.95
5-2-104	管外径 × 壁厚（mm × mm 以内） 426 × 8	个	497.23	271.58	71.12	40.59	68.21	45.73
5-2-105	管外径 × 壁厚（mm × mm 以内） 426 × 9	个	525.46	283.24	80.72	42.58	71.19	47.73
5-2-106	管外径 × 壁厚（mm × mm 以内） 426 × 10	个	550.81	292.86	90.75	44.18	73.64	49.38
5-2-107	管外径 × 壁厚（mm × mm 以内） 478 × 8	个	563.30	309.51	78.33	45.78	77.63	52.05
5-2-108	管外径 × 壁厚（mm × mm 以内） 478 × 9	个	595.15	322.83	88.98	47.99	81.02	54.33
5-2-109	管外径 × 壁厚（mm × mm 以内） 478 × 10	个	622.58	333.00	100.14	49.74	83.63	56.07
5-2-110	管外径 × 壁厚（mm × mm 以内） 529 × 8	个	621.75	341.70	85.85	50.90	85.78	57.52
5-2-111	管外径 × 壁厚（mm × mm 以内） 529 × 9	个	656.58	356.13	97.56	53.41	89.48	60.00
5-2-112	管外径 × 壁厚（mm × mm 以内） 529 × 10	个	687.32	367.78	109.77	55.33	92.45	61.99
5-2-113	管外径 × 壁厚（mm × mm 以内） 630 × 8	个	783.83	419.40	113.96	71.35	107.23	71.89
5-2-114	管外径 × 壁厚（mm × mm 以内） 630 × 9	个	817.66	432.16	127.89	73.17	110.41	74.03

续前

编号	项目名称	单位	基价	人工费	材料费	施工机具使用费	管理费	利润
5-2-115	管外径×壁厚（mm×mm 以内） 630×10	个	848.31	442.71	142.45	74.40	112.99	75.76
5-2-116	管外径×壁厚（mm×mm 以内） 720×8	个	890.58	477.12	127.78	81.71	122.10	81.87
5-2-117	管外径×壁厚（mm×mm 以内） 720×9	个	929.14	491.73	143.48	83.85	125.76	84.32
5-2-118	管外径×壁厚（mm×mm 以内） 720×10	个	963.48	503.39	159.91	85.31	128.63	86.24
5-2-119	管外径×壁厚（mm×mm 以内） 820×9	个	1067.12	554.45	163.29	107.70	144.68	97.00
5-2-120	管外径×壁厚（mm×mm 以内） 820×10	个	1109.58	567.58	181.95	112.00	148.49	99.56
5-2-121	管外径×壁厚（mm×mm 以内） 820×12	个	1201.25	598.11	221.96	119.32	156.76	105.10
5-2-122	管外径×壁厚（mm×mm 以内） 920×9	个	1192.07	617.35	182.76	122.07	161.56	108.33
5-2-123	管外径×壁厚（mm×mm 以内） 920×10	个	1236.88	631.41	203.70	125.50	165.38	110.89
5-2-124	管外径×壁厚（mm×mm 以内） 920×12	个	1343.70	665.63	248.70	136.57	175.28	117.52
5-2-125	管外径×壁厚（mm×mm 以内） 1020×10	个	1371.06	697.45	225.00	142.16	183.45	123.00
5-2-126	管外径×壁厚（mm×mm 以内） 1020×12	个	1489.54	735.93	274.86	153.94	194.44	130.37
5-2-127	管外径×壁厚（mm×mm 以内） 1020×14	个	1682.45	813.08	329.76	177.90	216.53	145.18
5-2-128	管外径×壁厚（mm×mm 以内） 1220×10	个	1670.17	850.82	271.62	173.76	223.87	150.10
5-2-129	管外径×壁厚（mm×mm 以内） 1220×12	个	1806.26	896.14	331.86	184.01	236.01	158.24
5-2-130	管外径×壁厚（mm×mm 以内） 1220×14	个	2039.22	987.53	397.80	214.97	262.75	176.17
5-2-131	管外径×壁厚（mm×mm 以内） 1420×10	个	1927.56	979.95	311.07	204.29	258.76	173.49
5-2-132	管外径×壁厚（mm×mm 以内） 1420×12	个	2080.32	1028.60	380.48	216.70	272.10	182.44
5-2-133	管外径×壁厚（mm×mm 以内） 1420×14	个	2354.16	1137.01	456.45	253.26	303.77	203.67
5-2-134	管外径×壁厚（mm×mm 以内） 1620×10	个	2192.86	1106.30	357.69	238.15	293.76	196.96
5-2-135	管外径×壁厚（mm×mm 以内） 1620×12	个	2379.27	1168.65	436.86	254.36	310.93	208.47
5-2-136	管外径×壁厚（mm×mm 以内） 1620×14	个	2691.79	1291.86	523.71	296.48	347.05	232.69
5-2-137	管外径×壁厚（mm×mm 以内） 1820×12	个	2842.82	1436.34	490.01	287.33	376.62	252.52

续前

编号	项目名称	单位	基价	人工费	材料费	施工机具使用费	管理费	利润
5-2-138	管外径 × 壁厚（mm × mm 以内） 1820 × 14	个	3058.91	1455.21	587.62	355.26	395.59	265.23
5-2-139	管外径 × 壁厚（mm × mm 以内） 1820 × 16	个	3263.50	1489.81	716.65	376.02	407.68	273.34
5-2-140	管外径 × 壁厚（mm × mm 以内） 2020 × 12	个	2996.05	1462.61	543.12	334.41	392.65	263.26
5-2-141	管外径 × 壁厚（mm × mm 以内） 2020 × 14	个	3411.78	1615.79	651.55	406.36	441.84	296.24
5-2-142	管外径 × 壁厚（mm × mm 以内） 2020 × 16	个	3798.47	1781.18	794.87	419.26	480.80	322.36

③ 焊接弯头制作（90°）

编号	项目名称	单位	基价	人工费	材料费	施工机具使用费	管理费	利润
5-2-143	管外径 × 壁厚（mm × mm 以内） 219 × 5	个	317.23	177.97	38.59	26.16	44.60	29.91
5-2-144	管外径 × 壁厚（mm × mm 以内） 219 × 6	个	336.63	186.48	45.53	26.78	46.60	31.24
5-2-145	管外径 × 壁厚（mm × mm 以内） 219 × 7	个	371.71	202.76	54.43	29.68	50.79	34.05
5-2-146	管外径 × 壁厚（mm × mm 以内） 273 × 6	个	407.98	226.44	53.57	33.20	56.73	38.04
5-2-147	管外径 × 壁厚（mm × mm 以内） 273 × 7	个	450.18	245.87	64.28	36.84	61.77	41.42
5-2-148	管外径 × 壁厚（mm × mm 以内） 273 × 8	个	479.03	258.45	73.43	38.69	64.93	43.53
5-2-149	管外径 × 壁厚（mm × mm 以内） 325 × 6	个	490.52	276.95	58.22	39.75	69.20	46.40
5-2-150	管外径 × 壁厚（mm × mm 以内） 325 × 7	个	541.76	299.15	73.11	44.18	75.02	50.30
5-2-151	管外径 × 壁厚（mm × mm 以内） 325 × 8	个	574.47	313.21	83.71	46.32	78.56	52.67
5-2-152	管外径 × 壁厚（mm × mm 以内） 377 × 8	个	656.36	358.16	94.04	53.80	90.01	60.35
5-2-153	管外径 × 壁厚（mm × mm 以内） 377 × 9	个	693.09	373.15	106.67	56.46	93.87	62.94
5-2-154	管外径 × 壁厚（mm × mm 以内） 377 × 10	个	725.36	385.17	119.81	58.46	96.93	64.99
5-2-155	管外径 × 壁厚（mm × mm 以内） 426 × 8	个	736.00	401.64	104.74	60.82	101.05	67.75
5-2-156	管外径 × 壁厚（mm × mm 以内） 426 × 9	个	778.05	419.03	118.90	63.87	105.51	70.74
5-2-157	管外径 × 壁厚（mm × mm 以内） 426 × 10	个	821.76	437.90	133.72	66.16	110.14	73.84
5-2-158	管外径 × 壁厚（mm × mm 以内） 478 × 8	个	1104.62	606.06	152.48	91.48	152.41	102.19

续前

编号	项目名称	单位	基价	人工费	材料费	施工机具使用费	管理费	利润
5-2-159	管外径×壁厚（mm×mm 以内） 478×9	个	1165.31	630.67	173.32	96.06	158.79	106.47
5-2-160	管外径×壁厚（mm×mm 以内） 478×10	个	1220.29	651.57	195.11	99.48	164.10	110.03
5-2-161	管外径×壁厚（mm×mm 以内） 529×8	个	1229.35	668.96	167.26	109.13	170.01	113.99
5-2-162	管外径×壁厚（mm×mm 以内） 529×9	个	1298.51	696.16	190.12	115.85	177.42	118.96
5-2-163	管外径×壁厚（mm×mm 以内） 529×10	个	1361.08	718.91	214.03	121.42	183.61	123.11
5-2-164	管外径×壁厚（mm×mm 以内） 630×8	个	1554.52	821.40	222.57	154.39	213.21	142.95
5-2-165	管外径×壁厚（mm×mm 以内） 630×9	个	1624.91	846.38	249.77	161.05	220.12	147.59
5-2-166	管外径×壁厚（mm×mm 以内） 630×10	个	1684.49	865.99	278.21	164.25	225.11	150.93
5-2-167	管外径×壁厚（mm×mm 以内） 720×8	个	1772.89	935.73	250.07	179.89	243.76	163.44
5-2-168	管外径×壁厚（mm×mm 以内） 720×9	个	1851.42	963.85	280.81	186.78	251.41	168.57
5-2-169	管外径×壁厚（mm×mm 以内） 720×10	个	1920.77	986.24	313.00	191.61	257.36	172.56
5-2-170	管外径×壁厚（mm×mm 以内） 820×9	个	2097.42	1087.25	319.91	214.96	284.53	190.77
5-2-171	管外径×壁厚（mm×mm 以内） 820×10	个	2183.15	1112.22	356.45	226.02	292.41	196.05
5-2-172	管外径×壁厚（mm×mm 以内） 820×12	个	2351.65	1171.79	435.09	232.28	306.79	205.70
5-2-173	管外径×壁厚（mm×mm 以内） 920×9	个	2337.63	1209.90	358.03	240.36	316.88	212.46
5-2-174	管外径×壁厚（mm×mm 以内） 920×10	个	2425.32	1237.65	399.07	246.78	324.35	217.47
5-2-175	管外径×壁厚（mm×mm 以内） 920×12	个	2620.72	1303.33	487.42	259.53	341.48	228.96
5-2-176	管外径×壁厚（mm×mm 以内） 1020×10	个	2676.79	1365.67	440.88	272.36	357.91	239.97
5-2-177	管外径×壁厚（mm×mm 以内） 1020×12	个	2905.80	1440.60	538.81	293.46	378.89	254.04
5-2-178	管外径×壁厚（mm×mm 以内） 1020×14	个	3285.25	1592.85	648.74	338.66	422.03	282.97
5-2-179	管外径×壁厚（mm×mm 以内） 1220×10	个	3268.23	1667.22	531.51	337.70	438.08	293.72
5-2-180	管外径×壁厚（mm×mm 以内） 1220×12	个	3537.52	1754.73	649.66	360.92	462.27	309.94
5-2-181	管外径×壁厚（mm×mm 以内） 1220×14	个	4005.67	1935.84	779.21	427.87	516.47	346.28

续前

编号	项目名称	单位	基价	人工费	材料费	施工机具使用费	管理费	利润
5-2-182	管外径 × 壁厚（mm × mm 以内） 1420 × 10	个	3776.63	1918.27	609.91	401.67	506.91	339.87
5-2-183	管外径 × 壁厚（mm × mm 以内） 1420 × 12	个	4094.79	2013.36	746.31	439.74	536.00	359.38
5-2-184	管外径 × 壁厚（mm × mm 以内） 1420 × 14	个	4637.60	2227.22	895.81	514.02	598.96	401.59
5-2-185	管外径 × 壁厚（mm × mm 以内） 1620 × 10	个	4321.44	2167.65	701.41	484.39	579.47	388.52
5-2-186	管外径 × 壁厚（mm × mm 以内） 1620 × 12	个	4674.15	2286.79	857.03	509.63	611.02	409.68
5-2-187	管外径 × 壁厚（mm × mm 以内） 1620 × 14	个	5284.04	2529.14	1027.92	588.90	681.29	456.79
5-2-188	管外径 × 壁厚（mm × mm 以内） 1820 × 12	个	5148.18	2487.88	961.18	579.52	670.23	449.37
5-2-189	管外径 × 壁厚（mm × mm 以内） 1820 × 14	个	5980.93	2847.89	1153.31	688.83	772.77	518.13
5-2-190	管外径 × 壁厚（mm × mm 以内） 1820 × 16	个	6355.42	2913.75	1408.24	710.56	791.91	530.96
5-2-191	管外径 × 壁厚（mm × mm 以内） 2020 × 12	个	5891.33	2859.92	1065.97	675.14	772.41	517.89
5-2-192	管外径 × 壁厚（mm × mm 以内） 2020 × 14	个	6698.07	3162.39	1278.72	807.83	867.49	581.64
5-2-193	管外径 × 壁厚（mm × mm 以内） 2020 × 16	个	7174.07	3235.47	1561.89	876.02	898.36	602.33

④ 异径管制作

编号	项目名称	单位	基价	人工费	材料费	施工机具使用费	管理费	利润
5-2-194	管外径 × 壁厚（mm × mm 以内） 219 × 5	个	112.51	74.56	7.91	2.07	16.74	11.23
5-2-195	管外径 × 壁厚（mm × mm 以内） 219 × 6	个	134.86	89.36	9.23	2.68	20.11	13.48
5-2-196	管外径 × 壁厚（mm × mm 以内） 219 × 7	个	156.87	103.60	10.88	3.35	23.37	15.67
5-2-197	管外径 × 壁厚（mm × mm 以内） 273 × 6	个	160.03	105.27	11.53	3.52	23.77	15.94
5-2-198	管外径 × 壁厚（mm × mm 以内） 273 × 7	个	163.38	107.12	12.26	3.59	24.19	16.22
5-2-199	管外径 × 壁厚（mm × mm 以内） 273 × 8	个	167.18	108.60	13.93	3.67	24.53	16.45
5-2-200	管外径 × 壁厚（mm × mm 以内） 325 × 7	个	173.60	111.74	15.97	3.74	25.23	16.92
5-2-201	管外径 × 壁厚（mm × mm 以内） 325 × 8	个	175.63	111.74	17.79	3.89	25.27	16.94
5-2-202	管外径 × 壁厚（mm × mm 以内） 325 × 9	个	220.42	142.64	20.20	4.04	32.05	21.49

续前

编号	项目名称	单位	基价	人工费	材料费	施工机具使用费	管理费	利润
5-2-203	管外径 × 壁厚（mm × mm 以内） 377 × 8	个	221.72	142.64	21.18	4.28	32.10	21.52
5-2-204	管外径 × 壁厚（mm × mm 以内） 377 × 9	个	232.26	148.56	23.02	4.73	33.49	22.46
5-2-205	管外径 × 壁厚（mm × mm 以内） 377 × 10	个	258.54	165.21	25.64	5.41	37.28	25.00
5-2-206	管外径 × 壁厚（mm × mm 以内） 426 × 8	个	212.93	132.65	24.97	5.05	30.09	20.17
5-2-207	管外径 × 壁厚（mm × mm 以内） 426 × 9	个	242.24	150.41	29.09	5.74	34.12	22.88
5-2-208	管外径 × 壁厚（mm × mm 以内） 426 × 10	个	272.87	170.02	32.47	6.10	38.48	25.80
5-2-209	管外径 × 壁厚（mm × mm 以内） 478 × 8	个	227.22	141.16	27.15	5.41	32.03	21.47
5-2-210	管外径 × 壁厚（mm × mm 以内） 478 × 9	个	258.53	158.73	33.13	6.40	36.08	24.19
5-2-211	管外径 × 壁厚（mm × mm 以内） 478 × 10	个	284.03	176.31	34.20	6.72	39.99	26.81
5-2-212	管外径 × 壁厚（mm × mm 以内） 529 × 8	个	233.89	142.64	30.86	6.10	32.50	21.79
5-2-213	管外径 × 壁厚（mm × mm 以内） 529 × 9	个	261.63	160.21	33.87	6.65	36.46	24.44
5-2-214	管外径 × 壁厚（mm × mm 以内） 529 × 10	个	292.40	177.97	39.35	7.41	40.51	27.16
5-2-215	管外径 × 壁厚（mm × mm 以内） 630 × 8	个	272.74	166.69	35.53	7.09	37.97	25.46
5-2-216	管外径 × 壁厚（mm × mm 以内） 630 × 9	个	305.52	186.30	40.16	8.10	42.48	28.48
5-2-217	管外径 × 壁厚（mm × mm 以内） 630 × 10	个	335.87	207.02	41.29	8.79	47.15	31.62
5-2-218	管外径 × 壁厚（mm × mm 以内） 720 × 8	个	334.85	207.02	40.71	8.47	47.08	31.57
5-2-219	管外径 × 壁厚（mm × mm 以内） 720 × 9	个	378.15	233.10	47.07	9.45	53.00	35.53
5-2-220	管外径 × 壁厚（mm × mm 以内） 720 × 10	个	419.90	259.19	52.26	10.14	58.85	39.46
5-2-221	管外径 × 壁厚（mm × mm 以内） 820 × 9	个	452.26	266.96	57.68	22.11	63.16	42.35
5-2-222	管外径 × 壁厚（mm × mm 以内） 820 × 10	个	471.94	275.28	64.12	23.49	65.28	43.77
5-2-223	管外径 × 壁厚（mm × mm 以内） 820 × 12	个	566.79	331.71	76.96	27.14	78.41	52.57
5-2-224	管外径 × 壁厚（mm × mm 以内） 920 × 9	个	468.26	266.96	67.62	26.55	64.13	43.00
5-2-225	管外径 × 壁厚（mm × mm 以内） 920 × 10	个	518.84	297.85	73.73	28.24	71.25	47.77

续前

编号	项目名称	单位	基价	人工费	材料费	施工机具使用费	管理费	利润
5-2-226	管外径×壁厚（mm×mm 以内） 920×12	个	599.22	338.37	91.51	33.58	81.27	54.49
5-2-227	管外径×壁厚（mm×mm 以内） 1020×10	个	540.10	301.18	82.64	33.95	73.23	49.10
5-2-228	管外径×壁厚（mm×mm 以内） 1020×12	个	651.91	354.46	105.24	46.03	87.51	58.67
5-2-229	管外径×壁厚（mm×mm 以内） 1020×14	个	747.57	403.12	123.17	54.32	99.95	67.01
5-2-230	管外径×壁厚（mm×mm 以内） 1220×10	个	571.51	302.85	95.23	46.07	76.24	51.12
5-2-231	管外径×壁厚（mm×mm 以内） 1220×12	个	682.29	356.31	119.01	56.35	90.17	60.45
5-2-232	管外径×壁厚（mm×mm 以内） 1220×14	个	808.26	425.69	140.42	63.57	106.90	71.68
5-2-233	管外径×壁厚（mm×mm 以内） 1420×10	个	599.60	304.33	109.19	54.95	78.50	52.63
5-2-234	管外径×壁厚（mm×mm 以内） 1420×12	个	721.06	365.75	130.43	66.95	94.54	63.39
5-2-235	管外径×壁厚（mm×mm 以内） 1420×14	个	837.25	427.35	152.68	74.17	109.58	73.47
5-2-236	管外径×壁厚（mm×mm 以内） 1620×10	个	671.65	338.37	122.14	64.20	87.96	58.98
5-2-237	管外径×壁厚（mm×mm 以内） 1620×12	个	797.51	406.45	146.26	70.65	104.25	69.90
5-2-238	管外径×壁厚（mm×mm 以内） 1620×14	个	923.32	474.53	170.81	76.76	120.46	80.76
5-2-239	管外径×壁厚（mm×mm 以内） 1820×12	个	822.56	412.74	154.95	76.35	106.87	71.65
5-2-240	管外径×壁厚（mm×mm 以内） 1820×14	个	952.76	477.49	177.59	90.40	124.08	83.20
5-2-241	管外径×壁厚（mm×mm 以内） 1820×16	个	1017.62	508.38	188.29	99.19	132.75	89.01
5-2-242	管外径×壁厚（mm×mm 以内） 2020×12	个	879.91	429.02	173.63	88.40	113.06	75.80
5-2-243	管外径×壁厚（mm×mm 以内） 2020×14	个	1001.50	500.06	180.23	101.61	131.46	88.14
5-2-244	管外径×壁厚（mm×mm 以内） 2020×16	个	1164.15	571.47	206.51	130.10	153.29	102.78

⑤三 通 制 作

编号	项目名称	单位	基价	人工费	材料费	施工机具使用费	管理费	利润
5-2-245	管外径×壁厚（mm×mm 以内） 219×5	个	124.37	66.42	14.32	14.20	17.62	11.81
5-2-246	管外径×壁厚（mm×mm 以内） 219×6	个	148.01	81.03	17.08	14.89	20.96	14.05

续前

编号	项目名称	单位	基价	人工费	材料费	施工机具使用费	管理费	利润
5-2-247	管外径 × 壁厚（mm × mm 以内） 219 × 7	个	167.59	93.61	18.68	15.48	23.84	15.98
5-2-248	管外径 × 壁厚（mm × mm 以内） 273 × 6	个	169.28	93.61	19.43	16.17	23.99	16.08
5-2-249	管外径 × 壁厚（mm × mm 以内） 273 × 7	个	175.88	97.13	20.28	16.86	24.91	16.70
5-2-250	管外径 × 壁厚（mm × mm 以内） 273 × 8	个	197.06	111.74	21.32	17.01	28.13	18.86
5-2-251	管外径 × 壁厚（mm × mm 以内） 325 × 6	个	161.47	86.03	20.93	16.93	22.50	15.08
5-2-252	管外径 × 壁厚（mm × mm 以内） 325 × 7	个	182.47	100.46	22.12	17.01	25.67	17.21
5-2-253	管外径 × 壁厚（mm × mm 以内） 325 × 8	个	203.26	114.89	23.12	17.08	28.84	19.33
5-2-254	管外径 × 壁厚（mm × mm 以内） 377 × 8	个	211.48	118.22	26.66	17.18	29.58	19.84
5-2-255	管外径 × 壁厚（mm × mm 以内） 377 × 9	个	237.36	132.65	29.51	19.62	33.27	22.31
5-2-256	管外径 × 壁厚（mm × mm 以内） 377 × 10	个	263.56	147.45	32.49	21.83	36.99	24.80
5-2-257	管外径 × 壁厚（mm × mm 以内） 426 × 8	个	231.77	126.17	30.59	21.22	32.20	21.59
5-2-258	管外径 × 壁厚（mm × mm 以内） 426 × 9	个	260.32	142.64	33.13	23.80	36.37	24.38
5-2-259	管外径 × 壁厚（mm × mm 以内） 426 × 10	个	287.98	158.73	35.17	26.48	40.47	27.13
5-2-260	管外径 × 壁厚（mm × mm 以内） 478 × 8	个	276.40	155.40	32.74	23.11	39.00	26.15
5-2-261	管外径 × 壁厚（mm × mm 以内） 478 × 9	个	307.26	175.01	34.51	24.81	43.66	29.27
5-2-262	管外径 × 壁厚（mm × mm 以内） 478 × 10	个	350.79	194.25	42.20	31.82	49.40	33.12
5-2-263	管外径 × 壁厚（mm × mm 以内） 529 × 8	个	285.13	160.21	34.05	23.73	40.19	26.95
5-2-264	管外径 × 壁厚（mm × mm 以内） 529 × 9	个	326.16	181.30	39.41	28.77	45.90	30.78
5-2-265	管外径 × 壁厚（mm × mm 以内） 529 × 10	个	363.63	201.10	43.82	33.20	51.19	34.32
5-2-266	管外径 × 壁厚（mm × mm 以内） 630 × 8	个	359.84	204.24	41.07	29.29	51.03	34.21
5-2-267	管外径 × 壁厚（mm × mm 以内） 630 × 9	个	406.31	229.96	44.41	35.17	57.93	38.84
5-2-268	管外径 × 壁厚（mm × mm 以内） 630 × 10	个	445.24	254.19	48.29	36.62	63.54	42.60
5-2-269	管外径 × 壁厚（mm × mm 以内） 720 × 8	个	472.18	260.67	47.30	50.60	68.01	45.60

续前

编号	项目名称	单位	基价	人工费	材料费	施工机具使用费	管理费	利润
5-2-270	管外径 × 壁厚（mm × mm 以内） 720 × 9	个	527.44	292.86	52.16	55.33	76.08	51.01
5-2-271	管外径 × 壁厚（mm × mm 以内） 720 × 10	个	584.93	325.23	58.05	60.76	84.34	56.55
5-2-272	管外径 × 壁厚（mm × mm 以内） 820 × 9	个	626.90	354.46	54.14	65.15	91.68	61.47
5-2-273	管外径 × 壁厚（mm × mm 以内） 820 × 10	个	684.29	393.31	56.65	66.50	100.47	67.36
5-2-274	管外径 × 壁厚（mm × mm 以内） 820 × 12	个	841.86	472.86	79.89	85.36	121.97	81.78
5-2-275	管外径 × 壁厚（mm × mm 以内） 920 × 9	个	687.66	374.26	67.11	80.36	99.33	66.60
5-2-276	管外径 × 壁厚（mm × mm 以内） 920 × 10	个	763.01	416.07	74.33	88.46	110.24	73.91
5-2-277	管外径 × 壁厚（mm × mm 以内） 920 × 12	个	944.21	498.21	92.48	125.77	136.34	91.41
5-2-278	管外径 × 壁厚（mm × mm 以内） 1020 × 10	个	851.30	437.34	87.53	122.20	122.26	81.97
5-2-279	管外径 × 壁厚（mm × mm 以内） 1020 × 12	个	1039.67	524.66	118.43	150.24	147.47	98.87
5-2-280	管外径 × 壁厚（mm × mm 以内） 1020 × 14	个	1225.30	612.17	138.07	184.33	174.04	116.69

（2）管 件 安 装

① 弯头（异径管）安装（电弧焊）

编号	项目名称	单位	基价	人工费	材料费	施工机具使用费	管理费	利润
5-2-281	管外径 × 壁厚（mm × mm 以内） 57 × 3.5	个	59.56	34.97	4.23	5.56	8.86	5.94
5-2-282	管外径 × 壁厚（mm × mm 以内） 75 × 4	个	81.76	46.62	5.93	8.93	12.14	8.14
5-2-283	管外径 × 壁厚（mm × mm 以内） 89 × 4	个	92.97	52.73	6.81	10.39	13.79	9.25
5-2-284	管外径 × 壁厚（mm × mm 以内） 114 × 4	个	114.10	64.20	8.46	13.19	16.91	11.34
5-2-285	管外径 × 壁厚（mm × mm 以内） 133 × 4.5	个	142.70	78.81	11.81	17.08	20.95	14.05
5-2-286	管外径 × 壁厚（mm × mm 以内） 159 × 5	个	181.23	100.46	15.04	21.29	26.60	17.84
5-2-287	管外径 × 壁厚（mm × mm 以内） 219 × 5	个	172.14	91.95	22.78	17.47	23.91	16.03
5-2-288	管外径 × 壁厚（mm × mm 以内） 219 × 6	个	180.49	94.72	26.85	17.84	24.59	16.49
5-2-289	管外径 × 壁厚（mm × mm 以内） 219 × 7	个	198.55	102.12	32.18	19.76	26.63	17.86

续前

编号	项目名称	单位	基价	人工费	材料费	施工机具使用费	管理费	利润
5-2-290	管外径 × 壁厚（mm × mm 以内） 273 × 6	个	221.80	116.55	32.50	22.13	30.30	20.32
5-2-291	管外径 × 壁厚（mm × mm 以内） 273 × 7	个	241.17	125.43	36.44	24.56	32.77	21.97
5-2-292	管外径 × 壁厚（mm × mm 以内） 273 × 8	个	258.23	131.17	43.98	25.79	34.30	22.99
5-2-293	管外径 × 壁厚（mm × mm 以内） 325 × 7	个	270.45	144.30	38.57	25.57	37.12	24.89
5-2-294	管外径 × 壁厚（mm × mm 以内） 325 × 8	个	295.32	154.48	44.24	29.46	40.19	26.95
5-2-295	管外径 × 壁厚（mm × mm 以内） 325 × 9	个	311.37	160.21	50.63	30.81	41.74	27.98
5-2-296	管外径 × 壁厚（mm × mm 以内） 377 × 8	个	357.01	183.71	57.29	35.86	47.98	32.17
5-2-297	管外径 × 壁厚（mm × mm 以内） 377 × 9	个	379.10	192.40	65.04	37.68	50.27	33.71
5-2-298	管外径 × 壁厚（mm × mm 以内） 377 × 10	个	396.84	198.14	73.16	38.99	51.81	34.74
5-2-299	管外径 × 壁厚（mm × mm 以内） 426 × 8	个	402.76	207.02	68.40	37.93	53.52	35.89
5-2-300	管外径 × 壁厚（mm × mm 以内） 426 × 9	个	429.24	215.71	76.67	42.58	56.44	37.84
5-2-301	管外径 × 壁厚（mm × mm 以内） 426 × 10	个	444.12	221.45	81.54	44.18	58.04	38.91
5-2-302	管外径 × 壁厚（mm × mm 以内） 478 × 8	个	449.86	236.25	70.29	41.82	60.76	40.74
5-2-303	管外径 × 壁厚（mm × mm 以内） 478 × 9	个	484.82	244.76	85.21	47.99	63.97	42.89
5-2-304	管外径 × 壁厚（mm × mm 以内） 478 × 10	个	502.09	251.97	90.26	49.74	65.92	44.20
5-2-305	管外径 × 壁厚（mm × mm 以内） 529 × 8	个	495.88	259.37	77.27	47.30	67.01	44.93
5-2-306	管外径 × 壁厚（mm × mm 以内） 529 × 9	个	523.03	269.55	87.90	49.23	69.65	46.70
5-2-307	管外径 × 壁厚（mm × mm 以内） 529 × 10	个	554.56	278.24	99.23	55.33	72.89	48.87
5-2-308	管外径 × 壁厚（mm × mm 以内） 630 × 8	个	608.78	321.90	95.65	54.02	82.14	55.07
5-2-309	管外径 × 壁厚（mm × mm 以内） 630 × 9	个	667.80	330.78	116.41	73.17	88.26	59.18
5-2-310	管外径 × 壁厚（mm × mm 以内） 630 × 10	个	690.64	336.52	129.73	74.40	89.79	60.20
5-2-311	管外径 × 壁厚（mm × mm 以内） 720 × 8	个	720.08	367.41	117.34	74.16	96.48	64.69
5-2-312	管外径 × 壁厚（mm × mm 以内） 720 × 9	个	761.44	377.40	131.84	83.85	100.78	67.57

续前

编号	项目名称	单位	基价	人工费	材料费	施工机具使用费	管理费	利润
5-2-313	管外径×壁厚（mm×mm 以内） 720×10	个	788.44	384.62	146.99	85.31	102.68	68.84
5-2-314	管外径×壁厚（mm×mm 以内） 820×9	个	882.26	426.61	150.64	109.38	117.11	78.52
5-2-315	管外径×壁厚（mm×mm 以内） 820×10	个	915.73	435.86	167.90	112.00	119.71	80.26
5-2-316	管外径×壁厚（mm×mm 以内） 820×12	个	995.13	457.69	205.22	121.00	126.44	84.78
5-2-317	管外径×壁厚（mm×mm 以内） 920×9	个	979.03	476.19	168.44	117.65	129.75	87.00
5-2-318	管外径×壁厚（mm×mm 以内） 920×10	个	1013.86	485.07	187.81	120.09	132.23	88.66
5-2-319	管外径×壁厚（mm×mm 以内） 920×12	个	1114.52	509.86	229.85	138.25	141.61	94.95
5-2-320	管外径×壁厚（mm×mm 以内） 1020×10	个	1127.39	536.13	207.67	137.66	147.22	98.71
5-2-321	管外径×壁厚（mm×mm 以内） 1020×12	个	1233.05	562.40	254.32	154.62	156.67	105.04
5-2-322	管外径×壁厚（mm×mm 以内） 1020×14	个	1402.36	623.82	305.59	179.68	175.56	117.71
5-2-323	管外径×壁厚（mm×mm 以内） 1220×10	个	1354.80	655.83	244.96	157.24	177.66	119.11
5-2-324	管外径×壁厚（mm×mm 以内） 1220×12	个	1514.72	687.65	322.46	185.80	190.85	127.96
5-2-325	管外径×壁厚（mm×mm 以内） 1220×14	个	1699.00	759.06	366.86	216.87	213.24	142.97
5-2-326	管外径×壁厚（mm×mm 以内） 1420×10	个	1588.86	756.28	298.34	189.15	206.58	138.51
5-2-327	管外径×壁厚（mm×mm 以内） 1420×12	个	1729.10	791.25	350.66	218.60	220.65	147.94
5-2-328	管外径×壁厚（mm×mm 以内） 1420×14	个	1965.17	874.31	424.38	254.47	246.64	165.37
5-2-329	管外径×壁厚（mm×mm 以内） 1620×10	个	1804.26	858.03	325.81	225.08	236.66	158.68
5-2-330	管外径×壁厚（mm×mm 以内） 1620×12	个	1974.10	898.92	398.93	255.05	252.14	169.06
5-2-331	管外径×壁厚（mm×mm 以内） 1620×14	个	2250.70	993.64	487.09	298.38	282.31	189.28
5-2-332	管外径×壁厚（mm×mm 以内） 1820×12	个	2229.84	1013.99	450.96	289.22	284.75	190.92
5-2-333	管外径×壁厚（mm×mm 以内） 1820×14	个	2551.78	1118.88	546.42	350.25	321.00	215.23
5-2-334	管外径×壁厚（mm×mm 以内） 1820×16	个	2710.08	1142.01	667.72	354.22	326.93	219.20
5-2-335	管外径×壁厚（mm×mm 以内） 2020×12	个	2499.91	1126.10	503.44	336.52	319.58	214.27

续前

编号	项目名称	单位	基价	人工费	材料费	施工机具使用费	管理费	利润
5-2-336	管外径 × 壁厚（mm × mm 以内） 2020 × 14	个	2819.27	1244.31	603.63	378.87	354.66	237.80
5-2-337	管外径 × 壁厚（mm × mm 以内） 2020 × 16	个	3047.22	1268.92	742.85	419.26	368.87	247.32

② 弯头（异径管）安装（氩电联焊）

编号	项目名称	单位	基价	人工费	材料费	施工机具使用费	管理费	利润
5-2-338	管外径 × 壁厚（mm × mm 以内） 57 × 3.5	个	88.92	51.25	6.27	9.30	13.23	8.87
5-2-339	管外径 × 壁厚（mm × mm 以内） 75 × 4	个	116.87	69.93	7.34	10.31	17.53	11.76
5-2-340	管外径 × 壁厚（mm × mm 以内） 89 × 4	个	134.32	80.11	8.51	12.06	20.14	13.50
5-2-341	管外径 × 壁厚（mm × mm 以内） 114 × 4	个	179.35	106.56	10.82	16.90	26.98	18.09
5-2-342	管外径 × 壁厚（mm × mm 以内） 133 × 4.5	个	192.71	109.34	15.06	20.80	28.44	19.07
5-2-343	管外径 × 壁厚（mm × mm 以内） 159 × 5	个	204.84	104.90	18.55	31.58	29.82	19.99
5-2-344	管外径 × 壁厚（mm × mm 以内） 219 × 5	个	194.20	88.80	27.39	33.41	26.70	17.90
5-2-345	管外径 × 壁厚（mm × mm 以内） 219 × 6	个	204.59	93.06	31.46	33.78	27.71	18.58
5-2-346	管外径 × 壁厚（mm × mm 以内） 219 × 7	个	222.65	100.46	36.79	35.70	29.75	19.95
5-2-347	管外径 × 壁厚（mm × mm 以内） 273 × 6	个	246.98	108.04	38.04	45.03	33.45	22.42
5-2-348	管外径 × 壁厚（mm × mm 以内） 273 × 7	个	268.14	118.22	41.99	47.46	36.20	24.27
5-2-349	管外径 × 壁厚（mm × mm 以内） 273 × 8	个	284.94	123.77	49.53	48.69	37.68	25.27
5-2-350	管外径 × 壁厚（mm × mm 以内） 325 × 7	个	303.68	140.05	44.12	50.10	41.55	27.86
5-2-351	管外径 × 壁厚（mm × mm 以内） 325 × 8	个	328.18	150.04	49.79	53.91	44.56	29.88
5-2-352	管外径 × 壁厚（mm × mm 以内） 325 × 9	个	346.90	157.62	56.18	55.36	46.54	31.20
5-2-353	管外径 × 壁厚（mm × mm 以内） 377 × 8	个	462.88	231.62	62.82	61.46	64.04	42.94
5-2-354	管外径 × 壁厚（mm × mm 以内） 377 × 9	个	483.36	239.21	70.57	63.20	66.08	44.30
5-2-355	管外径 × 壁厚（mm × mm 以内） 377 × 10	个	502.96	246.24	78.69	64.58	67.91	45.54
5-2-356	管外径 × 壁厚（mm × mm 以内） 426 × 8	个	445.92	205.35	74.71	66.60	59.42	39.84

续前

编号	项目名称	单位	基价	人工费	材料费	施工机具使用费	管理费	利润
5-2-357	管外径 × 壁厚（mm × mm 以内） 426 × 9	个	472.67	214.23	82.99	71.25	62.38	41.82
5-2-358	管外径 × 壁厚（mm × mm 以内） 426 × 10	个	489.48	221.45	87.86	72.78	64.29	43.10
5-2-359	管外径 × 壁厚（mm × mm 以内） 478 × 8	个	500.41	234.77	76.94	75.46	67.79	45.45
5-2-360	管外径 × 壁厚（mm × mm 以内） 478 × 9	个	535.11	243.09	91.86	81.64	70.95	47.57
5-2-361	管外径 × 壁厚（mm × mm 以内） 478 × 10	个	553.15	250.86	96.91	83.38	73.03	48.97
5-2-362	管外径 × 壁厚（mm × mm 以内） 529 × 8	个	554.41	259.37	84.66	84.77	75.19	50.42
5-2-363	管外径 × 壁厚（mm × mm 以内） 529 × 9	个	581.57	269.55	95.30	86.69	77.84	52.19
5-2-364	管外径 × 壁厚（mm × mm 以内） 529 × 10	个	611.16	276.76	106.62	92.87	80.76	54.15

③ 三通安装（电弧焊）

编号	项目名称	单位	基价	人工费	材料费	施工机具使用费	管理费	利润
5-2-365	管外径 × 壁厚（mm × mm 以内） 219 × 5	个	253.80	135.42	33.24	26.16	35.31	23.67
5-2-366	管外径 × 壁厚（mm × mm 以内） 219 × 6	个	268.90	141.53	39.15	26.78	36.78	24.66
5-2-367	管外径 × 壁厚（mm × mm 以内） 219 × 7	个	294.34	151.52	47.00	29.68	39.59	26.55
5-2-368	管外径 × 壁厚（mm × mm 以内） 273 × 6	个	332.43	173.53	50.24	33.20	45.17	30.29
5-2-369	管外径 × 壁厚（mm × mm 以内） 273 × 7	个	361.25	186.48	56.41	36.84	48.80	32.72
5-2-370	管外径 × 壁厚（mm × mm 以内） 273 × 8	个	381.43	193.51	64.47	38.69	50.74	34.02
5-2-371	管外径 × 壁厚（mm × mm 以内） 325 × 6	个	402.39	214.23	58.19	37.93	55.10	36.94
5-2-372	管外径 × 壁厚（mm × mm 以内） 325 × 7	个	437.86	228.66	65.43	44.18	59.62	39.97
5-2-373	管外径 × 壁厚（mm × mm 以内） 325 × 8	个	461.81	237.54	74.34	46.32	62.02	41.59
5-2-374	管外径 × 壁厚（mm × mm 以内） 377 × 8	个	531.91	274.17	84.23	53.80	71.66	48.05
5-2-375	管外径 × 壁厚（mm × mm 以内） 377 × 9	个	560.87	284.35	95.66	56.46	74.47	49.93
5-2-376	管外径 × 壁厚（mm × mm 以内） 377 × 10	个	587.17	292.86	107.62	58.46	76.76	51.47
5-2-377	管外径 × 壁厚（mm × mm 以内） 426 × 8	个	601.17	307.66	102.70	57.52	79.79	53.50

续前

编号	项目名称	单位	基价	人工费	材料费	施工机具使用费	管理费	利润
5-2-378	管外径×壁厚（mm×mm 以内） 426×9	个	634.19	319.31	111.15	63.87	83.72	56.14
5-2-379	管外径×壁厚（mm×mm 以内） 426×10	个	659.68	329.30	119.88	66.16	86.41	57.93
5-2-380	管外径×壁厚（mm×mm 以内） 478×8	个	671.40	349.65	108.42	62.79	90.12	60.42
5-2-381	管外径×壁厚（mm×mm 以内） 478×9	个	720.00	362.79	126.50	72.01	95.00	63.70
5-2-382	管外径×壁厚（mm×mm 以内） 478×10	个	746.01	374.63	132.78	74.62	98.16	65.82
5-2-383	管外径×壁厚（mm×mm 以内） 529×8	个	734.96	386.10	113.67	69.06	99.45	66.68
5-2-384	管外径×壁厚（mm×mm 以内） 529×9	个	777.90	400.90	129.34	74.23	103.82	69.61
5-2-385	管外径×壁厚（mm×mm 以内） 529×10	个	822.27	412.37	146.07	83.02	108.24	72.57
5-2-386	管外径×壁厚（mm×mm 以内） 630×8	个	909.30	477.86	145.58	81.64	122.25	81.97
5-2-387	管外径×壁厚（mm×mm 以内） 630×9	个	989.81	489.70	171.60	109.72	130.97	87.82
5-2-388	管外径×壁厚（mm×mm 以内） 630×10	个	1025.67	499.69	191.23	111.62	133.57	89.56
5-2-389	管外径×壁厚（mm×mm 以内） 720×8	个	1102.70	546.31	173.26	134.60	148.78	99.75
5-2-390	管外径×壁厚（mm×mm 以内） 720×9	个	1165.82	560.92	194.65	150.56	155.46	104.23
5-2-391	管外径×壁厚（mm×mm 以内） 720×10	个	1208.59	572.76	217.06	153.63	158.72	106.42
5-2-392	管外径×壁厚（mm×mm 以内） 820×9	个	1323.27	635.48	222.61	170.86	176.19	118.13
5-2-393	管外径×壁厚（mm×mm 以内） 820×10	个	1373.32	646.95	248.13	177.37	180.11	120.76
5-2-394	管外径×壁厚（mm×mm 以内） 820×12	个	1488.81	678.95	303.36	189.51	189.76	127.23
5-2-395	管外径×壁厚（mm×mm 以内） 920×9	个	1466.64	706.52	254.83	181.25	193.98	130.06
5-2-396	管外径×壁厚（mm×mm 以内） 920×10	个	1517.99	721.13	277.56	187.61	198.56	133.13
5-2-397	管外径×壁厚（mm×mm 以内） 920×12	个	1668.01	756.28	339.77	216.79	212.62	142.55
5-2-398	管外径×壁厚（mm×mm 以内） 1020×10	个	1678.56	795.50	306.90	209.38	219.57	147.21
5-2-399	管外径×壁厚（mm×mm 以内） 1020×12	个	1851.65	834.72	376.00	246.34	236.21	158.38
5-2-400	管外径×壁厚（mm×mm 以内） 1020×14	个	2123.58	925.19	451.98	299.42	267.58	179.41

续前

编号	项目名称	单位	基价	人工费	材料费	施工机具使用费	管理费	利润
5-2-401	管外径 × 壁厚（mm × mm 以内） 1220 × 10	个	2047.78	974.58	361.49	260.80	269.93	180.98
5-2-402	管外径 × 壁厚（mm × mm 以内） 1220 × 12	个	2308.86	1020.09	482.71	317.75	292.32	195.99
5-2-403	管外径 × 壁厚（mm × mm 以内） 1220 × 14	个	2610.07	1126.10	542.06	388.93	331.03	221.95
5-2-404	管外径 × 壁厚（mm × mm 以内） 1420 × 10	个	2407.96	1123.51	424.47	329.60	317.50	212.88
5-2-405	管外径 × 壁厚（mm × mm 以内） 1420 × 12	个	2718.06	1175.49	560.13	405.41	345.43	231.60
5-2-406	管外径 × 壁厚（mm × mm 以内） 1420 × 14	个	3068.61	1298.15	627.97	489.87	390.68	261.94
5-2-407	管外径 × 壁厚（mm × mm 以内） 1620 × 10	个	2793.95	1273.54	480.08	421.60	370.39	248.34
5-2-408	管外径 × 壁厚（mm × mm 以内） 1620 × 12	个	3094.36	1334.78	590.57	499.50	400.79	268.72
5-2-409	管外径 × 壁厚（mm × mm 以内） 1620 × 14	个	3531.17	1474.45	720.82	584.42	449.86	301.62
5-2-410	管外径 × 壁厚（mm × mm 以内） 1820 × 12	个	3532.86	1503.50	671.96	592.40	457.95	307.05
5-2-411	管外径 × 壁厚（mm × mm 以内） 1820 × 14	个	4037.82	1661.12	808.62	704.59	516.91	346.58
5-2-412	管外径 × 壁厚（mm × mm 以内） 1820 × 16	个	4300.97	1691.46	992.17	732.57	529.65	355.12
5-2-413	管外径 × 壁厚（mm × mm 以内） 2020 × 12	个	3971.57	1669.63	744.49	694.53	516.57	346.35
5-2-414	管外径 × 壁厚（mm × mm 以内） 2020 × 14	个	4201.73	1683.50	894.01	739.74	529.48	355.00
5-2-415	管外径 × 壁厚（mm × mm 以内） 2020 × 16	个	4787.64	1882.56	1100.31	818.78	590.24	395.75

④ 三通安装（氩电联焊）

编号	项目名称	单位	基价	人工费	材料费	施工机具使用费	管理费	利润
5-2-416	管外径 × 壁厚（mm × mm 以内） 219 × 5	个	287.53	132.65	39.81	48.83	39.65	26.59
5-2-417	管外径 × 壁厚（mm × mm 以内） 219 × 6	个	302.11	138.38	45.72	49.45	41.04	27.52
5-2-418	管外径 × 壁厚（mm × mm 以内） 219 × 7	个	327.81	148.56	53.57	52.35	43.90	29.43
5-2-419	管外径 × 壁厚（mm × mm 以内） 273 × 6	个	368.94	161.69	58.15	65.99	49.75	33.36
5-2-420	管外径 × 壁厚（mm × mm 以内） 273 × 7	个	398.21	175.01	64.33	69.59	53.45	35.83
5-2-421	管外径 × 壁厚（mm × mm 以内） 273 × 8	个	420.65	183.71	72.38	71.43	55.75	37.38

续前

编号	项目名称	单位	基价	人工费	材料费	施工机具使用费	管理费	利润
5-2-422	管外径 × 壁厚（mm × mm 以内） 325 × 6	个	450.04	208.50	66.08	72.79	61.46	41.21
5-2-423	管外径 × 壁厚（mm × mm 以内） 325 × 7	个	485.70	223.11	73.33	78.99	66.01	44.26
5-2-424	管外径 × 壁厚（mm × mm 以内） 325 × 8	个	511.12	233.10	82.23	81.11	68.65	46.03
5-2-425	管外径 × 壁厚（mm × mm 以内） 377 × 8	个	682.74	342.44	92.12	90.25	94.54	63.39
5-2-426	管外径 × 壁厚（mm × mm 以内） 377 × 9	个	711.82	352.80	103.54	92.83	97.37	65.28
5-2-427	管外径 × 壁厚（mm × mm 以内） 377 × 10	个	738.23	361.31	115.51	94.90	99.68	66.83
5-2-428	管外径 × 壁厚（mm × mm 以内） 426 × 8	个	663.63	306.18	111.69	98.17	88.35	59.24
5-2-429	管外径 × 壁厚（mm × mm 以内） 426 × 9	个	693.55	317.83	117.07	104.50	92.28	61.87
5-2-430	管外径 × 壁厚（mm × mm 以内） 426 × 10	个	722.10	327.82	128.86	106.79	94.96	63.67
5-2-431	管外径 × 壁厚（mm × mm 以内） 478 × 8	个	744.24	348.17	117.91	110.68	100.26	67.22
5-2-432	管外径 × 壁厚（mm × mm 以内） 478 × 9	个	792.86	361.31	135.99	119.91	105.15	70.50
5-2-433	管外径 × 壁厚（mm × mm 以内） 478 × 10	个	818.87	373.15	142.28	122.52	108.30	72.62
5-2-434	管外径 × 壁厚（mm × mm 以内） 529 × 8	个	816.52	384.62	124.22	122.56	110.82	74.30
5-2-435	管外径 × 壁厚（mm × mm 以内） 529 × 9	个	859.31	399.23	139.89	127.82	115.16	77.21
5-2-436	管外径 × 壁厚（mm × mm 以内） 529 × 10	个	903.93	410.89	156.62	136.59	119.62	80.21

3. 塑料管件安装

（1）塑料管件（粘接）

编号	项目名称	单位	基价	人工费	材料费	施工机具使用费	管理费	利润
5-2-437	管外径（mm 以内） 110	个	21.07	14.43	1.38	0.00	3.15	2.11
5-2-438	管外径（mm 以内） 125	个	24.45	16.65	1.72	0.00	3.64	2.44
5-2-439	管外径（mm 以内） 140	个	29.08	19.98	1.80	0.00	4.37	2.93
5-2-440	管外径（mm 以内） 160	个	31.22	21.46	1.93	0.00	4.69	3.14

（2）塑料管件（胶圈连接）

编号	项目名称	单位	基价	人工费	材料费	施工机具使用费	管理费	利润
5-2-441	管外径（mm 以内） 110	个	15.45	10.55	1.04	0.00	2.31	1.55
5-2-442	管外径（mm 以内） 125	个	18.29	12.40	1.36	0.00	2.71	1.82
5-2-443	管外径（mm 以内） 160	个	22.43	15.36	1.46	0.00	3.36	2.25
5-2-444	管外径（mm 以内） 250	个	37.58	25.90	2.23	0.00	5.66	3.79
5-2-445	管外径（mm 以内） 315	个	44.90	31.08	2.48	0.00	6.79	4.55
5-2-446	管外径（mm 以内） 355	个	53.98	37.56	2.71	0.00	8.21	5.50
5-2-447	管外径（mm 以内） 400	个	59.27	41.26	2.95	0.00	9.02	6.04
5-2-448	管外径（mm 以内） 500	个	68.92	48.10	3.26	0.00	10.51	7.05
5-2-449	管外径（mm 以内） 600	个	73.41	51.25	3.45	0.00	11.20	7.51
5-2-450	管外径（mm 以内） 700	个	81.23	56.98	3.45	0.00	12.45	8.35
5-2-451	管外径（mm 以内） 800	个	89.30	62.90	3.45	0.00	13.74	9.21
5-2-452	管外径（mm 以内） 900	个	97.48	68.64	3.78	0.00	15.00	10.06
5-2-453	管外径（mm 以内） 1000	个	106.56	75.30	3.78	0.00	16.45	11.03
5-2-454	管外径（mm 以内） 1200	个	110.94	78.26	4.11	0.00	17.10	11.47
5-2-455	管外径（mm 以内） 1500	个	114.47	80.85	4.11	0.00	17.67	11.84
5-2-456	管外径（mm 以内） 1800	个	122.80	86.95	4.11	0.00	19.00	12.74
5-2-457	管外径（mm 以内） 2000	个	130.37	92.50	4.11	0.00	20.21	13.55

（3）塑料管件（对接熔接）

编号	项目名称	单位	基价	人工费	材料费	施工机具使用费	管理费	利润
5-2-458	管外径（mm 以内） 110	个	46.85	22.76	0.39	11.27	7.44	4.99
5-2-459	管外径（mm 以内） 125	个	57.22	26.46	0.63	15.00	9.06	6.07
5-2-460	管外径（mm 以内） 160	个	77.45	36.45	0.78	19.72	12.27	8.23
5-2-461	管外径（mm 以内） 200	个	96.84	45.88	0.93	24.39	15.35	10.29
5-2-462	管外径（mm 以内） 250	个	128.18	62.35	1.49	30.46	20.28	13.60
5-2-463	管外径（mm 以内） 315	个	190.09	94.54	1.69	43.48	30.16	20.22
5-2-464	管外径（mm 以内） 355	个	250.64	128.95	1.96	53.23	39.81	26.69
5-2-465	管外径（mm 以内） 400	个	325.09	165.21	2.70	70.97	51.61	34.60
5-2-466	管外径（mm 以内） 450	个	404.80	215.53	1.58	79.87	64.54	43.28
5-2-467	管外径（mm 以内） 500	个	483.18	251.42	3.75	99.81	76.74	51.46
5-2-468	管外径（mm 以内） 560	个	506.25	256.60	3.93	111.40	80.41	53.91
5-2-469	管外径（mm 以内） 630	个	551.00	277.69	4.13	122.95	87.54	58.69

（4）塑料管件（电熔熔接）

编号	项目名称	单位	基价	人工费	材料费	施工机具使用费	管理费	利润
5-2-470	管外径（mm 以内） 160	个	25.25	16.10	1.47	1.32	3.81	2.55
5-2-471	管外径（mm 以内） 200	个	27.95	17.95	1.47	1.45	4.24	2.84
5-2-472	管外径（mm 以内） 250	个	30.35	19.61	1.47	1.55	4.62	3.10
5-2-473	管外径（mm 以内） 315	个	32.88	21.28	1.58	1.65	5.01	3.36
5-2-474	管外径（mm 以内） 400	个	38.60	25.35	1.58	1.77	5.93	3.97
5-2-475	管外径（mm 以内） 500	个	44.29	29.42	1.58	1.87	6.84	4.58
5-2-476	管外径（mm 以内） 600	个	49.87	33.30	1.69	2.00	7.71	5.17
5-2-477	管外径（mm 以内） 700	个	57.06	38.48	1.69	2.09	8.86	5.94
5-2-478	管外径（mm 以内） 800	个	63.27	42.92	1.69	2.19	9.86	6.61
5-2-479	管外径（mm 以内） 900	个	68.45	45.51	1.80	3.32	10.67	7.15
5-2-480	管外径（mm 以内） 1000	个	73.47	48.10	1.80	4.41	11.47	7.69
5-2-481	管外径（mm 以内） 1200	个	78.27	50.51	1.80	5.51	12.24	8.21
5-2-482	管外径（mm 以内） 1500	个	83.17	52.91	1.92	6.61	13.01	8.72
5-2-483	管外径（mm 以内） 1800	个	87.99	55.32	1.92	7.73	13.78	9.24
5-2-484	管外径（mm 以内） 2000	个	92.76	57.72	1.92	8.83	14.54	9.75
5-2-485	管外径（mm 以内） 2500	个	97.66	60.13	2.03	9.93	15.31	10.26
5-2-486	管外径（mm 以内） 3000	个	102.93	62.90	2.03	11.02	16.15	10.83

4. 直埋式预制保温管管件安装

（1）电　弧　焊

编号	项目名称	单位	基价	人工费	材料费	施工机具使用费	管理费	利润
5-2-487	公称直径（mm） 50	个	192.34	115.07	27.68	5.56	26.36	17.67
5-2-488	公称直径（mm） 65	个	258.12	147.08	45.16	8.93	34.09	22.86
5-2-489	公称直径（mm） 80	个	290.19	166.13	49.24	10.39	38.57	25.86
5-2-490	公称直径（mm） 100	个	331.36	186.48	59.75	12.50	43.48	29.15
5-2-491	公称直径（mm） 125	个	396.27	223.11	68.41	17.08	52.48	35.19
5-2-492	公称直径（mm） 150	个	472.95	266.59	79.26	21.83	63.02	42.25
5-2-493	公称直径（mm） 200	个	581.89	320.79	103.69	29.54	76.55	51.32
5-2-494	公称直径（mm） 250	个	837.15	425.50	179.38	56.38	105.29	70.60
5-2-495	公称直径（mm） 300	个	976.79	505.79	191.30	69.66	125.74	84.30
5-2-496	公称直径（mm） 350	个	1134.75	584.42	224.55	82.39	145.70	97.69
5-2-497	公称直径（mm） 400	个	1320.66	673.22	268.38	97.68	168.44	112.94
5-2-498	公称直径（mm） 500	个	1687.08	880.05	322.54	119.61	218.43	146.45
5-2-499	公称直径（mm） 600	个	2034.50	1069.49	380.94	141.91	264.69	177.47
5-2-500	公称直径（mm） 700	个	2315.99	1218.23	418.18	172.11	303.79	203.68
5-2-501	公称直径（mm） 800	个	2636.44	1381.21	471.06	205.15	346.62	232.40
5-2-502	公称直径（mm） 900	个	2952.96	1535.69	523.24	244.33	388.93	260.77
5-2-503	公称直径（mm） 1000	个	3460.41	1783.22	621.38	296.66	454.45	304.70
5-2-504	公称直径（mm） 1200	个	4477.36	2172.46	736.17	568.34	598.86	401.53

（2）氩电联焊

编号	项目名称	单位	基价	人工费	材料费	施工机具使用费	管理费	利润
5-2-505	公称直径（mm） 50	个	205.17	119.70	29.44	9.04	28.13	18.86
5-2-506	公称直径（mm） 65	个	265.14	148.56	46.84	11.37	34.94	23.43
5-2-507	公称直径（mm） 80	个	300.45	169.28	51.24	13.29	39.89	26.75
5-2-508	公称直径（mm） 100	个	346.09	191.11	62.47	16.67	45.40	30.44
5-2-509	公称直径（mm） 125	个	413.30	228.66	71.20	21.96	54.76	36.72
5-2-510	公称直径（mm） 150	个	510.37	278.24	82.90	34.92	68.43	45.88
5-2-511	公称直径（mm） 200	个	633.39	336.52	108.83	47.77	83.97	56.30
5-2-512	公称直径（mm） 250	个	910.75	448.81	185.62	82.42	116.07	77.83
5-2-513	公称直径（mm） 300	个	1064.17	534.65	198.83	99.30	138.52	92.87
5-2-514	公称直径（mm） 350	个	1235.17	617.72	233.43	116.16	160.35	107.51
5-2-515	公称直径（mm） 400	个	1440.78	715.40	278.12	136.37	186.11	124.78
5-2-516	公称直径（mm） 500	个	1840.56	934.07	334.81	169.04	241.03	161.61
5-2-517	公称直径（mm） 600	个	2217.39	1133.68	395.81	200.81	291.59	195.50
5-2-518	公称直径（mm） 700	个	2535.53	1295.19	437.53	241.81	335.83	225.17
5-2-519	公称直径（mm） 800	个	2895.01	1473.16	493.10	286.48	384.48	257.79
5-2-520	公称直径（mm） 900	个	3258.09	1644.84	547.97	340.59	433.82	290.87
5-2-521	公称直径（mm） 1000	个	3822.91	1912.90	656.13	407.08	506.92	339.88
5-2-522	公称直径（mm） 1200	个	4617.70	2326.56	777.75	486.59	614.67	412.13

5. 预制钢套钢复合保温管管件安装

（1）电弧焊

编号	项目名称	单位	基价	人工费	材料费	施工机具使用费	管理费	利润
5-2-523	公称直径（mm 以内） 65	个	193.87	125.43	10.47	8.93	29.36	19.68
5-2-524	公称直径（mm 以内） 80	个	226.97	147.08	12.02	10.39	34.41	23.07
5-2-525	公称直径（mm 以内） 100	个	274.74	164.65	14.15	26.26	41.71	27.97
5-2-526	公称直径（mm 以内） 125	个	343.60	202.76	19.29	34.83	51.91	34.81
5-2-527	公称直径（mm 以内） 150	个	424.18	247.72	25.19	44.58	63.87	42.82
5-2-528	公称直径（mm 以内） 200	个	528.29	304.51	35.83	56.27	78.83	52.85
5-2-529	公称直径（mm 以内） 250	个	713.28	410.89	52.22	73.40	105.82	70.95
5-2-530	公称直径（mm 以内） 300	个	873.79	491.18	60.95	104.31	130.11	87.24
5-2-531	公称直径（mm 以内） 350	个	1023.43	578.31	78.22	114.15	151.30	101.45
5-2-532	公称直径（mm 以内） 400	个	1209.51	683.21	98.57	130.67	177.83	119.23
5-2-533	公称直径（mm 以内） 450	个	1336.13	760.54	107.67	139.43	196.64	131.85
5-2-534	公称直径（mm 以内） 500	个	1618.81	917.97	118.74	180.98	240.12	161.00
5-2-535	公称直径（mm 以内） 600	个	1911.38	1088.54	151.65	200.64	281.69	188.86
5-2-536	公称直径（mm 以内） 700	个	2107.78	1171.61	175.99	243.62	309.23	207.33
5-2-537	公称直径（mm 以内） 800	个	2390.28	1328.67	234.63	250.56	345.06	231.36
5-2-538	公称直径（mm 以内） 900	个	2704.40	1519.59	263.39	268.70	390.74	261.98

（2）氩电联焊

编号	项目名称	单位	基价	人工费	材料费	施工机具使用费	管理费	利润
5-2-539	公称直径（mm 以内） 65	个	202.68	129.69	11.84	10.12	30.55	20.48
5-2-540	公称直径（mm 以内） 80	个	236.61	151.52	13.64	11.83	35.69	23.93
5-2-541	公称直径（mm 以内） 100	个	286.53	170.39	16.22	27.64	43.27	29.01
5-2-542	公称直径（mm 以内） 125	个	358.32	208.50	21.61	38.17	53.90	36.14
5-2-543	公称直径（mm 以内） 150	个	440.30	251.97	28.37	49.81	65.94	44.21
5-2-544	公称直径（mm 以内） 200	个	558.80	314.69	40.06	65.34	83.04	55.67
5-2-545	公称直径（mm 以内） 250	个	756.27	425.50	57.02	86.77	111.93	75.05
5-2-546	公称直径（mm 以内） 300	个	927.20	509.86	66.76	120.50	137.73	92.35
5-2-547	公称直径（mm 以内） 350	个	1080.02	603.29	79.98	129.34	160.08	107.33
5-2-548	公称直径（mm 以内） 400	个	1284.24	710.96	105.74	152.41	188.65	126.48
5-2-549	公称直径（mm 以内） 450	个	1425.40	795.50	116.80	163.18	209.47	140.45
5-2-550	公称直径（mm 以内） 500	个	1715.15	955.90	128.19	206.71	254.03	170.32
5-2-551	公称直径（mm 以内） 600	个	2001.05	1125.91	152.10	228.63	295.97	198.44
5-2-552	公称直径（mm 以内） 700	个	2269.36	1229.70	178.40	302.14	334.71	224.41
5-2-553	公称直径（mm 以内） 800	个	2583.09	1397.12	236.67	321.87	375.60	251.83
5-2-554	公称直径（mm 以内） 900	个	2911.86	1599.88	265.74	338.67	423.57	284.00

（3）外套管接口制作安装

编号	项目名称	单位	基价	人工费	材料费	施工机具使用费	管理费	利润
5-2-555	公称直径（mm 以内） 200	个	302.53	151.52	44.27	37.68	41.34	27.72
5-2-556	公称直径（mm 以内） 250	个	392.32	201.28	55.72	45.31	53.88	36.13
5-2-557	公称直径（mm 以内） 300	个	478.76	249.20	66.74	52.65	65.95	44.22
5-2-558	公称直径（mm 以内） 350	个	529.86	272.69	79.33	57.37	72.12	48.35
5-2-559	公称直径（mm 以内） 400	个	577.31	294.34	91.18	61.80	77.82	52.17
5-2-560	公称直径（mm 以内） 450	个	628.92	323.57	102.89	61.80	84.20	56.46
5-2-561	公称直径（mm 以内） 500	个	698.11	352.80	114.37	74.85	93.44	62.65
5-2-562	公称直径（mm 以内） 600	个	873.77	432.72	156.45	92.79	114.82	76.99
5-2-563	公称直径（mm 以内） 700	个	974.92	485.07	173.65	101.94	128.26	86.00
5-2-564	公称直径（mm 以内） 800	个	1111.10	562.40	194.60	109.03	146.71	98.36
5-2-565	公称直径（mm 以内） 900	个	1227.91	614.76	214.74	127.49	162.18	108.74
5-2-566	公称直径（mm 以内） 1000	个	1428.35	731.31	237.34	141.22	190.65	127.83
5-2-567	公称直径（mm 以内） 1200	个	1679.75	859.51	281.76	164.66	223.78	150.04
5-2-568	公称直径（mm 以内） 1400	个	1960.49	990.86	341.66	195.10	259.13	173.74

二、转换件安装

1. 承插式预应力混凝土转换件安装

编号	项目名称	单位	基价	人工费	材料费	施工机具使用费	管理费	利润
5-2-569	公称直径（mm 以内） 300	个	458.18	330.78	6.66	0.00	72.28	48.46
5-2-570	公称直径（mm 以内） 400	个	773.96	561.48	7.54	0.00	122.68	82.26
5-2-571	公称直径（mm 以内） 500	个	1070.04	776.26	10.45	0.00	169.61	113.72
5-2-572	公称直径（mm 以内） 600	个	1437.70	993.45	13.29	50.07	228.01	152.88
5-2-573	公称直径（mm 以内） 700	个	1607.09	1114.07	18.04	50.07	254.36	170.55
5-2-574	公称直径（mm 以内） 800	个	1775.76	1232.84	22.73	51.43	280.61	188.15
5-2-575	公称直径（mm 以内） 900	个	2063.33	1414.70	25.26	78.39	326.24	218.74
5-2-576	公称直径（mm 以内） 1000	个	2344.69	1598.40	30.64	96.87	370.42	248.36
5-2-577	公称直径（mm 以内） 1200	个	3046.03	2077.74	49.59	117.45	479.65	321.60
5-2-578	公称直径（mm 以内） 1400	个	3731.86	2556.89	68.54	126.86	586.40	393.17
5-2-579	公称直径（mm 以内） 1600	个	4440.00	3036.59	87.49	152.06	696.72	467.14
5-2-580	公称直径（mm 以内） 1800	个	5148.83	3516.11	106.44	177.95	807.15	541.18

三、阀 门 安 装

1. 法兰阀门安装

编号	项目名称	单位	基价	人工费	材料费	施工机具使用费	管理费	利润
5-2-581	公称直径（mm 以内） 50	个	33.32	23.87	0.73	0.00	5.22	3.50
5-2-582	公称直径（mm 以内） 65	个	58.51	42.18	0.93	0.00	9.22	6.18
5-2-583	公称直径（mm 以内） 80	个	60.20	43.11	1.35	0.00	9.42	6.32
5-2-584	公称直径（mm 以内） 100	个	88.12	63.27	1.76	0.00	13.82	9.27
5-2-585	公称直径（mm 以内） 125	个	107.44	76.96	2.39	0.00	16.82	11.27
5-2-586	公称直径（mm 以内） 150	个	110.23	78.63	2.90	0.00	17.18	11.52
5-2-587	公称直径（mm 以内） 200	个	146.61	104.90	3.42	0.00	22.92	15.37
5-2-588	公称直径（mm 以内） 250	个	217.74	156.70	3.84	0.00	34.24	22.96
5-2-589	公称直径（mm 以内） 300	个	353.92	162.25	4.15	93.99	55.99	37.54
5-2-590	公称直径（mm 以内） 350	个	433.16	168.17	5.60	145.06	68.44	45.89
5-2-591	公称直径（mm 以内） 400	个	497.08	213.86	7.16	145.06	78.42	52.58
5-2-592	公称直径（mm 以内） 450	个	547.37	243.65	8.40	151.20	86.27	57.85

续前

编号	项目名称	单位	基价	人工费	材料费	施工机具使用费	管理费	利润
5-2-593	公称直径（mm 以内） 500	个	636.84	265.11	8.61	195.13	100.56	67.43
5-2-594	公称直径（mm 以内） 600	个	774.16	321.72	8.71	239.05	122.53	82.15
5-2-595	公称直径（mm 以内） 700	个	930.08	384.43	10.68	289.12	147.17	98.68
5-2-596	公称直径（mm 以内） 800	个	1062.79	423.47	12.03	346.32	168.20	112.77
5-2-597	公称直径（mm 以内） 900	个	1144.66	438.45	13.49	390.25	181.07	121.40
5-2-598	公称直径（mm 以内） 1000	个	1325.10	484.33	13.59	476.48	209.94	140.76
5-2-599	公称直径（mm 以内） 1200	个	1575.58	549.27	15.14	593.91	249.78	167.48
5-2-600	公称直径（mm 以内） 1400	个	1874.63	587.19	22.41	769.75	296.49	198.79
5-2-601	公称直径（mm 以内） 1600	个	2349.98	682.10	25.41	1020.88	372.10	249.49
5-2-602	公称直径（mm 以内） 1800	个	2903.80	769.05	26.97	1338.52	460.50	308.76
5-2-603	公称直径（mm 以内） 2000	个	3393.02	860.62	30.08	1603.07	538.32	360.93
5-2-604	公称直径（mm 以内） 2200	个	3850.75	929.81	33.19	1866.94	611.09	409.72
5-2-605	公称直径（mm 以内） 2400	个	4284.94	981.06	36.30	2131.50	680.09	455.99

2. 低压齿轮、电动传动阀门安装

编号	项目名称	单位	基价	人工费	材料费	施工机具使用费	管理费	利润
5-2-606	公称直径（mm 以内） 250	个	286.99	179.64	6.64	25.74	44.88	30.09
5-2-607	公称直径（mm 以内） 300	个	314.00	189.44	7.52	35.09	49.06	32.89
5-2-608	公称直径（mm 以内） 400	个	508.92	301.92	11.10	62.78	79.69	53.43
5-2-609	公称直径（mm 以内） 500	个	656.28	356.13	12.83	115.26	103.00	69.06
5-2-610	公称直径（mm 以内） 600	个	845.68	440.12	13.38	169.62	133.23	89.33
5-2-611	公称直径（mm 以内） 700	个	1119.53	574.06	15.41	234.82	176.74	118.50
5-2-612	公称直径（mm 以内） 800	个	1341.79	694.49	17.21	275.90	212.03	142.16
5-2-613	公称直径（mm 以内） 900	个	1415.67	729.46	18.82	293.87	223.60	149.92
5-2-614	公称直径（mm 以内） 1000	个	1600.24	819.92	19.53	338.11	253.03	169.65
5-2-615	公称直径（mm 以内） 1200	个	1983.88	920.19	21.90	517.16	314.06	210.57

3. 中压齿轮、电动传动阀门安装

编号	项目名称	单位	基价	人工费	材料费	施工机具使用费	管理费	利润
5-2-616	公称直径（mm 以内） 250	个	315.26	200.36	6.64	25.74	49.40	33.12
5-2-617	公称直径（mm 以内） 300	个	367.80	228.85	7.52	35.09	57.67	38.67
5-2-618	公称直径（mm 以内） 400	个	552.35	333.74	11.10	62.78	86.64	58.09
5-2-619	公称直径（mm 以内） 500	个	712.58	397.38	12.83	115.26	112.01	75.10
5-2-620	公称直径（mm 以内） 600	个	917.39	492.66	13.38	169.62	144.71	97.02

4. 阀门水压试验

编号	项目名称	单位	基价	人工费	材料费	施工机具使用费	管理费	利润
5-2-621	公称直径（mm 以内） 50	个	59.44	15.54	34.91	2.43	3.93	2.63
5-2-622	公称直径（mm 以内） 100	个	78.66	19.06	49.09	2.61	4.73	3.17
5-2-623	公称直径（mm 以内） 150	个	102.48	28.68	58.57	3.49	7.03	4.71
5-2-624	公称直径（mm 以内） 200	个	161.12	38.11	104.34	3.49	9.09	6.09
5-2-625	公称直径（mm 以内） 300	个	217.85	54.02	139.34	3.49	12.57	8.43
5-2-626	公称直径（mm 以内） 400	个	306.88	98.61	165.38	5.05	22.65	15.19
5-2-627	公称直径（mm 以内） 600	个	496.59	195.36	222.21	5.65	43.92	29.45
5-2-628	公称直径（mm 以内） 800	个	830.30	384.62	295.67	7.05	85.58	57.38
5-2-629	公称直径（mm 以内） 1000	个	980.74	588.12	165.73	8.96	130.46	87.47
5-2-630	公称直径（mm 以内） 1200	个	1520.63	966.26	185.64	11.75	213.70	143.28

5. 阀门操纵装置安装

编号	项目名称	单位	基价	人工费	材料费	施工机具使用费	管理费	利润
5-2-631	阀门操纵装置安装	100kg	1908.92	1361.97	19.43	22.27	302.46	202.79

四、法 兰 安 装

1. 平 焊 法 兰

编号	项目名称	单位	基价	人工费	材料费	施工机具使用费	管理费	利润
5-2-632	公称直径（mm 以内） 50	副	71.86	45.51	3.19	4.80	10.99	7.37
5-2-633	公称直径（mm 以内） 65	副	81.83	50.51	4.75	5.96	12.34	8.27
5-2-634	公称直径（mm 以内） 80	副	92.16	56.24	6.01	6.87	13.79	9.25
5-2-635	公称直径（mm 以内） 100	副	108.63	64.75	8.06	8.93	16.10	10.79
5-2-636	公称直径（mm 以内） 125	副	118.05	69.93	9.70	9.45	17.34	11.63
5-2-637	公称直径（mm 以内） 150	副	153.79	91.21	12.32	12.43	22.65	15.18
5-2-638	公称直径（mm 以内） 200	副	229.91	125.25	23.53	25.94	33.04	22.15
5-2-639	公称直径（mm 以内） 250	副	318.09	168.17	38.65	36.55	44.73	29.99
5-2-640	公称直径（mm 以内） 300	副	395.64	210.90	45.92	45.31	55.98	37.53
5-2-641	公称直径（mm 以内） 350	副	446.75	232.55	63.91	47.92	61.28	41.09
5-2-642	公称直径（mm 以内） 400	副	507.79	264.55	72.83	54.10	69.63	46.68
5-2-643	公称直径（mm 以内） 450	副	580.25	304.33	81.42	61.11	79.85	53.54

续前

编号	项目名称	单位	基价	人工费	材料费	施工机具使用费	管理费	利润
5-2-644	公称直径（mm 以内） 500	副	645.85	340.03	89.22	67.76	89.10	59.74
5-2-645	公称直径（mm 以内） 600	副	694.41	366.86	100.86	67.98	95.01	63.70
5-2-646	公称直径（mm 以内） 700	副	857.68	452.70	123.84	84.91	117.47	78.76
5-2-647	公称直径（mm 以内） 800	副	994.13	528.18	141.20	96.68	136.53	91.54
5-2-648	公称直径（mm 以内） 900	副	1128.29	602.92	157.31	108.42	155.43	104.21
5-2-649	公称直径（mm 以内） 1000	副	1291.17	678.77	172.49	140.78	179.07	120.06
5-2-650	公称直径（mm 以内） 1200	副	1522.70	792.91	227.40	156.03	207.34	139.02
5-2-651	公称直径（mm 以内） 1400	副	1908.14	978.84	293.64	203.94	258.44	173.28
5-2-652	公称直径（mm 以内） 1600	副	2163.54	1099.27	369.96	214.71	287.10	192.50
5-2-653	公称直径（mm 以内） 1800	副	2925.40	1488.14	504.21	285.62	387.57	259.86
5-2-654	公称直径（mm 以内） 2000	副	3309.44	1692.20	558.56	323.10	440.34	295.24
5-2-655	公称直径（mm 以内） 2200	副	3916.97	1991.16	669.26	388.12	519.87	348.56
5-2-656	公称直径（mm 以内） 2400	副	4390.28	2239.80	730.34	441.47	585.86	392.81
5-2-657	公称直径（mm 以内） 2600	副	4882.73	2519.70	789.37	479.10	655.24	439.32
5-2-658	公称直径（mm 以内） 2800	副	5760.35	2953.90	926.29	587.54	773.80	518.82
5-2-659	公称直径（mm 以内） 3000	副	6421.46	3221.96	1064.83	702.31	857.45	574.91

2. 对 焊 法 兰

编号	项目名称	单位	基价	人工费	材料费	施工机具使用费	管理费	利润
5-2-660	公称直径（mm 以内） 50	副	94.81	60.31	4.16	6.10	14.51	9.73
5-2-661	公称直径（mm 以内） 65	副	117.63	72.15	6.11	9.55	17.85	11.97
5-2-662	公称直径（mm 以内） 80	副	131.06	79.37	7.60	11.08	19.76	13.25
5-2-663	公称直径（mm 以内） 100	副	152.38	90.65	9.70	13.88	22.84	15.31
5-2-664	公称直径（mm 以内） 125	副	194.30	114.70	13.38	17.84	28.96	19.42
5-2-665	公称直径（mm 以内） 150	副	239.91	140.23	18.19	22.20	35.49	23.80
5-2-666	公称直径（mm 以内） 200	副	260.13	143.75	28.90	25.65	37.01	24.82
5-2-667	公称直径（mm 以内） 250	副	333.76	190.37	39.83	24.96	47.05	31.55
5-2-668	公称直径（mm 以内） 300	副	413.67	242.91	45.24	27.00	58.98	39.54
5-2-669	公称直径（mm 以内） 350	副	592.14	349.28	65.58	36.48	84.29	56.51
5-2-670	公称直径（mm 以内） 400	副	689.39	405.15	72.84	46.54	98.69	66.17
5-2-671	公称直径（mm 以内） 450	副	788.66	462.32	82.92	54.71	112.97	75.74
5-2-672	公称直径（mm 以内） 500	副	947.11	569.99	90.76	57.37	137.08	91.91
5-2-673	公称直径（mm 以内） 600	副	1247.70	749.81	117.88	77.90	180.85	121.26
5-2-674	公称直径（mm 以内） 700	副	1562.33	958.12	133.38	88.73	228.74	153.36
5-2-675	公称直径（mm 以内） 800	副	2004.29	1242.28	168.18	102.86	293.91	197.06
5-2-676	公称直径（mm 以内） 900	副	2572.37	1606.91	221.38	115.43	376.33	252.32

3. 绝 缘 法 兰

编号	项目名称	单位	基价	人工费	材料费	施工机具使用费	管理费	利润
5-2-677	公称直径（mm 以内） 150	副	182.37	96.94	19.75	22.20	26.03	17.45
5-2-678	公称直径（mm 以内） 200	副	280.91	157.25	31.26	25.65	39.96	26.79
5-2-679	公称直径（mm 以内） 300	副	427.70	244.76	50.17	31.82	60.43	40.52
5-2-680	公称直径（mm 以内） 400	副	657.73	376.48	81.25	45.85	92.28	61.87
5-2-681	公称直径（mm 以内） 500	副	743.70	411.63	103.51	57.37	102.48	68.71
5-2-682	公称直径（mm 以内） 600	副	882.47	469.16	135.74	77.90	119.53	80.14
5-2-683	公称直径（mm 以内） 700	副	1043.71	560.92	156.94	88.73	141.95	95.17
5-2-684	公称直径（mm 以内） 800	副	1283.00	691.35	198.91	102.86	173.53	116.35
5-2-685	公称直径（mm 以内） 900	副	1485.20	782.00	260.21	115.43	196.09	131.47
5-2-686	公称直径（mm 以内） 1000	副	1675.13	850.45	320.85	141.70	216.78	145.35

五、盲（堵）板及套管制作安装

1. 盲（堵）板安装

编号	项目名称	单位	基价	人工费	材料费	施工机具使用费	管理费	利润
5-2-687	公称直径（mm 以内） 50	组	44.03	27.94	3.06	2.07	6.56	4.40
5-2-688	公称直径（mm 以内） 100	组	63.29	37.74	6.57	3.81	9.08	6.09
5-2-689	公称直径（mm 以内） 150	组	81.57	47.18	9.79	5.41	11.49	7.70
5-2-690	公称直径（mm 以内） 200	组	141.37	80.29	15.31	12.06	20.18	13.53
5-2-691	公称直径（mm 以内） 300	组	235.15	130.61	27.71	21.36	33.21	22.26
5-2-692	公称直径（mm 以内） 400	组	347.90	197.03	44.28	25.40	48.60	32.59
5-2-693	公称直径（mm 以内） 500	组	412.03	231.25	53.27	31.58	57.43	38.50
5-2-694	公称直径（mm 以内） 600	组	459.89	256.78	62.22	34.55	63.66	42.68
5-2-695	公称直径（mm 以内） 800	组	638.52	365.19	78.70	44.94	89.61	60.08
5-2-696	公称直径（mm 以内） 1000	组	935.90	470.64	95.68	144.90	134.50	90.18

2. 套管制作安装

编号	项目名称	单位	基价	人工费	材料费	施工机具使用费	管理费	利润
5-2-697	钢套管	t	4243.07	2985.16	147.99	14.90	655.51	439.51

六、法兰式水表组成与安装

1. 法兰水表（不带旁通管）

编号	项目名称	单位	基价	人工费	材料费	施工机具使用费	管理费	利润
5-2-698	公称直径（mm 以内） 100	组	442.30	229.77	103.77	18.24	54.19	36.33
5-2-699	公称直径（mm 以内） 150	组	676.52	360.94	156.22	20.23	83.29	55.84
5-2-700	公称直径（mm 以内） 200	组	998.65	513.19	237.33	44.55	121.87	81.71
5-2-701	公称直径（mm 以内） 250	组	1359.13	658.79	322.94	100.32	165.87	111.21
5-2-702	公称直径（mm 以内） 300	组	1569.86	773.86	353.59	117.18	194.69	130.54
5-2-703	公称直径（mm 以内） 400	组	2282.85	929.26	821.33	141.45	233.95	156.86

2. 法兰水表（带旁通管及止回阀）

编号	项目名称	单位	基价	人工费	材料费	施工机具使用费	管理费	利润
5-2-704	公称直径（mm 以内） 100	组	1297.10	439.01	510.79	137.04	125.87	84.39
5-2-705	公称直径（mm 以内） 150	组	1917.80	679.88	782.51	151.83	181.73	121.85
5-2-706	公称直径（mm 以内） 200	组	3283.66	1006.96	1453.10	334.11	293.02	196.47
5-2-707	公称直径（mm 以内） 250	组	4548.23	1264.11	2122.84	512.73	388.24	260.31
5-2-708	公称直径（mm 以内） 300	组	5614.18	1566.95	2637.35	613.88	476.51	319.49
5-2-709	公称直径（mm 以内） 400	组	8914.94	1880.90	5272.71	787.40	583.02	390.91

七、补偿器安装

1. 焊接钢套筒补偿器安装

编号	项目名称	单位	基价	人工费	材料费	施工机具使用费	管理费	利润
5-2-710	公称直径（mm 以内） 50	个	119.46	74.93	4.28	9.45	18.44	12.36
5-2-711	公称直径（mm 以内） 80	个	168.61	106.75	7.29	11.44	25.82	17.31
5-2-712	公称直径（mm 以内） 100	个	222.20	141.71	8.44	14.89	34.22	22.94
5-2-713	公称直径（mm 以内） 150	个	344.30	216.08	17.07	23.65	52.38	35.12
5-2-714	公称直径（mm 以内） 200	个	456.54	284.72	25.50	31.06	69.00	46.26
5-2-715	公称直径（mm 以内） 300	个	689.32	404.04	47.19	66.38	102.79	68.92
5-2-716	公称直径（mm 以内） 400	个	946.65	545.01	75.85	92.94	139.39	93.46
5-2-717	公称直径（mm 以内） 500	个	1135.82	649.91	92.85	114.17	166.95	111.94
5-2-718	公称直径（mm 以内） 600	个	1467.51	845.45	126.45	137.01	214.67	143.93
5-2-719	公称直径（mm 以内） 800	个	2094.99	1250.79	162.04	165.29	309.41	207.46
5-2-720	公称直径（mm 以内） 1000	个	2471.70	1457.43	198.80	207.70	363.83	243.94

2. 焊接法兰式波纹补偿器安装

编号	项目名称	单位	基价	人工费	材料费	施工机具使用费	管理费	利润
5-2-721	公称直径（mm 以内） 200	个	419.25	264.00	25.87	24.19	62.97	42.22
5-2-722	公称直径（mm 以内） 250	个	607.24	379.81	41.74	34.48	90.52	60.69
5-2-723	公称直径（mm 以内） 400	个	868.24	511.71	80.40	65.46	126.11	84.56
5-2-724	公称直径（mm 以内） 500	个	982.54	564.25	97.45	84.17	141.68	94.99
5-2-725	公称直径（mm 以内） 600	个	1134.94	651.57	116.04	94.88	163.10	109.35
5-2-726	公称直径（mm 以内） 800	个	1607.51	950.53	149.91	117.31	233.32	156.44
5-2-727	公称直径（mm 以内） 1000	个	1944.73	1141.08	182.52	149.92	282.08	189.13

八、除污器组成安装

1. 除污器组成安装（带调温、调压装置）

编号	项目名称	单位	基价	人工费	材料费	施工机具使用费	管理费	利润
5-2-728	公称直径（mm 以内） 50	组	1468.43	603.84	565.16	57.90	144.59	96.94
5-2-729	公称直径（mm 以内） 65	组	1805.07	770.71	652.54	73.63	184.49	123.70
5-2-730	公称直径（mm 以内） 80	组	2115.26	922.04	735.25	88.96	220.90	148.11
5-2-731	公称直径（mm 以内） 100	组	2556.07	1185.67	783.59	112.85	283.73	190.23
5-2-732	公称直径（mm 以内） 150	组	3879.27	1827.62	1148.37	173.04	437.14	293.10

2. 除污器组成安装（不带调温、调压装置）

编号	项目名称	单位	基价	人工费	材料费	施工机具使用费	管理费	利润
5-2-733	公称直径（mm 以内） 50	组	985.89	540.57	175.47	53.14	129.73	86.98
5-2-734	公称直径（mm 以内） 65	组	1245.25	688.20	213.68	67.53	165.13	110.71
5-2-735	公称直径（mm 以内） 80	组	1483.48	823.07	248.77	81.48	197.64	132.52
5-2-736	公称直径（mm 以内） 100	组	1890.44	1057.09	306.37	103.40	253.57	170.01
5-2-737	公称直径（mm 以内） 150	组	2904.99	1625.97	469.55	158.23	389.85	261.39

3. 除污器安装

编号	项目名称	单位	基价	人工费	材料费	施工机具使用费	管理费	利润
5-2-738	公称直径（mm 以内） 200	组	864.06	508.38	130.58	28.97	117.41	78.72
5-2-739	公称直径（mm 以内） 250	组	1229.52	728.90	180.98	39.26	167.84	112.54
5-2-740	公称直径（mm 以内） 300	组	1574.56	967.37	189.15	47.58	221.77	148.69
5-2-741	公称直径（mm 以内） 350	组	2402.49	1529.03	246.56	50.40	345.11	231.39
5-2-742	公称直径（mm 以内） 400	组	3357.75	2185.59	296.77	56.89	489.98	328.52

九、凝水缸制作、安装

1. 低压碳钢凝水缸制作

编号	项目名称	单位	基价	人工费	材料费	施工机具使用费	管理费	利润
5-2-743	公称直径（mm 以内） 80	个	623.81	279.72	174.70	49.30	71.89	48.20
5-2-744	公称直径（mm 以内） 100	个	678.89	306.92	187.15	53.33	78.71	52.78
5-2-745	公称直径（mm 以内） 150	个	921.58	460.84	212.34	58.75	113.53	76.12
5-2-746	公称直径（mm 以内） 200	个	1007.79	481.56	258.27	67.54	119.98	80.44
5-2-747	公称直径（mm 以内） 250	个	1092.52	507.27	296.69	75.76	127.39	85.41
5-2-748	公称直径（mm 以内） 300	个	1462.11	572.39	514.61	121.75	151.67	101.69
5-2-749	公称直径（mm 以内） 400	个	1760.46	735.75	578.63	130.06	189.18	126.84
5-2-750	公称直径（mm 以内） 500	个	2403.81	957.01	839.17	189.24	250.46	167.93

2. 中压碳钢凝水缸制作

编号	项目名称	单位	基价	人工费	材料费	施工机具使用费	管理费	利润
5-2-751	公称直径（mm 以内） 80	个	782.75	335.22	244.13	59.37	86.22	57.81
5-2-752	公称直径（mm 以内） 100	个	859.79	367.41	271.64	63.47	94.15	63.12
5-2-753	公称直径（mm 以内） 150	个	1173.54	553.15	313.51	76.91	137.67	92.30
5-2-754	公称直径（mm 以内） 200	个	1267.26	577.02	359.86	87.74	145.25	97.39
5-2-755	公称直径（mm 以内） 250	个	1376.25	607.36	414.54	97.19	153.94	103.22
5-2-756	公称直径（mm 以内） 300	个	1710.64	683.21	571.86	151.06	182.29	122.22
5-2-757	公称直径（mm 以内） 400	个	1945.42	880.42	601.92	103.83	215.06	144.19
5-2-758	公称直径（mm 以内） 500	个	2699.06	1145.89	942.82	140.73	281.13	188.49
5-2-759	公称直径（mm 以内） 600	个	3172.95	1333.48	1125.39	166.56	327.76	219.76

3. 低压碳钢凝水缸安装

编号	项目名称	单位	基价	人工费	材料费	施工机具使用费	管理费	利润
5-2-760	公称直径（mm 以内） 80	组	372.68	181.12	84.94	29.68	46.06	30.88
5-2-761	公称直径（mm 以内） 100	组	418.58	208.31	88.21	33.72	52.88	35.46
5-2-762	公称直径（mm 以内） 150	组	576.46	319.50	91.49	35.79	77.63	52.05
5-2-763	公称直径（mm 以内） 200	组	605.76	324.31	101.32	45.24	80.75	54.14
5-2-764	公称直径（mm 以内） 250	组	639.48	335.22	118.38	46.54	83.41	55.93
5-2-765	公称直径（mm 以内） 300	组	764.99	373.52	128.19	93.00	101.93	68.35
5-2-766	公称直径（mm 以内） 400	组	926.80	459.36	157.10	104.52	123.21	82.61
5-2-767	公称直径（mm 以内） 500	组	1097.33	592.56	176.68	81.91	147.37	98.81
5-2-768	公称直径（mm 以内） 600	组	1376.84	789.77	187.00	81.91	190.46	127.70
5-2-769	公称直径（mm 以内） 700	组	1640.06	936.10	222.64	102.30	226.89	152.13
5-2-770	公称直径（mm 以内） 800	组	1930.48	1101.68	240.00	136.77	270.60	181.43
5-2-771	公称直径（mm 以内） 900	组	2250.98	1304.99	260.53	153.21	318.62	213.63
5-2-772	公称直径（mm 以内） 1000	组	2684.80	1557.33	328.65	168.78	377.16	252.88
5-2-773	公称直径（mm 以内） 1200	组	3187.93	1867.76	377.59	191.10	449.86	301.62

4. 中压碳钢凝水缸安装

编号	项目名称	单位	基价	人工费	材料费	施工机具使用费	管理费	利润
5-2-774	公称直径（mm 以内） 80	组	786.46	188.33	485.67	32.03	48.15	32.28
5-2-775	公称直径（mm 以内） 100	组	841.52	220.15	491.80	36.06	55.98	37.53
5-2-776	公称直径（mm 以内） 150	组	1031.77	355.20	494.88	38.13	85.94	57.62
5-2-777	公称直径（mm 以内） 200	组	1060.73	359.83	504.61	47.58	89.02	59.69
5-2-778	公称直径（mm 以内） 250	组	1098.00	372.78	522.43	48.89	92.13	61.77
5-2-779	公称直径（mm 以内） 300	组	1233.39	419.03	531.27	95.34	112.39	75.36
5-2-780	公称直径（mm 以内） 400	组	1416.67	520.59	560.20	106.86	137.10	91.92
5-2-781	公称直径（mm 以内） 500	组	1688.96	680.99	579.79	131.59	177.55	119.04
5-2-782	公称直径（mm 以内） 600	组	1891.73	813.08	590.00	140.57	208.37	139.71
5-2-783	公称直径（mm 以内） 700	组	2195.84	984.57	625.53	165.84	251.36	168.54
5-2-784	公称直径（mm 以内） 800	组	2543.11	1183.45	642.93	208.62	304.17	203.94
5-2-785	公称直径（mm 以内） 900	组	2928.66	1428.02	663.47	231.46	362.60	243.11
5-2-786	公称直径（mm 以内） 1000	组	3482.85	1733.27	731.60	282.30	440.40	295.28
5-2-787	公称直径（mm 以内） 1200	组	4090.97	2103.45	780.55	321.77	529.91	355.29

5. 低压铸铁凝水缸安装（机械接口）

编号	项目名称	单位	基价	人工费	材料费	施工机具使用费	管理费	利润
5-2-788	公称直径（mm 以内） 100	组	526.75	281.57	142.41	0.00	61.52	41.25
5-2-789	公称直径（mm 以内） 150	组	640.78	349.65	163.51	0.00	76.40	51.22
5-2-790	公称直径（mm 以内） 200	组	717.74	397.38	175.31	0.00	86.83	58.22
5-2-791	公称直径（mm 以内） 300	组	855.86	432.35	214.28	37.67	102.70	68.86
5-2-792	公称直径（mm 以内） 400	组	1026.21	518.37	267.22	37.67	121.49	81.46
5-2-793	公称直径（mm 以内） 500	组	1301.45	650.46	337.63	55.64	154.28	103.44
5-2-794	公称直径（mm 以内） 600	组	1573.07	794.76	400.02	64.62	187.77	125.90

6. 中压铸铁凝水缸安装（机械接口）

编号	项目名称	单位	基价	人工费	材料费	施工机具使用费	管理费	利润
5-2-795	公称直径（mm 以内） 100	组	2037.09	1075.96	563.83	3.35	235.83	158.12
5-2-796	公称直径（mm 以内） 150	组	2199.86	1179.75	584.93	3.35	258.51	173.32
5-2-797	公称直径（mm 以内） 200	组	2307.37	1249.86	596.73	3.35	273.83	183.60
5-2-798	公称直径（mm 以内） 300	组	2464.68	1298.89	635.70	41.02	292.77	196.30
5-2-799	公称直径（mm 以内） 400	组	2682.51	1419.69	688.64	41.02	319.17	213.99
5-2-800	公称直径（mm 以内） 500	组	3028.96	1603.95	759.05	58.99	363.35	243.62
5-2-801	公称直径（mm 以内） 600	组	3377.35	1804.49	821.44	67.97	409.13	274.32

十、调压器安装

1. 雷诺调压器

编号	项目名称	单位	基价	人工费	材料费	施工机具使用费	管理费	利润
5-2-802	雷诺调压器 LN100	组	2108.71	1438.38	44.29	74.01	330.46	221.57
5-2-803	雷诺调压器 LN150	组	2750.56	1883.30	74.26	77.36	428.40	287.24
5-2-804	雷诺调压器 LN200	组	3635.62	2477.71	122.02	96.36	562.43	377.10
5-2-805	雷诺调压器 LN300	组	5695.33	3925.52	177.74	116.67	883.22	592.18

2. T 型调压器

编号	项目名称	单位	基价	人工费	材料费	施工机具使用费	管理费	利润
5-2-806	T 型调压器 TMJ314	组	913.34	586.45	36.95	55.59	140.29	94.06
5-2-807	T 型调压器 TMJ316	组	1244.80	801.05	62.53	65.08	189.25	126.89
5-2-808	T 型调压器 TMJ318	组	1544.34	974.40	107.89	77.94	229.94	154.17
5-2-809	T 型调压器 TMJ439	组	2194.95	1385.84	160.78	104.39	325.62	218.32

3. 箱式调压器

编号	项目名称	单位	基价	人工费	材料费	施工机具使用费	管理费	利润
5-2-810	箱式调压器 24	组	270.37	177.97	17.18	7.52	40.53	27.17
5-2-811	箱式调压器 40	组	411.83	273.62	26.28	8.83	61.72	41.38
5-2-812	箱式调压器 50	组	528.55	351.32	35.10	10.18	78.99	52.96

4. 成品调压柜

编号	项目名称	单位	基价	人工费	材料费	施工机具使用费	管理费	利润
5-2-813	成品调压柜	台	1316.64	612.17	0.00	352.40	210.76	141.31

十一、鬃毛过滤器安装

编号	项目名称	单位	基价	人工费	材料费	施工机具使用费	管理费	利润
5-2-814	公称直径（mm 以内） 100	组	161.16	76.22	19.23	27.76	22.72	15.23
5-2-815	公称直径（mm 以内） 150	组	257.55	117.85	36.08	44.40	35.45	23.77
5-2-816	公称直径（mm 以内） 200	组	346.01	166.87	55.95	45.63	46.43	31.13
5-2-817	公称直径（mm 以内） 300	组	494.17	233.66	88.48	63.55	64.94	43.54
5-2-818	公称直径（mm 以内） 400	组	837.05	416.44	143.54	91.63	111.01	74.43

十二、萘油分离器安装

编号	项目名称	单位	基价	人工费	材料费	施工机具使用费	管理费	利润
5-2-819	公称直径（mm 以内） 100	组	283.05	163.73	16.45	31.58	42.68	28.61
5-2-820	公称直径（mm 以内） 150	组	372.81	204.98	32.41	44.40	54.49	36.53
5-2-821	公称直径（mm 以内） 200	组	433.48	233.66	51.10	46.47	61.21	41.04
5-2-822	公称直径（mm 以内） 300	组	616.04	318.02	82.96	72.52	85.33	57.21

十三、安全水封、检漏管安装

编号	项目名称	单位	基价	人工费	材料费	施工机具使用费	管理费	利润
5-2-823	安全水封安装(公称直径 mm 以内） 200	组	439.90	163.54	144.85	52.61	47.23	31.67
5-2-824	安全水封安装(公称直径 mm 以内） 300	组	644.25	278.80	156.31	78.66	78.11	52.37
5-2-825	检漏管安装	组	425.72	275.84	48.75	0.33	60.34	40.46

十四、附　　件

1. 给水附件安装

（1）分水栓安装

编号	项目名称	单位	基价	人工费	材料费	施工机具使用费	管理费	利润
5-2-826	公称直径（mm 以内） 20	个	406.44	287.12	14.52	0.00	62.74	42.06
5-2-827	公称直径（mm 以内） 25	个	460.19	316.91	27.61	0.00	69.24	46.43
5-2-828	公称直径（mm 以内） 32	个	506.52	351.87	26.22	0.00	76.88	51.55
5-2-829	公称直径（mm 以内） 40	个	566.97	390.17	34.39	0.00	85.25	57.16
5-2-830	公称直径（mm 以内） 50	个	649.35	439.56	49.35	0.00	96.04	64.40

（2）马鞍卡子安装

编号	项目名称	单位	基价	人工费	材料费	施工机具使用费	管理费	利润
5-2-831	公称直径（mm 以内） 100	个	384.84	242.72	19.58	24.87	58.47	39.20
5-2-832	公称直径（mm 以内） 150	个	424.25	267.70	21.43	27.41	64.48	43.23
5-2-833	公称直径（mm 以内） 200	个	503.50	322.64	25.68	27.41	76.49	51.28
5-2-834	公称直径（mm 以内） 300	个	597.12	378.70	36.91	31.71	89.67	60.13
5-2-835	公称直径（mm 以内） 400	个	891.91	590.71	42.31	31.71	136.00	91.18
5-2-836	公称直径（mm 以内） 500	个	985.58	646.58	50.82	38.23	149.63	100.32
5-2-837	公称直径（mm 以内） 600	个	1228.54	807.90	64.95	44.55	186.26	124.88
5-2-838	公称直径（mm 以内） 700	个	1533.12	969.03	72.60	100.95	233.79	156.75
5-2-839	公称直径（mm 以内） 800	个	1821.47	1165.50	83.85	107.48	278.15	186.49
5-2-840	公称直径（mm 以内） 900	个	2198.29	1396.38	102.05	139.33	335.55	224.98
5-2-841	公称直径（mm 以内） 1000	个	2563.86	1627.82	119.41	162.99	391.29	262.35

（3）铸铁穿墙管安装

编号	项目名称	单位	基价	人工费	材料费	施工机具使用费	管理费	利润
5-2-842	公称直径（mm 以内） 法兰 *DN*100	个	583.93	381.47	63.22	0.00	83.35	55.89
5-2-843	公称直径（mm 以内） 承口 *DN*100	个	376.91	260.30	21.60	0.00	56.88	38.13
5-2-844	公称直径（mm 以内） 法兰 *DN*150	个	640.05	421.06	65.30	0.00	92.00	61.69
5-2-845	公称直径（mm 以内） 承口 *DN*150	个	496.02	346.51	23.04	0.00	75.71	50.76
5-2-846	公称直径（mm 以内） 法兰 *DN*200	个	786.64	527.62	66.44	0.00	115.28	77.30
5-2-847	公称直径（mm 以内） 承口 *DN*200	个	638.65	449.74	24.75	0.00	98.27	65.89
5-2-848	公称直径（mm 以内） 法兰 *DN*300	个	1106.64	729.46	92.15	13.76	162.39	108.88
5-2-849	公称直径（mm 以内） 承口 *DN*300	个	859.93	592.56	32.30	13.76	132.48	88.83
5-2-850	公称直径（mm 以内） 法兰 *DN*400	个	1521.00	1004.55	118.73	22.75	224.47	150.50
5-2-851	公称直径（mm 以内） 承口 *DN*400	个	1255.61	869.32	37.93	22.75	194.92	130.69
5-2-852	公称直径（mm 以内） 法兰 *DN*500	个	2092.36	1373.26	150.60	49.28	310.82	208.40
5-2-853	公称直径（mm 以内） 承口 *DN*500	个	1687.06	1149.04	51.36	49.28	261.83	175.55
5-2-854	公称直径（mm 以内） 法兰 *DN*600	个	2338.12	1527.36	160.98	67.62	348.50	233.66

续前

编号	项目名称	单位	基价	人工费	材料费	施工机具使用费	管理费	利润
5-2-855	公称直径（mm 以内） 承口 *DN*600	个	1983.74	1344.40	56.33	67.62	308.53	206.86
5-2-856	公称直径（mm 以内） 法兰 *DN*700	个	2690.54	1735.49	220.97	73.72	395.31	265.05
5-2-857	公称直径（mm 以内） 承口 *DN*700	个	2257.25	1508.12	98.04	73.72	345.63	231.74
5-2-858	公称直径（mm 以内） 法兰 *DN*800	个	2906.94	1889.78	224.91	75.08	429.32	287.85
5-2-859	公称直径（mm 以内） 承口 *DN*800	个	2537.22	1708.11	103.16	75.08	389.63	261.24
5-2-860	公称直径（mm 以内） 法兰 *DN*900	个	3333.25	2147.11	258.60	105.38	492.17	329.99
5-2-861	公称直径（mm 以内） 承口 *DN*900	个	3066.00	2055.17	116.85	105.38	472.08	316.52
5-2-862	公称直径（mm 以内） 法兰 *DN*1000	个	3518.96	2261.63	262.75	123.87	521.23	349.48
5-2-863	公称直径（mm 以内） 承口 *DN*1000	个	3378.54	2258.11	127.14	123.87	520.46	348.96
5-2-864	公称直径（mm 以内） 法兰 *DN*1200	个	4726.25	3099.12	293.22	148.52	709.61	475.78
5-2-865	公称直径（mm 以内） 承口 *DN*1200	个	4450.13	3010.14	138.56	148.52	690.17	462.74

2. 燃气与集中供热附件安装

（1）挖 眼 接 管

① 挖眼接管（电弧焊）

编号	项目名称	单位	基价	人工费	材料费	施工机具使用费	管理费	利润
5-2-866	管外径 × 壁厚（mm × mm 以内） 219 × 5	个	96.73	51.80	14.16	8.69	13.22	8.86
5-2-867	管外径 × 壁厚（mm × mm 以内） 219 × 6	个	103.81	55.13	16.37	8.93	14.00	9.38
5-2-868	管外径 × 壁厚（mm × mm 以内） 219 × 7	个	114.35	59.76	19.23	9.92	15.23	10.21
5-2-869	管外径 × 壁厚（mm × mm 以内） 273 × 6	个	129.50	66.42	23.72	11.08	16.93	11.35
5-2-870	管外径 × 壁厚（mm × mm 以内） 273 × 7	个	141.19	73.08	24.67	12.28	18.65	12.51
5-2-871	管外径 × 壁厚（mm × mm 以内） 273 × 8	个	149.01	76.04	27.61	12.90	19.43	13.03
5-2-872	管外径 × 壁厚（mm × mm 以内） 325 × 6	个	157.26	82.70	26.97	12.75	20.86	13.98
5-2-873	管外径 × 壁厚（mm × mm 以内） 325 × 7	个	171.14	89.36	29.07	14.72	22.74	15.25

续前

编号	项目名称	单位	基价	人工费	材料费	施工机具使用费	管理费	利润
5-2-874	管外径 × 壁厚（mm × mm 以内） 325 × 8	个	178.67	92.13	31.79	15.48	23.51	15.76
5-2-875	管外径 × 壁厚（mm × mm 以内） 377 × 8	个	204.26	105.27	36.08	17.94	26.92	18.05
5-2-876	管外径 × 壁厚（mm × mm 以内） 377 × 9	个	215.89	109.89	40.16	18.85	28.13	18.86
5-2-877	管外径 × 壁厚（mm × mm 以内） 377 × 10	个	225.90	113.41	44.42	19.54	29.05	19.48
5-2-878	管外径 × 壁厚（mm × mm 以内） 426 × 8	个	230.68	118.22	43.08	19.22	30.03	20.13
5-2-879	管外径 × 壁厚（mm × mm 以内） 426 × 9	个	241.95	123.21	44.71	21.29	31.57	21.17
5-2-880	管外径 × 壁厚（mm × mm 以内） 426 × 10	个	254.11	127.84	49.51	22.05	32.75	21.96
5-2-881	管外径 × 壁厚（mm × mm 以内） 478 × 8	个	260.10	134.50	48.59	20.45	33.86	22.70
5-2-882	管外径 × 壁厚（mm × mm 以内） 478 × 9	个	281.83	141.16	56.32	24.05	36.10	24.20
5-2-883	管外径 × 壁厚（mm × mm 以内） 478 × 10	个	289.77	144.12	59.08	24.88	36.93	24.76
5-2-884	管外径 × 壁厚（mm × mm 以内） 529 × 8	个	288.25	148.56	53.18	23.65	37.63	25.23
5-2-885	管外径 × 壁厚（mm × mm 以内） 529 × 9	个	304.23	155.40	58.78	24.42	39.29	26.34
5-2-886	管外径 × 壁厚（mm × mm 以内） 529 × 10	个	321.21	160.21	64.72	27.69	41.06	27.53
5-2-887	管外径 × 壁厚（mm × mm 以内） 630 × 8	个	353.70	182.97	66.95	27.10	45.90	30.78
5-2-888	管外径 × 壁厚（mm × mm 以内） 630 × 9	个	384.66	189.63	75.92	36.55	49.42	33.14
5-2-889	管外径 × 壁厚（mm × mm 以内） 630 × 10	个	396.51	192.59	82.89	37.17	50.20	33.66
5-2-890	管外径 × 壁厚（mm × mm 以内） 720 × 8	个	415.78	210.16	78.18	37.17	54.04	36.23
5-2-891	管外径 × 壁厚（mm × mm 以内） 720 × 9	个	436.63	215.16	85.75	41.89	56.17	37.66
5-2-892	管外径 × 壁厚（mm × mm 以内） 720 × 10	个	452.39	220.15	93.67	42.65	57.42	38.50
5-2-893	管外径 × 壁厚（mm × mm 以内） 820 × 9	个	494.31	242.72	97.79	47.77	63.47	42.56
5-2-894	管外径 × 壁厚（mm × mm 以内） 820 × 10	个	513.40	249.20	106.79	48.68	65.09	43.64
5-2-895	管外径 × 壁厚（mm × mm 以内） 820 × 12	个	554.83	262.52	126.17	51.51	68.62	46.01
5-2-896	管外径 × 壁厚（mm × mm 以内） 920 × 9	个	553.74	271.95	112.65	51.19	70.61	47.34

续前

编号	项目名称	单位	基价	人工费	材料费	施工机具使用费	管理费	利润
5-2-897	管外径 × 壁厚（mm × mm 以内） 920 × 10	个	567.27	276.76	119.51	51.27	71.67	48.06
5-2-898	管外径 × 壁厚（mm × mm 以内） 920 × 12	个	618.20	291.56	141.36	57.77	76.33	51.18
5-2-899	管外径 × 壁厚（mm × mm 以内） 1020 × 10	个	625.69	306.18	132.13	55.40	79.01	52.97
5-2-900	管外径 × 壁厚（mm × mm 以内） 1020 × 12	个	684.04	322.46	156.40	64.09	84.46	56.63
5-2-901	管外径 × 壁厚（mm × mm 以内） 1020 × 14	个	773.92	357.98	182.92	74.99	94.60	63.43

② 挖眼接管（氩电联焊）

编号	项目名称	单位	基价	人工费	材料费	施工机具使用费	管理费	利润
5-2-902	管外径 × 壁厚（mm × mm 以内） 219 × 5	个	111.56	50.14	17.17	19.01	15.11	10.13
5-2-903	管外径 × 壁厚（mm × mm 以内） 219 × 6	个	118.52	53.47	19.38	19.16	15.87	10.64
5-2-904	管外径 × 壁厚（mm × mm 以内） 219 × 7	个	129.66	58.46	22.23	20.24	17.20	11.53
5-2-905	管外径 × 壁厚（mm × mm 以内） 273 × 6	个	144.39	59.76	27.34	25.99	18.74	12.56
5-2-906	管外径 × 壁厚（mm × mm 以内） 273 × 7	个	156.01	66.42	28.28	27.15	20.45	13.71
5-2-907	管外径 × 壁厚（mm × mm 以内） 273 × 8	个	164.27	69.75	31.20	27.74	21.30	14.28
5-2-908	管外径 × 壁厚（mm × mm 以内） 325 × 6	个	177.89	79.37	30.58	28.55	23.58	15.81
5-2-909	管外径 × 壁厚（mm × mm 以内） 325 × 7	个	191.77	86.03	32.68	30.52	25.47	17.07
5-2-910	管外径 × 壁厚（mm × mm 以内） 325 × 8	个	200.07	89.36	35.40	31.28	26.36	17.67
5-2-911	管外径 × 壁厚（mm × mm 以内） 377 × 8	个	277.31	139.49	39.68	34.60	38.04	25.50
5-2-912	管外径 × 壁厚（mm × mm 以内） 377 × 9	个	288.86	144.12	43.76	35.44	39.23	26.31
5-2-913	管外径 × 壁厚（mm × mm 以内） 377 × 10	个	298.61	147.45	48.03	36.13	40.11	26.89
5-2-914	管外径 × 壁厚（mm × mm 以内） 426 × 8	个	258.00	116.55	47.18	37.89	33.75	22.63
5-2-915	管外径 × 壁厚（mm × mm 以内） 426 × 9	个	271.39	123.21	48.80	39.86	35.63	23.89
5-2-916	管外径 × 壁厚（mm × mm 以内） 426 × 10	个	281.37	126.17	53.61	40.69	36.46	24.44
5-2-917	管外径 × 壁厚（mm × mm 以内） 478 × 8	个	294.38	132.65	55.60	42.28	38.22	25.63

续前

编号	项目名称	单位	基价	人工费	材料费	施工机具使用费	管理费	利润
5-2-918	管外径×壁厚（mm×mm 以内） 478×9	个	313.66	139.49	60.64	45.87	40.50	27.16
5-2-919	管外径×壁厚（mm×mm 以内） 478×10	个	321.86	142.64	63.40	46.71	41.37	27.74
5-2-920	管外径×壁厚（mm×mm 以内） 529×8	个	327.59	147.45	60.72	48.06	42.72	28.64
5-2-921	管外径×壁厚（mm×mm 以内） 529×9	个	340.21	153.74	63.60	48.90	44.28	29.69
5-2-922	管外径×壁厚（mm×mm 以内） 529×10	个	357.33	158.73	69.54	52.10	46.07	30.89

（2）钢 管 煨 弯

① 钢管煨弯（机械煨弯）

编号	项目名称	单位	基价	人工费	材料费	施工机具使用费	管理费	利润
5-2-923	管外径（mm 以内） 57	个	15.58	9.81	0.39	1.32	2.43	1.63
5-2-924	管外径（mm 以内） 76	个	29.87	18.87	1.02	2.26	4.62	3.10
5-2-925	管外径（mm 以内） 89	个	38.42	24.61	1.10	2.73	5.97	4.01
5-2-926	管外径（mm 以内） 108	个	54.27	35.34	1.46	3.35	8.45	5.67

② 钢管煨弯（中频弯管机煨弯）

编号	项目名称	单位	基价	人工费	材料费	施工机具使用费	管理费	利润
5-2-927	公称直径（mm 以内） 100	个	87.48	40.15	26.51	4.52	9.76	6.54
5-2-928	公称直径（mm 以内） 150	个	98.39	46.44	27.86	5.23	11.29	7.57
5-2-929	公称直径（mm 以内） 200	个	130.49	64.94	29.21	9.26	16.21	10.87
5-2-930	公称直径（mm 以内） 250	个	161.38	81.96	33.56	11.68	20.46	13.72
5-2-931	公称直径（mm 以内） 300	个	226.51	123.03	37.33	15.57	30.28	20.30
5-2-932	公称直径（mm 以内） 350	个	321.13	182.04	40.91	23.25	44.86	30.07
5-2-933	公称直径（mm 以内） 400	个	365.43	208.50	44.49	26.62	51.37	34.45
5-2-934	公称直径（mm 以内） 450	个	461.42	271.95	47.84	31.04	66.20	44.39
5-2-935	公称直径（mm 以内） 500	个	728.35	449.18	51.73	46.51	108.31	72.62

（3）钢塑过渡接头安装

① 钢塑过渡接头安装（焊接）

编号	项目名称	单位	基价	人工费	材料费	施工机具使用费	管理费	利润
5-2-936	管外径（mm 以内） 57×50	个	58.91	37.19	2.33	4.26	9.06	6.07
5-2-937	管外径（mm 以内） 108×75	个	101.71	63.09	4.40	8.20	15.58	10.44

续前

编号	项目名称	单位	基价	人工费	材料费	施工机具使用费	管理费	利润
5-2-938	管外径（mm 以内） 108 × 90	个	113.98	71.23	4.45	9.01	17.53	11.76
5-2-939	管外径（mm 以内） 108 × 110	个	125.50	77.70	4.45	10.98	19.38	12.99
5-2-940	管外径（mm 以内） 159 × 125	个	143.63	82.70	7.54	17.00	21.78	14.61
5-2-941	管外径（mm 以内） 159 × 150	个	153.69	87.69	7.54	19.38	23.39	15.69

② 钢塑过渡接头安装（法兰连接）

编号	项目名称	单位	基价	人工费	材料费	施工机具使用费	管理费	利润
5-2-942	管外径（mm 以内） 200	个	204.99	114.89	14.28	24.82	30.53	20.47
5-2-943	管外径（mm 以内） 250	个	280.72	155.40	23.22	33.24	41.22	27.64
5-2-944	管外径（mm 以内） 315	个	377.38	212.01	27.80	44.09	55.96	37.52
5-2-945	管外径（mm 以内） 400	个	571.07	323.57	44.71	62.04	84.26	56.49

（4）防雨环帽制作、安装

编号	项目名称	单位	基价	人工费	材料费	施工机具使用费	管理费	利润
5-2-946	制作（重量 kg 以内） 20	100kg	592.90	365.56	42.52	37.65	88.10	59.07
5-2-947	制作（重量 kg 以内） 50	100kg	512.50	306.92	49.19	32.50	74.16	49.73
5-2-948	制作（重量 kg 以内） 100	100kg	452.68	275.10	40.00	27.23	66.06	44.29
5-2-949	制作（重量 kg 以内） 200	100kg	391.73	236.80	36.91	23.14	56.80	38.08
5-2-950	安装	100kg	356.57	216.08	16.40	33.13	54.45	36.51

（5）平面法兰式伸缩套安装

编号	项目名称	单位	基价	人工费	材料费	施工机具使用费	管理费	利润
5-2-951	公称直径（mm 以内） 80	个	147.13	107.12	0.91	0.00	23.41	15.69
5-2-952	公称直径（mm 以内） 100	个	153.91	111.74	1.38	0.00	24.42	16.37
5-2-953	公称直径（mm 以内） 150	个	158.34	114.89	1.52	0.00	25.10	16.83
5-2-954	公称直径（mm 以内） 200	个	163.07	118.22	1.70	0.00	25.83	17.32
5-2-955	公称直径（mm 以内） 250	个	196.92	142.64	2.21	0.00	31.17	20.90
5-2-956	公称直径（mm 以内） 300	个	229.81	166.69	2.28	0.00	36.42	24.42
5-2-957	公称直径（mm 以内） 350	个	294.39	213.68	2.72	0.00	46.69	31.30
5-2-958	公称直径（mm 以内） 400	个	356.87	259.19	3.08	0.00	56.63	37.97

（6）铸铁管连接套接头

编号	项目名称	单位	基价	人工费	材料费	施工机具使用费	管理费	利润
5-2-959	公称直径（mm 以内） 100	套	81.33	58.46	1.54	0.00	12.77	8.56

续前

编号	项目名称	单位	基价	人工费	材料费	施工机具使用费	管理费	利润
5-2-960	公称直径（mm 以内） 150	套	116.13	83.62	1.99	0.00	18.27	12.25
5-2-961	公称直径（mm 以内） 200	套	150.60	108.60	2.36	0.00	23.73	15.91
5-2-962	公称直径（mm 以内） 300	套	219.72	158.73	3.06	0.00	34.68	23.25

（7）煤气调长器安装

编号	项目名称	单位	基价	人工费	材料费	施工机具使用费	管理费	利润
5-2-963	公称直径（mm 以内） 80	个	266.33	146.15	32.55	25.12	37.42	25.09
5-2-964	公称直径（mm 以内） 100	个	345.11	186.11	38.45	38.55	49.09	32.91
5-2-965	公称直径（mm 以内） 150	个	452.15	240.13	56.96	49.39	63.26	42.41
5-2-966	公称直径（mm 以内） 200	个	578.23	314.69	79.58	50.62	79.82	53.52
5-2-967	公称直径（mm 以内） 300	个	806.93	432.35	116.76	73.27	110.48	74.07
5-2-968	公称直径（mm 以内） 400	个	1106.15	578.31	174.33	104.34	149.16	100.01
5-2-969	公称直径（mm 以内） 500	个	1374.64	697.64	214.32	152.41	185.74	124.53
5-2-970	公称直径（mm 以内） 600	个	1670.99	831.21	272.30	193.47	223.89	150.12
5-2-971	公称直径（mm 以内） 700	个	1916.97	945.54	308.01	233.19	257.55	172.68
5-2-972	公称直径（mm 以内） 800	个	2174.51	1052.10	381.65	261.35	286.99	192.42
5-2-973	公称直径（mm 以内） 900	个	2463.33	1147.56	492.71	296.12	315.44	211.50
5-2-974	公称直径（mm 以内） 1000	个	2790.68	1280.76	604.00	321.20	350.03	234.69
5-2-975	公称直径（mm 以内） 1200	个	3108.27	1395.46	716.53	356.73	382.85	256.70

十五、补 充 项 目

1. 铸铁管件胶圈接口

编号	项目名称	单位	基价	人工费	材料费	施工机具使用费	管理费	利润
5-2-976	公称直径（mm 以内） 1800	个	4385.26	3007.36	22.33	188.92	698.39	468.26
5-2-977	公称直径（mm 以内） 2000	个	5312.13	3645.06	24.81	228.43	846.36	567.47
5-2-978	公称直径（mm 以内） 2200	个	6324.98	4341.03	26.16	273.49	1008.27	676.03
5-2-979	公称直径（mm 以内） 2400	个	7540.76	5165.20	28.64	338.18	1202.49	806.25
5-2-980	公称直径（mm 以内） 2600	个	9042.86	6143.85	32.48	457.16	1442.32	967.05

2. 法兰阀门安装

编号	项目名称	单位	基价	人工费	材料费	施工机具使用费	管理费	利润
5-2-981	公称直径（mm 以内） 2600	个	4960.68	1074.85	39.70	2530.26	787.72	528.15

第三章　管道附属构筑物

一、定　型　井

1. 砖砌圆形阀门井

（1）立式闸阀井

编号	项目名称	单位	基价	人工费	材料费	施工机具使用费	管理费	利润
5-3-1	1.20 1.20 1.45	座	3020.19	867.65	1779.88	41.00	198.54	133.12
5-3-2	1.20 1.50 1.75	座	3359.66	1011.40	1920.86	42.67	230.31	154.42
5-3-3	1.20 1.80 2.05	座	3696.77	1155.14	2060.38	43.68	261.94	175.63
5-3-4	1.40 1.80 2.05	座	4160.49	1324.97	2274.40	56.78	301.91	202.43
5-3-5	1.40 2.00 2.25	座	4416.06	1434.31	2379.81	57.45	325.95	218.54
5-3-6	2.00 2.00 2.30	座	6191.04	2080.70	3166.95	134.75	484.08	324.56
5-3-7	2.00 2.50 2.80	座	7030.08	2437.93	3513.80	138.10	562.86	377.39
5-3-8	2.00 2.75 3.05	座	7434.21	2610.54	3680.49	139.44	600.87	402.87
5-3-9	2.00 3.00 3.30	座	7813.17	2771.12	3837.98	141.11	636.32	426.64

（2）立式蝶阀井

编号	项目名称	单位	基价	人工费	材料费	施工机具使用费	管理费	利润
5-3-10	1.20 1.50 1.75	座	3359.66	1011.40	1920.86	42.67	230.31	154.42
5-3-11	1.20 1.75 2.00	座	3640.62	1130.91	2037.77	43.34	256.57	172.03
5-3-12	1.50 1.75 2.00	座	4335.18	1386.39	2356.54	63.16	316.73	212.36
5-3-13	1.80 2.00 2.30	座	5656.25	1890.15	2923.45	111.90	437.45	293.30
5-3-14	1.80 2.50 2.80	座	6414.71	2203.54	3250.03	114.91	506.58	339.65
5-3-15	1.80 2.75 3.05	座	6841.13	2394.27	3413.81	116.59	548.62	367.84
5-3-16	2.40 2.75 3.05	座	9398.64	3140.93	4858.54	185.15	726.75	487.27
5-3-17	2.40 3.25 3.55	座	10351.96	3547.56	5251.78	188.84	816.40	547.38
5-3-18	2.40 3.50 3.80	座	10704.99	3697.97	5397.67	190.18	849.56	569.61
5-3-19	3.20 4.00 4.35	座	22624.80	8292.07	10661.75	472.07	1914.96	1283.95
5-3-20	3.60 4.75 5.10	座	28383.91	10569.98	13154.68	586.97	2437.79	1634.49

（3）卧式蝶阀井

编号	项目名称	单位	基价	人工费	材料费	施工机具使用费	管理费	利润
5-3-21	2.80 1.85 2.15	座	9034.89	2881.93	4760.42	249.55	684.23	458.76
5-3-22	2.80 1.90 2.20	座	9131.43	2923.00	4800.43	249.89	693.28	464.83
5-3-23	2.80 2.00 2.30	座	9314.74	3001.63	4875.50	250.56	710.60	476.45
5-3-24	3.00 2.10 2.40	座	10230.19	3337.59	5283.39	286.44	791.85	530.92
5-3-25	3.00 2.20 2.50	座	10416.39	3417.88	5359.54	286.77	809.47	542.73
5-3-26	3.00 2.30 2.60	座	10586.08	3489.66	5429.88	287.78	825.37	553.39
5-3-27	4.00 2.40 2.75	座	21200.39	7362.82	10204.77	692.58	1760.10	1180.12
5-3-28	4.00 2.70 3.05	座	22414.32	7874.16	10714.32	697.27	1872.86	1255.71
5-3-29	4.00 2.90 3.25	座	23094.97	8160.54	11000.40	699.95	1936.02	1298.06
5-3-30	4.80 3.10 3.45	座	29544.75	10513.92	13874.55	966.08	2508.38	1681.82
5-3-31	4.80 3.30 3.65	座	30293.32	10829.16	14189.15	968.76	2577.85	1728.40

2. 砖砌矩形水表井

编号	项目名称	单位	基价	人工费	材料费	施工机具使用费	管理费	利润
5-3-32	2.15 × 1.10 × 1.40	座	7655.06	2353.39	4248.21	142.47	545.35	365.64
5-3-33	2.75 × 1.30 × 1.40	座	9273.72	2925.78	5023.65	187.83	680.32	456.14
5-3-34	2.75 × 1.30 × 1.60	座	9947.40	3138.71	5402.55	190.85	727.51	487.78
5-3-35	2.75 × 1.50 × 1.40	座	9652.36	3012.91	5259.04	205.64	703.25	471.52
5-3-36	3.50 × 2.00 × 1.40	座	13039.93	4137.34	6862.15	388.50	988.90	663.04
5-3-37	3.50 × 2.00 × 1.60	座	15336.75	5460.65	7347.62	392.19	1278.85	857.44

3. 消 火 栓 井

（1）地　上　式

编号	项目名称	单位	基价	人工费	材料费	施工机具使用费	管理费	利润
5-3-38	支管浅装	座	199.72	64.01	111.89	0.33	14.06	9.43
5-3-39	支管深装 管道覆土深度 1.1m	座	2733.11	730.57	1678.55	42.00	168.81	113.18
5-3-40	干管Ⅱ型	座	2588.01	672.66	1613.41	41.33	156.01	104.60

（2）地　下　式

编号	项目名称	单位	基价	人工费	材料费	施工机具使用费	管理费	利润
5-3-41	支管浅装	座	1226.16	237.91	899.13	1.67	52.35	35.10
5-3-42	支管深装 井深 1.65m	座	2698.30	711.70	1669.50	42.00	164.68	110.42
5-3-43	干管安装 井深 1.40m	座	2428.72	608.65	1541.95	41.00	141.95	95.17

4. 排 泥 湿 井

编号	项目名称	单位	基价	人工费	材料费	施工机具使用费	管理费	利润
5-3-44	井内径 0.8m 井深 1.5m	座	2535.27	752.58	1502.06	4.35	165.39	110.89
5-3-45	井内径 1.0m 井深 2.0m	座	3219.07	1011.58	1829.12	6.70	222.49	149.18
5-3-46	井内径 1.2m 井深 2.0m	座	3858.41	1270.40	2065.16	43.34	287.05	192.46
5-3-47	井内径 1.4m 井深 2.0m	座	4368.82	1460.95	2297.57	56.45	331.55	222.30
5-3-48	井内径 1.6m 井深 2.2m	座	5666.30	1960.26	2866.26	91.05	448.21	300.52
5-3-49	井内径 1.8m 井深 2.2m	座	6314.43	2198.36	3161.39	111.56	504.72	338.40

5. 圆形雨水检查井

编号	项目名称	单位	基价	人工费	材料费	施工机具使用费	管理费	利润
5-3-50	砖砌直筒式 700 ≤400 1.2	座	1632.39	412.18	1065.19	3.35	90.79	60.88
5-3-51	砖砌收口式 1000 200～600 3.1	座	3560.45	1186.78	1925.41	11.05	261.73	175.48
5-3-52	砖砌收口式 1250 600～800 3.1	座	3755.14	1256.71	2024.64	11.05	277.01	185.73
5-3-53	砖砌盖板式 1000 200～600 2.35	座	3048.35	976.06	1683.95	23.50	218.40	146.44
5-3-54	砖砌盖板式 1250 600～800 2.4	座	3605.86	1183.26	1936.62	39.63	267.20	179.15
5-3-55	砖砌盖板式 1500 800～1000 2.4	座	4149.47	1403.41	2161.38	53.07	318.24	213.37
5-3-56	混凝土 1000 200～600 2.35	座	2390.64	537.61	1635.70	15.46	120.85	81.02
5-3-57	混凝土 1250 600～800 2.4	座	2873.30	683.39	1900.10	29.58	155.78	104.45
5-3-58	混凝土 1500 800～1000 2.4	座	3411.68	843.79	2200.27	43.69	193.91	130.02

6. 圆形污水检查井

编号	项目名称	单位	基价	人工费	材料费	施工机具使用费	管理费	利润
5-3-59	砖砌直筒式 700 ≤400 1.2	座	1978.13	618.46	1128.91	3.68	135.94	91.14
5-3-60	砖砌收口式 1000 200～600 3.5	座	4889.29	1917.34	2254.74	12.73	421.72	282.76
5-3-61	砖砌收口式 1250 600～800 3.8	座	6108.64	2451.25	2740.75	16.07	539.11	361.46
5-3-62	砖砌盖板式 1000 200～600 2.75	座	4359.54	1690.35	2017.86	25.17	374.84	251.32
5-3-63	砖砌盖板式 1250 600～800 3.1	座	5634.88	2240.17	2517.93	43.31	498.94	334.53
5-3-64	砖砌盖板式 1500 800～1000 3.3	座	6966.52	2817.37	3040.14	59.10	628.51	421.40
5-3-65	混凝土 1000 200～600 2.75	座	2728.95	635.85	1839.44	15.80	142.39	95.47
5-3-66	混凝土 1250 600～800 3.1	座	3500.16	889.48	2245.19	29.91	200.89	134.69
5-3-67	混凝土 1500 800～1000 3.3	座	4382.39	1163.10	2733.75	44.70	263.90	176.94

7. 跌　水　井

（1）竖管式跌水井

编号	项目名称	单位	基价	人工费	材料费	施工机具使用费	管理费	利润
5-3-68	砖砌收口式 1 1.75 3	座	4951.18	1858.88	2397.81	11.72	408.73	274.04
5-3-69	砖砌盖板式 1 1.75 2.3	座	4436.94	1625.97	2166.60	37.28	363.42	243.67
5-3-70	混凝土 1 1.75 2.3	座	2885.26	660.45	1944.75	28.57	150.55	100.94
5-3-71	混凝土 跌差或井室高每增 0.2	座	142.70	44.59	81.84	0.00	9.74	6.53

（2）竖槽式跌水井

编号	项目名称	单位	基价	人工费	材料费	施工机具使用费	管理费	利润
5-3-72	砖砌收口式 1 2.35 3.4	座	6615.34	2628.30	2990.64	27.16	580.22	389.02
5-3-73	砖砌收口式 2 2.9 3.95	座	7688.29	3125.02	3381.44	30.18	689.41	462.24
5-3-74	砖砌盖板式 1 2.35 2.9	座	6524.71	2635.14	2860.82	49.03	586.49	393.23
5-3-75	砖砌盖板式 2 2.8 3.3	座	7589.50	3136.68	3236.89	52.04	696.74	467.15
5-3-76	砖砌井深 ≤ 4.25m 1 2.35 2.9	座	7089.60	2859.73	3105.40	59.10	637.76	427.61
5-3-77	砖砌井深 ＞ 4.25m 2 2.8 4.25	座	11262.84	4466.09	5064.47	74.84	992.19	665.25
5-3-78	砖砌井深 ≤ 4.25m 1 2.55 3.1	座	8246.51	3367.93	3554.85	69.18	751.01	503.54
5-3-79	砖砌井深 ＞ 4.25m 2 3 4.25	座	12958.11	5135.60	5805.02	104.76	1145.02	767.71
5-3-80	混凝土 1 2.45 3	座	5157.98	1328.86	3270.22	54.11	302.18	202.61
5-3-81	混凝土 跌差或井室高每增 0.2	座	245.29	77.70	139.23	0.00	16.98	11.38

（3）阶梯式跌水井

编号	项目名称	单位	基价	人工费	材料费	施工机具使用费	管理费	利润
5-3-82	砖砌 1 700～900 3.5	座	13464.83	5172.97	6264.40	102.07	1152.60	772.79
5-3-83	砖砌 1 1000 3.8	座	14472.44	5558.14	6721.48	120.22	1240.72	831.88
5-3-84	砖砌 1 1100 3.8	座	15342.85	5835.09	7202.85	128.28	1303.00	873.63
5-3-85	砖砌 1 1200～1350 4.1	座	17241.77	6568.24	8056.54	160.87	1470.31	985.81
5-3-86	砖砌 1 1500 4.3	座	18656.47	7105.85	8697.48	190.11	1594.17	1068.86
5-3-87	砖砌 1.5 700～900 3.5	座	17500.79	6671.66	8202.38	140.36	1488.43	997.96
5-3-88	砖砌 1.5 1000 3.8	座	18655.59	7095.31	8742.69	166.89	1586.79	1063.91
5-3-89	砖砌 1.5 1100 3.8	座	19825.31	7469.56	9388.70	176.31	1670.62	1120.12
5-3-90	砖砌 1.5 1200～1350 4.1	座	22283.28	8382.91	10537.58	222.00	1880.17	1260.62
5-3-91	砖砌 1.5 1500 4.3	座	24043.95	8997.85	11387.69	274.13	2025.93	1358.35

续前

编号	项目名称	单位	基价	人工费	材料费	施工机具使用费	管理费	利润
5-3-92	砖砌 2 700～900 3.5	座	19885.96	7537.46	9379.63	159.49	1681.78	1127.60
5-3-93	砖砌 2 1000 3.8	座	21739.72	8143.89	10365.24	189.06	1820.75	1220.78
5-3-94	砖砌 2 1100 3.8	座	22551.57	8449.32	10743.22	201.49	1890.20	1267.34
5-3-95	砖砌 2 1200～1350 4.1	座	24541.88	9186.73	11644.85	261.64	2064.47	1384.19
5-3-96	砖砌 2 1500 4.3	座	27396.78	10196.83	13051.12	312.81	2296.36	1539.66
5-3-97	混凝土 1 700～900 3.4	座	8873.24	2320.09	5606.77	72.93	522.87	350.58
5-3-98	混凝土 1 1000～1100 3.6	座	9922.39	2627.74	6204.30	96.13	595.17	399.05
5-3-99	混凝土 1 1200～1350 3.9	座	11264.39	3021.24	6968.80	125.71	687.61	461.03
5-3-100	混凝土 1 1500～1650 4.2	座	14818.77	3492.43	7882.13	1589.36	1110.37	744.48
5-3-101	混凝土 1.5 700～900 3.6	座	14002.99	3791.21	8684.86	104.86	851.29	570.77
5-3-102	混凝土 1.5 1000～1100 3.8	座	15645.11	4277.02	9617.97	138.47	964.78	646.87
5-3-103	混凝土 1.5 1200～1350 4.1	座	17716.72	4888.81	10796.69	180.81	1107.71	742.70
5-3-104	混凝土 1.5 1500～1650 4.4	座	20118.31	5592.92	12145.48	247.98	1276.24	855.69
5-3-105	混凝土 2 700～900 4.1	座	19334.26	5337.44	11883.52	120.98	1192.66	799.66
5-3-106	混凝土 2 1000～1100 4.3	座	21447.85	5966.99	13083.16	160.99	1338.96	897.75
5-3-107	混凝土 2 1200～1350 4.6	座	24117.69	6754.54	14594.40	222.23	1524.42	1022.10
5-3-108	混凝土 2 1500～1650 4.9	座	27336.36	7708.40	16423.27	286.54	1746.89	1171.26

8. 污水闸槽井

编号	项目名称	单位	基价	人工费	材料费	施工机具使用费	管理费	利润
5-3-109	砖砌 1.2 × 1.3 × 2.2 200 2.8	座	7860.62	3018.65	3657.66	60.44	672.78	451.09
5-3-110	砖砌 1.3 × 1.3 × 2.3 300 2.9	座	8401.86	3245.09	3887.54	62.11	722.62	484.50
5-3-111	砖砌 1.4 × 1.3 × 2.4 400 3	座	9041.42	3499.83	4158.73	77.23	781.59	524.04
5-3-112	砖砌 1.5 × 1.3 × 2.5 500 3.1	座	9616.89	3740.15	4403.89	78.90	834.46	559.49
5-3-113	砖砌 1.6 × 1.3 × 2.6 600 3.2	座	10166.30	3951.60	4654.57	86.30	882.28	591.55
5-3-114	砖砌 1.7 × 1.3 × 2.7 700 3.3	座	11147.44	4281.64	5182.91	87.98	954.76	640.15
5-3-115	砖砌 1.8 × 1.3 × 2.8 800 3.4	座	11849.89	4556.00	5484.26	107.46	1018.97	683.20
5-3-116	砖砌 1.9 × 1.3 × 2.9 900 3.5	座	12451.67	4805.01	5743.87	109.13	1073.74	719.92
5-3-117	砖砌 2 × 1.3 × 3.6 1000 3.6	座	13054.24	5033.85	6021.21	118.55	1125.80	754.83
5-3-118	混凝土 1.2 × 1.3 × 2.2 200 2.8	座	4542.56	1143.86	2923.84	42.02	259.11	173.73
5-3-119	混凝土 1.3 × 1.3 × 2.3 300 2.9	座	4862.29	1247.46	3102.15	42.02	281.75	188.91
5-3-120	混凝土 1.4 × 1.3 × 2.4 400 3	座	5261.51	1364.19	3323.69	55.46	310.19	207.98

续前

编号	项目名称	单位	基价	人工费	材料费	施工机具使用费	管理费	利润
5-3-121	混凝土 1.5×1.3×2.5 500 3.1	座	5576.22	1456.14	3512.89	55.46	330.28	221.45
5-3-122	混凝土 1.6×1.3×2.6 600 3.2	座	5931.78	1559.92	3718.97	61.19	354.21	237.49
5-3-123	混凝土 1.7×1.3×2.7 700 3.3	座	6246.55	1651.87	3908.23	61.19	374.30	250.96
5-3-124	混凝土 1.8×1.3×2.8 800 3.4	座	6684.39	1778.59	4148.79	78.99	405.88	272.14
5-3-125	混凝土 1.9×1.3×2.9 900 3.5	座	7004.10	1872.02	4340.97	78.99	426.30	285.82
5-3-126	混凝土 2×1.3×3.6 1000 3.6	座	7386.62	1984.13	4560.35	86.40	452.41	303.33

9. 沉　泥　井

编号	项目名称	单位	基价	人工费	材料费	施工机具使用费	管理费	利润
5-3-127	砖砌 1 2.6 3.9	座	5268.41	2100.86	2382.46	13.39	461.96	309.74
5-3-128	砖砌 1.25 3 4.3	座	6435.55	2641.06	2808.10	16.41	580.66	389.32
5-3-129	混凝土 1 2.6 3.1	座	2742.83	638.81	1850.20	15.13	142.89	95.80
5-3-130	混凝土 1 井室高每增 0.2	座	115.23	36.08	65.98	0.00	7.88	5.29
5-3-131	混凝土 1.25 3 3.6	座	3457.41	850.26	2257.81	28.57	192.02	128.75
5-3-132	混凝土 1.25 井室高每增 0.2	座	138.24	43.11	79.39	0.00	9.42	6.32

10. 矩形直线雨水检查井

编号	项目名称	单位	基价	人工费	材料费	施工机具使用费	管理费	利润
5-3-133	砖砌 1.1×1.1×1.8 800 2.4	座	3854.83	1310.54	2010.45	40.65	295.24	197.95
5-3-134	砖砌 1.2×1.1×1.8 900 2.4	座	3938.53	1343.66	2048.48	40.99	302.55	202.85
5-3-135	砖砌 1.3×1.1×1.8 1000 2.45	座	4045.90	1385.10	2098.84	41.32	311.67	208.97
5-3-136	砖砌 1.4×1.1×1.8 1100 2.45	座	4319.27	1457.99	2264.01	47.70	328.99	220.58
5-3-137	砖砌 1.5×1.1×1.8 1200 2.45	座	4389.54	1482.41	2300.94	47.70	334.33	224.16
5-3-138	砖砌 1.65×1.1×1.85 1350 2.5	座	4616.06	1564.73	2404.53	55.44	354.01	237.35
5-3-139	砖砌 1.8×1.1×2.0 1500 2.7	座	4978.20	1709.59	2567.57	56.44	385.88	258.72
5-3-140	砖砌 1.95×1.1×2.2 1650 2.9	座	5629.15	1922.71	2910.65	68.86	435.16	291.77
5-3-141	砖砌 2.1×1.1×2.35 1800 3.05	座	6564.04	2192.99	3471.13	72.88	495.09	331.95
5-3-142	砖砌 2.3×1.1×2.55 2000 3.3	座	7334.11	2456.06	3853.65	93.73	557.13	373.54
5-3-143	混凝土 1.1×1.1×1.8 800 2.4	座	3493.58	858.22	2276.22	33.62	194.87	130.65
5-3-144	混凝土 1.2×1.1×1.8 900 2.4	座	3575.75	881.90	2326.07	33.62	200.04	134.12
5-3-145	混凝土 1.3×1.1×1.8 1000 2.4	座	3655.01	903.91	2374.83	33.95	204.92	137.40
5-3-146	混凝土 1.4×1.1×1.8 1100 2.45	座	3781.11	940.54	2442.67	40.00	214.25	143.65
5-3-147	混凝土 1.5×1.1×1.8 1200 2.45	座	3851.80	961.26	2485.08	40.00	218.78	146.68

续前

编号	项目名称	单位	基价	人工费	材料费	施工机具使用费	管理费	利润
5-3-148	混凝土 1.7 × 1.1 × 1.8 1350 2.45	座	4110.80	1036.74	2630.04	48.07	237.03	158.92
5-3-149	混凝土 1.8 × 1.1 × 2.0 1500 2.65	座	4322.29	1102.05	2752.38	48.07	251.30	168.49
5-3-150	混凝土 2 × 1.1 × 2.2 1650 2.8	座	4893.65	1257.63	3095.33	59.82	287.86	193.01
5-3-151	混凝土 2.1 × 1.1 × 2.3 1800 3.0	座	5136.88	1331.26	3237.59	60.16	304.03	203.84
5-3-152	混凝土 2.3 × 1.1 × 2.5 2000 3.25	座	5676.94	1495.36	3526.57	80.00	344.22	230.79

11. 矩形直线污水检查井

编号	项目名称	单位	基价	人工费	材料费	施工机具使用费	管理费	利润
5-3-153	砖砌 1.1 × 1.1 × 2.6 800 3.2	座	7629.57	2903.02	3596.83	51.37	645.53	432.82
5-3-154	砖砌 1.2 × 1.1 × 2.7 900 3.3	座	8020.09	3063.79	3766.53	52.37	680.88	456.52
5-3-155	砖砌 1.3 × 1.1 × 2.8 1000 3.45	座	8448.85	3239.72	3953.32	53.71	719.61	482.49
5-3-156	砖砌 1.4 × 1.1 × 2.9 1100 3.55	座	9098.92	3459.69	4293.06	61.09	769.29	515.79
5-3-157	砖砌 1.5 × 1.1 × 3 1200 3.65	座	9458.85	3589.37	4474.59	62.10	797.85	534.94
5-3-158	砖砌 1.65 × 1.1 × 3.15 1350 3.8	座	10188.64	3897.40	4771.53	71.18	867.13	581.40
5-3-159	砖砌 1.8 × 1.1 × 3.3 1500 4	座	10849.71	4164.91	5064.71	73.19	926.02	620.88
5-3-160	混凝土 1.1 × 1.1 × 2.6 800 3.2	座	4423.43	1173.09	2775.82	33.95	263.74	176.83
5-3-161	混凝土 1.2 × 1.1 × 2.7 900 3.3	座	4656.00	1248.38	2905.62	33.95	280.19	187.86
5-3-162	混凝土 1.3 × 1.1 × 2.8 1000 3.4	座	4895.27	1326.45	3038.32	33.95	297.25	199.30
5-3-163	混凝土 1.4 × 1.1 × 2.9 1100 3.55	座	5188.48	1420.25	3194.79	40.33	319.14	213.97
5-3-164	混凝土 1.5 × 1.1 × 3 1200 3.65	座	5433.28	1499.80	3330.54	40.67	336.59	225.68
5-3-165	混凝土 1.7 × 1.1 × 3.15 1350 3.8	座	6001.90	1683.87	3636.88	48.74	378.58	253.83
5-3-166	混凝土 1.8 × 1.1 × 3.3 1500 3.95	座	6241.95	1762.13	3769.66	49.07	395.75	265.34

12. 矩形 90°三通雨水检查井

编号	项目名称	单位	基价	人工费	材料费	施工机具使用费	管理费	利润
5-3-167	砖砌 1.65 × 1.65 × 1.8 900～1000 2.4	座	5483.78	1876.64	2817.14	76.94	426.86	286.20
5-3-168	砖砌 2.2 × 2.2 × 1.8 1100～1350 2.45	座	9092.52	3174.60	4539.50	160.94	728.82	488.66
5-3-169	砖砌 2.63 × 2.63 × 2.0 1500 2.7	座	13537.09	4837.57	6570.77	265.96	1115.12	747.67
5-3-170	砖砌 2.63 × 2.63 × 2.2 1650 2.85	座	14794.61	5242.53	7271.86	268.64	1204.19	807.39
5-3-171	砖砌 3.15 × 3.15 × 2.3 1800 3.1	座	21662.01	7363.74	10901.64	519.31	1722.45	1154.87
5-3-172	砖砌 3.15 × 3.15 × 2.5 2000 3.3	座	23722.15	8108.18	11934.20	527.68	1886.94	1265.15

续前

编号	项目名称	单位	基价	人工费	材料费	施工机具使用费	管理费	利润
5-3-173	混凝土 1.65×1.65×1.8 900～1000 2.4	座	5231.69	1285.75	3383.96	67.90	295.77	198.31
5-3-174	混凝土 2.2×2.2×1.8 1100～1350 2.45	座	8482.94	2323.23	5108.05	149.22	540.23	362.21
5-3-175	混凝土 2.63×2.63×2 1500 2.7	座	13386.61	3680.58	8019.70	251.22	859.10	576.01
5-3-176	混凝土 2.63×2.63×2.2 1650 2.85	座	14060.99	3892.40	8402.21	253.23	905.82	607.33
5-3-177	混凝土 3.15×3.15×2.3 1800 3.1	座	18162.47	5047.73	10605.51	488.50	1209.67	811.06
5-3-178	混凝土 3.15×3.15×2.5 2000 3.3	座	19969.95	5650.46	11582.49	494.20	1342.61	900.19

13. 矩形 90°三通污水检查井

编号	项目名称	单位	基价	人工费	材料费	施工机具使用费	管理费	利润
5-3-179	砖砌 1.65×1.65×2.7 900 3.3	座	10938.71	4223.37	5048.22	92.01	942.91	632.20
5-3-180	砖砌 1.65×1.65×2.8 1000 3.4	座	11144.63	4309.58	5136.01	92.34	961.82	644.88
5-3-181	砖砌 2.2×2.2×2.9 1100 3.55	座	16308.63	6249.49	7531.89	180.36	1404.92	941.97
5-3-182	砖砌 2.2×2.2×3.15 1350 3.8	座	17001.96	6534.94	7832.36	182.71	1467.81	984.14
5-3-183	砖砌 2.63×2.63×3.45 1500 4	座	22472.84	8615.27	10316.60	290.40	1945.89	1304.68
5-3-184	混凝土 1.65×1.65×2.7 900 3.3	座	6761.51	1842.42	4153.93	67.90	417.40	279.86
5-3-185	混凝土 1.65×1.65×2.8 1000 3.4	座	6872.90	1880.53	4212.85	68.23	425.80	285.49
5-3-186	混凝土 2.2×2.2×2.9 1100 3.55	座	10353.88	2940.21	6138.18	148.22	674.82	452.45
5-3-187	混凝土 2.2×2.2×3.15 1350 3.8	座	10753.95	3075.44	6352.74	148.89	704.52	472.36
5-3-188	混凝土 2.63×2.63×3.45 1500 4	座	17012.02	5189.99	9587.97	248.88	1188.39	796.79

14. 矩形 90°四通雨水检查井

编号	项目名称	单位	基价	人工费	材料费	施工机具使用费	管理费	利润
5-3-189	砖砌 2×1.5×1.8 900 2.4	座	5857.48	2012.43	2995.42	84.32	458.14	307.17
5-3-190	砖砌 2.2×1.7×1.8 1000 2.45	座	6575.58	2275.69	3320.22	109.19	521.10	349.38
5-3-191	砖砌 2.2×1.7×1.8 1100 2.45	座	6889.70	2343.95	3541.16	109.19	536.01	359.39
5-3-192	砖砌 2.7×2.05×1.8 1250～1350 2.5	座	9927.21	3458.21	4915.26	213.55	802.28	537.91
5-3-193	砖砌 3.3×2.48×2 1500 2.7	座	14301.24	5062.71	6856.05	391.64	1191.78	799.06
5-3-194	砖砌 3.3×2.48×2.2 1650 2.9	座	15603.09	5471.75	7595.90	394.32	1281.74	859.38
5-3-195	砖砌 4×2.9×2.3 1800 3.1	座	25693.21	8717.57	12819.71	713.57	2060.70	1381.66
5-3-196	砖砌 4×2.9×2.5 2000 3.35	座	27015.30	9204.86	13469.32	718.93	2168.35	1453.84

续前

编号	项目名称	单位	基价	人工费	材料费	施工机具使用费	管理费	利润
5-3-197	混凝土 2×1.5×1.8 900 2.4	座	5780.87	1517.56	3608.03	74.27	347.81	233.20
5-3-198	混凝土 2.2×1.7×1.8 1000～1100 2.45	座	6458.15	1723.09	3971.25	98.81	398.09	266.91
5-3-199	混凝土 2.7×2.05×1.8 1250～1350 2.5	座	10532.28	3021.24	6133.24	201.50	704.17	472.13
5-3-200	混凝土 3.3×2.48×2.0 1500 2.7	座	16254.78	4745.99	9262.93	376.24	1119.21	750.41
5-3-201	混凝土 3.3×2.48×2.2 1650 2.9	座	16998.07	4998.70	9659.00	377.91	1174.79	787.67
5-3-202	混凝土 4×2.9×2.3 1800 3.1	座	24494.61	7290.48	13614.78	680.09	1741.57	1167.69
5-3-203	混凝土 4×2.9×2.5 2000 3.35	座	25675.26	7695.45	14238.54	683.10	1830.71	1227.46

15. 矩形 90°四通污水检查井

编号	项目名称	单位	基价	人工费	材料费	施工机具使用费	管理费	利润
5-3-204	砖砌 2×1.5×2.7 900 3.3	座	11659.42	4496.43	5385.21	100.06	1004.33	673.39
5-3-205	砖砌 2.2×1.7×2.8 1000 3.45	座	13127.73	5073.63	6028.50	127.27	1136.40	761.93
5-3-206	砖砌 2.2×1.7×2.9 1100 3.55	座	13821.35	5281.75	6436.66	128.28	1182.09	792.57
5-3-207	砖砌 2.7×2.05×3.0 1250 3.65	座	18446.74	7044.43	8506.68	237.66	1591.14	1066.83
5-3-208	砖砌 2.7×2.05×3.15 1350 3.85	座	19045.56	7282.16	8778.26	239.67	1643.52	1101.95
5-3-209	砖砌 3.3×2.48×3.3 1500 4.05	座	25579.02	9744.14	11698.88	424.46	2221.84	1489.70
5-3-210	混凝土 2×1.5×2.7 900 3.3	座	7311.33	2010.03	4465.34	74.94	455.57	305.45
5-3-211	混凝土 2.2×1.7×2.8 1000 3.45	座	8353.37	2318.61	5052.68	99.48	528.35	354.25
5-3-212	混凝土 2.2×1.7×2.9 1100 3.55	座	8538.81	2384.28	5147.56	100.15	542.85	363.97
5-3-213	混凝土 2.7×2.05×3.0 1250 3.65	座	13845.80	4168.98	7878.73	202.50	955.17	640.42
5-3-214	混凝土 2.7×2.05×3.15 1350 3.85	座	14274.51	4314.57	8107.79	203.17	987.13	661.85
5-3-215	混凝土 3.3×2.48×3.3 1500 4.05	座	21775.15	6659.26	12166.67	379.92	1538.06	1031.24

16. 90°扇形雨水检查井

编号	项目名称	单位	基价	人工费	材料费	施工机具使用费	管理费	利润
5-3-216	砖砌 800～900 1.8 2.4	座	5074.10	1766.01	2554.82	79.62	403.27	270.38
5-3-217	砖砌 1000 1.8 2.5	座	5620.66	1977.47	2787.97	97.76	453.44	304.02
5-3-218	砖砌 1100 1.8 2.5	座	5991.86	2081.62	3016.09	98.43	476.34	319.38
5-3-219	砖砌 1200～1350 1.8 2.5	座	7076.32	2497.87	3494.30	126.32	573.39	384.44
5-3-220	砖砌 1500 2 2.7	座	9151.92	3302.81	4380.78	192.53	763.73	512.07
5-3-221	砖砌 1650 2.1 2.9	座	10282.22	3683.91	4987.67	194.88	847.52	568.24

续前

编号	项目名称	单位	基价	人工费	材料费	施工机具使用费	管理费	利润
5-3-222	砖砌 1800 2.3 3.1	座	14660.77	5172.23	7211.01	285.47	1192.51	799.55
5-3-223	砖砌 2000 2.5 3.3	座	17717.72	6305.36	8577.65	390.66	1463.08	980.97
5-3-224	混凝土 800～900 1.8 2.4	座	4805.65	1240.43	3017.95	69.24	286.16	191.87
5-3-225	混凝土 1000～1100 1.8 2.4	座	5429.16	1424.13	3365.95	87.38	330.26	221.44
5-3-226	混凝土 1200～1350 1.8 2.4	座	6222.93	1652.05	3811.90	114.27	385.94	258.77
5-3-227	混凝土 1500 1.9 2.6	座	7995.37	2185.96	4769.30	177.46	516.41	346.24
5-3-228	混凝土 1650 2 2.7	座	8556.50	2357.27	5094.77	178.80	554.13	371.53
5-3-229	混凝土 1800 2.2 2.9	座	11216.02	3140.38	6579.96	256.00	742.11	497.57
5-3-230	混凝土 2000 2.4 3.2	座	13600.15	3853.74	7853.62	356.17	919.87	616.75

17. 90°扇形污水检查井

编号	项目名称	单位	基价	人工费	材料费	施工机具使用费	管理费	利润
5-3-231	砖砌 800 2.6 3.2	座	9115.98	3644.32	4018.18	90.33	816.02	547.13
5-3-232	砖砌 900 2.7 3.3	座	9569.38	3839.68	4202.63	92.01	859.07	575.99
5-3-233	砖砌 1000 2.8 3.5	座	10733.79	4323.64	4679.37	111.83	969.15	649.80
5-3-234	砖砌 1100 2.9 3.6	座	11509.99	4598.73	5077.80	113.50	1029.62	690.34
5-3-235	砖砌 1200 3 3.7	座	13075.54	5241.05	5726.22	143.07	1176.43	788.77
5-3-236	砖砌 1350 3.2 3.8	座	13901.46	5589.59	6073.18	145.41	1253.10	840.18
5-3-237	砖砌 1500 3.3 4	座	17255.49	6957.11	7464.23	215.97	1567.32	1050.86
5-3-238	混凝土 800 2.6 3.2	座	5875.90	1605.06	3589.57	69.91	365.98	245.38
5-3-239	混凝土 900 2.7 3.3	座	6184.58	1701.08	3766.73	70.24	387.03	259.50
5-3-240	混凝土 1000 2.8 3.4	座	6932.79	1931.77	4175.74	88.05	441.33	295.90
5-3-241	混凝土 1100 2.9 3.6	座	7304.52	2048.69	4387.41	88.39	466.95	313.08
5-3-242	混凝土 1200 3 3.7	座	8339.62	2367.26	4951.42	114.94	542.36	363.64
5-3-243	混凝土 1350 3.2 3.8	座	8914.38	2547.82	5278.35	115.94	582.03	390.24
5-3-244	混凝土 1500 3.3 4	座	11169.78	3247.31	6491.76	179.81	748.83	502.07

18. 120°扇形雨水检查井

编号	项目名称	单位	基价	人工费	材料费	施工机具使用费	管理费	利润
5-3-245	砖砌 800～900 1.8 2.4	座	3965.28	1329.04	2091.53	43.67	299.94	201.10
5-3-246	砖砌 1000 1.8 2.45	座	4350.29	1475.01	2253.91	60.80	335.57	225.00
5-3-247	砖砌 1100 1.8 2.45	座	4614.83	1547.53	2419.00	61.14	351.49	235.67
5-3-248	砖砌 1200～1350 1.8 2.5	座	5311.58	1813.19	2730.19	77.94	413.21	277.05
5-3-249	砖砌 1500 2 2.7	座	6699.66	2350.80	3326.17	120.62	540.01	362.06
5-3-250	砖砌 1650 2.1 2.85	座	7477.86	2609.24	3749.31	122.30	596.84	400.17

续前

编号	项目名称	单位	基价	人工费	材料费	施工机具使用费	管理费	利润
5-3-251	砖砌 1800 2.3 3	座	10715.06	3701.11	5427.80	172.34	846.35	567.46
5-3-252	砖砌 2000 2.5 3.3	座	12707.99	4450.73	6349.82	207.27	1017.77	682.40
5-3-253	混凝土 800～900 1.8 2.4	座	3795.83	942.95	2460.06	35.64	213.82	143.36
5-3-254	混凝土 1000～1100 1.8 2.4	座	4242.09	1072.26	2706.89	52.43	245.74	164.77
5-3-255	混凝土 1200～1350 1.8 2.4	座	4739.88	1212.12	2991.29	68.90	279.90	187.67
5-3-256	混凝土 1500 1.9 2.6	座	5918.61	1566.58	3630.66	109.57	366.24	245.56
5-3-257	混凝土 1650 2 2.7	座	6340.74	1695.16	3875.91	110.58	394.55	264.54
5-3-258	混凝土 1800 2.2 2.9	座	8263.42	2264.40	4967.44	150.24	527.60	353.74
5-3-259	混凝土 2000 2.4 3.1	座	9728.01	2705.26	5787.60	181.49	630.75	422.91

19. 120°扇形污水检查井

编号	项目名称	单位	基价	人工费	材料费	施工机具使用费	管理费	利润
5-3-260	砖砌 800 2.6 3.2	座	7210.75	2849.37	3250.32	52.04	633.96	425.06
5-3-261	砖砌 900 2.7 3.3	座	7576.56	3008.66	3396.87	53.38	669.06	448.59
5-3-262	砖砌 1000 2.8 3.4	座	8389.46	3346.84	3723.40	71.52	746.91	500.79
5-3-263	砖砌 1100 2.9 3.5	座	8986.61	3561.25	4026.05	72.86	794.05	532.40
5-3-264	砖砌 1200 3 3.6	座	10083.71	4015.06	4479.40	90.66	897.10	601.49
5-3-265	砖砌 1350 3.2 3.8	座	10778.79	4310.13	4768.50	93.01	962.09	645.06
5-3-266	砖砌 1500 3.3 4	座	13098.10	5260.66	5727.96	138.71	1179.76	791.01
5-3-267	混凝土 800 2.6 3.2	座	4658.50	1233.58	2925.56	35.97	277.40	185.99
5-3-268	混凝土 900 2.7 3.3	座	4905.32	1309.99	3067.62	36.31	294.17	197.23
5-3-269	混凝土 1000 2.8 3.4	座	5469.30	1484.63	3370.30	53.10	335.99	225.28
5-3-270	混凝土 1100 2.9 3.5	座	5737.66	1567.88	3524.57	53.43	354.26	237.52
5-3-271	混凝土 1200 3 3.7	座	6537.21	1814.48	3953.53	78.32	413.58	277.30
5-3-272	混凝土 1350 3.2 3.8	座	6969.86	1949.35	4201.18	78.99	443.19	297.15
5-3-273	混凝土 1500 3.3 4	座	8543.32	2437.38	5048.38	123.01	559.45	375.10

20. 135°扇形雨水检查井

编号	项目名称	单位	基价	人工费	材料费	施工机具使用费	管理费	利润
5-3-274	砖砌 800～900 1.8 2.4	座	3750.47	1242.65	1998.33	40.97	280.47	188.05
5-3-275	砖砌 1000 1.8 2.4	座	3999.15	1337.92	2107.33	48.03	302.83	203.04
5-3-276	砖砌 1100 1.8 2.4	座	4239.21	1403.41	2257.53	48.37	317.21	212.69
5-3-277	砖砌 1200～1350 1.8 2.45	座	4700.61	1576.94	2467.84	58.79	357.41	239.63
5-3-278	砖砌 1500 2 2.65	座	5595.81	1923.63	2852.65	86.01	439.11	294.41
5-3-279	砖砌 1650 2.1 2.8	座	6232.82	2133.61	3201.21	87.35	485.28	325.37

续前

编号	项目名称	单位	基价	人工费	材料费	施工机具使用费	管理费	利润
5-3-280	砖砌 1800 2.3 3	座	8916.82	3032.71	4623.58	112.52	687.23	460.78
5-3-281	砖砌 2000 2.5 3.3	座	10570.57	3651.53	5382.19	149.48	830.52	556.85
5-3-282	混凝土 800～900 1.8 2.4	座	3591.67	882.08	2342.22	33.27	200.00	134.10
5-3-283	混凝土 1000～1100 1.8 2.4	座	3926.33	978.47	2535.67	40.33	222.61	149.25
5-3-284	混凝土 1200～1350 1.8 2.35	座	4208.64	1053.76	2701.44	50.42	241.26	161.76
5-3-285	混凝土 1500 1.9 2.5	座	4961.38	1280.94	3108.28	76.64	296.63	198.89
5-3-286	混凝土 1650 2 2.7	座	5312.86	1387.32	3314.10	76.97	319.95	214.52
5-3-287	混凝土 1800 2.2 2.85	座	6811.92	1828.54	4188.42	93.44	419.95	281.57
5-3-288	混凝土 2000 2.4 3.1	座	8040.46	2200.21	4863.77	127.04	508.50	340.94

21. 135°扇形污水检查井

编号	项目名称	单位	基价	人工费	材料费	施工机具使用费	管理费	利润
5-3-289	砖砌 800 2.6 3.2	座	6802.83	2676.58	3082.85	48.68	595.47	399.25
5-3-290	砖砌 900 2.7 3.3	座	7147.11	2827.17	3220.21	49.68	628.59	421.46
5-3-291	砖砌 1000 2.8 3.4	座	7803.59	3104.30	3486.49	58.41	691.05	463.34
5-3-292	砖砌 1100 2.9 3.5	座	8354.05	3303.18	3764.57	59.08	734.65	492.57
5-3-293	砖砌 1200 3 3.6	座	9090.97	3609.72	4067.90	70.18	804.06	539.11
5-3-294	砖砌 1350 3.2 3.8	座	9719.95	3877.42	4328.28	72.52	863.06	578.67
5-3-295	砖砌 1500 3.3 4	座	11200.50	4487.36	4936.81	101.42	1002.65	672.26
5-3-296	混凝土 800 2.6 3.2	座	4409.70	1158.10	2783.48	33.27	260.31	174.54
5-3-297	混凝土 900 2.7 3.3	座	4641.64	1230.44	2916.22	33.61	276.19	185.18
5-3-298	混凝土 1000 2.8 3.4	座	5074.22	1363.64	3156.89	41.00	306.91	205.78
5-3-299	混凝土 1100 2.9 3.5	座	5333.13	1444.11	3305.50	41.33	324.57	217.62
5-3-300	混凝土 1200 3 3.6	座	5819.02	1593.04	3575.23	50.76	359.17	240.82
5-3-301	混凝土 1350 3.2 3.8	座	6224.76	1719.76	3807.08	51.43	387.01	259.48
5-3-302	混凝土 1500 3.3 4	座	7208.88	2025.20	4338.50	77.64	459.47	308.07

22. 150°扇形雨水检查井

编号	项目名称	单位	基价	人工费	材料费	施工机具使用费	管理费	利润
5-3-303	砖砌 800～900 1.8 2.4	座	3792.78	1259.85	2016.70	41.31	284.30	190.62
5-3-304	砖砌 1000 1.8 2.4	座	4091.46	1374.18	2147.39	50.05	311.19	208.65
5-3-305	砖砌 1100 1.8 2.4	座	4341.60	1443.19	2302.87	50.38	326.35	218.81
5-3-306	砖砌 1200～1350 1.8 2.45	座	4641.64	1554.56	2442.16	56.78	352.08	236.06
5-3-307	砖砌 1500 2 2.65	座	5079.38	1725.31	2632.63	67.18	391.66	262.60
5-3-308	砖砌 1650 2.1 2.8	座	5651.22	1912.53	2947.09	68.52	432.86	290.22

续前

编号	项目名称	单位	基价	人工费	材料费	施工机具使用费	管理费	利润
5-3-309	砖砌 1800 2.3 3	座	7746.64	2596.11	4090.18	82.62	585.30	392.43
5-3-310	砖砌 2000 2.5 3.2	座	8460.66	2860.84	4431.40	91.00	644.98	432.44
5-3-311	混凝土 800～900 1.8 2.4	座	3631.26	893.37	2366.40	33.27	202.47	135.75
5-3-312	混凝土 1000～1100 1.8 2.4	座	4020.11	1006.77	2588.06	42.35	229.23	153.70
5-3-313	混凝土 1200～1350 1.8 2.35	座	4162.93	1040.81	2675.69	48.74	238.07	159.62
5-3-314	混凝土 1500 1.9 2.5	座	4516.90	1147.93	2869.70	58.81	263.67	176.79
5-3-315	混凝土 1650 2 2.7	座	4831.02	1243.39	3053.06	59.15	284.60	190.82
5-3-316	混凝土 1800 2.2 2.8	座	5874.55	1548.64	3671.64	65.21	352.63	236.43
5-3-317	混凝土 2000 2.4 3.05	座	6395.54	1705.89	3968.38	72.25	388.52	260.50

23. 150°扇形污水检查井

编号	项目名称	单位	基价	人工费	材料费	施工机具使用费	管理费	利润
5-3-318	砖砌 800 2.6 3.2	座	6883.54	2711.18	3115.88	49.01	603.10	404.37
5-3-319	砖砌 900 2.7 3.3	座	7231.69	2863.62	3255.03	49.68	636.56	426.80
5-3-320	砖砌 1000 2.8 3.4	座	7984.93	3180.34	3561.28	60.43	708.11	474.77
5-3-321	砖砌 1100 2.9 3.5	座	8566.22	3395.12	3848.03	61.43	755.26	506.38
5-3-322	砖砌 1200 3 3.6	座	8986.17	3566.62	4024.23	68.50	794.27	532.55
5-3-323	砖砌 1350 3.2 3.8	座	9608.14	3832.65	4280.79	70.17	852.77	571.76
5-3-324	砖砌 1500 3.3 4	座	10303.20	4120.32	4567.60	81.58	918.12	615.58
5-3-325	混凝土 800 2.6 3.2	座	4459.94	1174.01	2812.00	33.27	263.79	176.87
5-3-326	混凝土 900 2.7 3.3	座	4695.38	1247.46	2946.72	33.61	279.91	187.68
5-3-327	混凝土 1000 2.8 3.4	座	5198.91	1401.93	3227.01	42.68	315.65	211.64
5-3-328	混凝土 1100 2.9 3.5	座	5454.12	1480.93	3373.93	43.02	332.98	223.26
5-3-329	混凝土 1200 3 3.6	座	5753.43	1573.24	3538.98	49.07	354.47	237.67
5-3-330	混凝土 1350 3.2 3.8	座	6144.05	1694.23	3763.53	49.74	381.06	255.49
5-3-331	混凝土 1500 3.3 3.9	座	6603.77	1836.87	4015.25	59.48	414.35	277.82

24. 钢筋混凝土矩形阀门井

（1）矩形立式闸阀井

编号	项目名称	单位	基价	人工费	材料费	施工机具使用费	管理费	利润
5-3-332	1.10 × 1.10 × 1.20 1.45	座	2129.69	426.06	1506.83	30.25	99.70	66.85
5-3-333	1.10 × 1.10 × 1.50 1.75	座	2308.69	484.89	1605.52	30.25	112.56	75.47
5-3-334	1.30 × 1.30 × 1.50 1.75	座	2624.84	575.54	1781.87	42.02	134.94	90.47
5-3-335	1.30 × 1.30 × 1.80 2.05	座	2826.49	640.10	1895.40	42.02	149.04	99.93
5-3-336	1.40 × 1.80 × 2.50 2.80	座	4921.42	1250.42	3083.83	95.80	294.15	197.22
5-3-337	1.50 × 2.10 × 3.00 3.30	座	6083.56	1600.07	3737.94	118.33	375.47	251.75

（2）矩形立式蝶阀井

编号	项目名称	单位	基价	人工费	材料费	施工机具使用费	管理费	利润
5-3-338	1.10 × 1.20 × 1.40 1.65	座	2320.47	484.89	1614.06	32.62	113.08	75.82
5-3-339	1.40 × 1.40 × 1.60 1.85	座	2857.01	641.58	1913.80	49.42	150.98	101.23
5-3-340	1.40 × 1.40 × 1.80 2.05	座	3002.56	689.13	1994.44	49.42	161.37	108.20
5-3-341	1.50 × 2.00 × 2.00 2.30	座	4915.61	1287.60	3005.69	111.61	305.73	204.98
5-3-342	1.50 × 2.00 × 2.60 2.90	座	5469.58	1410.26	3392.23	111.61	332.53	222.95

（3）矩形卧式蝶阀井

编号	项目名称	单位	基价	人工费	材料费	施工机具使用费	管理费	利润
5-3-343	1.80 × 2.60 × 1.80 2.15	座	6615.55	1539.76	4184.05	241.56	389.22	260.96
5-3-344	1.80 × 2.60 × 1.90 2.25	座	6688.78	1563.99	4224.21	241.56	394.51	264.51
5-3-345	2.20 × 3.00 × 2.00 2.35	座	8173.87	1974.14	5020.43	336.07	504.78	338.45
5-3-346	2.20 × 3.00 × 2.10 2.45	座	8283.92	2008.73	5083.27	336.07	512.34	343.51
5-3-347	2.20 × 3.00 × 2.20 2.55	座	8701.62	2210.20	5228.65	334.10	555.93	372.74
5-3-348	2.50 × 3.75 × 2.50 2.85	座	11278.52	2968.51	6586.78	468.66	751.02	503.55
5-3-349	2.50 × 3.75 × 2.70 3.05	座	11530.96	3047.69	6731.14	468.66	768.32	515.15
5-3-350	2.50 × 4.55 × 2.90 3.25	座	15637.89	4264.81	9003.78	595.35	1061.94	712.01
5-3-351	2.50 × 4.55 × 3.10 3.45	座	15958.58	4368.59	9182.80	595.35	1084.62	727.22

25. 钢筋混凝土矩形水表井

编号	项目名称	单位	基价	人工费	材料费	施工机具使用费	管理费	利润
5-3-352	2.15 × 1.10 × 1.40	座	3691.77	889.11	2386.37	67.23	208.96	140.10
5-3-353	2.15 × 1.10 × 2.00	座	4338.60	1096.31	2750.37	67.23	254.23	170.46
5-3-354	2.75 × 1.30 × 1.40	座	4567.27	1142.38	2871.63	99.84	271.43	181.99
5-3-355	2.75 × 1.30 × 1.60	座	4825.58	1224.52	3017.83	99.84	289.37	194.02
5-3-356	2.75 × 1.30 × 2.00	座	5347.26	1391.39	3311.73	99.84	325.83	218.47
5-3-357	3.20 × 1.30 × 2.00	座	5869.06	1544.01	3602.26	116.65	362.85	243.29
5-3-358	3.90 × 1.80 × 2.00	座	8190.60	2227.40	4808.79	250.11	541.34	362.96

二、砌筑非定型井

1. 非定型井垫层、井底流槽

编号	项目名称	单位	基价	人工费	材料费	施工机具使用费	管理费	利润
5-3-359	垫层 碎石	$10m^3$	4206.25	1314.43	2412.06	0.00	287.20	192.56
5-3-360	垫层 砂砾石	$10m^3$	5106.32	1282.05	3356.32	0.00	280.13	187.82
5-3-361	垫层 预拌混凝土	$10m^3$	5502.12	1450.40	3522.33	0.00	316.91	212.48
5-3-362	井底流槽 混凝土	$10m^3$	6032.34	1645.95	3785.62	0.00	359.64	241.13
5-3-363	井底流槽 石砌	$10m^3$	9932.81	3638.40	4582.93	280.93	856.37	574.18

2. 非定型井砌筑及抹灰

（1）砌　　筑

编号	项目名称	单位	基价	人工费	材料费	施工机具使用费	管理费	利润
5-3-364	砖砌 圆形	$10m^3$	9570.75	3848.56	4036.48	205.85	885.89	593.97
5-3-365	砖砌 矩形	$10m^3$	8364.82	3250.45	3728.26	146.30	742.19	497.62
5-3-366	石砌 圆形	$10m^3$	10718.77	3945.31	4928.75	296.46	926.83	621.42
5-3-367	石砌 矩形	$10m^3$	9512.18	3346.84	4625.21	233.36	782.27	524.50
5-3-368	塑钢踏步安装	100kg	372.22	272.69	0.00	0.00	59.58	39.95

（2）勾缝及抹灰

①砖　　墙

编号	项目名称	单位	基价	人工费	材料费	施工机具使用费	管理费	利润
5-3-369	勾缝	$100m^2$	1799.07	1227.66	102.11	15.53	271.64	182.13
5-3-370	抹灰 井内侧	$100m^2$	6688.32	4008.40	1027.76	138.53	906.10	607.53
5-3-371	抹灰 井底	$100m^2$	4699.68	2551.52	1027.76	138.53	587.78	394.09
5-3-372	抹灰 流槽	$100m^2$	5794.63	3353.68	1027.76	138.53	763.05	511.61

②石　　墙

编号	项目名称	单位	基价	人工费	材料费	施工机具使用费	管理费	利润
5-3-373	勾缝	$100m^2$	3093.28	2052.95	247.25	32.06	455.57	305.45
5-3-374	抹灰 井内侧	$100m^2$	7263.23	4432.79	1027.76	135.32	998.13	669.23
5-3-375	抹灰 井底	$100m^2$	4690.25	2547.82	1027.76	135.32	586.27	393.08
5-3-376	抹灰 流槽	$100m^2$	5785.20	3349.98	1027.76	135.32	761.54	510.60

③井壁（墙）凿洞

编号	项目名称	单位	基价	人工费	材料费	施工机具使用费	管理费	利润
5-3-377	砖墙（cm 以内） 24	$10m^2$	2433.38	1605.25	233.99	6.03	352.06	236.05
5-3-378	砖墙（cm 以内） 37	$10m^2$	3038.73	2009.29	285.99	7.37	440.64	295.44
5-3-379	石墙（cm 以内） 50	$10m^2$	4853.08	3268.95	377.71	9.71	716.39	480.32
5-3-380	石墙（cm 以内） 70	$10m^2$	6273.39	4254.82	449.56	11.72	932.24	625.05

3. 非定型井盖、井圈（箅）制作、安装

（1）钢筋混凝土井盖、井圈（箅）制作

编号	项目名称	单位	基价	人工费	材料费	施工机具使用费	管理费	利润
5-3-381	井盖	$10m^3$	7063.85	2214.45	4041.12	0.00	483.86	324.42
5-3-382	井圈	$10m^3$	7627.26	2610.17	4064.38	0.00	570.32	382.39
5-3-383	平箅	$10m^3$	8674.41	3374.40	4068.35	0.00	737.31	494.35
5-3-384	小型构件	$10m^3$	7635.75	2610.17	4072.87	0.00	570.32	382.39

（2）井盖、井箅安装

编号	项目名称	单位	基价	人工费	材料费	施工机具使用费	管理费	利润
5-3-385	检查井 铸铁井盖、座	10 套	1250.56	766.64	198.61	4.02	168.39	112.90
5-3-386	检查井 混凝土井盖、座	10 套	1081.96	693.38	130.47	3.68	152.31	102.12
5-3-387	雨水井 铸铁平箅	10 套	1198.64	735.19	190.09	3.68	161.44	108.24
5-3-388	雨水井 铸铁立箅	10 套	1237.75	776.08	173.82	3.35	170.31	114.19
5-3-389	雨水井 混凝土箅（盖、座）	10 套	1146.61	740.74	130.47	3.68	162.66	109.06
5-3-390	小型构件	$10m^3$	2397.41	458.80	1708.98	45.54	110.20	73.89

三、塑料检查井

编号	项目名称	单位	基价	人工费	材料费	施工机具使用费	管理费	利润
5-3-391	塑料检查井（井筒直径 mm 以内） 315	10 套	297.98	218.30	0.00	0.00	47.70	31.98
5-3-392	塑料检查井（井筒直径 mm 以内） 500	10 套	472.22	345.95	0.00	0.00	75.59	50.68
5-3-393	塑料检查井（井筒直径 mm 以内） 700	10 套	530.31	388.50	0.00	0.00	84.89	56.92

四、混凝土模块式排水检查井

1. 混凝土模块式排水检查井砌筑

编号	项目名称	单位	基价	人工费	材料费	施工机具使用费	管理费	利润
5-3-394	混凝土模块检查井砌筑、井筒砌筑	m^3	371.78	222.00	58.16	7.76	50.20	33.66

2. 混凝土模块式排水检查井混凝土灌芯

编号	项目名称	单位	基价	人工费	材料费	施工机具使用费	管理费	利润
5-3-395	混凝土模块混凝土灌芯	m^3	572.63	138.75	383.23	0.00	30.32	20.33

五、预制装配式钢筋混凝土排水检查井

1. 预制装配式钢筋混凝土排水检查井

编号	项目名称	单位	基价	人工费	材料费	施工机具使用费	管理费	利润
5-3-396	单个井室外周体积（m^3以内）1	$10m^3$	1744.74	715.95	178.73	431.31	250.68	168.07
5-3-397	单个井室外周体积（m^3以内）3	$10m^3$	1266.03	394.05	130.50	437.84	181.77	121.87
5-3-398	单个井室外周体积（m^3以内）5	$10m^3$	1202.45	358.90	115.37	437.50	174.01	116.67

2. 预制装配式钢筋混凝土预制井筒

编号	项目名称	单位	基价	人工费	材料费	施工机具使用费	管理费	利润
5-3-399	预制装配式钢筋混凝土预制井筒（高度 m） 1	个	38.10	11.10	5.20	13.00	5.27	3.53
5-3-400	预制装配式钢筋混凝土预制井筒（高度 m） 调节井筒 0.5	个	35.57	9.25	5.20	13.00	4.86	3.26

六、井　　筒

1. 砌筑井筒

（1）消火栓井深及阀门井筒调增

编号	项目名称	单位	基价	人工费	材料费	施工机具使用费	管理费	利润
5-3-401	消火栓井 井深每增 0.25m	座	282.13	119.70	116.91	1.34	26.45	17.73
5-3-402	阀门井双井筒 每增 0.2m	座	258.93	109.34	108.32	1.00	24.11	16.16
5-3-403	阀门井单井筒 每增 0.2m	座	150.19	63.27	62.91	0.67	13.97	9.37

（2）检查井筒砌筑（φ700）

编号	项目名称	单位	基价	人工费	材料费	施工机具使用费	管理费	利润
5-3-404	筒高（m） 1	座	753.10	316.54	317.36	2.68	69.75	46.77
5-3-405	筒高（m） 2	座	1434.45	600.70	606.72	5.69	132.50	88.84
5-3-406	筒高（m） 3	座	2112.65	885.60	892.38	8.37	195.33	130.97
5-3-407	筒高（m） 4	座	2794.30	1169.57	1182.75	11.05	257.97	172.96
5-3-408	筒高（m） 每增减 0.2	座	150.10	64.94	60.54	0.67	14.34	9.61

2. 混凝土井筒

（1）阀门井筒调增

编号	项目名称	单位	基价	人工费	材料费	施工机具使用费	管理费	利润
5-3-409	钢筋混凝土预制双井筒 每增 0.2m	座	230.48	109.34	80.38	0.62	24.03	16.11
5-3-410	钢筋混凝土预制井筒 每增 0.2m	座	137.71	63.27	50.50	0.62	13.96	9.36

（2）井深（井筒）每增加 0.2m

编号	项目名称	单位	基价	人工费	材料费	施工机具使用费	管理费	利润
5-3-411	混凝土 700 每增 0.2	座	66.43	25.90	31.08	0.00	5.66	3.79

七、出 水 口

1. 砖 砌

(1)一 字 式

编号	项目名称	单位	基价	人工费	材料费	施工机具使用费	管理费	利润
5-3-412	*H*(m 以内) 1 管径(mm 以内) 300	处	7707.41	2630.52	4094.81	16.07	578.28	387.73
5-3-413	*H*(m 以内) 1 管径(mm 以内) 400	处	7832.30	2678.99	4153.54	16.07	588.87	394.83
5-3-414	*H*(m 以内) 1.5 管径(mm 以内) 500	处	11063.34	3812.11	5826.43	24.45	838.29	562.06
5-3-415	*H*(m 以内) 1.5 管径(mm 以内) 600	处	13255.97	4542.31	7010.01	33.49	999.81	670.35
5-3-416	*H*(m 以内) 2 管径(mm 以内) 700	处	19530.57	6713.84	10295.79	51.57	1478.24	991.13
5-3-417	*H*(m 以内) 2 管径(mm 以内) 800	处	19659.53	6751.76	10372.98	51.57	1486.53	996.69
5-3-418	*H*(m 以内) 2.5 管径(mm 以内) 900	处	27102.28	9548.41	13969.50	72.67	2102.21	1409.49
5-3-419	*H*(m 以内) 2.5 管径(mm 以内) 1000	处	27355.59	9626.48	14116.25	72.67	2119.26	1420.93
5-3-420	*H*(m 以内) 3 管径(mm 以内) 1100	处	36046.59	12722.82	18541.43	101.47	2802.11	1878.76
5-3-421	*H*(m 以内) 3 管径(mm 以内) 1200	处	38507.50	13564.20	19847.47	106.15	2986.97	2002.71
5-3-422	*H*(m 以内) 3.5 管径(mm 以内) 1350	处	48423.22	17103.81	24890.02	136.63	3767.04	2525.72
5-3-423	*H*(m 以内) 3.5 管径(mm 以内) 1500	处	50788.18	17929.09	26120.71	142.32	3948.60	2647.46
5-3-424	*H*(m 以内) 4 管径(mm 以内) 1650	处	61059.94	21596.72	31341.35	175.14	4757.15	3189.58
5-3-425	*H*(m 以内) 4 管径(mm 以内) 1800	处	63677.70	22510.43	32703.68	181.16	4958.11	3324.32
5-3-426	*H*(m 以内) 4.5 管径(mm 以内) 2000	处	75171.25	26610.40	38550.94	217.67	5861.93	3930.31
5-3-427	*H*(m 以内) 4.5 管径(mm 以内) 2200	处	78180.04	27651.03	40129.67	224.70	6090.85	4083.79
5-3-428	*H*(m 以内) 5 管径(mm 以内) 2400	处	91006.55	32191.11	46705.48	263.88	7091.42	4754.66

（2）八　字　式

编号	项目名称	单位	基价	人工费	材料费	施工机具使用费	管理费	利润
5-3-429	$H \times L1$（m 以内）0.83×1.11 管径（mm 以内）300	处	2958.39	1023.61	1552.93	6.03	224.98	150.84
5-3-430	$H \times L1$（m 以内）0.94×1.32 管径（mm 以内）400	处	3532.90	1223.41	1853.35	7.03	268.85	180.26
5-3-431	$H \times L1$（m 以内）1.04×1.53 管径（mm 以内）500	处	4187.25	1469.46	2170.01	8.37	322.91	216.50
5-3-432	$H \times L1$（m 以内）1.15×1.75 管径（mm 以内）600	处	4884.26	1693.86	2558.43	10.05	372.30	249.62
5-3-433	$H \times L1$（m 以内）1.26×1.96 管径（mm 以内）700	处	5704.38	1976.91	2989.90	11.72	434.52	291.33
5-3-434	$H \times L1$（m 以内）1.37×2.18 管径（mm 以内）800	处	6635.43	2301.40	3474.37	14.40	506.00	339.26
5-3-435	$H \times L1$（m 以内）1.47×2.39 管径（mm 以内）900	处	7629.52	2645.32	3995.81	16.74	581.66	389.99
5-3-436	$H \times L1$（m 以内）1.58×2.6 管径（mm 以内）1000	处	8739.98	3035.11	4570.55	19.42	667.41	447.49
5-3-437	$H \times L1$（m 以内）1.69×2.82 管径（mm 以内）1100	处	10773.19	3706.29	5683.47	22.44	814.73	546.26
5-3-438	$H \times L1$（m 以内）1.79×3.03 管径（mm 以内）1200	处	12056.24	4149.55	6357.81	25.12	912.17	611.59
5-3-439	$H \times L1$（m 以内）1.96×3.36 管径（mm 以内）1350	处	14538.48	5014.80	7650.31	31.48	1102.61	739.28
5-3-440	$H \times L1$（m 以内）2.12×3.68 管径（mm 以内）1500	处	18633.17	7004.84	9019.45	38.18	1538.90	1031.80
5-3-441	$H \times L1$（m 以内）2.28×4 管径（mm 以内）1650	处	20719.43	7474.56	10455.40	44.87	1643.00	1101.60
5-3-442	$H \times L1$（m 以内）2.44×4.33 管径（mm 以内）1800	处	23954.05	8603.06	12137.73	53.58	1891.48	1268.20
5-3-443	$H \times L1$（m 以内）2.66×4.76 管径（mm 以内）2000	处	29140.01	10543.52	14657.14	66.64	2318.32	1554.39
5-3-444	$H \times L1$（m 以内）2.88×5.2 管径（mm 以内）2200	处	34931.09	12676.94	17515.53	81.71	2787.77	1869.14
5-3-445	$H \times L1$（m 以内）3.09×5.62 管径（mm 以内）2400	处	41297.31	15029.03	20648.30	98.45	3305.35	2216.18

(3)门　字　式

编号	项目名称	单位	基价	人工费	材料费	施工机具使用费	管理费	利润
5-3-446	$H \times L1$（m 以内） 1×0.91 管径（mm 以内） 300	处	2701.37	883.19	1489.88	4.35	193.93	130.02
5-3-447	$H \times L1$（m 以内） 1×0.91 管径（mm 以内） 400	处	2737.86	887.26	1520.81	4.35	194.82	130.62
5-3-448	$H \times L1$（m 以内）1.5×1.06 管径（mm 以内） 500	处	4861.00	1925.67	2221.95	7.70	422.44	283.24
5-3-449	$H \times L1$（m 以内）1.5×1.06 管径（mm 以内） 600	处	5000.89	1979.69	2287.64	8.04	434.32	291.20
5-3-450	$H \times L1$（m 以内）1.5×1.06 管径（mm 以内） 700	处	5139.15	2032.97	2353.17	8.04	445.96	299.01
5-3-451	$H \times L1$（m 以内） 2×1.21 管径（mm 以内） 800	处	7088.84	2827.91	3211.83	12.39	620.61	416.10
5-3-452	$H \times L1$（m 以内） 2×1.21 管径（mm 以内） 900	处	7241.41	2886.19	3284.85	12.39	633.34	424.64
5-3-453	$H \times L1$（m 以内）2.5×1.49 管径（mm 以内） 1000	处	8909.55	3000.52	4786.42	20.09	660.00	442.52
5-3-454	$H \times L1$（m 以内）2.5×1.61 管径（mm 以内） 1100	处	10422.67	3592.33	5487.60	23.11	789.97	529.66
5-3-455	$H \times L1$（m 以内） 3×1.76 管径（mm 以内） 1200	处	13272.60	4602.62	6946.61	31.81	1012.62	678.94
5-3-456	$H \times L1$（m 以内） 3×1.76 管径（mm 以内） 1350	处	13488.03	4668.85	7071.63	31.81	1027.09	688.65
5-3-457	$H \times L1$（m 以内） 3×1.76 管径（mm 以内） 1500	处	21480.76	8754.94	9468.56	45.21	1922.83	1289.22
5-3-458	$H \times L1$（m 以内）3.5×2.17 管径（mm 以内） 1650	处	24041.40	9738.96	10678.25	50.90	2139.08	1434.21
5-3-459	$H \times L1$（m 以内） 4×2.32 管径（mm 以内） 1800	处	29097.46	11820.39	12874.40	64.63	2596.88	1741.16
5-3-460	$H \times L1$（m 以内） 4×2.32 管径（mm 以内） 2000	处	29509.88	11947.49	13114.25	63.96	2624.50	1759.68
5-3-461	$H \times L1$（m 以内） 4×2.43 管径（mm 以内） 2200	处	31523.59	12820.69	13928.28	69.65	2816.54	1888.43
5-3-462	$H \times L1$（m 以内） 4×2.43 管径（mm 以内） 2400	处	32220.34	13099.30	14243.81	70.32	2877.56	1929.35

2. 石　　砌

（1）一　字　式

编号	项目名称	单位	基价	人工费	材料费	施工机具使用费	管理费	利润
5-3-463	*H*（m 以内） 1 管径（mm 以内） 300	处	13980.77	4753.21	7424.52	49.90	1049.48	703.66
5-3-464	*H*（m 以内） 1 管径（mm 以内） 400	处	14099.33	4790.58	7491.62	50.23	1057.72	709.18
5-3-465	*H*（m 以内） 1.5 管径（mm 以内） 500	处	19630.22	6680.72	10411.84	72.67	1475.62	989.37
5-3-466	*H*（m 以内） 1.5 管径（mm 以内） 600	处	19781.81	6729.19	10497.27	72.67	1486.21	996.47
5-3-467	*H*（m 以内） 2 管径（mm 以内） 700	处	26533.17	9039.29	14057.41	100.46	1997.04	1338.97
5-3-468	*H*（m 以内） 2 管径（mm 以内） 800	处	26980.85	9180.07	14312.92	100.46	2027.80	1359.60
5-3-469	*H*（m 以内） 2.5 管径（mm 以内） 900	处	35907.83	12631.06	18484.97	132.94	2788.93	1869.93
5-3-470	*H*（m 以内） 2.5 管径（mm 以内） 1000	处	38101.59	13447.84	19551.94	141.65	2969.30	1990.86
5-3-471	*H*（m 以内） 3 管径（mm 以内） 1100	处	51050.86	18386.60	25693.06	190.54	4059.11	2721.55
5-3-472	*H*（m 以内） 3 管径（mm 以内） 1200	处	55911.60	19787.60	28612.18	211.97	4369.91	2929.94
5-3-473	*H*（m 以内） 3.5 管径（mm 以内） 1350	处	73902.42	26149.01	37819.57	285.31	5775.90	3872.63
5-3-474	*H*（m 以内） 3.5 管径（mm 以内） 1500	处	74276.36	26302.38	37985.08	284.64	5809.26	3895.00
5-3-475	*H*（m 以内） 4 管径（mm 以内） 1650	处	95436.81	33813.93	48771.13	373.38	7469.93	5008.44
5-3-476	*H*（m 以内） 4 管径（mm 以内） 1800	处	95413.32	33840.76	48716.51	369.36	7474.91	5011.78
5-3-477	*H*（m 以内） 4.5 管径（mm 以内） 2000	处	119226.22	42329.48	60810.66	465.80	9350.77	6269.51
5-3-478	*H*（m 以内） 4.5 管径（mm 以内） 2200	处	125550.74	44637.91	63944.40	494.94	9861.53	6611.96
5-3-479	*H*（m 以内） 5 管径（mm 以内） 2400	处	153288.46	54596.09	77936.08	607.12	12061.90	8087.27

（2）八　字　式

编号	项目名称	单位	基价	人工费	材料费	施工机具使用费	管理费	利润
5-3-480	$H \times L1$（m 以内） 0.83 × 1.26 管径（mm 以内） 300	处	5405.02	1815.78	2898.60	20.43	401.21	269.00
5-3-481	$H \times L1$（m 以内） 0.94 × 1.47 管径（mm 以内） 400	处	6335.41	2130.83	3393.92	24.11	470.85	315.70
5-3-482	$H \times L1$（m 以内） 1.04 × 1.68 管径（mm 以内） 500	处	7220.92	2420.17	3879.90	27.46	534.81	358.58
5-3-483	$H \times L1$（m 以内） 1.15 × 1.90 管径（mm 以内） 600	处	8309.52	2784.25	4465.60	31.81	615.31	412.55
5-3-484	$H \times L1$（m 以内） 1.26 × 2.11 管径（mm 以内） 700	处	9398.70	3143.71	5058.63	35.83	694.73	465.80
5-3-485	$H \times L1$（m 以内） 1.37 × 2.33 管径（mm 以内） 800	处	10624.26	3558.11	5711.68	40.85	786.37	527.25
5-3-486	$H \times L1$（m 以内） 1.47 × 2.54 管径（mm 以内） 900	处	11874.83	3977.13	6383.42	45.88	879.03	589.37
5-3-487	$H \times L1$（m 以内） 1.58 × 2.75 管径（mm 以内） 1000	处	13240.56	4430.57	7122.88	51.24	979.28	656.59
5-3-488	$H \times L1$（m 以内） 1.69 × 2.97 管径（mm 以内） 1100	处	16606.85	5549.63	8942.93	64.96	1226.79	822.54
5-3-489	$H \times L1$（m 以内） 1.79 × 3.08 管径（mm 以内） 1200	处	18164.75	6065.41	9788.10	71.33	1340.88	899.03
5-3-490	$H \times L1$（m 以内） 1.96 × 3.51 管径（mm 以内） 1350	处	21002.74	7016.50	11311.86	83.05	1551.25	1040.08
5-3-491	$H \times L1$（m 以内） 2.12 × 3.83 管径（mm 以内） 1500	处	24742.22	8606.02	12865.20	95.10	1901.19	1274.71
5-3-492	$H \times L1$（m 以内） 2.28 × 4.15 管径（mm 以内） 1650	处	27827.95	9674.39	14475.21	107.83	2137.42	1433.10
5-3-493	$H \times L1$（m 以内） 2.44 × 4.48 管径（mm 以内） 1800	处	31399.99	10907.05	16345.02	122.23	2409.90	1615.79
5-3-494	$H \times L1$（m 以内） 2.66 × 4.91 管径（mm 以内） 2000	处	36482.35	12677.50	18981.93	143.32	2801.35	1878.25
5-3-495	$H \times L1$（m 以内） 2.88 × 5.35 管径（mm 以内） 2200	处	42128.75	14650.71	21902.89	166.77	3237.62	2170.76
5-3-496	$H \times L1$（m 以内） 3.09 × 5.77 管径（mm 以内） 2400	处	48110.92	16719.01	25026.18	192.89	3695.25	2477.59

（3）门 字 式

编号	项目名称	单位	基价	人工费	材料费	施工机具使用费	管理费	利润
5-3-497	H×L1（m 以内） 1×1 管径（mm 以内） 300	处	3623.44	1192.88	1984.19	8.04	262.40	175.93
5-3-498	H×L1（m 以内） 1×1 管径（mm 以内） 400	处	3680.25	1213.05	2013.46	8.04	266.81	178.89
5-3-499	H×L1（m 以内） 1.5×1.1 管径（mm 以内） 500	处	5000.55	1663.89	2711.06	13.39	366.49	245.72
5-3-500	H×L1（m 以内） 1.5×1.1 管径（mm 以内） 600	处	5136.56	1705.70	2790.00	13.39	375.62	251.85
5-3-501	H×L1（m 以内） 1.5×1.1 管径（mm 以内） 700	处	5258.92	1743.81	2859.88	13.73	384.02	257.48
5-3-502	H×L1（m 以内） 2×1.3 管径（mm 以内） 800	处	7340.62	2513.41	3881.93	20.43	553.64	371.21
5-3-503	H×L1（m 以内） 2.5×1.6 管径（mm 以内） 900	处	11778.65	4049.28	6202.01	36.17	892.67	598.52
5-3-504	H×L1（m 以内） 2.5×1.7 管径（mm 以内） 1000	处	11948.45	4104.78	6295.60	36.50	904.87	606.70
5-3-505	H×L1（m 以内） 2.5×1.7 管径（mm 以内） 1100	处	13314.37	4566.91	7025.23	40.52	1006.72	674.99
5-3-506	H×L1（m 以内） 3×1.9 管径（mm 以内） 1200	处	16794.00	5784.95	8823.96	53.91	1275.79	855.39
5-3-507	H×L1（m 以内） 3×1.9 管径（mm 以内） 1350	处	17036.05	5862.84	8959.69	53.91	1292.81	866.80
5-3-508	H×L1（m 以内） 3.5×2.1 管径（mm 以内） 1500	处	22732.62	7851.03	11912.20	76.02	1732.06	1161.31
5-3-509	H×L1（m 以内） 3.5×2.2 管径（mm 以内） 1650	处	24882.22	8582.89	13053.21	83.05	1893.51	1269.56
5-3-510	H×L1（m 以内） 4×2.4 管径（mm 以内） 1800	处	29212.25	10381.83	14901.63	102.14	2290.75	1535.90
5-3-511	H×L1（m 以内） 4×2.4 管径（mm 以内） 2000	处	30255.63	10444.18	15858.54	103.14	2304.59	1545.18
5-3-512	H×L1（m 以内） 4×2.55 管径（mm 以内） 2200	处	32212.44	11174.00	16810.47	109.50	2465.44	1653.03
5-3-513	H×L1（m 以内） 4×2.55 管径（mm 以内） 2400	处	32531.60	11216.74	17070.37	110.17	2474.93	1659.39

八、整体化粪池

1. 混凝土化粪池

编号	项目名称	单位	基价	人工费	材料费	施工机具使用费	管理费	利润
5-3-514	整体混凝土化粪池（容积 m^3 以内） 10	套	619.54	185.00	0.00	268.88	99.17	66.49
5-3-515	整体混凝土化粪池（容积 m^3 以内） 15	套	929.32	277.50	0.00	403.32	148.76	99.74
5-3-516	整体混凝土化粪池（容积 m^3 以内） 20	套	1239.10	370.00	0.00	537.76	198.35	132.99

2. 玻璃钢化粪池

（1）玻璃钢化粪池

编号	项目名称	单位	基价	人工费	材料费	施工机具使用费	管理费	利润
5-3-517	玻璃钢化粪池有效容积 $4m^3$ 以内	套	269.06	46.25	35.59	124.79	37.37	25.06
5-3-518	玻璃钢化粪池有效容积 $12m^3$ 以内	套	325.33	46.25	42.70	160.81	45.24	30.33
5-3-519	玻璃钢化粪池有效容积 $50m^3$ 以内	套	395.71	69.38	64.05	173.59	53.09	35.60
5-3-520	玻璃钢化粪池有效容积 $100m^3$ 以内	套	637.39	69.38	73.53	343.70	90.26	60.52

（2）玻璃钢化粪池井筒

编号	项目名称	单位	基价	人工费	材料费	施工机具使用费	管理费	利润
5-3-521	玻璃钢化粪池井筒	套	503.57	46.25	440.43	0.00	10.11	6.78

九、雨　水　口

1. 砖砌雨水进水井

编号	项目名称	单位	基价	人工费	材料费	施工机具使用费	管理费	利润
5-3-522	单平箅（680×380） 井深（m） 1	座	779.54	328.93	327.81	2.01	72.31	48.48
5-3-523	单平箅（680×380） 井深（m） 增减 0.25	座	183.69	81.03	72.17	0.67	17.85	11.97

续前

编号	项目名称	单位	基价	人工费	材料费	施工机具使用费	管理费	利润
5-3-524	双平箅（1450×380）井深（m）1	座	1223.21	522.26	505.75	3.35	114.85	77.00
5-3-525	双平箅（1450×380）井深（m）增减 0.25	座	277.02	122.47	108.48	1.00	26.98	18.09
5-3-526	三平箅（2225×380）井深（m）1	座	1454.52	605.88	622.01	4.02	133.26	89.35
5-3-527	三平箅（2225×380）井深（m）增减 0.25	座	373.38	165.76	145.29	1.34	36.51	24.48
5-3-528	单立箅（680×380）井深（m）1	座	750.32	328.56	299.09	2.01	72.23	48.43
5-3-529	单立箅（680×380）井深（m）增减 0.2	座	148.69	65.68	58.12	0.67	14.50	9.72
5-3-530	双立箅（1450×380）井深（m）1	座	1115.29	476.01	461.42	3.01	104.67	70.18
5-3-531	双立箅（1450×380）井深（m）增减 0.2	座	222.43	98.42	87.17	0.67	21.65	14.52
5-3-532	三立箅（2225×380）井深（m）1	座	1241.00	497.65	557.13	3.35	109.47	73.40
5-3-533	三立箅（2225×380）井深（m）增减 0.2	座	299.16	133.02	116.23	1.00	29.28	19.63
5-3-534	联合单箅（680×430）井深（m）1	座	917.86	480.26	259.11	2.34	105.45	70.70
5-3-535	联合单箅（680×430）井深（m）增减 0.2	座	157.67	70.86	60.03	0.67	15.63	10.48
5-3-536	联合双箅（1450×430）井深（m）1	座	1528.87	706.33	559.24	4.02	155.21	104.07
5-3-537	联合双箅（1450×430）井深（m）增减 0.2	座	242.90	110.63	90.53	1.00	24.39	16.35
5-3-538	联合三箅（2225×430）井深（m）1	座	1936.52	904.28	696.24	4.35	198.54	133.11
5-3-539	联合三箅（2225×430）井深（m）增减 0.2	座	334.79	155.96	120.54	1.00	34.30	22.99

十、补 充 项 目

1. 防坠网安装

编号	项目名称	单位	基价	人工费	材料费	施工机具使用费	管理费	利润
5-3-540	防坠网安装	套	65.15	11.10	23.33	19.54	6.69	4.49

第四章　管网模板工程

一、现浇混凝土模板工程

1. 管、渠道及其他

编号	项目名称	单位	基价	人工费	材料费	施工机具使用费	管理费	利润
5-4-1	混凝土基础垫层 木模	$100m^2$	3780.31	1084.10	2092.35	152.50	270.20	181.16
5-4-2	管、渠道平基 钢模	$100m^2$	5544.13	2403.52	2006.88	187.87	566.22	379.64
5-4-3	管、渠道平基 复合模板	$100m^2$	5777.30	2054.43	2770.23	148.55	481.35	322.74
5-4-4	管座 钢模	$100m^2$	7589.64	3898.14	2012.24	187.87	892.79	598.60
5-4-5	管座 复合模板	$100m^2$	7525.55	3335.18	2770.25	148.55	761.20	510.37
5-4-6	渠（涵）直墙 钢模	$100m^2$	5605.55	2457.91	1957.28	214.82	583.99	391.55
5-4-7	渠（涵）直墙 复合模板	$100m^2$	5747.36	2172.83	2619.17	118.88	500.74	335.74
5-4-8	顶（盖）板 钢模	$100m^2$	6443.86	3195.14	1724.58	262.21	755.43	506.50
5-4-9	顶（盖）板 复合模板	$100m^2$	7345.14	2780.55	3365.78	134.73	636.99	427.09
5-4-10	井底流槽 木模	$100m^2$	5653.98	2851.78	1611.06	110.07	647.16	433.91
5-4-11	支墩 木模	$100m^2$	5728.41	3330.93	1095.42	63.20	741.62	497.24
5-4-12	小型构件 木模	$100m^2$	8578.06	4020.05	2880.18	154.22	912.08	611.53

2. 构　筑　物

（1）井　　底

编号	项目名称	单位	基价	人工费	材料费	施工机具使用费	管理费	利润
5-4-13	平井底 钢模	$100m^2$	12718.35	8270.06	1224.62	150.25	1839.84	1233.58
5-4-14	平井底 木模	$100m^2$	15332.54	9219.66	2553.25	142.46	2045.62	1371.55

（2）井　　壁

编号	项目名称	单位	基价	人工费	材料费	施工机具使用费	管理费	利润
5-4-15	矩形井壁 钢模	$100m^2$	11334.81	6809.85	1721.10	233.16	1538.90	1031.80
5-4-16	矩形井壁 木模	$100m^2$	10542.40	5640.65	2635.80	151.73	1265.64	848.58
5-4-17	圆形井壁 木模	$100m^2$	14871.39	8542.93	2984.19	165.64	1902.82	1275.81

续前

编号	项目名称	单位	基价	人工费	材料费	施工机具使用费	管理费	利润
5-4-18	支模高度超过 3.6m，每增 1m 钢支撑	$100m^2$	511.96	352.24	10.50	15.13	80.27	53.82
5-4-19	支模高度超过 3.6m，每增 1m 木支撑	$100m^2$	590.34	352.24	100.51	6.61	78.41	52.57

（3）井　　盖

编号	项目名称	单位	基价	人工费	材料费	施工机具使用费	管理费	利润
5-4-20	无梁井盖 木模	$100m^2$	13809.42	8107.63	2536.21	151.13	1804.54	1209.91
5-4-21	无梁井盖 复合模板	$100m^2$	11862.98	6421.91	2865.65	169.54	1440.23	965.65
5-4-22	肋形井盖 木模	$100m^2$	12645.92	7096.79	2732.70	165.64	1586.84	1063.95
5-4-23	肋形井盖 复合模板	$100m^2$	12157.66	6045.99	3716.52	138.00	1351.20	905.95
5-4-24	井盖板支模 高度超过 3.6m，每增 1m	$100m^2$	2271.47	1349.39	396.01	24.57	300.21	201.29

（4）柱、梁

编号	项目名称	单位	基价	人工费	材料费	施工机具使用费	管理费	利润
5-4-25	矩形柱 钢模	$100m^2$	12738.59	7617.19	2010.61	242.14	1717.26	1151.39
5-4-26	矩形柱 复合模板	$100m^2$	11444.94	6465.57	2389.45	168.49	1449.54	971.89
5-4-27	圆、异型柱 木模	$100m^2$	19143.49	11320.89	3450.17	176.05	2512.08	1684.30
5-4-28	柱支模高度超过 3.6m，每增 1m 钢支撑	$100m^2$	864.29	583.68	53.12	10.58	129.85	87.06
5-4-29	柱支模高度超过 3.6m，每增 1m 木支撑	$100m^2$	1023.93	583.68	217.01	7.47	129.17	86.60
5-4-30	矩形梁 钢模	$100m^2$	15226.73	9216.52	2291.13	260.11	2070.64	1388.33
5-4-31	矩形梁 复合模板	$100m^2$	14436.92	8055.27	3228.53	156.01	1794.16	1202.95
5-4-32	异型梁 木模	$100m^2$	17872.01	10065.48	3916.96	158.00	2233.83	1497.74
5-4-33	圈梁 钢模	$100m^2$	11674.72	7344.32	1425.59	164.20	1640.61	1100.00
5-4-34	圈梁 复合模板	$100m^2$	10982.66	6332.92	2116.34	162.55	1419.26	951.59
5-4-35	梁支模高度超过 3.6m，每增 1m 钢支撑	$100m^2$	1554.12	1066.34	56.64	30.71	239.71	160.72
5-4-36	梁支模高度超过 3.6m，每增 1m 木支撑	$100m^2$	2160.42	1313.87	332.21	25.48	292.65	196.21

（5）板

编号	项目名称	单位	基价	人工费	材料费	施工机具使用费	管理费	利润
5-4-37	平板 钢模	$100m^2$	11366.22	6724.57	1833.98	258.75	1525.86	1023.06
5-4-38	平板 复合模板	$100m^2$	11541.85	5850.26	3365.83	139.50	1308.76	877.50
5-4-39	板支模高度超过 3.6m，每增 1m 钢支撑	$100m^2$	1770.41	1218.78	48.71	42.54	275.60	184.78
5-4-40	板支模高度超过 3.6m，每增 1m 木支撑	$100m^2$	2106.58	1228.59	396.01	24.57	273.82	183.59

二、预制混凝土模板工程

编号	项目名称	单位	基价	人工费	材料费	施工机具使用费	管理费	利润
5-4-41	矩形柱 钢模	$100m^2$	8355.20	5230.69	926.28	211.74	1189.17	797.32
5-4-42	矩形梁 钢模	$100m^2$	8649.67	5263.99	1209.81	186.46	1190.92	798.49
5-4-43	矩形梁 木模	$100m^2$	8915.98	4742.48	2105.61	246.80	1090.16	730.93
5-4-44	异型梁 木模	$100m^2$	7297.03	3504.83	2304.82	152.47	799.12	535.79
5-4-45	矩形板 木模	$100m^2$	3853.86	1497.95	1631.27	130.32	355.78	238.54
5-4-46	井盖板 木模	$100m^2$	4498.24	1944.54	1664.69	131.32	453.58	304.11
5-4-47	弧（拱）板 木模	$100m^2$	8660.11	4964.11	1706.68	129.98	1113.06	746.28
5-4-48	井筒 木模	$100m^2$	5471.87	2690.64	1621.72	129.98	616.31	413.22
5-4-49	井圈 木模	$100m^2$	5665.05	2832.17	1621.72	129.98	647.23	433.95
5-4-50	小型构件 木模	$100m^2$	6781.74	3492.62	1828.05	136.46	792.95	531.66

第六册

水处理工程

第一章 水处理构筑物

一、现浇混凝土沉井井壁及隔墙

1. 沉井垫木、灌砂

编号	项目名称	单位	基价	人工费	材料费	施工机具使用费	管理费	利润
6-1-1	垫木	100m	27785.60	4903.06	21092.92	0.00	1071.32	718.30
6-1-2	灌砂	$10m^3$	3820.40	1103.34	2314.34	0.00	241.08	161.64
6-1-3	砂垫层	$10m^3$	4696.93	991.60	2720.46	456.36	316.38	212.13
6-1-4	刃脚混凝土垫层	$10m^3$	7723.11	1855.74	3729.75	1069.80	639.23	428.59

2. 沉 井 制 作

编号	项目名称	单位	基价	人工费	材料费	施工机具使用费	管理费	利润
6-1-5	井壁及隔墙(厚度 mm) 500 以内	$10m^3$	4577.70	580.16	3785.79	0.00	126.76	84.99
6-1-6	井壁及隔墙(厚度 mm) 500 以外	$10m^3$	4364.22	437.34	3767.25	0.00	95.56	64.07

二、沉 井 下 沉

1. 沉 井 下 沉

编号	项目名称	单位	基价	人工费	材料费	施工机具使用费	管理费	利润
6-1-7	人工挖土(井深 8m 以内) 一、二类土	$10m^3$	2683.60	1559.00	0.00	407.01	429.57	288.02
6-1-8	人工挖土(井深 8m 以内) 三、四类土	$10m^3$	3563.13	2028.16	0.00	582.19	570.36	382.42
6-1-9	人工挖淤泥、流砂 井深 8m 以内	$10m^3$	4767.85	2666.41	0.00	826.52	763.21	511.71
6-1-10	机械挖土 井深 12m 以内 履带式	$10m^3$	1341.92	534.65	0.00	448.44	214.81	144.02

续前

编号	项目名称	单位	基价	人工费	材料费	施工机具使用费	管理费	利润
6-1-11	机械挖淤泥、流砂 井深12m以内 履带式	$10m^3$	1905.51	759.24	0.00	636.74	305.02	204.51
6-1-12	机械挖土 井深 12m 以内 长臂式	$10m^3$	1117.87	534.65	0.00	284.30	178.94	119.98
6-1-13	机械挖淤泥、流砂 井深12m以内 长臂式	$10m^3$	1584.67	759.24	0.00	401.69	253.66	170.08
6-1-14	人工挖石(井深8m以内)软岩	$10m^3$	5292.72	2957.41	0.00	920.04	847.22	568.05
6-1-15	人工挖石（井深8m以内）较软岩	$10m^3$	7413.80	3929.22	0.00	1502.14	1186.75	795.69
6-1-16	人工挖石（井深8m以内）较坚硬岩	$10m^3$	9047.69	4658.30	0.00	1970.05	1448.29	971.05
6-1-17	人工挖石（井深8m以内）坚硬岩	$10m^3$	10550.36	5387.02	0.00	2342.18	1688.83	1132.33
6-1-18	机械挖石（井深 12m 以内）软岩	$10m^3$	1883.15	717.43	0.12	662.08	301.42	202.10
6-1-19	机械挖石（井深12m以内）较软岩	$10m^3$	1905.43	718.36	0.12	677.47	304.99	204.49
6-1-20	机械挖石（井深12m以内）较硬岩	$10m^3$	1950.72	720.76	0.12	708.25	312.24	209.35
6-1-21	机械挖石（井深12m以内）坚硬岩	$10m^3$	1980.98	722.24	0.35	728.77	317.05	212.57
6-1-22	沉井配重下沉砂包助压及搬运	$10m^3$	3663.92	1765.09	982.19	199.55	429.27	287.82
6-1-23	钢板桩洞口支护加固处理	10t	10213.18	4166.76	1317.94	2349.90	1423.89	954.69
6-1-24	深层搅拌水泥桩桩洞口支护加固处理	100m	8888.06	1218.41	2366.47	3559.31	1043.93	699.94

2. 井 底 流 槽

编号	项目名称	单位	基价	人工费	材料费	施工机具使用费	管理费	利润
6-1-25	井底流槽 混凝土	$10m^3$	5636.14	1238.21	3945.98	0.00	270.55	181.40
6-1-26	井底流槽 毛石混凝土	$10m^3$	5155.23	831.58	4020.12	0.00	181.70	121.83
6-1-27	井底流槽 石砌	$10m^3$	8732.64	2646.24	5036.41	61.62	591.67	396.70
6-1-28	井底流槽 砖砌	$10m^3$	7760.60	2447.74	4379.67	29.13	541.20	362.86
6-1-29	砂石料填心 井内铺块石	$10m^3$	4519.66	883.75	2833.05	351.86	269.98	181.02
6-1-30	砂石料填心 井内铺碎石	$10m^3$	3913.79	878.75	2071.44	470.96	294.91	197.73
6-1-31	砂石料填心 井内铺黄砂	$10m^3$	3958.00	592.37	2734.26	304.14	195.89	131.34
6-1-32	混凝土填心 井内铺混凝土	$10m^3$	5223.11	648.98	3610.95	532.09	258.06	173.03

三、沉井混凝土底板

编号	项目名称	单位	基价	人工费	材料费	施工机具使用费	管理费	利润
6-1-33	底板（厚度 mm） 500 以内	$10m^3$	4561.62	475.08	3913.14	0.00	103.80	69.60
6-1-34	底板（厚度 mm） 500 以外	$10m^3$	4410.57	417.73	3840.37	0.00	91.27	61.20

四、沉井内地下混凝土结构

编号	项目名称	单位	基价	人工费	材料费	施工机具使用费	管理费	利润
6-1-35	刃脚	$10m^3$	5368.69	1180.86	3756.81	0.00	258.02	173.00
6-1-36	地下结构梁	$10m^3$	5577.35	1316.83	3779.87	0.00	287.73	192.92
6-1-37	地下结构柱	$10m^3$	6145.36	1727.16	3787.79	0.00	377.38	253.03
6-1-38	地下结构平台	$10m^3$	4910.27	675.62	3988.05	0.00	147.62	98.98

五、沉井混凝土顶板

编号	项目名称	单位	基价	人工费	材料费	施工机具使用费	管理费	利润
6-1-39	顶板	$10m^3$	4540.45	425.69	3959.39	0.00	93.01	62.36

六、现浇钢筋混凝土池底

1. 井渠、池槽底板混凝土垫层

编号	项目名称	单位	基价	人工费	材料费	施工机具使用费	管理费	利润
6-1-40	井渠、池槽底板混凝土垫层	$10m^3$	4369.22	553.15	3614.17	0.00	120.86	81.04

2. 半地下式池底

编号	项目名称	单位	基价	人工费	材料费	施工机具使用费	管理费	利润
6-1-41	平池底（厚度 mm） 500 以内	$10m^3$	4962.24	703.93	4001.37	0.00	153.81	103.13
6-1-42	平池底（厚度 mm） 500 以外	$10m^3$	4776.06	644.17	3896.77	0.00	140.75	94.37
6-1-43	锥坡池底（厚度 mm） 500 以内	$10m^3$	5010.22	739.08	4001.37	0.00	161.49	108.28
6-1-44	锥坡池底（厚度 mm） 500 以外	$10m^3$	4802.12	672.85	3883.68	0.00	147.02	98.57
6-1-45	圆池底（厚度 mm） 500 以内	$10m^3$	5295.30	947.94	4001.37	0.00	207.12	138.87
6-1-46	圆池底（厚度 mm） 500 以外	$10m^3$	5113.60	879.49	3913.09	0.00	192.17	128.85

3. 架空式池底

编号	项目名称	单位	基价	人工费	材料费	施工机具使用费	管理费	利润
6-1-47	平池底（厚度 mm） 300 以内	$10m^3$	5295.30	947.94	4001.37	0.00	207.12	138.87
6-1-48	平池底（厚度 mm） 300 以外	$10m^3$	5113.35	879.31	3913.09	0.00	192.13	128.82
6-1-49	方锥池底（厚度 mm） 300 以内	$10m^3$	5339.10	988.27	3990.11	0.00	215.94	144.78
6-1-50	方锥池底（厚度 mm） 300 以外	$10m^3$	4832.28	673.40	3913.09	0.00	147.14	98.65
6-1-51	池底后浇带	$10m^3$	6935.52	1592.85	4761.28	0.00	348.04	233.35

七、现浇混凝土池壁（隔墙）

编号	项目名称	单位	基价	人工费	材料费	施工机具使用费	管理费	利润
6-1-52	直、矩形（厚度 mm） 200 以内	$10m^3$	5142.33	984.76	3798.13	0.00	215.17	144.27
6-1-53	直、矩形（厚度 mm） 300 以内	$10m^3$	4910.84	821.40	3789.62	0.00	179.48	120.34
6-1-54	直、矩形（厚度 mm） 300 以外	$10m^3$	4634.94	624.56	3782.41	0.00	136.47	91.50
6-1-55	圆、弧形（厚度 mm） 200 以内	$10m^3$	5270.91	1079.48	3797.42	0.00	235.87	158.14
6-1-56	圆、弧形（厚度 mm） 300 以内	$10m^3$	5014.12	899.84	3785.83	0.00	196.62	131.83
6-1-57	圆、弧形（厚度 mm） 300 以外	$10m^3$	4704.52	677.66	3779.51	0.00	148.07	99.28
6-1-58	池壁挑檐	$10m^3$	4132.40	165.58	3906.38	0.00	36.18	24.26
6-1-59	池壁牛腿	$10m^3$	4296.98	314.50	3867.69	0.00	68.72	46.07
6-1-60	配水花墙（厚度 mm） 200 以内	$10m^3$	7612.94	2787.40	3808.14	0.00	609.05	408.35
6-1-61	配水花墙（厚度 mm） 200 以外	$10m^3$	6865.11	2248.86	3795.41	0.00	491.38	329.46
6-1-62	砖穿孔墙	$10m^3$	5718.95	2329.15	2516.81	16.74	512.58	343.67
6-1-63	折线池壁（厚度 mm） 300 以内	$10m^3$	6250.61	1762.68	3844.55	0.00	385.15	258.23
6-1-64	折线池壁（厚度 mm） 300 以外	$10m^3$	5819.25	1451.70	3837.68	0.00	317.20	212.67
6-1-65	池壁后浇带	$10m^3$	7326.18	2040.55	4540.83	0.00	445.86	298.94

八、现浇混凝土池柱

编号	项目名称	单位	基价	人工费	材料费	施工机具使用费	管理费	利润
6-1-66	无梁盖柱	$10m^3$	5537.50	1327.93	3724.88	0.00	290.15	194.54
6-1-67	矩（方）柱	$10m^3$	5302.35	1159.95	3719.02	0.00	253.45	169.93
6-1-68	圆型柱	$10m^3$	5470.26	1277.06	3727.07	0.00	279.04	187.09
6-1-69	扶壁柱	$10m^3$	5484.39	1252.45	3774.80	0.00	273.66	183.48
6-1-70	小型矩形柱	$10m^3$	5552.80	1313.50	3759.87	0.00	287.00	192.43

九、现浇混凝土池梁

编号	项目名称	单位	基价	人工费	材料费	施工机具使用费	管理费	利润
6-1-71	连续梁	$10m^3$	4716.16	697.45	3764.14	0.00	152.39	102.18
6-1-72	单梁	$10m^3$	4584.76	583.49	3788.30	0.00	127.49	85.48
6-1-73	悬臂梁	$10m^3$	5571.60	1320.35	3769.32	0.00	288.50	193.43
6-1-74	异型环梁	$10m^3$	5454.98	1241.91	3759.77	0.00	271.36	181.94
6-1-75	现浇混凝土小梁	$10m^3$	5769.08	1466.68	3767.06	0.00	320.47	214.87

十、现浇混凝土池盖

编号	项目名称	单位	基价	人工费	材料费	施工机具使用费	管理费	利润
6-1-76	肋形盖	$10m^3$	4658.71	477.12	4007.44	0.00	104.25	69.90
6-1-77	无梁盖	$10m^3$	4475.80	343.73	4006.60	0.00	75.11	50.36
6-1-78	锥形盖	$10m^3$	4613.36	424.76	4033.56	0.00	92.81	62.23
6-1-79	球形盖	$10m^3$	4761.12	505.79	4070.71	0.00	110.52	74.10
6-1-80	池盖后浇带	$10m^3$	6640.93	1371.78	4768.45	0.00	299.73	200.97
6-1-81	现浇混凝土圆形池顶检修人孔	$10m^3$	5323.77	1144.78	3761.15	0.00	250.13	167.71

续前

编号	项目名称	单位	基价	人工费	材料费	施工机具使用费	管理费	利润
6-1-82	预制混凝土筒圆形池顶检修人孔制作	$10m^3$	7666.80	2819.77	3817.81	0.00	616.12	413.10
6-1-83	预制混凝土筒圆型池顶检修人孔安装	$10m^3$	3785.06	2523.40	303.67	27.07	557.28	373.64
6-1-84	砖砌圆型池顶检修人孔 ϕ700mm（筒高 m）1 以内	座	1408.30	307.84	983.07	3.68	68.07	45.64
6-1-85	砖砌圆型池顶检修人孔 ϕ700mm（筒高 m）2 以内	座	2258.56	511.53	1551.18	6.70	113.23	75.92
6-1-86	砖砌圆型池顶检修人孔 ϕ700mm（筒高 m）3 以内	座	2974.65	716.14	1983.86	9.71	158.60	106.34
6-1-87	砖砌圆型池顶检修人孔 ϕ700mm（筒高 m）4 以内	座	3673.34	919.82	2399.96	13.06	203.83	136.67
6-1-88	砖砌圆型池顶检修人孔 ϕ700mm（筒高 m）每增 0.5	座	291.80	51.80	218.82	1.67	11.68	7.83
6-1-89	钢圆形池顶检修人孔制作安装	t	13498.88	5532.06	4793.00	845.87	1393.58	934.37

十一、现浇混凝土板

编号	项目名称	单位	基价	人工费	材料费	施工机具使用费	管理费	利润
6-1-90	平板、走道板（厚度 mm） 80 以内	$10m^3$	5270.02	625.86	4415.72	0.00	136.75	91.69
6-1-91	平板、走道板（厚度 mm） 120 以内	$10m^3$	4800.68	461.58	4170.62	0.00	100.86	67.62
6-1-92	悬空板（厚度 mm） 100 以内	$10m^3$	5171.23	661.38	4268.45	0.00	144.51	96.89
6-1-93	悬空板（厚度 mm） 150 以内	$10m^3$	4856.19	574.06	4072.60	0.00	125.43	84.10
6-1-94	挡水板（厚度 mm） 70 以内	$10m^3$	6575.99	2088.84	3724.72	0.00	456.41	306.02
6-1-95	挡水板（厚度 mm） 70 以外	$10m^3$	6305.17	1893.48	3720.57	0.00	413.73	277.39

十二、池　　槽

编号	项目名称	单位	基价	人工费	材料费	施工机具使用费	管理费	利润
6-1-96	悬空 V、U 形集水槽（厚度 mm）80 以内	$10m^3$	8291.56	3299.85	3787.26	0.00	721.02	483.43

续前

编号	项目名称	单位	基价	人工费	材料费	施工机具使用费	管理费	利润
6-1-97	悬空 V、U 形集水槽(厚度 mm) 120 以内	$10m^3$	7477.37	2720.98	3763.24	0.00	594.53	398.62
6-1-98	悬空 L 形槽(厚度 mm) 100 以内	$10m^3$	7189.93	2488.81	3792.71	0.00	543.80	364.61
6-1-99	悬空 L 形槽(厚度 mm) 200 以内	$10m^3$	6817.52	2234.25	3767.77	0.00	488.18	327.32
6-1-100	池底暗渠(厚度 mm) 100 以内	$10m^3$	6498.84	1997.63	3772.08	0.00	436.48	292.65
6-1-101	池底暗渠(厚度 mm) 200 以内	$10m^3$	6243.62	1826.51	3750.44	0.00	399.09	267.58
6-1-102	落泥斗、槽 混凝土	$10m^3$	4110.73	224.41	3804.41	0.00	49.03	32.88
6-1-103	落泥斗、槽 块石	$10m^3$	7990.39	2346.54	4717.89	50.90	523.84	351.22
6-1-104	沉淀池水槽	$10m^3$	5894.20	1477.23	3877.79	0.00	322.77	216.41
6-1-105	下药溶解槽	$10m^3$	6359.24	1825.58	3867.32	0.00	398.89	267.45
6-1-106	澄清池反应筒壁	$10m^3$	5669.20	1322.75	3863.65	0.00	289.02	193.78
6-1-107	异型填充混凝土 现浇混凝土	$10m^3$	4854.11	814.74	3741.99	0.00	178.02	119.36
6-1-108	异型填充混凝土 毛石混凝土	$10m^3$	4121.40	463.80	3488.31	0.00	101.34	67.95

十三、砌筑导流壁、筒

编号	项目名称	单位	基价	人工费	材料费	施工机具使用费	管理费	利润
6-1-109	砖导流墙(厚度) 半砖	$10m^3$	7304.68	2605.73	3710.84	27.12	575.28	385.71
6-1-110	砖导流墙(厚度) 一砖	$10m^3$	7125.96	2434.60	3758.39	32.48	539.06	361.43
6-1-111	砖导流墙(厚度)一砖半及以上	$10m^3$	6998.01	2308.43	3800.37	34.16	511.86	343.19
6-1-112	砖导流筒	$10m^3$	8823.56	3438.04	4069.84	44.54	760.94	510.20
6-1-113	砖砌直池壁(厚度) 半砖	$10m^3$	6919.89	2379.29	3635.14	27.12	525.80	352.54
6-1-114	砖砌直池壁(厚度) 一砖	$10m^3$	6196.67	1853.33	3624.37	31.14	411.76	276.07
6-1-115	砖砌直池壁(厚度) 一砖半及以上	$10m^3$	6245.66	1820.40	3715.11	33.49	405.07	271.59
6-1-116	砖砌弧形池壁(厚度) 半砖	$10m^3$	7549.06	2759.28	3744.24	28.13	609.05	408.36
6-1-117	砖砌弧形池壁(厚度) 一砖	$10m^3$	6663.50	2114.74	3732.99	32.15	469.10	314.52
6-1-118	砖砌弧形池壁(厚度) 一砖半及以上	$10m^3$	6607.03	2002.44	3826.62	34.49	445.07	298.41
6-1-119	砖支墩	$10m^3$	7860.69	2926.15	3826.73	29.13	645.73	432.95

十四、混凝土导流壁、筒

编号	项目名称	单位	基价	人工费	材料费	施工机具使用费	管理费	利润
6-1-120	混凝土导流墙（厚度 mm）200以内	$10m^3$	5757.60	1386.21	3859.93	4.02	303.77	203.67
6-1-121	混凝土导流墙（厚度 mm）200以外	$10m^3$	5615.12	1283.90	3857.11	4.02	281.41	188.68
6-1-122	混凝土导流筒（厚度 mm）200以内	$10m^3$	5973.52	1542.72	3862.22	4.02	337.96	226.60
6-1-123	混凝土导流筒（厚度 mm）200以外	$10m^3$	5824.34	1435.42	3859.50	4.02	314.52	210.88
6-1-124	混凝土砌块穿孔墙	$10m^3$	4830.67	1287.60	3051.16	16.07	284.85	190.99

十五、其他现浇混凝土构件

编号	项目名称	单位	基价	人工费	材料费	施工机具使用费	管理费	利润
6-1-125	中心支筒	$10m^3$	5556.24	1331.45	3738.81	0.00	290.92	195.06
6-1-126	支撑墩	$10m^3$	6903.19	1827.25	4409.00	0.00	399.25	267.69
6-1-127	稳流筒	$10m^3$	6356.51	1816.33	3877.22	0.00	396.87	266.09
6-1-128	异型构件	$10m^3$	7205.18	2018.91	4449.37	0.00	441.13	295.77
6-1-129	设备基础	$10m^3$	4292.21	404.78	3739.69	0.00	88.44	59.30

十六、预制混凝土板

编号	项目名称	单位	基价	人工费	材料费	施工机具使用费	管理费	利润
6-1-130	预制钢筋混凝土制作 稳流板、导流（隔）板、整流板、挡水板	$10m^3$	6954.59	2241.65	3894.74	0.00	489.80	328.40
6-1-131	预制钢筋混凝土制作 井池内壁板、隔板	$10m^3$	6868.62	2241.65	3808.77	0.00	489.80	328.40
6-1-132	预制钢筋混凝土安装 稳流板、导流（隔）板、整流板、挡水板	$10m^3$	5211.81	2280.50	661.25	1053.25	728.42	488.39
6-1-133	预制钢筋混凝土安装 井池内壁板、隔板	$10m^3$	5306.22	2578.35	616.90	857.05	750.63	503.29

十七、预制混凝土槽

编号	项目名称	单位	基价	人工费	材料费	施工机具使用费	管理费	利润
6-1-134	混凝土构件制作 配孔集水槽	$10m^3$	10515.69	1257.82	8798.77	0.00	274.83	184.27
6-1-135	混凝土构件制作 辐射槽	$10m^3$	10679.03	1361.97	8819.94	0.00	297.59	199.53
6-1-136	混凝土构件安装 配孔集水槽	$10m^3$	6428.20	2567.06	858.83	1513.06	891.51	597.74
6-1-137	混凝土构件安装 辐射槽	$10m^3$	6611.28	2695.45	866.66	1513.06	919.56	616.55

十八、预制混凝土支墩

编号	项目名称	单位	基价	人工费	材料费	施工机具使用费	管理费	利润
6-1-138	支墩制作	$10m^3$	4389.36	455.84	3767.14	0.00	99.60	66.78
6-1-139	支墩安装	$10m^3$	3974.09	2377.44	300.03	314.18	588.12	394.32

十九、其他预制混凝土构件

编号	项目名称	单位	基价	人工费	材料费	施工机具使用费	管理费	利润
6-1-140	异型构件制作	$10m^3$	6107.86	1619.49	3897.25	0.00	353.86	237.26
6-1-141	异型构件安装	$10m^3$	5199.84	3162.76	300.48	426.51	784.26	525.83

二十、滤　　板

编号	项目名称	单位	基价	人工费	材料费	施工机具使用费	管理费	利润
6-1-142	滤板制作（厚度 mm）120 以内	$10m^3$	7510.76	2427.02	4197.88	0.00	530.30	355.56
6-1-143	滤板制作（厚度 mm）120 以外	$10m^3$	7009.03	2182.82	4029.48	0.00	476.95	319.78
6-1-144	穿孔板制作 三角槽孔板	$10m^3$	8103.84	3080.81	3898.53	0.00	673.16	451.34
6-1-145	穿孔板制作 平孔板	$10m^3$	7181.42	2469.94	3809.95	0.00	539.68	361.85
6-1-146	滤板安装	$100m^2$	10656.56	4621.12	3665.07	500.85	1119.15	750.37
6-1-147	不锈钢滤板安装	$100m^2$	10714.75	4639.99	3405.47	714.79	1170.02	784.48
6-1-148	现浇混凝土整体滤板（厚度 mm）120 以内	$10m^3$	9446.05	1426.54	7498.82	0.00	311.70	208.99
6-1-149	现浇混凝土整体滤板（厚度 mm）120 以外	$10m^3$	8121.22	1261.15	6399.75	0.00	275.56	184.76

二十一、折　　板

编号	项目名称	单位	基价	人工费	材料费	施工机具使用费	管理费	利润
6-1-150	预制钢筋混凝土折板 制作	$10m^3$	8003.34	2198.17	3837.38	853.81	666.86	447.12
6-1-151	预制钢筋混凝土折板 安装	$10m^3$	9000.81	4811.30	495.90	1419.40	1361.41	912.80

二十二、滤 料 铺 设

编号	项目名称	单位	基价	人工费	材料费	施工机具使用费	管理费	利润
6-1-152	中砂	$10m^3$	5358.12	1827.43	2400.86	339.06	473.38	317.39
6-1-153	石英砂	$10m^3$	12172.95	1692.20	9400.28	339.06	443.83	297.58
6-1-154	卵石	$10m^3$	4809.87	1431.16	2393.52	339.06	386.79	259.34
6-1-155	碎石	$10m^3$	4342.98	1445.59	1906.93	339.06	389.95	261.45
6-1-156	锰砂	10t	15403.15	1115.55	13417.61	339.06	317.83	213.10
6-1-157	滤料铺设 粉末活性炭	$10m^3$	43016.37	2165.80	39597.24	339.06	547.31	366.96
6-1-158	滤料铺设 颗粒活性炭	$10m^3$	46571.50	1695.90	43793.78	339.06	444.64	298.12

二十三、尼龙网板

编号	项目名称	单位	基价	人工费	材料费	施工机具使用费	管理费	利润
6-1-159	尼龙网板制作与安装	$10m^2$	9771.13	3345.91	5174.71	21.43	735.76	493.32

二十四、刚性防水

编号	项目名称	单位	基价	人工费	材料费	施工机具使用费	管理费	利润
6-1-160	防水砂浆 平池底	$100m^2$	5271.21	1134.05	3685.30	27.79	253.86	170.21
6-1-161	防水砂浆 锥池底	$100m^2$	5676.56	1293.34	3871.39	29.13	288.96	193.74
6-1-162	防水砂浆 直池壁	$100m^2$	6405.21	1843.71	3848.78	29.13	409.22	274.37
6-1-163	防水砂浆 圆池壁	$100m^2$	7022.99	2157.10	4038.79	29.13	477.69	320.28
6-1-164	防水砂浆 池沟槽	$100m^2$	8407.55	3379.03	3756.78	28.13	744.46	499.15
6-1-165	五层防水 平池底	$100m^2$	5770.53	2158.40	2794.15	22.10	476.44	319.44
6-1-166	五层防水 锥池底	$100m^2$	6338.97	2466.05	2940.82	23.44	543.95	364.71
6-1-167	五层防水 直池壁	$100m^2$	6792.53	2810.89	2924.12	23.11	619.23	415.18
6-1-168	五层防水 圆池壁	$100m^2$	7678.94	3349.98	3072.85	24.45	737.31	494.35

二十五、柔性防水

编号	项目名称	单位	基价	人工费	材料费	施工机具使用费	管理费	利润
6-1-169	涂沥青 平面一遍	$100m^2$	1585.20	283.24	1198.58	0.00	61.89	41.49
6-1-170	涂沥青 平面每增一遍	$100m^2$	806.32	87.14	687.37	0.00	19.04	12.77
6-1-171	涂沥青 立面一遍	$100m^2$	1859.32	345.40	1387.85	0.00	75.47	50.60
6-1-172	涂沥青 立面每增一遍	$100m^2$	1017.36	121.55	851.44	0.00	26.56	17.81
6-1-173	油毡防水层 平面二毡三油	$100m^2$	4655.75	988.09	3307.00	0.00	215.90	144.76
6-1-174	油毡防水层 平面增减一毡一油	$100m^2$	1504.97	346.69	1031.74	0.00	75.75	50.79
6-1-175	油毡防水层 立面二毡三油	$100m^2$	5761.84	1665.00	3489.12	0.00	363.80	243.92
6-1-176	油毡防水层 立面增减一毡一油	$100m^2$	1856.88	557.96	1095.27	0.00	121.91	81.74

续前

编号	项目名称	单位	基价	人工费	材料费	施工机具使用费	管理费	利润
6-1-177	苯乙烯涂料 平面二遍	$100m^2$	933.50	279.72	551.68	0.00	61.12	40.98
6-1-178	苯乙烯涂料 立面二遍	$100m^2$	1026.15	335.59	568.07	0.00	73.33	49.16

二十六、变　形　缝

编号	项目名称	单位	基价	人工费	材料费	施工机具使用费	管理费	利润
6-1-179	油浸麻丝 平面	100m	2908.62	953.68	1606.85	0.00	208.38	139.71
6-1-180	油浸麻丝 立面	100m	3543.97	1419.14	1606.85	0.00	310.08	207.90
6-1-181	油浸木丝板	100m	2088.97	744.44	1072.81	0.00	162.66	109.06
6-1-182	玛琋脂	100m	1520.55	844.71	367.52	0.00	184.57	123.75
6-1-183	建筑油膏	100m	1844.21	705.22	881.59	0.00	154.09	103.31
6-1-184	沥青砂浆	100m	1881.57	834.35	742.68	0.00	182.31	122.23
6-1-185	氯丁橡胶片止水带	100m	2177.14	453.99	1557.44	0.00	99.20	66.51
6-1-186	预埋式紫铜板止水片	100m	56777.87	3352.02	52079.50	90.01	752.08	504.26
6-1-187	聚氯乙烯胶泥	100m	2024.85	955.71	720.31	0.00	208.82	140.01
6-1-188	预埋式止水带橡胶	100m	4705.44	1394.90	2801.40	0.00	304.79	204.35
6-1-189	预埋式止水带塑料	100m	4304.92	1394.90	2400.88	0.00	304.79	204.35
6-1-190	铁皮盖缝平面	100m	6931.81	930.55	5661.60	0.00	203.33	136.33
6-1-191	铁皮盖缝立面	100m	4515.98	820.29	3396.29	0.00	179.23	120.17
6-1-192	外贴式橡胶止水带 平面	100m	5780.14	1549.93	3664.49	0.00	338.66	227.06
6-1-193	外贴式橡胶止水带 立面	100m	7219.03	2604.06	3664.49	0.00	568.99	381.49
6-1-194	预埋式钢板止水带 平面	100m	7630.86	2592.78	3928.66	119.46	592.62	397.34
6-1-195	预埋式钢板止水带 立面	100m	8126.56	2955.93	3928.66	119.46	671.97	450.54

二十七、井、池渗漏试验

编号	项目名称	单位	基价	人工费	材料费	施工机具使用费	管理费	利润
6-1-196	井、池（容量 m^3） 500 以内	$100m^3$	1669.04	791.06	578.50	7.87	174.57	117.04
6-1-197	井、池（容量 m^3） 5000 以内	$1000m^3$	7941.57	1436.53	5695.54	208.91	359.53	241.06
6-1-198	井、池（容量 m^3） 10000 以内	$1000m^3$	9023.21	2020.02	5695.54	417.83	532.67	357.15
6-1-199	井、池（容量 m^3） 10000 以外	$1000m^3$	9707.74	2311.58	5695.54	627.76	642.25	430.61

二十八、防 水 防 腐

编号	项目名称	单位	基价	人工费	材料费	施工机具使用费	管理费	利润
6-1-200	环氧水泥改性聚合物修平涂层 池内底板	$100m^2$	15684.53	303.96	15269.62	0.00	66.42	44.53
6-1-201	环氧水泥改性聚合物修平涂层 池内壁	$100m^2$	15824.18	395.90	15283.78	0.00	86.50	58.00
6-1-202	环氧水泥改性聚合物修平涂层 池内顶板	$100m^2$	15883.78	439.56	15283.78	0.00	96.04	64.40
6-1-203	改性环氧树脂防水防腐涂料 池内底板封闭底漆一遍	$100m^2$	2343.16	1004.00	523.25	329.27	291.32	195.32
6-1-204	改性环氧树脂防水防腐涂料 池内底板封闭底漆每增一遍	$100m^2$	1903.04	803.27	447.01	263.42	233.07	156.27
6-1-205	改性环氧树脂防水防腐涂料 池内底板中间漆一遍	$100m^2$	1951.70	777.93	440.38	329.27	241.92	162.20
6-1-206	改性环氧树脂防水防腐涂料 池内底板中间漆每增一遍	$100m^2$	1645.88	622.16	437.06	263.42	193.50	129.74
6-1-207	改性环氧树脂防水防腐涂料 池内底板面漆一遍	$100m^2$	1891.44	707.07	476.84	329.27	226.44	151.82
6-1-208	改性环氧树脂防水防腐涂料 池内底板面漆每增一遍	$100m^2$	1590.53	565.73	458.74	263.42	181.17	121.47
6-1-209	改性环氧树脂防水防腐涂料 池内壁 封闭底漆一遍	$100m^2$	2754.28	1305.18	523.25	329.27	357.13	239.45
6-1-210	改性环氧树脂防水防腐涂料 池内壁 封闭底漆每增一遍	$100m^2$	2231.83	1044.14	447.01	263.42	285.70	191.56
6-1-211	改性环氧树脂防水防腐涂料 池内壁 中间漆一遍	$100m^2$	2269.89	1011.03	440.38	329.27	292.86	196.35
6-1-212	改性环氧树脂防水防腐涂料 池内壁 中间漆每增一遍	$100m^2$	1900.66	808.82	437.06	263.42	234.28	157.08
6-1-213	改性环氧树脂防水防腐涂料 池内壁 面漆一遍	$100m^2$	2180.83	919.08	476.84	329.27	272.76	182.88
6-1-214	改性环氧树脂防水防腐涂料 池内壁 面漆每增一遍	$100m^2$	1822.10	735.38	458.74	263.42	218.24	146.32
6-1-215	改性环氧树脂防水防腐涂料 池内顶板封闭底漆一遍	$100m^2$	2946.19	1445.78	523.25	329.27	387.85	260.04
6-1-216	改性环氧树脂防水防腐涂料 池内顶板封闭底漆每增一遍	$100m^2$	2385.37	1156.62	447.01	263.42	310.28	208.04
6-1-217	改性环氧树脂防水防腐涂料 池内顶板中间漆一遍	$100m^2$	2418.62	1119.99	440.38	329.27	316.66	212.32
6-1-218	改性环氧树脂防水防腐涂料 池内顶板中间漆每增一遍	$100m^2$	2019.61	895.96	437.06	263.42	253.32	169.85
6-1-219	改性环氧树脂防水防腐涂料 池内顶板面漆一遍	$100m^2$	2315.94	1018.06	476.84	329.27	294.39	197.38
6-1-220	改性环氧树脂防水防腐涂料 池内顶板面漆每增一遍	$100m^2$	1930.18	814.56	458.74	263.42	235.54	157.92

二十九、补 充 项 目

1. 水泥基渗透结晶型防水涂料

编号	项目名称	单位	基价	人工费	材料费	施工机具使用费	管理费	利润
6-1-221	水泥基渗透结晶型防水涂料 1.0mm 厚 平面	$100m^2$	2007.78	481.37	1350.71	0.00	105.18	70.52
6-1-222	水泥基渗透结晶型防水涂料 每增减 0.5mm 厚 平面	$100m^2$	664.35	183.34	414.09	0.00	40.06	26.86
6-1-223	水泥基渗透结晶型防水涂料 1.0mm 厚 立面	$100m^2$	2272.14	595.89	1458.75	0.00	130.20	87.30
6-1-224	水泥基渗透结晶型防水涂料 每增减 0.5mm 厚 立面	$100m^2$	760.09	229.22	447.21	0.00	50.08	33.58

2. 热镀锌钢盖板

编号	项目名称	单位	基价	人工费	材料费	施工机具使用费	管理费	利润
6-1-225	热镀锌钢盖板安装	$100m^2$	121791.23	3712.03	115738.14	722.47	968.94	649.65

3. 玻璃钢盖板安装

编号	项目名称	单位	基价	人工费	材料费	施工机具使用费	管理费	利润
6-1-226	玻璃钢盖板安装	$100m^2$	20291.28	3712.03	14238.19	722.47	968.94	649.65

第二章 水处理设备

一、格 栅

1. 格栅制作安装、整体安装

编号	项目名称	单位	基价	人工费	材料费	施工机具使用费	管理费	利润
6-2-1	格栅制作、安装（t） 碳钢 0.3以内	t	19268.62	10092.31	1018.99	3277.38	2921.28	1958.66
6-2-2	格栅制作、安装（t） 碳钢 0.3以外	t	16491.45	8355.90	1125.66	2901.09	2459.65	1649.15
6-2-3	格栅制作、安装（t）不锈钢 0.3以内	t	20937.13	11040.06	1425.30	3254.32	3123.32	2094.13
6-2-4	格栅制作、安装（t）不锈钢 0.3以外	t	18238.00	9371.36	1494.66	2894.82	2680.16	1797.00
6-2-5	格栅整体安装 碳钢	t	1434.68	648.06	156.46	288.36	204.61	137.19
6-2-6	格栅整体安装 不锈钢	t	1575.74	667.48	291.58	273.30	205.56	137.82

2. 平板格网制作安装、整体安装

编号	项目名称	单位	基价	人工费	材料费	施工机具使用费	管理费	利润
6-2-7	平板格网制作、安装 碳钢	t	22006.37	9492.35	4847.92	3077.94	2746.61	1841.55
6-2-8	平板格网制作、安装 不锈钢	t	36334.40	10415.50	18086.94	2952.60	2920.93	1958.43
6-2-9	平板格网整体安装 碳钢	t	1347.14	617.53	112.68	286.84	197.60	132.49
6-2-10	平板格网整体安装 不锈钢	t	1519.02	636.03	281.48	270.59	198.10	132.82

3. 格栅罩制作安装

编号	项目名称	单位	基价	人工费	材料费	施工机具使用费	管理费	利润
6-2-11	格栅罩制作 碳钢	t	10208.97	5576.83	636.77	1435.77	1532.25	1027.35
6-2-12	格栅罩制作 不锈钢	t	11358.24	6552.70	491.47	1408.30	1739.48	1166.29
6-2-13	格栅罩安装 碳钢	t	2452.48	1340.70	263.90	262.66	350.33	234.89
6-2-14	格栅罩安装 不锈钢	t	2517.46	1380.84	274.09	262.66	359.10	240.77

二、格栅除污机

1. 移动式格栅除污机

编号	项目名称	单位	基价	人工费	材料费	施工机具使用费	管理费	利润
6-2-15	移动式（渠道宽 m 以内） 1.2 深（m 以内） 5	台	6348.84	4082.40	254.07	382.63	975.61	654.13
6-2-16	移动式（渠道宽 m 以内） 1.2 深（m 以内）每增加 1	台	331.50	204.06	0.00	38.80	53.06	35.58
6-2-17	移动式（渠道宽 m 以内） 2 深（m 以内） 5	台	6984.72	4491.43	280.03	420.43	1073.24	719.59
6-2-18	移动式（渠道宽 m 以内） 2 深（m 以内） 每增加 1	台	364.79	224.59	0.00	42.66	58.39	39.15
6-2-19	移动式（渠道宽 m 以内） 3 深（m 以内） 5	台	8034.84	5166.13	325.16	481.99	1234.11	827.45
6-2-20	移动式（渠道宽 m 以内） 3 深（m 以内） 每增加 1	台	805.00	516.52	0.00	73.22	128.86	86.40

2. 钢绳牵引式、深链式格栅除污机

编号	项目名称	单位	基价	人工费	材料费	施工机具使用费	管理费	利润
6-2-21	钢绳牵引式、深链式（渠道宽 m 以内） 1.2 渠道深（m 以内） 5	台	7323.43	4306.25	489.12	700.57	1093.99	733.50
6-2-22	钢绳牵引式、深链式（渠道宽 m 以内） 1.2 渠道深（m 以内） 每增加 1	台	388.84	215.34	0.00	69.53	62.24	41.73
6-2-23	钢绳牵引式、深链式（渠道宽 m 以内） 2 渠道深（m 以内） 5	台	8158.07	4880.30	489.12	737.98	1227.59	823.08
6-2-24	钢绳牵引式、深链式（渠道宽 m 以内） 2 渠道深（m 以内） 每增加 1	台	434.37	244.02	0.00	74.20	69.53	46.62
6-2-25	钢绳牵引式、深链式（渠道宽 m 以内） 3 渠道深（m 以内） 5	台	9777.39	5942.76	557.87	811.47	1475.80	989.49
6-2-26	钢绳牵引式、深链式（渠道宽 m 以内） 3 渠道深（m 以内） 每增加 1	台	502.81	287.12	0.00	81.24	80.49	53.96
6-2-27	钢绳牵引式、深链式（渠道宽 m 以内） 4 渠道深（m 以内） 5	台	12142.90	7464.20	741.57	888.42	1825.05	1223.66
6-2-28	钢绳牵引式、深链式（渠道宽 m 以内） 4 渠道深（m 以内） 每增加 1	台	690.54	373.15	0.00	132.74	110.54	74.11

3. 反捞式、回转式、齿耙式格栅除污机

编号	项目名称	单位	基价	人工费	材料费	施工机具使用费	管理费	利润
6-2-29	反捞式、回转式、齿耙式(渠道宽m以内) 0.8 渠道深(m以内) 3	台	4657.29	2871.02	509.29	167.81	663.98	445.19
6-2-30	反捞式、回转式、齿耙式(渠道宽m以内) 0.8 渠道深(m以内) 每增加1	台	290.87	143.56	0.00	69.53	46.56	31.22
6-2-31	反捞式、回转式、齿耙式(渠道宽m以内) 1.5 渠道深(m以内) 3	台	5866.15	3157.77	509.29	766.67	857.49	574.93
6-2-32	反捞式、回转式、齿耙式(渠道宽m以内) 1.5 渠道深(m以内) 每增加1	台	320.35	157.81	0.00	76.88	51.28	34.38
6-2-33	反捞式、回转式、齿耙式(渠道宽m以内) 2 渠道深(m以内) 3	台	6982.69	3803.79	682.86	811.47	1008.43	676.14
6-2-34	反捞式、回转式、齿耙式(渠道宽m以内) 2 渠道深(m以内) 每增加1	台	365.44	186.48	0.00	81.24	58.50	39.22
6-2-35	反捞式、回转式、齿耙式(渠道宽m以内) 3 渠道深(m以内) 3	台	8752.39	5024.05	749.99	838.51	1280.97	858.87
6-2-36	反捞式、回转式、齿耙式(渠道宽m以内) 3 渠道深(m以内) 每增加1	台	456.40	251.05	0.00	83.31	73.06	48.98

4. 转鼓式格栅除污机

编号	项目名称	单位	基价	人工费	材料费	施工机具使用费	管理费	利润
6-2-37	转鼓式(直径m以内) 1	台	4570.14	2210.38	489.12	779.38	653.26	438.00
6-2-38	转鼓式(直径m以内) 2	台	5890.84	3014.39	537.69	907.33	856.90	574.53
6-2-39	转鼓式(直径m以内) 3	台	6995.39	3531.10	749.99	1044.29	999.72	670.29

三、滤网清污机

编号	项目名称	单位	基价	人工费	材料费	施工机具使用费	管理费	利润
6-2-40	滤网清污机(渠道宽m以内) 1.5 渠道深(m以内) 6	台	9432.69	5633.44	455.75	943.07	1436.97	963.46

续前

编号	项目名称	单位	基价	人工费	材料费	施工机具使用费	管理费	利润
6-2-41	滤网清污机（渠道宽 m 以内）2.5 渠道深（m 以内） 10	台	10553.68	6164.94	500.93	1199.71	1609.18	1078.92
6-2-42	滤网清污机（渠道宽 m 以内）3.5 渠道深（m 以内） 10	台	11874.84	6711.25	536.86	1594.96	1814.91	1216.86
6-2-43	滤网清污机（渠道宽 m 以内）4 渠道深（m 以内） 12	台	13805.04	7579.08	584.20	2106.52	2116.30	1418.94
6-2-44	滤网清污机（渠道宽 m 以内）4.5 渠道深（m 以内） 12	台	16000.73	8431.19	643.61	2819.45	2458.26	1648.22

四、压 榨 机

1. 螺旋输送压榨机

编号	项目名称	单位	基价	人工费	材料费	施工机具使用费	管理费	利润
6-2-45	螺旋输送压榨机(螺旋直径 mm 以内）300 基本输送长(3m 以内）	台	1435.53	811.97	237.09	66.01	191.84	128.62
6-2-46	螺旋输送压榨机(螺旋直径 mm 以内） 300 输送长（每增加输送长 2m 以内）	台	120.27	81.40	0.00	6.71	19.25	12.91
6-2-47	螺旋输送压榨机(螺旋直径 mm 以内）550 基本输送长(3m 以内）	台	2117.84	1207.13	324.16	106.92	287.12	192.51
6-2-48	螺旋输送压榨机(螺旋直径 mm 以内） 550 输送长（每增加输送长 2m 以内）	台	179.81	120.81	0.00	10.92	28.78	19.30

2. 螺旋压榨机

编号	项目名称	单位	基价	人工费	材料费	施工机具使用费	管理费	利润
6-2-49	螺旋压榨机（螺旋直径 mm 以内） 300	台	1405.47	862.29	159.03	50.85	199.52	133.78
6-2-50	螺旋压榨机（螺旋直径 mm 以内） 550	台	1723.50	1034.71	191.46	87.66	245.24	164.43

五、吸 砂 机

1. 移动桥式吸砂机

编号	项目名称	单位	基价	人工费	材料费	施工机具使用费	管理费	利润
6-2-51	移动桥式（池宽 m） 3 以内	台	7339.80	3161.47	667.10	1726.96	1068.12	716.15
6-2-52	移动桥式（池宽 m） 6 以内	台	8401.34	3448.96	809.63	2112.73	1215.23	814.79
6-2-53	移动桥式（池宽 m） 8 以内	台	9435.23	3736.45	952.11	2478.29	1357.92	910.46
6-2-54	移动桥式（池宽 m） 10 以内	台	9889.71	3880.19	976.31	2649.77	1426.80	956.64
6-2-55	移动桥式（池宽 m） 12 以内	台	10621.72	4167.50	1008.86	2874.89	1538.76	1031.71
6-2-56	移动桥式（池宽 m） 12 以外	台	11566.74	4454.99	1077.47	3229.46	1679.05	1125.77

2. 沉 砂 器

编号	项目名称	单位	基价	人工费	材料费	施工机具使用费	管理费	利润
6-2-57	旋流沉砂器	台	5517.01	2730.42	440.54	988.60	812.61	544.84

3. 提 砂 系 统

编号	项目名称	单位	基价	人工费	材料费	施工机具使用费	管理费	利润
6-2-58	泵提砂系统	套	1991.35	1293.52	79.02	107.46	306.11	205.24
6-2-59	气提砂系统	套	1791.59	1149.78	75.45	107.46	274.71	184.19

六、刮 泥 机

1. 链条牵引式刮泥机

编号	项目名称	单位	基价	人工费	材料费	施工机具使用费	管理费	利润
6-2-60	单链（m） 6 以内	台	13019.32	8506.49	258.18	842.33	2042.72	1369.60
6-2-61	单链（m） 10 以内	台	15230.65	9988.34	285.56	960.44	2392.31	1604.00
6-2-62	单链（m） 10 以外	台	17979.60	11760.08	312.96	1182.51	2827.96	1896.09
6-2-63	双链（m） 6 以内	台	16996.09	11095.01	320.55	1121.50	2669.31	1789.72
6-2-64	双链（m） 10 以内	台	19691.32	13017.34	337.58	1161.22	3098.02	2077.16
6-2-65	双链（m） 10 以外	台	23051.15	15262.32	363.66	1358.55	3631.66	2434.96

2. 悬挂式中心传动刮泥机

编号	项目名称	单位	基价	人工费	材料费	施工机具使用费	管理费	利润
6-2-66	池径（m） 6 以内	台	8671.95	4835.90	912.20	848.90	1242.13	832.82
6-2-67	池径（m） 8 以内	台	9970.13	5614.57	912.20	1021.28	1449.93	972.15
6-2-68	池径（m） 10 以内	台	11749.40	6463.53	1052.22	1373.23	1712.33	1148.09
6-2-69	池径（m） 12 以内	台	14380.67	8183.48	1107.01	1540.81	2124.76	1424.61
6-2-70	池径（m） 14 以内	台	17061.84	9917.48	1163.35	1729.77	2544.92	1706.32
6-2-71	池径（m） 14 以外	台	20667.84	11987.63	1165.48	2299.81	3121.81	2093.11

3. 垂架式中心传动刮泥机

编号	项目名称	单位	基价	人工费	材料费	施工机具使用费	管理费	利润
6-2-72	池径（m 以内） 22	台	44625.87	21899.19	2153.35	9216.21	6798.71	4558.41
6-2-73	池径（m 以内） 30	台	52022.85	25582.36	2259.33	10874.43	7965.81	5340.92
6-2-74	池径（m 以内） 40	台	56347.25	26572.48	2344.72	12989.81	8644.36	5795.88

4. 桁车式刮泥机

编号	项目名称	单位	基价	人工费	材料费	施工机具使用费	管理费	利润
6-2-75	跨度（m） 10 以内	台	11996.85	5820.10	976.79	2253.20	1764.02	1182.74
6-2-76	跨度（m） 15 以内	台	13456.56	6323.12	1077.30	2745.93	1981.59	1328.62
6-2-77	跨度（m） 20 以内	台	15308.06	6897.91	1198.96	3438.43	2258.49	1514.27
6-2-78	跨度（m） 20 以外	台	18111.64	8909.79	1198.96	3480.45	2707.27	1815.17

七、吸　泥　机

1. 桁车式吸泥机

编号	项目名称	单位	基价	人工费	材料费	施工机具使用费	管理费	利润
6-2-79	跨度（m 以内） 8	台	16690.89	9460.90	893.67	2112.16	2528.71	1695.45
6-2-80	跨度（m 以内） 10	台	19081.39	11048.57	916.35	2259.15	2907.74	1949.58
6-2-81	跨度（m 以内） 12	台	21669.49	12568.72	946.71	2612.81	3317.16	2224.09
6-2-82	跨度（m 以内） 14	台	25490.84	14950.96	1012.47	2981.91	3918.33	2627.17
6-2-83	跨度（m 以内） 16	台	29070.68	17060.70	1075.07	3448.90	4481.35	3004.66
6-2-84	跨度（m 以内） 18	台	33093.23	19007.09	1129.27	4409.73	5116.58	3430.56
6-2-85	跨度（m 以内） 20	台	35910.99	20843.95	1157.82	4616.25	5563.05	3729.92

2. 中心传动单管式吸泥机

编号	项目名称	单位	基价	人工费	材料费	施工机具使用费	管理费	利润
6-2-86	池径（m以内） 25	台	34908.96	10346.87	3198.41	12884.30	5076.01	3403.37
6-2-87	池径（m以内） 30	台	39770.90	11899.02	3598.07	14601.22	5790.30	3882.29
6-2-88	池径（m以内） 35	台	44485.87	13683.90	4066.74	15927.19	6470.02	4338.02
6-2-89	池径（m以内） 40	台	49171.29	15736.10	4507.94	16984.30	7149.41	4793.54
6-2-90	池径（m以内） 50	台	59187.91	18097.26	5159.92	21483.68	8648.44	5798.61

八、刮 吸 泥 机

1. 周边传动刮吸泥机

编号	项目名称	单位	基价	人工费	材料费	施工机具使用费	管理费	利润
6-2-91	池径（m以内） 15	台	31300.22	11841.48	1633.11	9892.67	4748.91	3184.05
6-2-92	池径（m以内） 20	台	38862.26	14802.04	2041.99	12172.52	5893.94	3951.77
6-2-93	池径（m以内） 25	台	46208.38	17963.50	2286.34	14213.82	7030.74	4713.98
6-2-94	池径（m以内） 30	台	50695.54	21599.31	2286.34	13865.30	7749.02	5195.57
6-2-95	池径（m以内） 40	台	58470.41	23798.22	2841.78	16955.35	8904.66	5970.40
6-2-96	池径（m以内） 50	台	71166.29	30653.02	3082.63	19225.12	10898.37	7307.15

九、撇 渣 机

1. 桁车式提板刮泥撇渣机

编号	项目名称	单位	基价	人工费	材料费	施工机具使用费	管理费	利润
6-2-97	池宽（m以内） 8	台	24073.51	15829.90	174.20	1678.75	3825.64	2565.02
6-2-98	池宽（m以内） 10	台	26738.07	17461.41	194.12	1984.70	4248.98	2848.86
6-2-99	池宽（m以内） 12	台	27590.92	17913.74	254.79	2112.73	4375.78	2933.88
6-2-100	池宽（m以内） 14	台	29034.25	18590.10	309.41	2453.74	4598.08	3082.92
6-2-101	池宽（m以内） 16	台	30628.90	19309.38	359.78	2865.80	4845.28	3248.66
6-2-102	池宽（m以内） 20	台	36815.35	23519.79	431.56	3135.00	5824.07	3904.93

2. 链板式刮泥、刮砂、撇渣机

编号	项目名称	单位	基价	人工费	材料费	施工机具使用费	管理费	利润
6-2-103	池宽（m以内） 3 基本池长（m以内） 20	台	12747.27	8220.11	339.87	869.56	1986.09	1331.64
6-2-104	池宽（m以内） 3 基本池长（m以内） 每增加5	台	1300.52	821.96	0.00	130.80	208.18	139.58
6-2-105	池宽（m以内） 5 基本池长（m以内） 20	台	14749.49	9642.76	357.81	900.60	2303.72	1544.60
6-2-106	池宽（m以内） 5 基本池长（m以内） 每增加5	台	1500.20	964.41	0.00	134.64	240.14	161.01
6-2-107	池宽（m以内） 8 基本池长（m以内） 20	台	17112.60	11311.09	382.65	945.28	2678.02	1795.56
6-2-108	池宽（m以内） 8 基本池长（m以内） 每增加5	台	1737.59	1131.09	0.00	141.87	278.14	186.49

十、砂水分离器

编号	项目名称	单位	基价	人工费	材料费	施工机具使用费	管理费	利润
6-2-109	螺旋式砂水分离器	台	2199.33	1250.42	265.61	166.22	309.54	207.54

十一、曝 气 机

1. 立式表面曝气机

编号	项目名称	单位	基价	人工费	材料费	施工机具使用费	管理费	利润
6-2-110	立式表面曝气机（叶轮直径 m以内） 1	台	5303.35	3398.45	223.97	322.71	813.07	545.15
6-2-111	立式表面曝气机（叶轮直径 m以内） 1.5	台	5909.13	3811.19	223.97	353.76	910.04	610.17
6-2-112	立式表面曝气机（叶轮直径 m以内） 2	台	6366.88	4111.81	223.97	388.49	983.32	659.29

2. 倒伞形叶轮曝气机

编号	项目名称	单位	基价	人工费	材料费	施工机具使用费	管理费	利润
6-2-113	倒伞形叶轮曝气机（直径 m）1 以内	台	5303.35	3398.45	223.97	322.71	813.07	545.15
6-2-114	倒伞形叶轮曝气机（直径 m）1.65 以内	台	5809.12	3737.93	223.97	353.76	894.03	599.43
6-2-115	倒伞形叶轮曝气机（直径 m）2.55 以内	台	6060.13	3921.82	223.97	353.76	934.21	626.37
6-2-116	倒伞形叶轮曝气机（直径 m）3.25 以内	台	7054.60	4472.75	248.10	513.70	1089.54	730.51
6-2-117	倒伞形叶轮曝气机（直径 m）3.25 以外	台	8075.07	5144.48	248.10	589.56	1252.89	840.04

3. 转刷曝气机

编号	项目名称	单位	基价	人工费	材料费	施工机具使用费	管理费	利润
6-2-118	转刷曝气机（长度 m 以内）4.5 转刷直径 （m） 1	台	4643.08	2788.69	254.18	426.62	702.55	471.04
6-2-119	转刷曝气机（长度 m 以内） 6 转刷直径（m） 1	台	5346.28	3210.12	287.48	495.96	809.78	542.94
6-2-120	转刷曝气机（长度 m 以内） 9 转刷直径（m） 1	台	6157.29	3722.02	310.07	561.66	935.98	627.56

4. 转碟曝气机

编号	项目名称	单位	基价	人工费	材料费	施工机具使用费	管理费	利润
6-2-121	转碟曝气机（长度 m）4.5 以内 转盘直径 （m） 1.4、1.5	台	4702.62	3207.16	254.18	51.77	712.08	477.43
6-2-122	转碟曝气机（长度 m） 6 以内 转盘直径（m）1.4、1.5	台	6071.08	3691.68	287.48	545.39	925.80	620.73
6-2-123	转碟曝气机（长度 m） 9 以内 转盘直径（m）1.4、1.5	台	6994.82	4280.16	310.07	617.09	1070.05	717.45
6-2-124	转碟曝气机（长度 m） 9 以外 转盘直径（m）1.4、1.5	台	7952.37	4921.56	310.07	677.19	1223.33	820.22

5. 潜水离心式、射流式曝气机

编号	项目名称	单位	基价	人工费	材料费	施工机具使用费	管理费	利润
6-2-125	进气量（m^3/h） 100 以内	台	1739.96	1073.00	192.65	60.56	247.68	166.07
6-2-126	进气量（m^3/h） 200 以内	台	1885.17	1179.38	192.65	60.56	270.93	181.65
6-2-127	进气量（m^3/h） 300 以内	台	2046.01	1297.22	192.65	60.56	296.67	198.91
6-2-128	进气量（m^3/h） 300 以外	台	2323.17	1491.84	192.65	68.98	341.04	228.66

十二、曝　气　器

编号	项目名称	单位	基价	人工费	材料费	施工机具使用费	管理费	利润
6-2-129	管式微孔曝气器（直径 100mm 以内）	10 个	191.92	140.60	0.00	0.00	30.72	20.60
6-2-130	盘式（球形、钟罩、平板）曝气器	10 个	152.79	111.93	0.00	0.00	24.46	16.40
6-2-131	旋流混合扩散曝气器	10 个	148.74	108.97	0.00	0.00	23.81	15.96
6-2-132	陶瓷、钛板曝气器	10 个	166.42	121.92	0.00	0.00	26.64	17.86
6-2-133	滤帽	10 个	51.27	37.56	0.00	0.00	8.21	5.50
6-2-134	长（短）柄滤头	10 个	53.03	38.85	0.00	0.00	8.49	5.69

十三、布　气　管

编号	项目名称	单位	基价	人工费	材料费	施工机具使用费	管理费	利润
6-2-135	碳钢管（公称直径 mm 以内）*DN*50	10m	414.94	220.52	93.13	15.24	51.51	34.54
6-2-136	碳钢管（公称直径 mm 以内）*DN*100	10m	462.88	245.13	102.42	18.94	57.70	38.69
6-2-137	碳钢管（公称直径 mm 以内）*DN*150	10m	553.47	298.41	112.97	24.30	70.51	47.28
6-2-138	碳钢管（公称直径 mm 以内）*DN*200	10m	690.21	379.99	127.94	31.93	90.00	60.35
6-2-139	塑料管（公称直径 mm 以内）*DN*50	10m	310.84	159.66	92.90	0.00	34.89	23.39
6-2-140	塑料管（公称直径 mm 以内）*DN*100	10m	339.96	176.49	98.94	0.08	38.58	25.87
6-2-141	塑料管（公称直径 mm 以内）*DN*150	10m	402.17	215.34	108.10	0.10	47.07	31.56
6-2-142	塑料管（公称直径 mm 以内）*DN*200	10m	492.40	272.88	119.78	0.10	59.65	39.99
6-2-143	不锈钢管（公称直径 mm 以内）*DN*50	10m	523.94	230.33	142.00	49.48	61.14	40.99
6-2-144	不锈钢管（公称直径 mm 以内）*DN*100	10m	630.43	287.68	152.63	62.36	76.48	51.28
6-2-145	不锈钢管（公称直径 mm 以内）*DN*150	10m	754.79	354.28	163.86	78.64	94.59	63.42
6-2-146	不锈钢管（公称直径 mm 以内）*DN*200	10m	895.23	424.95	182.60	97.13	114.07	76.48

十四、滗 水 器

1. 旋转式滗水器

编号	项目名称	单位	基价	人工费	材料费	施工机具使用费	管理费	利润
6-2-147	堰长（m 以内） 2	台	4272.16	2449.96	402.52	384.94	619.43	415.31
6-2-148	堰长（m 以内） 5	台	4722.78	2694.90	518.79	384.94	672.95	451.20
6-2-149	堰长（m 以内） 8	台	5288.96	2817.37	669.38	566.94	739.47	495.80
6-2-150	堰长（m 以内） 12	台	5868.25	3241.76	669.38	566.94	832.20	557.97
6-2-151	堰长（m） 16 以内	台	6556.64	3746.07	669.38	566.94	942.39	631.86
6-2-152	堰长（m） 20 以内	台	7322.29	4306.99	669.38	566.94	1064.95	714.03
6-2-153	堰长（m） 20 以外	台	7883.40	4718.06	669.38	566.94	1154.77	774.25

2. 浮筒式滗水器

编号	项目名称	单位	基价	人工费	材料费	施工机具使用费	管理费	利润
6-2-154	堰长（m 以内） 2	台	4355.73	2622.19	251.00	384.94	657.06	440.54
6-2-155	堰长（m 以内） 5	台	4636.04	2827.54	251.00	384.94	701.93	470.63
6-2-156	堰长（m 以内） 8	台	5196.98	2957.23	386.49	566.94	770.03	516.29
6-2-157	堰长（m 以内） 12	台	5805.57	3403.08	386.49	566.94	867.45	581.61
6-2-158	堰长（m） 16 以内	台	6528.54	3932.73	386.49	566.94	983.18	659.20
6-2-159	堰长（m） 20 以内	台	7333.58	4522.51	386.49	566.94	1112.04	745.60
6-2-160	堰长（m） 20 以外	台	8510.62	5384.80	386.49	566.94	1300.46	871.93

3. 虹吸式滗水器

编号	项目名称	单位	基价	人工费	材料费	施工机具使用费	管理费	利润
6-2-161	堰长（m 以内） 2	台	2043.76	1343.47	61.56	108.69	317.30	212.74
6-2-162	堰长（m 以内） 5	台	2227.09	1477.78	61.56	108.69	346.64	232.42
6-2-163	堰长（m 以内） 8	台	2429.87	1626.34	61.56	108.69	379.10	254.18
6-2-164	堰长（m 以内） 12	台	3100.72	2048.32	77.87	166.22	483.88	324.43
6-2-165	堰长（m） 16 以内	台	3379.25	2252.38	77.87	166.22	528.46	354.32
6-2-166	堰长（m） 20 以内	台	4298.50	2840.31	116.03	223.77	669.50	448.89
6-2-167	堰长（m） 20 以外	台	5866.68	3589.37	143.67	603.31	916.10	614.23

十五、生 物 转 盘

编号	项目名称	单位	基价	人工费	材料费	施工机具使用费	管理费	利润
6-2-168	设备重量（t） 3 以内	台	7564.95	4695.49	217.17	687.50	1176.18	788.61
6-2-169	设备重量（t） 4.5 以内	台	9315.35	5753.32	246.93	890.21	1451.61	973.28
6-2-170	设备重量（t） 6.0 以内	台	11774.78	7325.63	301.08	1080.01	1836.63	1231.43
6-2-171	设备重量（t） 7.5 以内	台	13781.46	8484.10	328.95	1371.22	2153.39	1443.80
6-2-172	设备重量（t） 8 以内	台	15790.19	9805.56	389.26	1477.17	2465.28	1652.92
6-2-173	设备重量（t） 8 以上	台	18115.46	11257.81	438.37	1692.44	2829.63	1897.21

十六、搅 拌 机

1. 立式混合搅拌机平叶浆、折板浆、螺旋浆

编号	项目名称	单位	基价	人工费	材料费	施工机具使用费	管理费	利润
6-2-174	浆叶外径（m 以内） 1	台	2769.16	1408.59	203.77	470.82	410.65	275.33
6-2-175	浆叶外径（m 以内） 2	台	3025.10	1549.38	203.77	517.53	451.62	302.80
6-2-176	浆叶外径（m 以内） 3	台	3271.36	1704.78	203.77	542.54	491.04	329.23

2. 立式反应搅拌机

编号	项目名称	单位	基价	人工费	材料费	施工机具使用费	管理费	利润
6-2-177	浆板外径（m 以内） 1.7	台	4244.35	2335.63	276.75	571.03	635.11	425.83
6-2-178	浆板外径（m 以内） 2.8	台	4448.36	2457.73	276.75	598.40	667.76	447.72
6-2-179	浆板外径（m 以内） 3.5	台	4666.75	2569.84	301.52	628.13	698.76	468.50
6-2-180	浆板外径（m 以内） 4	台	4875.65	2686.20	312.47	656.79	730.44	489.75

3. 卧式反应搅拌机

编号	项目名称	单位	基价	人工费	材料费	施工机具使用费	管理费	利润
6-2-181	轴长（m 以内） 20 基本格数 3	台	7097.32	3706.66	545.43	1093.26	1048.78	703.19
6-2-182	轴长（m 以内） 20 基本格数 每增减 1 格	台	1496.44	741.67	184.91	219.16	209.94	140.76

4. 药物搅拌机

编号	项目名称	单位	基价	人工费	材料费	施工机具使用费	管理费	利润
6-2-183	桨叶外径（mm 以内） 160	台	498.61	337.81	23.37	10.35	76.07	51.01

十七、推进器（搅拌器）

1. 潜水推进器

编号	项目名称	单位	基价	人工费	材料费	施工机具使用费	管理费	利润
6-2-184	潜水推进器（直径 m 以内） 1.8	套	2308.59	1276.32	133.26	317.33	348.21	233.47
6-2-185	潜水推进器（直径 m 以内） 2.5	套	2371.22	1322.20	133.26	317.33	358.24	240.19

2. 潜水搅拌器

编号	项目名称	单位	基价	人工费	材料费	施工机具使用费	管理费	利润
6-2-186	潜水搅拌器	套	2139.12	1149.78	134.48	318.82	320.89	215.15

十八、加 药 设 备

1. 一体化溶药及投加设备

编号	项目名称	单位	基价	人工费	材料费	施工机具使用费	管理费	利润
6-2-187	一体化溶药及投加设备	台	4536.93	2810.34	447.69	185.44	654.58	438.88

2. 隔膜计量泵

编号	项目名称	单位	基价	人工费	材料费	施工机具使用费	管理费	利润
6-2-188	隔膜计量泵	台	599.64	419.58	18.16	6.41	93.08	62.41

3. 螺杆计量泵

编号	项目名称	单位	基价	人工费	材料费	施工机具使用费	管理费	利润
6-2-189	螺杆计量泵	台	773.13	461.58	134.32	6.41	102.26	68.56

4. 粉料储存投加设备料仓

编号	项目名称	单位	基价	人工费	材料费	施工机具使用费	管理费	利润
6-2-190	料仓直径（m）、高（m） 2、3 重量（t以内） 2	台	3220.47	1870.72	269.27	291.33	472.41	316.74
6-2-191	料仓直径（m）、高（m） 2.8、5 重量（t以内） 5	台	4598.01	2690.83	406.42	379.93	670.96	449.87
6-2-192	料仓直径（m）、高（m） 3.8、7 重量（t以内） 8	台	6287.56	3178.49	460.75	1090.23	932.72	625.37
6-2-193	料仓直径（m）、高（m） 4.5、9 重量（t以内） 11	台	7729.25	4129.94	571.58	1113.78	1145.75	768.20
6-2-194	料仓直径（m）、高（m） 5.5、10 重量（t以内） 15	台	9603.76	5302.84	626.04	1274.25	1437.09	963.54
6-2-195	料仓直径（m）、高（m） 6.5、12 重量（t以内） 20	台	11041.88	6098.16	717.38	1465.57	1652.68	1108.09

5. 粉料储存投加设备粉料投加机

编号	项目名称	单位	基价	人工费	材料费	施工机具使用费	管理费	利润
6-2-196	粉料投加机	台	2030.15	1222.85	221.30	102.31	289.55	194.14

6. 粉料储存投加设备计量输送机

编号	项目名称	单位	基价	人工费	材料费	施工机具使用费	管理费	利润
6-2-197	粉料计量输送机	台	1902.94	1232.84	202.32	13.04	272.22	182.52

7. 氧化氯发生器

编号	项目名称	单位	基价	人工费	材料费	施工机具使用费	管理费	利润
6-2-198	二氧化氯发生器	台	1762.94	1267.62	32.64	0.00	276.97	185.71

十九、加　氯　机

1. 柜式加氯机

编号	项目名称	单位	基价	人工费	材料费	施工机具使用费	管理费	利润
6-2-199	柜式加氯机	套	1032.97	754.62	2.92	0.00	164.88	110.55

2. 挂式加氯机

编号	项目名称	单位	基价	人工费	材料费	施工机具使用费	管理费	利润
6-2-200	挂式加氯机	套	732.97	534.84	2.92	0.00	116.86	78.35

二十、氯吸收装置

编号	项目名称	单位	基价	人工费	材料费	施工机具使用费	管理费	利润
6-2-201	吸收能力（kg/h 以内） 1000	套	5266.85	2218.34	294.86	1424.15	795.88	533.62
6-2-202	吸收能力（kg/h 以内） 3000	套	5888.29	2514.52	357.86	1537.08	885.27	593.56
6-2-203	吸收能力（kg/h 以内） 5000	套	6965.32	3185.33	519.23	1537.08	1031.85	691.83

二十一、水　射　器

编号	项目名称	单位	基价	人工费	材料费	施工机具使用费	管理费	利润
6-2-204	公称直径（mm 以内） *DN*25	个	100.96	73.82	0.20	0.00	16.13	10.81
6-2-205	公称直径（mm 以内） *DN*32	个	115.98	84.73	0.33	0.00	18.51	12.41
6-2-206	公称直径（mm 以内） *DN*40	个	132.78	96.94	0.46	0.00	21.18	14.20
6-2-207	公称直径（mm 以内） *DN*50	个	152.54	111.37	0.52	0.00	24.33	16.32
6-2-208	公称直径（mm 以内） *DN*65	个	177.25	129.32	0.72	0.00	28.26	18.95
6-2-209	公称直径（mm 以内） *DN*80	个	206.67	150.78	0.85	0.00	32.95	22.09

二十二、管式混合器

编号	项目名称	单位	基价	人工费	材料费	施工机具使用费	管理费	利润
6-2-210	公称直径（mm 以内） *DN*100	个	315.72	149.11	1.53	81.07	50.29	33.72
6-2-211	公称直径（mm 以内） *DN*200	个	633.37	310.62	3.05	151.15	100.90	67.65
6-2-212	公称直径（mm 以内） *DN*300	个	1015.65	513.75	4.58	226.96	161.85	108.51
6-2-213	公称直径（mm 以内） *DN*400	个	1465.95	801.79	5.76	267.94	233.74	156.72
6-2-214	公称直径（mm 以内） *DN*600	个	2165.26	1195.66	9.04	383.99	345.15	231.42
6-2-215	公称直径（mm 以内） *DN*900	个	3423.85	2112.33	16.37	383.99	545.45	365.71
6-2-216	公称直径（mm 以内） *DN*1200	个	4533.76	2843.08	19.78	463.86	722.57	484.47
6-2-217	公称直径（mm 以内） *DN*1600	个	6084.18	3643.95	30.12	791.26	969.09	649.76
6-2-218	公称直径（mm 以内） *DN*2000	个	8120.95	4675.14	34.05	1249.33	1294.50	867.93

二十三、带式压滤机

编号	项目名称	单位	基价	人工费	材料费	施工机具使用费	管理费	利润
6-2-219	带式压滤机（带宽 m 内） 0.5	台	5092.52	3240.09	510.79	116.49	733.41	491.74
6-2-220	带式压滤机（带宽 m 内） 1	台	6356.90	3962.33	534.52	303.15	932.01	624.89
6-2-221	带式压滤机（带宽 m 内） 1.5	台	7333.31	4511.23	603.97	418.69	1077.19	722.23
6-2-222	带式压滤机（带宽 m 内） 2	台	8003.46	4805.75	740.05	515.43	1162.68	779.55
6-2-223	带式压滤机（带宽 m 内） 3	台	8495.06	5044.58	838.94	564.30	1225.54	821.70

二十四、污泥脱水机

1. 螺杆式污泥脱水机

编号	项目名称	单位	基价	人工费	材料费	施工机具使用费	管理费	利润
6-2-224	杆直径（mm 以内） 200	台	1221.15	683.76	209.26	57.55	161.98	108.60
6-2-225	杆直径（mm 以内） 300	台	2780.50	1663.52	282.90	166.22	399.80	268.06
6-2-226	杆直径（mm 以内） 350	台	3825.36	2304.55	374.20	223.77	552.44	370.40

2. 螺压式污泥脱水机

编号	项目名称	单位	基价	人工费	材料费	施工机具使用费	管理费	利润
6-2-227	转鼓直径（mm 以内） 250	台	2017.29	1189.37	245.43	108.69	283.63	190.17
6-2-228	转鼓直径（mm 以内） 350	台	3509.32	2073.85	373.07	223.77	502.03	336.60
6-2-229	转鼓直径（mm 以内） 500	台	5240.94	2909.87	445.45	603.31	767.63	514.68
6-2-230	转鼓直径（mm 以内） 650	台	7794.93	4010.80	582.72	1272.87	1154.48	774.06
6-2-231	转鼓直径（mm 以内） 1000	台	10961.59	5483.59	732.96	2009.91	1637.33	1097.80

3. 离心式污泥脱水机

编号	项目名称	单位	基价	人工费	材料费	施工机具使用费	管理费	利润
6-2-232	鼓径（mm 以内） 550	台	1926.94	1129.61	236.66	108.69	270.57	181.41
6-2-233	鼓径（mm 以内） 1000	台	2986.95	1848.71	245.31	159.82	438.86	294.25
6-2-234	鼓径（mm 以内） 1600	台	4150.10	2542.46	374.20	223.77	604.42	405.25

4. 板框式污泥脱水机

编号	项目名称	单位	基价	人工费	材料费	施工机具使用费	管理费	利润
6-2-235	滤板（mm） 650 × 650	台	2907.02	1756.21	282.90	166.22	420.05	281.64
6-2-236	滤板（mm） 810 × 810	台	4000.35	2432.75	374.20	223.77	580.45	389.18
6-2-237	滤板（mm） 870 × 870	台	5571.40	3073.59	445.45	681.68	820.53	550.15
6-2-238	滤板（mm） 920 × 920	台	6297.51	3535.17	445.45	752.05	936.76	628.08

5. 箱式污泥脱水机

编号	项目名称	单位	基价	人工费	材料费	施工机具使用费	管理费	利润
6-2-239	外框（mm） 400 × 400	台	1285.35	720.76	222.96	57.55	170.06	114.02
6-2-240	外框（mm） 500 × 500	台	1950.01	1129.61	259.73	108.69	270.57	181.41
6-2-241	外框（mm） 800 × 800	台	3677.76	2310.28	297.33	166.22	541.12	362.81
6-2-242	外框（mm） 1000 × 1000	台	6855.25	4043.55	512.29	603.31	1015.34	680.76
6-2-243	外框（mm） 1500 × 1500	台	9978.42	5355.57	716.64	1429.62	1482.56	994.03
6-2-244	外框（mm） 2000 × 2000	台	11502.84	6301.10	856.33	1498.54	1704.22	1142.65

二十五、污泥浓缩机

1. 转鼓式污泥浓缩机

编号	项目名称	单位	基价	人工费	材料费	施工机具使用费	管理费	利润
6-2-245	处理量（m^3/h 以内） 10	台	1313.40	757.39	201.01	57.55	178.06	119.39
6-2-246	处理量（m^3/h 以内） 20	台	2005.87	1186.59	237.81	108.69	283.02	189.76
6-2-247	处理量（m^3/h 以内） 30	台	2269.65	1364.19	237.82	124.33	325.24	218.07
6-2-248	处理量（m^3/h 以内） 50	台	3025.47	1842.97	283.28	165.96	438.95	294.31
6-2-249	处理量（m^3/h 以内） 100	台	4163.91	2554.85	371.09	223.77	607.13	407.07

2. 离心式污泥浓缩机

编号	项目名称	单位	基价	人工费	材料费	施工机具使用费	管理费	利润
6-2-250	处理量（m^3/h 以内） 10	台	2187.19	1304.44	243.40	119.58	311.15	208.62
6-2-251	处理量（m^3/h 以内） 20	台	3302.81	2029.27	282.86	183.15	483.41	324.12
6-2-252	处理量（m^3/h 以内） 30	台	4166.97	2554.85	374.15	223.77	607.13	407.07
6-2-253	处理量（m^3/h 以内） 50	台	5676.06	3228.44	445.72	603.31	837.24	561.35
6-2-254	处理量（m^3/h 以内） 100	台	8397.46	4692.16	581.84	1033.57	1251.07	838.82

3. 螺压式污泥浓缩机

编号	项目名称	单位	基价	人工费	材料费	施工机具使用费	管理费	利润
6-2-255	处理量（m^3/h 以内） 10	台	3723.65	2299.37	279.56	223.77	551.31	369.64
6-2-256	处理量（m^3/h 以内） 20	台	5117.04	2904.50	328.88	603.31	766.46	513.89
6-2-257	处理量（m^3/h 以内） 30	台	5793.90	3339.25	328.88	664.43	874.80	586.54
6-2-258	处理量（m^3/h 以内） 50	台	7789.50	4446.29	416.10	955.47	1180.28	791.36
6-2-259	处理量（m^3/h 以内） 100	台	10177.54	5956.82	535.12	1107.23	1543.49	1034.88

二十六、污泥浓缩脱水一体机

1. 带式浓缩脱水一体机

编号	项目名称	单位	基价	人工费	材料费	施工机具使用费	管理费	利润
6-2-260	带宽（m 以内） 1	台	6348.47	3962.33	526.09	303.15	932.01	624.89
6-2-261	带宽（m 以内） 2	台	8640.46	5286.19	721.25	515.43	1267.65	849.94
6-2-262	带宽（m 以内） 3	台	9820.89	6078.92	721.25	587.48	1456.61	976.63

2. 转鼓式浓缩脱水一体机

编号	项目名称	单位	基价	人工费	材料费	施工机具使用费	管理费	利润
6-2-263	带宽（m 以内） 1	台	6306.54	3962.33	484.16	303.15	932.01	624.89
6-2-264	带宽（m 以内） 2	台	8608.90	5286.19	689.69	515.43	1267.65	849.94
6-2-265	带宽（m 以内） 3	台	9789.33	6078.92	689.69	587.48	1456.61	976.63

二十七、污泥输送机

1. 螺旋输送机

编号	项目名称	单位	基价	人工费	材料费	施工机具使用费	管理费	利润
6-2-266	螺旋直径（mm 以内） 300 基本输送长度（m） 3 以内	台	1414.79	836.94	168.84	75.85	199.44	133.72
6-2-267	螺旋直径（mm 以内） 300 基本输送长度（m） 每增加 2	台	297.96	125.06	111.65	11.43	29.82	20.00
6-2-268	螺旋直径（mm 以内） 600 基本输送长度（m） 3 以内	台	1877.52	1115.55	208.85	106.92	267.11	179.09
6-2-269	螺旋直径（mm 以内） 600 基本输送长度（m） 每增加 2	台	367.58	167.61	117.21	15.81	40.08	26.87

2. 带式（胶带、皮带）输送机

编号	项目名称	单位	基价	人工费	材料费	施工机具使用费	管理费	利润
6-2-270	带宽（mm 以内） 500 基本长度（m） 3 以内	台	1999.60	1196.40	207.30	116.64	286.90	192.36
6-2-271	带宽（mm 以内） 500 基本长度（m） 每增加 2	台	336.18	179.45	66.01	18.47	43.25	29.00
6-2-272	带宽（mm 以内） 800 基本长度（m） 3 以内	台	2737.91	1520.52	232.29	315.10	401.08	268.92
6-2-273	带宽（mm 以内） 800 基本长度（m） 每增加 2	台	445.43	228.11	69.75	47.11	60.14	40.32
6-2-274	带宽（mm 以内） 1200 基本长度（m） 3 以内	台	3113.59	1804.49	271.62	277.54	454.92	305.02
6-2-275	带宽（mm 以内） 1200 基本长度（m） 每增加 2	台	501.42	270.84	75.34	41.31	68.20	45.73

二十八、污泥切割机

编号	项目名称	单位	基价	人工费	材料费	施工机具使用费	管理费	利润
6-2-276	污泥切割机	台	1997.35	1197.32	229.45	97.85	282.99	189.74

二十九、闸　　门

1. 铸铁圆闸门

编号	项目名称	单位	基价	人工费	材料费	施工机具使用费	管理费	利润
6-2-277	直径（mm 以内） 300	座	1813.80	1065.60	236.05	90.26	252.56	169.33
6-2-278	直径（mm 以内） 400	座	1987.38	1182.89	249.53	90.26	278.18	186.52
6-2-279	直径（mm 以内） 500	座	2077.40	1238.76	262.03	91.18	290.59	194.84
6-2-280	直径（mm 以内） 600	座	2391.30	1337.00	322.18	178.84	331.21	222.07
6-2-281	直径（mm 以内） 800	座	2695.71	1524.96	338.98	201.58	377.25	252.94
6-2-282	直径（mm 以内） 900	座	2965.36	1659.64	352.57	254.49	418.24	280.42

续前

编号	项目名称	单位	基价	人工费	材料费	施工机具使用费	管理费	利润
6-2-283	直径（mm 以内） 1000	座	3267.97	1828.17	422.25	256.61	455.52	305.42
6-2-284	直径（mm 以内） 1200	座	3657.00	1993.01	451.03	355.69	513.19	344.08
6-2-285	直径（mm 以内） 1400	座	5346.07	3108.74	613.47	358.37	757.56	507.93
6-2-286	直径（mm 以内） 1600	座	6611.61	4023.38	630.52	358.37	957.41	641.93
6-2-287	直径（mm 以内） 1800	座	7851.09	4722.50	686.94	525.96	1146.79	768.90
6-2-288	直径（mm 以内） 2000	座	9256.33	5639.91	878.98	497.34	1340.99	899.11

2. 铸铁方闸门

编号	项目名称	单位	基价	人工费	材料费	施工机具使用费	管理费	利润
6-2-289	长 × 宽（mm 以内） 300 × 300	座	1970.27	1203.43	205.52	89.43	282.49	189.40
6-2-290	长 × 宽（mm 以内） 400 × 400	座	2251.62	1390.65	230.18	90.26	323.58	216.95
6-2-291	长 × 宽（mm 以内） 500 × 500	座	2516.74	1524.03	300.23	99.79	354.80	237.89
6-2-292	长 × 宽（mm 以内） 600 × 600	座	2648.21	1608.21	315.78	100.53	373.36	250.33
6-2-293	长 × 宽（mm 以内） 800 × 800	座	3042.38	1765.64	388.16	178.84	424.87	284.87
6-2-294	长 × 宽（mm 以内） 1000 × 1000	座	3803.64	2222.22	523.32	180.95	525.09	352.06
6-2-295	长 × 宽（mm 以内） 1200 × 1200	座	4472.31	2635.51	627.84	180.95	615.40	412.61
6-2-296	长 × 宽（mm 以内） 1400 × 1400	座	5049.01	2931.70	696.96	256.61	696.65	467.09
6-2-297	长 × 宽（mm 以内） 1600 × 1600	座	5915.35	3420.28	871.05	275.18	807.46	541.38
6-2-298	长 × 宽（mm 以内） 1800 × 1800	座	6844.83	3929.22	959.41	382.44	942.10	631.66
6-2-299	长 × 宽（mm 以内） 2000 × 2000	座	7459.07	4314.94	1047.14	382.44	1026.38	688.17

3. 钢 制 闸 门

编号	项目名称	单位	基价	人工费	材料费	施工机具使用费	管理费	利润
6-2-300	进水口长 × 宽（mm 以内） 1000 × 800	座	1666.74	977.73	181.74	110.18	237.71	159.38
6-2-301	进水口长 × 宽（mm 以内） 1800 × 1600	座	2539.06	1498.32	215.24	204.11	371.98	249.41

续前

编号	项目名称	单位	基价	人工费	材料费	施工机具使用费	管理费	利润
6-2-302	进水口长 × 宽（mm 以内）2000 × 1200	座	2371.69	1370.67	222.11	204.11	344.09	230.71
6-2-303	进水口长 × 宽（mm 以内）2500 × 1800	座	3380.02	2094.57	237.28	207.80	503.07	337.30
6-2-304	进水口长 × 宽（mm 以内）2500 × 2000	座	4179.04	2600.18	242.87	283.46	630.08	422.45
6-2-305	进水口长 × 宽（mm 以内）2500 × 2200	座	4702.76	2979.43	248.92	283.46	712.94	478.01
6-2-306	进水口长 × 宽（mm 以内）4000 × 1200	座	4344.12	2634.96	355.32	287.24	638.50	428.10
6-2-307	进水口长 × 宽（mm 以内）3000 × 2000	座	5462.41	3446.37	366.04	287.24	815.79	546.97
6-2-308	进水口长 × 宽（mm 以内）3000 × 2500	座	5933.88	3791.02	367.05	287.24	891.10	597.47
6-2-309	进水口长 × 宽（mm 以内）3600 × 3000	座	6835.36	4319.94	377.95	410.76	1033.66	693.05

4. 叠 梁 闸 门

编号	项目名称	单位	基价	人工费	材料费	施工机具使用费	管理费	利润
6-2-310	渠道宽（m 以内） 1 门体基本高（m 以内） 1	座	1967.29	1221.74	123.95	128.69	295.07	197.84
6-2-311	渠道宽（m 以内） 1 门体基本高（m 以内）每增加 0.5m	座	326.40	183.15	50.21	19.19	44.21	29.64
6-2-312	渠道宽（m 以内） 2 门体基本高（m 以内） 1	座	2418.76	1552.15	124.42	128.69	367.26	246.24
6-2-313	渠道宽（m 以内） 2 门体基本高（m 以内）每增加 0.5m	座	428.16	232.92	84.03	19.19	55.09	36.93
6-2-314	渠道宽（m 以内） 3 门体基本高（m 以内） 1	座	3031.32	1954.71	127.89	172.35	464.76	311.61
6-2-315	渠道宽（m 以内） 3 门体基本高（m 以内）每增加 0.5m	座	488.51	293.04	53.21	25.86	69.68	46.72
6-2-316	渠道宽（m 以内） 4 门体基本高（m 以内） 1	座	3289.94	2119.92	133.14	192.75	505.32	338.81
6-2-317	渠道宽（m 以内） 4 门体基本高（m 以内）每增加 0.5m	座	1258.11	318.02	56.22	562.49	192.39	128.99

三十、旋　转　门

编号	项目名称	单位	基价	人工费	材料费	施工机具使用费	管理费	利润
6-2-318	长×宽（mm）　2600×3000	座	4107.01	2314.17	460.49	357.27	583.71	391.37
6-2-319	长×宽（mm）　3500×3100	座	4846.84	2797.39	504.38	383.90	695.11	466.06

三十一、堰　　门

1. 铸 铁 堰 门

编号	项目名称	单位	基价	人工费	材料费	施工机具使用费	管理费	利润
6-2-320	长×宽（mm）　400×300	座	1591.67	875.98	272.76	90.26	211.12	141.55
6-2-321	长×宽（mm）　600×300	座	1808.51	1032.12	276.46	90.26	245.24	164.43
6-2-322	长×宽（mm）　800×400	座	2138.41	1259.48	296.01	90.26	294.92	197.74
6-2-323	长×宽（mm）　1000×500	座	2529.86	1459.47	411.60	92.37	339.08	227.34
6-2-324	长×宽（mm）　1200×600	座	2943.38	1664.08	427.79	178.84	402.68	269.99
6-2-325	长×宽（mm）　1500×500	座	3418.52	2055.35	332.72	205.31	493.95	331.19
6-2-326	长×宽（mm）　1800×500	座	3570.93	2153.22	351.54	205.31	515.34	345.52
6-2-327	长×宽（mm）　2000×500	座	3791.74	2256.45	380.82	242.39	546.00	366.08
6-2-328	长×宽（mm）　2000×1000	座	3944.76	2368.56	380.82	242.39	570.49	382.50
6-2-329	长×宽（mm）　2000×1500	座	4105.62	2486.40	380.82	242.39	596.24	399.77

2. 钢制调节堰门

编号	项目名称	单位	基价	人工费	材料费	施工机具使用费	管理费	利润
6-2-330	宽度（mm 以内）　2000	座	2890.80	1740.30	233.88	206.16	425.30	285.16
6-2-331	宽度（mm 以内）　2500	座	3317.59	2049.80	238.20	206.16	492.93	330.50
6-2-332	宽度（mm 以内）　3000	座	4088.64	2534.13	244.88	281.81	615.28	412.54
6-2-333	宽度（mm 以内）　4000	座	4774.89	2995.15	252.62	317.87	723.89	485.36

3. 不锈钢调节堰门

编号	项目名称	单位	基价	人工费	材料费	施工机具使用费	管理费	利润
6-2-334	宽度（mm 以内） 2000	座	2998.25	1792.47	270.12	206.16	436.70	292.80
6-2-335	宽度（mm 以内） 2500	座	3437.67	2111.22	274.44	206.16	506.35	339.50
6-2-336	宽度（mm 以内） 3000	座	4228.69	2610.17	281.13	281.81	631.90	423.68
6-2-337	宽度（mm 以内） 4000	座	4933.87	3085.06	288.87	317.87	743.54	498.53

三十二、拍　　门

1. 玻璃钢圆形拍门

编号	项目名称	单位	基价	人工费	材料费	施工机具使用费	管理费	利润
6-2-338	公称直径（mm） *DN*300 以内	个	577.07	357.79	2.80	62.92	91.93	61.63
6-2-339	公称直径（mm） *DN*600 以内	个	870.89	498.76	4.97	135.61	138.61	92.94
6-2-340	公称直径（mm） *DN*900 以内	个	1437.66	817.70	7.24	230.23	228.97	153.52
6-2-341	公称直径（mm） *DN*1200 以内	个	1876.08	989.01	8.67	379.06	298.92	200.42
6-2-342	公称直径（mm） *DN*1500 以内	个	2135.58	1125.36	12.12	430.29	339.91	227.90
6-2-343	公称直径（mm） *DN*1500mm 以外	个	2627.38	1238.02	12.12	677.92	418.63	280.69

2. 铸铁圆形拍门

编号	项目名称	单位	基价	人工费	材料费	施工机具使用费	管理费	利润
6-2-344	公称直径（mm） *DN*300 以内	个	646.98	393.68	4.97	76.66	102.77	68.90
6-2-345	公称直径（mm） *DN*600 以内	个	1046.63	548.71	4.97	214.41	166.74	111.80
6-2-346	公称直径（mm） *DN*900 以内	个	1909.86	1026.01	7.24	367.85	304.56	204.20
6-2-347	公称直径（mm） *DN*1200 以内	个	2319.47	1087.62	8.67	605.27	369.90	248.01
6-2-348	公称直径（mm） *DN*1500 以内	个	2641.24	1238.02	12.12	688.08	420.85	282.17
6-2-349	公称直径（mm） *DN*1500mm 以外	个	3114.56	1502.02	13.55	769.78	496.39	332.82

3. 碳钢圆形拍门

编号	项目名称	单位	基价	人工费	材料费	施工机具使用费	管理费	利润
6-2-350	公称直径（mm） *DN*300 以内	个	646.98	393.68	4.97	76.66	102.77	68.90
6-2-351	公称直径（mm） *DN*600 以内	个	1046.63	548.71	4.97	214.41	166.74	111.80
6-2-352	公称直径（mm） *DN*900 以内	个	1909.86	1026.01	7.24	367.85	304.56	204.20
6-2-353	公称直径（mm） *DN*1200 以内	个	2319.47	1087.62	8.67	605.27	369.90	248.01
6-2-354	公称直径（mm） *DN*1500 以内	个	2641.24	1238.02	12.12	688.08	420.85	282.17
6-2-355	公称直径（mm） *DN*1500mm 以外	个	3114.56	1502.02	13.55	769.78	496.39	332.82

4. 不锈钢圆形拍门

编号	项目名称	单位	基价	人工费	材料费	施工机具使用费	管理费	利润
6-2-356	公称直径（mm） *DN*300 以内	个	664.90	405.52	6.72	76.66	105.36	70.64
6-2-357	公称直径（mm） *DN*600 以内	个	1070.86	565.18	6.72	214.41	170.34	114.21
6-2-358	公称直径（mm） *DN*900 以内	个	1953.52	1056.72	8.98	367.85	311.27	208.70
6-2-359	公称直径（mm） *DN*1200 以内	个	2367.00	1120.18	11.76	605.27	377.01	252.78
6-2-360	公称直径（mm） *DN*1500 以内	个	2695.10	1275.21	15.21	688.08	428.98	287.62
6-2-361	公称直径（mm） *DN*1500mm 以外	个	3179.00	1546.97	16.64	769.78	506.21	339.40

三十三、启　闭　机

编号	项目名称	单位	基价	人工费	材料费	施工机具使用费	管理费	利润
6-2-362	手摇式	台	1471.44	860.25	87.22	153.83	221.58	148.56
6-2-363	手轮式	台	1128.28	684.50	36.07	115.66	174.83	117.22
6-2-364	手电两用	台	2610.00	1619.49	143.70	187.32	394.79	264.70
6-2-365	手摇式（双吊点）	台	3817.11	1437.27	644.25	887.17	507.89	340.53
6-2-366	电动式（双吊点）	台	4209.54	1724.76	644.25	887.17	570.71	382.65

三十四、升杆式铸铁泥阀

编号	项目名称	单位	基价	人工费	材料费	施工机具使用费	管理费	利润
6-2-367	公称直径（mm 以内） *DN*100	座	925.26	537.61	65.98	91.90	137.55	92.22
6-2-368	公称直径（mm 以内） *DN*200	座	1022.24	601.81	75.32	91.90	151.58	101.63
6-2-369	公称直径（mm 以内） *DN*300	座	1151.58	688.57	86.24	91.90	170.53	114.34
6-2-370	公称直径（mm 以内） *DN*400	座	1391.73	782.37	103.50	161.39	206.21	138.26
6-2-371	公称直径（mm 以内） *DN*500	座	1631.69	931.85	116.24	178.37	242.58	162.65

三十五、平 底 盖 阀

编号	项目名称	单位	基价	人工费	材料费	施工机具使用费	管理费	利润
6-2-372	公称直径（mm 以内） *DN*300	座	1100.19	665.08	67.41	91.54	165.32	110.84
6-2-373	公称直径（mm 以内） *DN*500	座	1480.61	865.43	78.36	161.86	224.46	150.50
6-2-374	公称直径（mm 以内） *DN*800	座	1882.78	1134.24	89.42	179.58	287.07	192.47
6-2-375	公称直径（mm 以内） *DN*900	座	2502.38	1422.28	100.58	337.28	384.46	257.78
6-2-376	公称直径（mm 以内） *DN*1000	座	2837.58	1659.45	111.52	337.66	436.37	292.58

三十六、集 水 槽

1. 直线集水槽

（1）直线集水槽制作

编号	项目名称	单位	基价	人工费	材料费	施工机具使用费	管理费	利润
6-2-377	碳钢（厚度 mm 以内） 4	t	7935.99	4113.85	638.16	1232.54	1168.19	783.25
6-2-378	碳钢（厚度 mm 以内） 6	t	7214.64	3964.00	479.91	969.87	1078.05	722.81
6-2-379	碳钢（厚度 mm 以内） 8	t	6186.24	3361.45	380.72	891.68	929.31	623.08
6-2-380	不锈钢（厚度 mm 以内） 4	t	9650.05	5342.06	549.76	1324.82	1456.71	976.70
6-2-381	不锈钢（厚度 mm 以内） 6	t	8025.82	4480.70	523.69	1015.37	1200.89	805.17
6-2-382	不锈钢（厚度 mm 以内） 8	t	6621.63	3672.99	433.60	860.36	990.54	664.14

（2）直线集水槽安装

编号	项目名称	单位	基价	人工费	材料费	施工机具使用费	管理费	利润
6-2-383	碳钢（厚度 mm 以内） 4	t	2177.03	495.99	740.75	556.23	229.91	154.15
6-2-384	碳钢（厚度 mm 以内） 6	t	1541.10	380.18	507.03	377.38	165.53	110.98
6-2-385	碳钢（厚度 mm 以内） 8	t	1400.68	325.60	411.02	399.42	158.42	106.22
6-2-386	不锈钢（厚度 mm 以内） 4	t	2262.32	541.50	770.80	551.19	238.75	160.08
6-2-387	不锈钢（厚度 mm 以内） 6	t	1680.46	413.66	605.18	374.09	172.12	115.41
6-2-388	不锈钢（厚度 mm 以内） 8	t	1566.85	352.06	545.57	396.13	163.48	109.61

2. 弧形集水槽

（1）弧形集水槽制作

编号	项目名称	单位	基价	人工费	材料费	施工机具使用费	管理费	利润
6-2-389	碳钢（厚度 mm 以内） 4	t	8331.08	4319.01	670.10	1293.43	1226.32	822.22
6-2-390	碳钢（厚度 mm 以内） 6	t	7573.58	4161.95	503.61	1017.52	1131.71	758.79
6-2-391	碳钢（厚度 mm 以内） 8	t	6643.45	3530.36	399.63	1043.87	999.47	670.12
6-2-392	不锈钢（厚度 mm 以内） 4	t	10388.24	5608.46	607.92	1556.61	1565.57	1049.68
6-2-393	不锈钢（厚度 mm 以内） 6	t	8541.62	4704.74	568.15	1136.63	1276.34	855.76
6-2-394	不锈钢（厚度 mm 以内） 8	t	6967.57	3856.14	470.63	903.52	1039.99	697.29

（2）弧形集水槽安装

编号	项目名称	单位	基价	人工费	材料费	施工机具使用费	管理费	利润
6-2-395	碳钢（厚度 mm 以内） 4	t	2086.33	405.89	740.75	579.88	215.39	144.42
6-2-396	碳钢（厚度 mm 以内） 6	t	1588.11	398.86	510.06	390.92	172.57	115.70
6-2-397	碳钢（厚度 mm 以内） 8	t	1457.02	347.80	411.02	418.50	167.44	112.26
6-2-398	不锈钢（厚度 mm 以内） 4	t	2604.41	567.58	1040.69	578.00	250.31	167.83
6-2-399	不锈钢（厚度 mm 以内） 6	t	1926.70	442.34	790.57	389.99	181.86	121.94
6-2-400	不锈钢（厚度 mm 以内） 8	t	1763.95	375.55	684.53	415.23	172.79	115.85

3. 集水槽支架

编号	项目名称	单位	基价	人工费	材料费	施工机具使用费	管理费	利润
6-2-401	碳钢 制作	t	11570.35	7072.37	933.54	720.16	1702.67	1141.61
6-2-402	碳钢 安装	t	7333.57	4656.64	330.48	473.83	1121.01	751.61
6-2-403	不锈钢 制作	t	11461.86	7426.09	342.22	720.16	1779.96	1193.43
6-2-404	不锈钢 安装	t	7953.15	4889.55	632.13	473.83	1171.90	785.74

三十七、堰　　板

1. 齿型堰板制作

编号	项目名称	单位	基价	人工费	材料费	施工机具使用费	管理费	利润
6-2-405	碳钢（厚度 mm 以内） 4	$10m^2$	3750.62	2328.60	256.93	230.88	559.25	374.96
6-2-406	碳钢（厚度 mm 以内） 6	$10m^2$	4993.53	3133.90	295.75	307.70	751.99	504.19
6-2-407	碳钢（厚度 mm 以内） 8	$10m^2$	5093.09	3142.78	336.65	341.79	761.38	510.49
6-2-408	不锈钢（厚度 mm 以内） 4	$10m^2$	4469.42	2664.19	19.42	595.88	712.33	477.60
6-2-409	不锈钢（厚度 mm 以内） 6	$10m^2$	5720.73	3576.98	25.00	595.72	911.73	611.30
6-2-410	不锈钢（厚度 mm 以内） 8	$10m^2$	6071.84	3585.67	27.48	842.43	967.54	648.72

2. 齿型堰板安装

编号	项目名称	单位	基价	人工费	材料费	施工机具使用费	管理费	利润
6-2-411	金属（厚度 mm 以内） 4	$10m^2$	4645.12	1763.61	1984.20	185.78	425.94	285.59
6-2-412	金属（厚度 mm 以内） 6	$10m^2$	5578.06	2259.41	2233.46	190.85	535.38	358.96
6-2-413	金属（厚度 mm 以内） 8	$10m^2$	6105.63	2277.54	2607.93	284.88	559.89	375.39
6-2-414	非金属（厚度 mm 以内） 4	$10m^2$	2909.32	1321.09	1102.84	2.34	289.17	193.88
6-2-415	非金属（厚度 mm 以内） 6	$10m^2$	3479.26	1738.63	1102.84	2.34	380.40	255.05
6-2-416	非金属（厚度 mm 以内） 8	$10m^2$	3533.06	1778.04	1102.84	2.34	389.01	260.83

三十八、斜　　板

编号	项目名称	单位	基价	人工费	材料费	施工机具使用费	管理费	利润
6-2-417	斜板安装 斜长 2m 以内	$10m^2$	1070.76	680.43	141.98	0.00	148.67	99.68

三十九、斜　　管

编号	项目名称	单位	基价	人工费	材料费	施工机具使用费	管理费	利润
6-2-418	斜管安装 斜长 2m 以内	$10m^2$	186.87	136.90	0.00	0.00	29.91	20.06
6-2-419	钢网格支架制作安装	t	8749.99	2328.97	4187.26	1013.69	730.37	489.70

四十、紫外线消毒设备

编号	项目名称	单位	基价	人工费	材料费	施工机具使用费	管理费	利润
6-2-420	紫外线消毒装置 1 个模块组，6 模块内	模块组	7774.88	5441.59	96.44	183.64	1229.11	824.10
6-2-421	紫外线消毒装置 每增减 1 个模块	模块组	323.23	236.80	0.00	0.00	51.74	34.69

四十一、臭氧消毒设备

编号	项目名称	单位	基价	人工费	材料费	施工机具使用费	管理费	利润
6-2-422	中型臭氧发生器主机 空气源、氧气源（g/h 以内） 500	台	1536.84	859.51	181.98	133.06	216.88	145.41
6-2-423	中型臭氧发生器主机 空气源、氧气源（g/h 以内） 1000	台	1735.50	987.35	181.98	150.76	248.68	166.73
6-2-424	大型臭氧发生器主机 空气源、氧气源（kg/h 以内） 5	台	3026.17	1386.95	315.11	599.17	433.97	290.97
6-2-425	大型臭氧发生器主机 空气源、氧气源（kg/h 以内） 10	台	4246.08	1840.94	494.05	907.80	600.60	402.69
6-2-426	大型臭氧发生器主机 空气源、氧气源（kg/h 以内） 15	台	5150.46	2391.68	586.59	951.82	730.55	489.82
6-2-427	大型臭氧发生器主机 空气源、氧气源（kg/h 以内） 20	台	6593.77	3104.49	733.24	1188.94	938.11	628.99
6-2-428	大型臭氧发生器主机 空气源、氧气源（kg/h 以内） 30	台	8591.61	4035.96	1108.92	1445.86	1197.78	803.09
6-2-429	大型臭氧发生器主机 空气源、氧气源（kg/h 以内） 40	台	10041.50	4735.82	1108.92	1808.19	1429.87	958.70
6-2-430	大型臭氧发生器主机 空气源、氧气源（kg/h 以内） 50	台	11295.87	5411.25	1263.38	1938.56	1605.93	1076.75

四十二、除 臭 设 备

编号	项目名称	单位	基价	人工费	材料费	施工机具使用费	管理费	利润
6-2-431	离子除臭设备主机（风量 m^3 以内） 10000	台	947.25	491.92	3.41	199.54	151.08	101.30
6-2-432	离子除臭设备主机（风量 m^3 以内） 20000	台	1004.57	533.91	3.41	199.54	160.26	107.45
6-2-433	离子除臭设备主机（风量 m^3 以内） 30000	台	1335.05	775.52	4.09	199.54	213.05	142.85
6-2-434	离子除臭设备主机（风量 m^3 以内） 40000	台	1553.77	857.11	5.46	277.19	247.84	166.17
6-2-435	离子除臭设备主机（风量 m^3 以内） 50000	台	1744.11	930.37	5.46	343.37	278.31	186.60

四十三、膜处理设备

1. 反渗透（纳滤）膜组件与装置

编号	项目名称	单位	基价	人工费	材料费	施工机具使用费	管理费	利润
6-2-436	卷式膜 膜处理系统单元产水能力 $100m^3/h$ 以内	套	23870.07	9806.67	3701.74	4968.66	3228.41	2164.59

2. 超滤（微滤）膜组件与装置

编号	项目名称	单位	基价	人工费	材料费	施工机具使用费	管理费	利润
6-2-437	中空纤维膜 膜处理系统单元产水能力 $300m^3/h$ 以内	套	63467.47	18721.82	25095.87	9389.24	6142.27	4118.27

3. 膜生物反应器（MBR）

编号	项目名称	单位	基价	人工费	材料费	施工机具使用费	管理费	利润
6-2-438	中控纤维帘式膜 膜处理系统单元产水能力 $200m^3/h$ 以内	套	30812.97	12481.21	5231.92	6259.49	4094.84	2745.51

四十四、穿孔管钻孔

编号	项目名称	单位	基价	人工费	材料费	施工机具使用费	管理费	利润
6-2-439	碳钢管（管径 mm） 200 以内	100 个	157.48	104.71	6.61	5.82	24.15	16.19
6-2-440	碳钢管（管径 mm） 200 以外	100 个	210.81	140.79	8.16	7.67	32.44	21.75
6-2-441	不锈钢管(管径 mm) 200 以内	100 个	172.61	116.37	2.82	8.02	27.18	18.22
6-2-442	不锈钢管(管径 mm) 200 以外	100 个	229.79	153.74	5.59	10.51	35.89	24.06
6-2-443	塑料管（管径 mm） 100 以内	100 个	76.95	52.91	0.00	3.46	12.32	8.26
6-2-444	塑料管（管径 mm） 100 以外	100 个	93.82	64.57	0.00	4.16	15.02	10.07

四十五、其 他 设 备

1. 转盘过滤器

编号	项目名称	单位	基价	人工费	材料费	施工机具使用费	管理费	利润
6-2-445	转盘过滤直径 2m 盘片 10 片内	台	7930.82	4992.60	216.49	658.92	1234.86	827.95
6-2-446	转盘过滤直径 2m 每增加 2 片	台	772.33	499.50	0.74	65.77	123.51	82.81
6-2-447	转盘过滤直径 2.5m 盘片 10 片内	台	9761.12	6116.84	245.68	854.18	1523.17	1021.25
6-2-448	转盘过滤直径 2.5m 每增加 2 片	台	952.66	611.80	0.98	85.40	152.34	102.14
6-2-449	转盘过滤直径 3m 盘片 10 片内	台	12342.46	7788.50	298.65	1034.81	1927.89	1292.61
6-2-450	转盘过滤直径 3m 每增加 2 片	台	1204.60	778.85	1.17	102.78	192.64	129.16

2. 巴氏计量槽槽体安装

编号	项目名称	单位	基价	人工费	材料费	施工机具使用费	管理费	利润
6-2-451	渠宽(mm 以内) 400 喉宽(mm 以内) 51	台	859.32	626.41	2.41	1.36	137.17	91.97
6-2-452	渠宽(mm 以内) 600 喉宽(mm 以内) 152	台	969.67	707.26	2.41	1.36	154.83	103.81

6-2-453	渠宽(mm以内)900 喉宽(mm以内) 300	台	1308.83	909.46	2.41	47.63	209.12	140.21
6-2-454	渠宽（mm 以内） 1200 喉宽（mm以内） 450	台	1610.86	1075.22	2.41	103.13	257.47	172.63
6-2-455	渠宽（mm 以内） 1500 喉宽（mm以内） 600	台	2010.66	1296.11	2.41	175.13	321.47	215.54
6-2-456	渠宽（mm 以内） 1800 喉宽（mm以内） 900	台	2981.74	1872.02	2.40	310.65	476.91	319.76
6-2-457	渠宽（mm 以内） 2000 喉宽（mm以内） 1000	台	3336.37	2074.04	2.40	368.43	533.68	357.82
6-2-458	渠宽（mm 以内） 2200 喉宽（mm以内） 1200	台	3557.91	2074.04	3.21	530.14	569.01	381.51
6-2-459	渠宽（mm 以内） 3000 喉宽（mm以内） 1500	台	3654.67	2074.04	3.21	601.02	584.50	391.90

四十六、补 充 项 目

1. 启闭机“气动”

编号	项目名称	单位	基价	人工费	材料费	施工机具使用费	管理费	利润
6-2-460	启闭机 气动	10套	2732.38	1733.45	137.23	167.76	415.41	278.53

2. 搅拌刮泥机

编号	项目名称	单位	基价	人工费	材料费	施工机具使用费	管理费	利润
6-2-461	搅拌刮泥机 池径（m以内） 8	台	7665.83	4845.89	327.57	530.12	1174.66	787.59
6-2-462	搅拌刮泥机 池径（m以内） 12	台	10885.28	6850.00	400.00	831.53	1678.41	1125.34
6-2-463	搅拌刮泥机 池径（m以内） 15	台	13904.48	8866.68	476.45	970.70	2149.47	1441.18
6-2-464	搅拌刮泥机 池径（m 以内） 15m以上	台	15505.75	9819.43	505.23	1169.96	2401.18	1609.95

3. 钟罩吸泥机

编号	项目名称	单位	基价	人工费	材料费	施工机具使用费	管理费	利润
6-2-465	钟罩吸泥机 跨径（m以内） 2	台	8851.20	4901.21	767.92	1020.60	1293.92	867.55

续前

编号	项目名称	单位	基价	人工费	材料费	施工机具使用费	管理费	利润
6-2-466	钟罩吸泥机 跨径（m 以内） 4	台	13963.96	8115.58	859.34	1484.87	2097.70	1406.47
6-2-467	钟罩吸泥机 跨径（m 以内） 6	台	16794.51	9830.16	924.83	1795.98	2540.31	1703.23
6-2-468	钟罩吸泥机 跨径（m 以内） 8	台	20274.02	11792.09	1019.25	2313.97	3082.17	2066.54
6-2-469	钟罩吸泥机 跨径（m 以内） 9	台	22285.49	13001.80	1019.25	2577.86	3404.16	2282.42
6-2-470	钟罩吸泥机 跨径(m 以内）9m 以上	台	24090.63	14143.62	1031.51	2749.51	3691.15	2474.84

第三章　水处理模板及滤鼓工程

一、现浇混凝土模板工程

1. 基础垫层模板

编号	项目名称	单位	基价	人工费	材料费	施工机具使用费	管理费	利润
6-3-1	沉井刃脚 钢模板	$100m^2$	15495.86	6916.60	5280.93	566.86	1635.14	1096.33
6-3-2	沉井刃脚 砖模板	$10m^3$	9128.80	2306.03	5016.81	706.42	658.22	441.32
6-3-3	木模 混凝土基础垫层	$100m^2$	4431.29	1659.08	2088.00	57.61	375.10	251.50
6-3-4	复合模板 设备基础（单体在 $5m^3$ 以内）	$100m^2$	8005.43	4197.47	2049.39	165.93	953.40	639.24
6-3-5	复合模板 设备基础（单体在 $5m^3$ 以外）	$100m^2$	7743.12	4215.23	1744.18	179.60	960.27	643.84
6-3-6	钢模 设备基础（单体在 $5m^3$ 以内）	$100m^2$	11527.35	6960.07	1638.54	284.48	1582.93	1061.33
6-3-7	钢模 设备基础（单体在 $5m^3$ 以外）	$100m^2$	11341.82	6832.05	1740.89	201.60	1536.85	1030.43

2. 构筑物及池类

（1）池　　底

编号	项目名称	单位	基价	人工费	材料费	施工机具使用费	管理费	利润
6-3-8	平池底钢模	$100m^2$	9910.06	5750.17	1776.15	208.74	1302.02	872.98
6-3-9	平池底木模	$100m^2$	11372.95	6411.55	2349.63	198.94	1444.39	968.44
6-3-10	锥形池底木模	$100m^2$	13312.45	5391.83	5455.30	364.32	1257.72	843.28

（2）池壁（隔墙）

编号	项目名称	单位	基价	人工费	材料费	施工机具使用费	管理费	利润
6-3-11	钢模 矩形池壁	$100m^2$	8115.67	4735.08	1280.82	272.13	1094.08	733.56
6-3-12	木模 矩形池壁	$100m^2$	8306.35	3922.00	2574.02	277.51	917.59	615.23
6-3-13	木模 圆形池壁	$100m^2$	12212.20	5939.98	3750.62	258.98	1354.47	908.15
6-3-14	钢支撑 支模高度超过 3.6m，每增 1m	$100m^2$	364.64	245.68	10.50	13.76	56.69	38.01
6-3-15	木支撑 支模高度超过 3.6m，每增 1m	$100m^2$	443.03	245.68	100.51	5.25	54.83	36.76
6-3-16	池壁后浇带 木模	$10m^3$	11501.77	6420.43	2334.34	295.64	1467.46	983.90

(3)池　　盖

编号	项目名称	单位	基价	人工费	材料费	施工机具使用费	管理费	利润
6-3-17	无梁池盖 木模	$100m^2$	12763.07	5637.14	4535.89	390.10	1316.95	882.99
6-3-18	无梁池盖 复合模板	$100m^2$	11200.02	4466.27	4589.66	376.49	1058.14	709.46
6-3-19	肋形池盖 木模	$100m^2$	11799.89	4935.62	4795.12	196.08	1121.28	751.79
6-3-20	肋形池盖 复合模板	$100m^2$	11164.82	4204.87	5111.89	229.51	968.91	649.64
6-3-21	球形池盖 木模	$100m^2$	19771.38	10791.61	4588.83	331.14	2430.32	1629.48
6-3-22	池盖支模高度超过 3.6m，每增 1m 木支撑	$100m^2$	1690.00	921.12	396.01	26.86	207.13	138.88
6-3-23	池盖后浇带 木模	$10m^3$	11674.78	5806.97	3331.11	305.61	1335.60	895.49

(4)柱、梁

编号	项目名称	单位	基价	人工费	材料费	施工机具使用费	管理费	利润
6-3-24	无梁盖柱 钢模	$100m^2$	14053.87	7908.75	2678.97	424.51	1820.82	1220.82
6-3-25	无梁盖柱 木模	$100m^2$	15078.54	8424.35	3067.93	374.63	1922.58	1289.05
6-3-26	矩形柱 钢模	$100m^2$	9630.55	5296.92	1994.48	297.27	1222.33	819.55
6-3-27	矩形柱 复合模板	$100m^2$	9392.41	4496.24	2933.75	235.38	1033.86	693.18
6-3-28	圆、异型柱 木模	$100m^2$	14977.65	7871.75	3940.43	214.13	1766.76	1184.58
6-3-29	柱支模高度超过 3.6m，每增 1m 钢支撑	$100m^2$	618.94	405.52	53.12	9.00	90.57	60.73
6-3-30	柱支模高度超过 3.6m，每增 1m 木支撑	$100m^2$	778.63	405.52	217.01	5.92	89.90	60.28
6-3-31	连续梁、单梁 钢模	$100m^2$	10910.22	6409.14	1698.55	339.34	1474.54	988.65
6-3-32	连续梁、单梁 复合模板	$100m^2$	11548.69	5600.88	3518.59	281.98	1285.40	861.84
6-3-33	池壁基梁 木模	$100m^2$	16366.21	9153.43	3393.76	350.20	2076.54	1392.28
6-3-34	异型梁 木模	$100m^2$	14841.29	6999.11	5044.23	178.22	1568.25	1051.48
6-3-35	梁支模高度超过 3.6m，每增 1m 钢支撑	$100m^2$	1124.92	741.48	42.48	51.52	173.27	116.17
6-3-36	梁支模高度超过 3.6m，每增 1m 木支撑	$100m^2$	1601.48	913.90	324.46	21.64	204.42	137.06

（5）板

编号	项目名称	单位	基价	人工费	材料费	施工机具使用费	管理费	利润
6-3-37	平板、走道板 钢模	$100m^2$	8492.17	4675.69	1638.54	345.29	1097.08	735.57
6-3-38	平板、走道板 复合模板	$100m^2$	9421.42	4068.15	3515.45	258.57	945.39	633.86
6-3-39	悬空板 钢模	$100m^2$	9119.89	5087.32	1779.82	290.02	1174.95	787.78
6-3-40	悬空板 复合模板	$100m^2$	9661.36	4412.81	3332.22	223.92	1013.13	679.28
6-3-41	挡水板 木模	$100m^2$	16399.73	8793.05	4145.95	184.08	1961.50	1315.15
6-3-42	板支模高度超过 3.6m，每增 1m 钢支撑	$100m^2$	1244.39	847.12	36.53	37.76	193.35	129.63
6-3-43	板支模高度超过 3.6m，每增 1m 木支撑	$100m^2$	1598.83	854.33	396.01	26.86	192.54	129.09

（6）池　　槽

编号	项目名称	单位	基价	人工费	材料费	施工机具使用费	管理费	利润
6-3-44	配、出水槽木模	$100m^2$	12343.15	6921.04	2697.95	145.04	1543.94	1035.18
6-3-45	沉淀池木模	$100m^2$	14209.01	6751.58	4768.48	164.56	1511.18	1013.21
6-3-46	澄清池反应筒壁钢模	$100m^2$	7977.85	4612.05	1377.56	223.33	1056.53	708.38
6-3-47	澄清池反应筒壁复合模板	$100m^2$	8273.19	3936.06	2655.59	179.40	899.23	602.91
6-3-48	导流墙（筒）木模	$100m^2$	8908.40	3714.43	3714.18	90.86	831.46	557.47
6-3-49	小型池槽木模	$10m^3$	13312.02	6928.25	3550.70	222.90	1562.53	1047.64

3. 其　　他

编号	项目名称	单位	基价	人工费	材料费	施工机具使用费	管理费	利润
6-3-50	井底流槽 木模	$100m^2$	7819.85	4362.67	1663.82	147.24	985.42	660.70
6-3-51	小型构件 木模	$100m^2$	11815.71	6149.77	3421.28	0.00	1343.72	900.94

二、预制混凝土模板工程

1. 构筑物及池类

（1）壁　　板

编号	项目名称	单位	基价	人工费	材料费	施工机具使用费	管理费	利润
6-3-52	滤板穿孔板木模	$10m^3$	30329.79	15202.38	9481.60	71.02	3337.24	2237.55
6-3-53	稳流板木模	$10m^3$	2332.15	1183.08	711.72	4.05	259.39	173.91
6-3-54	壁（隔）板木模	$10m^3$	1942.43	855.81	769.66	3.36	187.73	125.87
6-3-55	档水板木模	$10m^3$	1396.65	785.33	322.79	1.38	171.90	115.25

（2）池　　槽

编号	项目名称	单位	基价	人工费	材料费	施工机具使用费	管理费	利润
6-3-56	集水槽、辐射槽木模	$10m^3$	5176.09	2311.58	2007.21	9.95	507.25	340.10
6-3-57	小型池槽木模	$10m^3$	5845.04	2500.83	2415.75	11.47	548.94	368.05

2. 其　　他

编号	项目名称	单位	基价	人工费	材料费	施工机具使用费	管理费	利润
6-3-58	小型构件木模	$10m^3$	11430.01	5573.68	3771.12	37.23	1225.98	822.00

三、滤　　鼓

编号	项目名称	单位	基价	人工费	材料费	施工机具使用费	管理费	利润
6-3-59	滤鼓 *DN*300	个	819.76	438.64	213.37	5.60	97.07	65.08
6-3-60	滤鼓 *DN*400	个	1029.28	460.47	387.27	9.87	102.77	68.90
6-3-61	滤鼓 *DN*500	个	1260.98	482.48	581.65	15.20	108.74	72.91

第七册

生活垃圾处理工程

第一章　生活垃圾卫生填埋

一、场 地 整 理

1. 基层修整、碾压

编号	项目名称	单位	基价	人工费	材料费	施工机具使用费	管理费	利润
7-1-1	基层修整、碾压 场底修整	$1000m^2$	4832.83	1307.58	0.00	2232.95	773.61	518.69
7-1-2	基层修整、碾压 边坡、平台修整	$1000m^2$	10677.75	1549.38	0.00	6273.15	1709.22	1146.00

二、垃 圾 坝

编号	项目名称	单位	基价	人工费	材料费	施工机具使用费	管理费	利润
7-1-3	浆砌石坝	$100m^3$	60023.95	12400.00	42459.39	467.81	2811.62	1885.13
7-1-4	碾压式（黏）土坝	$100m^3$	4453.40	545.57	3153.16	406.99	208.13	139.55
7-1-5	混凝土坝 混凝土	$100m^3$	41596.22	3436.56	36886.57	13.73	753.89	505.47
7-1-6	混凝土坝 毛石混凝土	$100m^3$	50301.03	9278.86	37616.65	13.73	2030.43	1361.36

三、压实黏土防渗层

编号	项目名称	单位	基价	人工费	材料费	施工机具使用费	管理费	利润
7-1-7	膜下黏土层	$1000m^3$	41948.69	2108.82	31635.45	5446.67	1650.87	1106.88

四、高密度聚乙烯（HDPE）土工膜敷设

编号	项目名称	单位	基价	人工费	材料费	施工机具使用费	管理费	利润
7-1-8	HDPE 膜 1.5mm 一般平铺	$100m^2$	1205.52	239.95	642.80	172.30	90.08	60.39
7-1-9	HDPE 膜 1.5mm 一般斜铺	$100m^2$	1335.92	287.86	659.91	207.39	108.21	72.55
7-1-10	零星 HDPE 膜 1.5mm	$100m^2$	1690.32	623.08	794.34	33.32	143.42	96.16

五、钠基膨润土防水毯敷设

编号	项目名称	单位	基价	人工费	材料费	施工机具使用费	管理费	利润
7-1-11	一般平铺 4800g/m^2	$100m^2$	1523.40	234.40	999.39	149.49	83.88	56.24
7-1-12	一般斜铺 4800g/m^2	$100m^2$	1641.82	281.20	1012.32	179.97	100.77	67.56

六、土工合成材料敷设

1. 土　工　布

编号	项目名称	单位	基价	人工费	材料费	施工机具使用费	管理费	利润
7-1-13	焊接 一般平铺 600g/m^2	$100m^2$	913.49	287.86	276.89	178.52	101.90	68.32
7-1-14	焊接 一般斜铺 600g/m^2	$100m^2$	995.03	323.75	279.72	200.29	114.50	76.77
7-1-15	缝合 一般平铺 600g/m^2	$100m^2$	1018.76	345.40	269.93	203.19	119.87	80.37
7-1-16	缝合 一般斜铺 600g/m^2	$100m^2$	1115.84	388.69	272.25	229.32	135.04	90.54
7-1-17	零星土工布 600g/m^2	$100m^2$	2328.36	1495.17	287.46	0.00	326.69	219.04

2. 土工复合排水网

编号	项目名称	单位	基价	人工费	材料费	施工机具使用费	管理费	利润
7-1-18	土工复合排水网 一般平铺 6.0mm	$100m^2$	1232.48	310.80	546.73	191.58	109.77	73.60
7-1-19	土工复合排水网 一般斜铺 6.0mm	$100m^2$	1325.69	349.84	552.98	216.25	123.69	82.93
7-1-20	土工滤网	$100m^2$	1262.53	246.61	707.98	159.65	88.77	59.52

七、防渗膜保护层

编号	项目名称	单位	基价	人工费	材料费	施工机具使用费	管理费	利润
7-1-21	充泥橡胶轮胎保护层	$100m^3$	153056.91	9899.35	139544.30	0.00	2163.01	1450.25
7-1-22	袋装石料	$100m^3$	85620.85	41515.30	28952.47	0.00	9071.09	6081.99
7-1-23	袋装砂土	$100m^3$	64961.12	27676.93	27182.11	0.00	6047.41	4054.67

八、帷幕灌浆垂直防渗

1. 钻机钻土坝（堤）灌浆孔

编号	项目名称	单位	基价	人工费	材料费	施工机具使用费	管理费	利润
7-1-24	泥浆固壁钻井 深 50m 以内	100m	20956.84	5857.84	5283.02	5624.81	2508.96	1682.21
7-1-25	套管固壁钻井 深 50m 以内	100m	23211.95	8806.19	707.78	7680.38	3602.32	2415.28

2. 钻机钻岩石层灌浆孔-自下而上灌浆法

编号	项目名称	单位	基价	人工费	材料费	施工机具使用费	管理费	利润
7-1-26	岩石级别 软岩	100m	18693.57	3885.56	3325.42	7373.16	2460.03	1649.40
7-1-27	岩石级别 较软岩	100m	27305.78	5682.09	4872.53	10752.53	3590.96	2407.67
7-1-28	岩石级别 较硬岩	100m	39241.70	8357.01	6168.04	15872.78	5294.21	3549.66
7-1-29	岩石级别 坚硬岩	100m	63168.29	13922.18	8100.55	26420.49	8814.87	5910.20

3. 坝基岩帷幕灌浆-自下而上灌浆法

编号	项目名称	单位	基价	人工费	材料费	施工机具使用费	管理费	利润
7-1-30	透水率（Lu）≤2	100m	26207.85	10407.36	3832.74	5984.66	3581.66	2401.43
7-1-31	透水率（Lu） 2～4	100m	27170.59	10602.54	4405.81	6074.96	3644.03	2443.25
7-1-32	透水率（Lu） 4～6	100m	28360.66	10915.19	4978.88	6214.32	3742.80	2509.47
7-1-33	透水率（Lu） 6～8	100m	35055.07	13765.67	6010.73	7512.24	4649.22	3117.21
7-1-34	透水率（Lu） 8～10	100m	42577.05	17026.48	7042.58	9006.10	5688.12	3813.77
7-1-35	透水率（Lu） 10～20	100m	50190.48	20248.25	8245.05	10481.00	6714.34	4501.84
7-1-36	透水率（Lu） 20～50	100m	59945.76	23860.75	10819.80	12128.97	7863.75	5272.49
7-1-37	透水率（Lu） 50～100	100m	72909.81	28312.59	14939.08	14156.81	9279.56	6221.77

4. 土坝（堤）充填灌浆

编号	项目名称	单位	基价	人工费	材料费	施工机具使用费	管理费	利润
7-1-38	单位孔深干土灌入量（t/m）≤0.5	100m	14884.99	8220.29	2277.62	1015.88	2018.10	1353.10
7-1-39	单位孔深干土灌入量（t/m） 1	100m	19502.06	10036.44	3554.00	1647.12	2552.86	1711.64
7-1-40	单位孔深干土灌入量（t/m） 1.5	100m	26340.98	12730.78	5693.70	2395.43	3305.08	2215.99
7-1-41	单位孔深干土灌入量（t/m） 2	100m	37899.15	18315.37	8301.21	3368.10	4737.84	3176.63
7-1-42	单位孔深干土灌入量（t/m） 3	100m	54033.70	26691.80	11107.40	4756.04	6871.35	4607.11

5. 压 水 试 验

编号	项目名称	单位	基价	人工费	材料费	施工机具使用费	管理费	利润
7-1-43	一个压力点	试段	1512.72	624.75	285.72	274.15	196.41	131.69
7-1-44	三压力五阶段	试段	2211.23	976.06	285.72	434.57	308.22	206.66

九、导 流 层

编号	项目名称	单位	基价	人工费	材料费	施工机具使用费	管理费	利润
7-1-45	卵砾石（厚度 mm） 300	100m^2	9590.27	2315.46	6429.67	0.00	505.93	339.21
7-1-46	卵砾石（厚度 mm） 每增减 50	100m^2	1598.13	385.73	1071.61	0.00	84.28	56.51
7-1-47	砾石（厚度 mm） 300	100m^2	11490.54	2746.33	7741.80	0.00	600.07	402.34
7-1-48	砾石（厚度 mm） 每增减 50	100m^2	1915.05	457.69	1290.30	0.00	100.01	67.05

十、高密度聚乙烯（HDPE）管道敷设

1. 高密度聚乙烯（HDPE）管焊接敷设

编号	项目名称	单位	基价	人工费	材料费	施工机具使用费	管理费	利润
7-1-49	管外径（mm 以内） 200	100m	2658.23	978.10	2.66	967.37	425.09	285.01
7-1-50	管外径（mm 以内） 315	100m	4574.67	1890.15	4.47	1457.98	731.57	490.50
7-1-51	管外径（mm 以内） 400	100m	7817.49	3528.32	7.53	2193.26	1250.17	838.21
7-1-52	管外径（mm 以内） 500	100m	12254.38	5513.00	12.80	3455.19	1959.55	1313.84
7-1-53	管外径（mm 以内） 630	100m	15991.68	6528.84	14.10	5176.35	2557.58	1714.81
7-1-54	管外径（mm 以内） 800	100m	21638.94	8024.19	23.22	7811.50	3460.10	2319.93

2. 高密度聚乙烯（HDPE）管套管连接敷设

编号	项目名称	单位	基价	人工费	材料费	施工机具使用费	管理费	利润
7-1-55	管外径（mm 以内） 200	100m	3409.18	437.34	1524.48	943.39	301.69	202.28
7-1-56	管外径（mm 以内） 315	100m	5767.76	895.03	2600.58	1425.25	506.98	339.92
7-1-57	管外径（mm 以内） 400	100m	9174.30	1351.06	4394.09	2150.93	765.18	513.04
7-1-58	管外径（mm 以内） 500	100m	13583.81	2040.37	6366.94	3246.71	1155.23	774.56
7-1-59	管外径（mm 以内） 630	100m	21661.29	3081.36	10761.03	4904.18	1744.84	1169.88
7-1-60	管外径（mm 以内） 800	100m	31703.23	4652.57	15244.79	7404.89	2634.56	1766.42

3. 高密度聚乙烯（HDPE）管钻孔加工

编号	项目名称	单位	基价	人工费	材料费	施工机具使用费	管理费	利润
7-1-61	管外径（mm 以内） 200	100m	1487.13	1089.47	0.00	0.00	238.05	159.61
7-1-62	管外径（mm 以内） 315	100m	2342.68	1716.25	0.00	0.00	375.00	251.43
7-1-63	管外径（mm 以内） 400	100m	2975.01	2179.49	0.00	0.00	476.22	319.30
7-1-64	管外径（mm 以内） 500	100m	3718.68	2724.31	0.00	0.00	595.26	399.11
7-1-65	管外径（mm 以内） 630	100m	4685.35	3432.49	0.00	0.00	750.00	502.86
7-1-66	管外径（mm 以内） 800	100m	5949.48	4358.60	0.00	0.00	952.35	638.53

十一、盲 沟 填 筑

编号	项目名称	单位	基价	人工费	材料费	施工机具使用费	管理费	利润
7-1-67	盲沟粒料敷设卵砾石	$10m^3$	3441.18	386.28	2679.03	172.07	122.00	81.80

十二、导气石笼井

1. 导气井钻孔

编号	项目名称	单位	基价	人工费	材料费	施工机具使用费	管理费	利润
7-1-68	孔深（m） 12 以内	$10m^3$	5290.12	1575.09	0.00	2300.45	846.81	567.77
7-1-69	孔深（m） 12 以上	$10m^3$	6422.93	1638.18	0.00	3067.26	1028.14	689.35

2. 中心多孔管安装

编号	项目名称	单位	基价	人工费	材料费	施工机具使用费	管理费	利润
7-1-70	中心多孔管安装管外径（mm）160	100m	1227.27	899.10	0.00	0.00	196.45	131.72
7-1-71	中心多孔管安装管外径（mm）225	100m	1363.63	999.00	0.00	0.00	218.28	146.35

3. 井 筒 安 装

编号	项目名称	单位	基价	人工费	材料费	施工机具使用费	管理费	利润
7-1-72	钢筋骨架	t	7252.83	2740.41	3484.99	19.91	603.13	404.39
7-1-73	土工滤网	$100m^2$	1499.02	550.56	747.50	0.00	120.30	80.66
7-1-74	钢丝网	$100m^2$	2899.60	736.67	1894.05	0.00	160.96	107.92

4. 导气石笼井填充

编号	项目名称	单位	基价	人工费	材料费	施工机具使用费	管理费	利润
7-1-75	卵石回填	$100m^3$	35790.81	10519.10	21432.24	0.00	2298.42	1541.05
7-1-76	片石回填	$100m^3$	44080.83	13761.78	25296.00	0.00	3006.95	2016.10

十三、调节池浮盖

1. 浮盖高密度聚乙烯（HDPE）土工膜

编号	项目名称	单位	基价	人工费	材料费	施工机具使用费	管理费	利润
7-1-77	厚度（mm） 1.5	$100m^2$	1628.74	411.26	658.39	299.62	155.33	104.14
7-1-78	厚度（mm） 2	$100m^2$	2045.16	547.05	754.63	398.39	206.58	138.51

2. 压 重 系 统

（1）高密度聚乙烯（HDPE）土工膜带连接

编号	项目名称	单位	基价	人工费	材料费	施工机具使用费	管理费	利润
7-1-79	HDPE 管灌砂 管外径（mm）160	100m	15182.37	9959.66	1263.97	236.97	2227.96	1493.81
7-1-80	HDPE 管灌砂 管外径（mm）200	100m	17928.32	11741.58	1522.96	277.00	2626.06	1760.72
7-1-81	HDPE 管灌砂 管外径（mm）250	100m	21274.75	13809.88	1925.21	365.61	3097.34	2076.71

（2）不锈钢链条连接

编号	项目名称	单位	基价	人工费	材料费	施工机具使用费	管理费	利润
7-1-82	HDPE 管灌砂 管外径(mm)160	100m	17460.64	9959.66	3542.24	236.97	2227.96	1493.81
7-1-83	HDPE 管灌砂 管外径(mm)200	100m	20214.50	11741.58	3809.14	277.00	2626.06	1760.72
7-1-84	HDPE 管灌砂 管外径(mm)250	100m	23573.70	13809.88	4224.16	365.61	3097.34	2076.71

3. 浮动系统

编号	项目名称	单位	基价	人工费	材料费	施工机具使用费	管理费	利润
7-1-85	浮力垫 1000×500×200mm	10 块	2506.17	1441.52	423.70	84.10	333.35	223.50
7-1-86	走道板 2000×330×100mm	10 块	2903.16	1778.59	337.63	100.92	410.67	275.35

4. 辅助系统

编号	项目名称	单位	基价	人工费	材料费	施工机具使用费	管理费	利润
7-1-87	检查孔 孔径（mm） 1000	个	4172.09	2036.30	1015.76	276.03	505.24	338.76
7-1-88	取样孔 孔径（mm） 250	个	2899.53	1743.81	196.66	236.31	432.66	290.09
7-1-89	雨水收集泵井 孔径（mm）1000	个	5010.39	2466.79	1186.88	334.32	612.04	410.36

十四、填埋气体处理系统

编号	项目名称	单位	基价	人工费	材料费	施工机具使用费	管理费	利润
7-1-90	气量（N·m^3/h） 200	套	14210.63	7318.60	0.00	3092.12	2274.74	1525.17
7-1-91	气量（N·m^3/h） 500	套	18994.74	9277.38	0.00	4638.18	3040.55	2038.63

十五、地下水监测井

编号	项目名称	单位	基价	人工费	材料费	施工机具使用费	管理费	利润
7-1-92	成井（井深 m） 50	100m	9372.10	2446.26	3920.79	1547.37	872.61	585.07
7-1-93	成井（井深 m） 每增加 1	100m	112.33	15.36	69.97	15.67	6.78	4.55

十六、渗滤液抽排井

编号	项目名称	单位	基价	人工费	材料费	施工机具使用费	管理费	利润
7-1-94	渗滤液抽排井	10m	27230.59	2002.63	12400.89	8861.62	2373.84	1591.61

十七、气体迁移监测井

编号	项目名称	单位	基价	人工费	材料费	施工机具使用费	管理费	利润
7-1-95	气体迁移监测井	10m	6904.33	1646.69	345.67	3158.19	1049.87	703.91

十八、封 场 覆 盖

1. 堆 体 整 形

编号	项目名称	单位	基价	人工费	材料费	施工机具使用费	管理费	利润
7-1-96	垃圾挖方	$1000m^3$	12501.70	1400.08	0.00	7758.67	2001.19	1341.76
7-1-97	倒运一次	$1000m^3$	8697.79	0.00	0.00	6372.01	1392.28	933.50
7-1-98	推土机推垃圾（运距 m）20 以内	$1000m^3$	14491.86	1400.08	0.00	9216.67	2319.76	1555.35
7-1-99	推土机推垃圾（运距 m） 每增加 20	$1000m^3$	9468.17	1665.56	0.00	5270.83	1515.60	1016.18
7-1-100	压路机碾压	$1000m^2$	8615.47	1400.08	0.00	4911.62	1379.11	924.66
7-1-101	压实机碾压 三遍	$1000m^2$	1608.66	827.32	0.00	351.19	257.50	172.65
7-1-102	压实机碾压 每增加一遍	$1000m^2$	150.17	0.00	0.00	110.01	24.04	16.12

2. 植被土层铺设

编号	项目名称	单位	基价	人工费	材料费	施工机具使用费	管理费	利润
7-1-103	自然土层	$10m^3$	700.39	328.19	252.41	0.00	71.71	48.08

3. 植 草 护 坡

编号	项目名称	单位	基价	人工费	材料费	施工机具使用费	管理费	利润
7-1-104	铺种草皮	$100m^2$	3586.53	1671.29	1305.22	0.00	365.18	244.84
7-1-105	喷播植草	$100m^2$	2306.72	1171.61	707.47	0.00	256.00	171.64

十九、防 飞 散 网

编号	项目名称	单位	基价	人工费	材料费	施工机具使用费	管理费	利润
7-1-106	钢丝网（高度 m） 6 以内	$100m^2$	2537.11	572.76	1755.29	0.00	125.15	83.91
7-1-107	钢丝网（高度 m） 每增加 1	$100m^2$	1230.93	687.46	292.55	0.00	150.21	100.71
7-1-108	尼龙网（高度 m） 6 以内	$100m^2$	829.17	268.99	462.00	0.00	58.77	39.41
7-1-109	尼龙网（高度 m） 每增加 1	$100m^2$	535.85	336.15	77.00	0.00	73.45	49.25
7-1-110	立杆支撑	t	7790.80	2003.18	3906.49	842.47	621.77	416.89

二十、渗滤液处理设备安装

1. 氨 吹 脱 塔

编号	项目名称	单位	基价	人工费	材料费	施工机具使用费	管理费	利润
7-1-111	填料高（m） 2 直径（mm 以内） 1000	台	7879.53	4271.47	439.36	1179.21	1190.97	798.52
7-1-112	填料高（m） 3 直径（mm 以内） 2000	台	13232.96	7191.69	707.31	1984.61	2005.02	1344.33
7-1-113	填料高（m） 4 直径（mm 以内） 3000	台	20461.26	11114.80	1102.93	3067.13	3098.75	2077.65
7-1-114	填料高（m） 5 直径（mm 以内） 4000	台	30834.71	16780.80	1607.93	4630.76	4678.43	3136.79

2. 膜生物反应器

编号	项目名称	单位	基价	人工费	材料费	施工机具使用费	管理费	利润
7-1-115	内置（浸没）式 中空纤维帘式超滤（微滤）膜 膜处理系统单元产水能力（m^3/h 内） 15	套	6800.64	2826.62	1232.53	1252.58	891.31	597.60
7-1-116	外置式 管式超滤（微滤）膜 膜处理系统单元产水能力（m^3/h 内） 30	套	10532.72	4239.83	2180.71	1878.86	1336.93	896.39

3. 纳滤、反渗透膜组件与装置

编号	项目名称	单位	基价	人工费	材料费	施工机具使用费	管理费	利润
7-1-117	卷式膜 膜处理系统单元产水能力（m^3/h 内） 20	套	7983.98	3331.30	1421.66	1476.26	1050.45	704.31
7-1-118	卷式膜 膜处理系统单元产水能力（m^3/h 内） 40	套	15843.46	6662.78	2718.60	2952.50	2100.94	1408.64

第二章 生活垃圾焚烧

一、自动感应洗车装置安装

编号	项目名称	单位	基价	人工费	材料费	施工机具使用费	管理费	利润
7-2-1	自动感应洗车装置	套	9284.02	4884.37	188.15	1779.27	1456.01	976.22

二、垃圾破碎机安装

1. 电动双轴破碎机

编号	项目名称	单位	基价	人工费	材料费	施工机具使用费	管理费	利润
7-2-2	电动双轴破碎机 45t/h	台	5596.13	3093.57	279.69	801.26	851.02	570.59

2. 液压双轴破碎机

编号	项目名称	单位	基价	人工费	材料费	施工机具使用费	管理费	利润
7-2-3	液压双轴破碎机（t/h 以内） 20	台	5192.28	2828.47	238.18	800.91	793.02	531.70
7-2-4	液压双轴破碎机（t/h 以内） 45	台	7602.39	4566.73	274.82	801.45	1172.95	786.44

3. 大件垃圾破碎机

编号	项目名称	单位	基价	人工费	材料费	施工机具使用费	管理费	利润
7-2-5	大件垃圾破碎机（t/h 以内） 30	台	6697.04	3682.98	245.55	1043.39	1032.71	692.41
7-2-6	大件垃圾破碎机（t/h 以内） 45	台	8174.00	4714.17	272.41	1074.54	1264.83	848.05
7-2-7	大件垃圾破碎机（t/h 以内） 60	台	8843.93	5155.95	299.61	1103.62	1367.72	917.03
7-2-8	大件垃圾破碎机（t/h 以内） 90	台	9723.86	5745.18	327.08	1138.91	1504.17	1008.52

三、垃圾卸料门及车辆感应器安装

1. 卸　料　门

（1）立式垃圾卸料门

编号	项目名称	单位	基价	人工费	材料费	施工机具使用费	管理费	利润
7-2-9	立式平开垃圾卸料门	m^2	549.93	294.34	15.49	97.19	85.55	57.36
7-2-10	立式提升垃圾卸料门	m^2	625.32	309.51	27.11	128.74	95.76	64.20

（2）提拉式垃圾卸料门

编号	项目名称	单位	基价	人工费	材料费	施工机具使用费	管理费	利润
7-2-11	提拉式垃圾卸料门	m^2	571.54	279.72	19.61	124.62	88.35	59.24

（3）卷帘式垃圾卸料门

编号	项目名称	单位	基价	人工费	材料费	施工机具使用费	管理费	利润
7-2-12	卷帘式垃圾卸料门	m^2	562.96	247.53	168.66	41.33	63.12	42.32

（4）翻板式垃圾卸料门

编号	项目名称	单位	基价	人工费	材料费	施工机具使用费	管理费	利润
7-2-13	翻板式垃圾卸料门	m^2	675.41	310.25	42.85	153.16	101.26	67.89

2. 车辆感应器

编号	项目名称	单位	基价	人工费	材料费	施工机具使用费	管理费	利润
7-2-14	电感线圈车辆探测器	套	315.74	138.57	57.87	50.34	41.28	27.68
7-2-15	红外车辆探测器	套	416.74	276.76	38.96	0.00	60.47	40.55
7-2-16	红外车型识别仪	套	574.72	415.33	7.79	0.00	90.75	60.85

四、垃圾抓斗桥式起重机安装

编号	项目名称	单位	基价	人工费	材料费	施工机具使用费	管理费	利润
7-2-17	起重量(t以内) 5 跨距(m以内) 10	台	20402.00	10511.89	1179.06	3570.85	3077.08	2063.12
7-2-18	起重量(t以内) 5 跨距(m以内) 25.5	台	30475.86	12395.93	1302.76	8976.31	4669.83	3131.03
7-2-19	起重量(t以内) 8 跨距(m以内) 13.5	台	25503.10	12086.05	1306.79	5640.19	3873.18	2596.89
7-2-20	起重量(t以内) 8 跨距(m以内) 25.5	台	32614.87	13722.56	1416.97	9133.04	4993.95	3348.35
7-2-21	起重量(t以内) 13 跨距(m以内) 13.5	台	28218.52	13509.07	1424.65	6120.14	4288.98	2875.68
7-2-22	起重量(t以内) 13 跨距(m以内) 31.5	台	38238.69	16358.26	1584.61	10494.54	5867.34	3933.94
7-2-23	起重量(t以内) 18 跨距(m以内) 16.5	台	37414.11	15962.91	1525.12	10329.39	5744.87	3851.82
7-2-24	起重量(t以内) 18 跨距(m以内) 31.5	台	47248.01	19386.34	1648.27	14020.06	7299.30	4894.04

五、生活垃圾焚烧炉安装

1. 垃圾进料斗及溜槽

编号	项目名称	单位	基价	人工费	材料费	施工机具使用费	管理费	利润
7-2-25	焚烧炉出力（t/d 以内） 400	t	3216.02	1164.58	285.48	982.34	469.10	314.52
7-2-26	焚烧炉出力（t/d 以内） 600	t	2785.28	1155.14	253.94	699.32	405.20	271.68
7-2-27	焚烧炉出力（t/d 以内） 800	t	2689.04	1054.69	223.87	751.29	394.61	264.58

2. 液压推杆给料装置

编号	项目名称	单位	基价	人工费	材料费	施工机具使用费	管理费	利润
7-2-28	焚烧炉出力（t/d 以内） 400	t	3487.76	1198.62	238.33	1181.91	520.15	348.75
7-2-29	焚烧炉出力（t/d 以内） 600	t	3047.29	1031.56	197.43	1056.25	456.19	305.86
7-2-30	焚烧炉出力（t/d 以内） 800	t	2743.92	906.32	180.78	971.44	410.29	275.09

3. 垃圾焚烧炉炉排

编号	项目名称	单位	基价	人工费	材料费	施工机具使用费	管理费	利润
7-2-31	焚烧炉出力（t/d 以内） 400	t	4187.90	1610.98	256.27	1269.33	629.35	421.97
7-2-32	焚烧炉出力（t/d 以内） 600	t	3652.11	1386.21	212.27	1133.82	550.63	369.18
7-2-33	焚烧炉出力（t/d 以内） 800	t	3283.92	1219.15	194.38	1044.25	494.55	331.59

4. 炉排下渣斗

编号	项目名称	单位	基价	人工费	材料费	施工机具使用费	管理费	利润
7-2-34	炉排下渣斗	t	2558.34	787.73	300.92	866.06	361.35	242.28

5. 除 渣 装 置

编号	项目名称	单位	基价	人工费	材料费	施工机具使用费	管理费	利润
7-2-35	除渣装置	t	2431.93	764.05	197.31	873.04	357.70	239.83

6. 液 压 站

编号	项目名称	单位	基价	人工费	材料费	施工机具使用费	管理费	利润
7-2-36	油箱容积（m^3 以内） 1	t	7733.24	4123.84	537.10	1148.06	1151.91	772.33
7-2-37	油箱容积（m^3 以内） 2	t	6725.50	3586.04	467.22	998.78	1001.78	671.68
7-2-38	油箱容积（m^3 以内） 5	t	5995.60	3281.16	390.46	825.17	897.23	601.58
7-2-39	油箱容积（m^3 以内） 10	t	5252.67	2975.91	314.36	641.90	790.49	530.01

7. 燃 烧 装 置

编号	项目名称	单位	基价	人工费	材料费	施工机具使用费	管理费	利润
7-2-40	燃烧装置	台	3048.70	1351.06	236.53	709.14	450.15	301.82

8. 清 灰 装 置

编号	项目名称	单位	基价	人工费	材料费	施工机具使用费	管理费	利润
7-2-41	激波式	点	2579.01	793.84	75.26	1040.41	400.78	268.72
7-2-42	振打式	点	4116.81	1927.89	65.08	1040.41	648.57	434.86

六、烟气净化处理设备安装

1. 喷雾反应塔

编号	项目名称	单位	基价	人工费	材料费	施工机具使用费	管理费	利润
7-2-43	喷雾反应塔	t	3761.27	1269.10	405.87	1189.07	537.11	360.12

2. 活性炭喷射系统

编号	项目名称	单位	基价	人工费	材料费	施工机具使用费	管理费	利润
7-2-44	活性炭喷射系统	t	3503.16	1514.41	465.00	711.35	486.33	326.07

七、除臭装置设备安装

1. 活性炭吸附器

编号	项目名称	单位	基价	人工费	材料费	施工机具使用费	管理费	利润
7-2-45	处理风量（m^3/h 以下） 30000	台	9382.69	5142.26	210.57	1577.24	1468.21	984.41
7-2-46	处理风量（m^3/h 以下） 90000	台	13649.33	6904.94	421.15	2786.03	2117.48	1419.73
7-2-47	处理风量（m^3/h 以下） 120000	台	17917.53	7986.82	505.38	4769.33	2787.22	1868.78
7-2-48	处理风量（m^3/h 以下） 180000	台	21501.15	9584.30	606.46	5723.17	3344.68	2242.54
7-2-49	处理风量（m^3/h 以下） 210000	台	29452.49	11500.90	727.75	9542.87	4598.06	3082.91

2. 紫外线除臭器

编号	项目名称	单位	基价	人工费	材料费	施工机具使用费	管理费	利润
7-2-50	处理风量（m^3/h 以下） 30000	台	6397.41	3505.20	109.95	1101.00	1006.45	674.81
7-2-51	处理风量（m^3/h 以下） 90000	台	7548.30	4020.79	109.95	1428.55	1190.68	798.33
7-2-52	处理风量（m^3/h 以下） 120000	台	9097.06	4845.52	133.34	1721.31	1434.85	962.04
7-2-53	处理风量（m^3/h 以下） 180000	台	12244.44	6701.26	196.51	2125.06	1928.55	1293.06
7-2-54	处理风量（m^3/h 以下） 210000	台	14383.68	7835.68	271.95	2502.58	2258.91	1514.56

3. 生物除臭设备

编号	项目名称	单位	基价	人工费	材料费	施工机具使用费	管理费	利润
7-2-55	处理风量（m^3/h 以下） 5000	台	17215.48	7587.41	673.99	4530.90	2647.85	1775.33
7-2-56	处理风量（m^3/h 以下） 10000	台	20660.47	9104.96	808.80	5438.39	3177.72	2130.60
7-2-57	处理风量（m^3/h 以下） 15000	台	31238.19	12076.25	1072.73	10022.99	4828.68	3237.54

4. 化学除臭设备

编号	项目名称	单位	基价	人工费	材料费	施工机具使用费	管理费	利润
7-2-58	处理风量（m^3/h 以下） 5000	台	7101.75	3890.92	122.06	1222.41	1117.26	749.10
7-2-59	处理风量（m^3/h 以下） 10000	台	8454.47	4503.27	123.37	1600.10	1333.59	894.14
7-2-60	处理风量（m^3/h 以下） 15000	台	9187.84	4893.81	134.69	1738.53	1449.17	971.64

5. 除臭剂喷雾系统

编号	项目名称	单位	基价	人工费	材料费	施工机具使用费	管理费	利润
7-2-61	除臭剂喷雾系统	套	2332.90	864.51	218.54	684.47	338.45	226.93

八、计量设备安装

编号	项目名称	单位	基价	人工费	材料费	施工机具使用费	管理费	利润
7-2-62	汽车衡（t 以下） 30	台	3870.19	1316.28	151.64	1407.93	595.24	399.10
7-2-63	汽车衡（t 以下） 50	台	4293.88	1620.23	155.99	1411.19	662.37	444.10
7-2-64	汽车衡（t 以下） 100	台	6157.08	2126.39	233.91	2212.93	948.14	635.71

第八册

路 灯 工 程

第一章　变配电设备工程

一、变压器安装

1. 杆上安装变压器

编号	项目名称	单位	基价	人工费	材料费	施工机具使用费	管理费	利润
8-1-1	杆上安装 容量（kV·A 以下）50	台	2980.15	1398.05	72.48	732.11	465.44	312.07
8-1-2	杆上安装 容量（kV·A 以下）100	台	3232.15	1534.95	74.93	778.03	505.39	338.85
8-1-3	杆上安装 容量（kV·A 以下）160	台	3470.36	1705.89	79.81	778.03	542.74	363.89
8-1-4	杆上安装 容量（kV·A 以下）315	台	4116.71	2129.72	83.58	824.95	645.60	432.86
8-1-5	杆上安装 容量（kV·A 以下）400	台	4699.00	2553.56	87.34	824.95	738.20	494.95
8-1-6	杆上安装 容量（kV·A 以下）630	台	5408.05	2977.39	91.11	917.80	851.10	570.65

2. 地上安装变压器

编号	项目名称	单位	基价	人工费	材料费	施工机具使用费	管理费	利润
8-1-7	台上安装 500kV·A	台	3669.16	1463.54	307.78	999.01	538.07	360.76

3. 地埋变压器

编号	项目名称	单位	基价	人工费	材料费	施工机具使用费	管理费	利润
8-1-8	不带高压开关柜（变压器容量 kV·A 以下） 100	台	3992.76	1555.48	523.43	986.15	555.35	372.35
8-1-9	不带高压开关柜（变压器容量 kV·A 以下） 315	台	4528.14	1847.97	659.56	986.15	619.26	415.20
8-1-10	不带高压开关柜（变压器容量 kV·A 以下） 630	台	5186.89	2227.22	800.64	986.15	702.12	470.76

4. 变压器油过滤

编号	项目名称	单位	基价	人工费	材料费	施工机具使用费	管理费	利润
8-1-11	变压器油过滤	t	1376.21	333.00	462.26	336.56	146.30	98.09

二、组合型成套箱式变电站安装

编号	项目名称	单位	基价	人工费	材料费	施工机具使用费	管理费	利润
8-1-12	不带高压开关柜（变压器容量 kV·A 以下） 100	台	4243.07	1794.87	532.85	923.24	593.91	398.20
8-1-13	不带高压开关柜（变压器容量 kV·A 以下） 315	台	4842.26	2132.31	671.43	923.24	667.64	447.64
8-1-14	不带高压开关柜（变压器容量 kV·A 以下） 630	台	5630.09	2570.02	815.05	957.48	770.76	516.78
8-1-15	带高压开关柜(变压器容量 kV·A 以下） 100	台	5340.04	2316.02	914.77	925.93	708.37	474.95
8-1-16	带高压开关柜(变压器容量 kV·A 以下） 315	台	6689.81	3039.18	1061.27	1084.29	900.98	604.09
8-1-17	带高压开关柜(变压器容量 kV·A 以下） 630	台	7415.15	3589.74	1204.52	960.17	994.16	666.56

三、电力电容器安装

编号	项目名称	单位	基价	人工费	材料费	施工机具使用费	管理费	利润
8-1-18	容量（kvar） 50 以内	个（台）	225.82	129.87	27.02	15.77	31.82	21.34
8-1-19	容量（kvar） 100 以内	个（台）	308.03	185.37	29.51	18.68	44.58	29.89
8-1-20	容量（kvar） 200 以内	个（台）	410.40	251.97	33.64	24.04	60.31	40.44
8-1-21	容量（kvar） 200 以上	个（台）	480.53	296.93	36.12	28.64	71.14	47.70

四、配电柜箱安装

1. 高压成套配电柜安装

编号	项目名称	单位	基价	人工费	材料费	施工机具使用费	管理费	利润
8-1-22	单母线柜 断路器柜	台	3475.62	2101.60	98.04	372.82	540.66	362.50
8-1-23	单母线柜 互感器柜	台	1784.90	1005.66	67.62	252.42	274.89	184.31
8-1-24	双母线柜 断路器柜	台	4061.91	2548.93	113.77	343.48	631.99	423.74
8-1-25	双母线柜 互感器柜	台	2207.55	1238.58	81.34	319.08	340.35	228.20

2. 成套低压路灯控制柜安装

编号	项目名称	单位	基价	人工费	材料费	施工机具使用费	管理费	利润
8-1-26	常规电气配电柜 计量柜	套	1194.26	584.79	106.93	211.79	174.05	116.70
8-1-27	常规电气配电柜 控制总柜	套	1193.71	587.38	102.84	211.79	174.62	117.08
8-1-28	常规电气配电柜 照明分柜	套	1362.66	708.37	106.65	211.79	201.05	134.80
8-1-29	常规电气配电柜 动力分柜	套	1019.98	457.32	106.65	211.79	146.20	98.02
8-1-30	常规电气配电柜 电容器分柜	套	840.28	333.37	96.13	211.79	119.12	79.87

3. 落地式控制箱安装

编号	项目名称	单位	基价	人工费	材料费	施工机具使用费	管理费	利润
8-1-31	半周长 1m 以内 二路	套	658.25	395.72	45.82	52.95	98.03	65.73
8-1-32	半周长 1m 以内 三路	套	686.18	415.33	46.98	52.95	102.32	68.60
8-1-33	半周长 1m 以内 四路	套	716.47	436.60	48.23	52.95	106.97	71.72
8-1-34	半周长 1m 以内 六路	套	745.90	457.32	49.39	52.95	111.49	74.75
8-1-35	半周长 2m 以内 二路	套	1264.84	656.38	79.03	212.34	189.82	127.27
8-1-36	半周长 2m 以内 三路	套	1311.44	689.68	80.18	212.34	197.09	132.15
8-1-37	半周长 2m 以内 四路	套	1457.24	724.46	81.43	283.46	220.23	147.66
8-1-38	半周长 2m 以内 六路	套	1507.14	760.17	82.59	283.46	228.03	152.89

4. 杆上配电设备安装

编号	项目名称	单位	基价	人工费	材料费	施工机具使用费	管理费	利润
8-1-39	跌落式熔断器	组	400.63	152.26	46.16	107.43	56.74	38.04
8-1-40	避雷器	组	574.50	165.58	64.22	208.25	81.68	54.77
8-1-41	隔离开关	组	731.88	318.94	54.79	177.10	108.38	72.67
8-1-42	油开关	台	1342.85	332.45	45.01	618.35	207.75	139.29
8-1-43	配电箱	台	786.37	389.43	108.16	107.43	108.56	72.79

5. 杆上控制箱安装

编号	项目名称	单位	基价	人工费	材料费	施工机具使用费	管理费	利润
8-1-44	距地 10m 以内 二路	套	1511.68	426.43	348.79	425.50	186.15	124.81
8-1-45	距地 10m 以内 三路	套	1536.93	444.93	348.79	425.50	190.19	127.52
8-1-46	距地 10m 以内 四路	套	1592.73	485.81	348.79	425.50	199.12	133.51
8-1-47	距地 10m 以内 六路	套	1634.90	516.71	348.79	425.50	205.87	138.03

6. 控制箱柜附件安装

编号	项目名称	单位	基价	人工费	材料费	施工机具使用费	管理费	利润
8-1-48	户外式端子箱	个	734.41	357.24	242.36	3.24	78.76	52.81
8-1-49	光电控制器	个	114.75	39.78	60.45	0.00	8.69	5.83
8-1-50	时间控制器	个	107.68	34.60	60.45	0.00	7.56	5.07

五、铁构件制作安装及箱、盒制作

编号	项目名称	单位	基价	人工费	材料费	施工机具使用费	管理费	利润
8-1-51	一般铁构件 制作	100kg	1057.91	308.95	574.17	45.44	77.43	51.92
8-1-52	一般铁构件 安装	100kg	384.99	224.59	65.02	9.82	51.22	34.34
8-1-53	轻型铁构件 制作	100kg	1251.33	355.76	552.40	156.28	111.88	75.01
8-1-54	轻型铁构件 安装	100kg	421.02	261.96	53.39	7.36	58.85	39.46
8-1-55	箱、盒制作	100kg	4858.15	2843.08	613.24	266.74	679.50	455.59
8-1-56	网门保护网制作、安装	100kg	564.17	268.44	165.75	23.44	63.78	42.76
8-1-57	二次喷漆	m^2	147.32	88.99	16.67	6.73	20.91	14.02

六、成套配电箱安装

编号	项目名称	单位	基价	人工费	材料费	施工机具使用费	管理费	利润
8-1-58	落地式	台	593.69	291.38	25.76	124.69	90.91	60.95
8-1-59	悬挂嵌入式（半周长 m） 0.5	台	208.69	96.20	26.01	37.63	29.24	19.61
8-1-60	悬挂嵌入式（半周长 m） 1.0	台	321.33	160.77	33.95	49.77	46.00	30.84
8-1-61	悬挂嵌入式（半周长 m） 1.5	台	425.40	222.56	37.93	61.30	62.02	41.59
8-1-62	悬挂嵌入式（半周长 m） 2.5	台	517.19	270.29	25.73	89.75	78.67	52.75

七、熔断器、限位开关安装

编号	项目名称	单位	基价	人工费	材料费	施工机具使用费	管理费	利润
8-1-63	熔断器 瓷插螺旋式	个	38.43	18.50	13.18	0.00	4.04	2.71
8-1-64	熔断器 管式	个	136.05	86.58	17.87	0.00	18.92	12.68
8-1-65	限位开关 普通式	个	119.76	74.19	14.82	2.69	16.80	11.26

八、控制器、启动器安装

编号	项目名称	单位	基价	人工费	材料费	施工机具使用费	管理费	利润
8-1-66	控制器 主令	台	355.00	247.16	14.67	2.16	54.48	36.53
8-1-67	控制器 鼓形凸轮	台	359.72	247.16	20.83	1.11	54.25	36.37
8-1-68	接触器磁力启动器	台	366.85	247.16	29.48	0.00	54.00	36.21

九、盘 柜 配 线

编号	项目名称	单位	基价	人工费	材料费	施工机具使用费	管理费	利润
8-1-69	导线截面（mm^2以内） 2.5	10m	126.80	61.79	42.46	0.00	13.50	9.05
8-1-70	导线截面（mm^2以内） 6.0	10m	143.73	74.19	42.46	0.00	16.21	10.87
8-1-71	导线截面（mm^2以内） 10	10m	174.82	86.58	56.64	0.00	18.92	12.68
8-1-72	导线截面（mm^2以内） 25	10m	266.78	123.58	98.10	0.00	27.00	18.10
8-1-73	导线截面（mm^2以内） 50	10m	418.81	160.77	199.36	0.00	35.13	23.55
8-1-74	导线截面（mm^2以内） 95	10m	642.81	247.16	305.44	0.00	54.00	36.21
8-1-75	导线截面（mm^2以内） 120	10m	876.90	321.35	438.26	0.00	70.21	47.08

十、接线端子安装

1. 焊铜接线端子安装

编号	项目名称	单位	基价	人工费	材料费	施工机具使用费	管理费	利润
8-1-76	导线截面（mm^2以内） 16	10个	108.45	37.00	57.95	0.00	8.08	5.42
8-1-77	导线截面（mm^2以内） 35	10个	168.86	49.58	101.19	0.00	10.83	7.26
8-1-78	导线截面（mm^2以内） 70	10个	274.00	61.79	189.66	0.00	13.50	9.05
8-1-79	导线截面（mm^2以内） 120	10个	465.83	92.69	339.31	0.00	20.25	13.58

2. 压铜接线端子安装

编号	项目名称	单位	基价	人工费	材料费	施工机具使用费	管理费	利润
8-1-80	导线截面（mm^2以内） 16	10个	104.34	54.39	30.10	0.00	11.88	7.97
8-1-81	导线截面（mm^2以内） 35	10个	151.65	81.40	40.53	0.00	17.79	11.93
8-1-82	导线截面（mm^2以内） 70	10个	297.93	163.36	74.95	0.00	35.69	23.93
8-1-83	导线截面（mm^2以内） 120	10个	584.28	326.34	138.82	0.00	71.31	47.81

十一、控制继电器保护屏安装

编号	项目名称	单位	基价	人工费	材料费	施工机具使用费	管理费	利润
8-1-84	控制屏	台	903.05	468.79	92.95	124.69	129.68	86.94
8-1-85	继电、信号屏	台	1054.53	575.54	98.72	124.69	153.00	102.58
8-1-86	配电（电源）屏（低压开关柜）	台	888.98	467.87	80.14	124.69	129.47	86.81
8-1-87	弱电控制返回屏	台	924.31	494.51	79.10	124.69	135.30	90.71
8-1-88	同期小屏控制箱	台	431.99	197.77	62.65	72.81	59.12	39.64

十二、控制台安装

编号	项目名称	单位	基价	人工费	材料费	施工机具使用费	管理费	利润
8-1-89	控制台（m以内） 1	台	986.66	566.66	68.00	106.35	147.05	98.60
8-1-90	控制台（m以内） 2	台	1666.26	949.42	133.85	173.22	245.30	164.47
8-1-91	集中控制台（m以内） 2～4	台	3046.11	1780.07	234.67	279.59	450.04	301.74

十三、仪表、电器、小母线、分流器安装

1. 仪表、电器、小母线安装

编号	项目名称	单位	基价	人工费	材料费	施工机具使用费	管理费	利润
8-1-92	测量表计	个	89.95	56.80	12.42	0.00	12.41	8.32
8-1-93	继电器	个	116.52	75.48	13.49	0.00	16.49	11.06
8-1-94	电磁锁	个	109.24	77.89	2.92	0.00	17.02	11.41
8-1-95	屏上辅助设备	个	79.47	51.99	8.50	0.00	11.36	7.62
8-1-96	小母线（每 10m）	10m	89.36	29.60	48.95	0.00	6.47	4.34
8-1-97	辅助电压互感器	个	147.91	103.79	6.23	0.00	22.68	15.21

2. 分流器安装

编号	项目名称	单位	基价	人工费	材料费	施工机具使用费	管理费	利润
8-1-98	分流器（A 以内） 150	个	154.98	110.08	4.72	0.00	24.05	16.13
8-1-99	分流器（A 以内） 750	个	236.00	169.28	4.93	0.00	36.99	24.80
8-1-100	分流器（A 以内） 1500	个	269.74	193.88	5.10	0.00	42.36	28.40

3. 智能元件安装

编号	项目名称	单位	基价	人工费	材料费	施工机具使用费	管理费	利润
8-1-101	电流电压采集模块	个	469.78	302.29	56.05	0.81	66.23	44.40
8-1-102	开关扩展模块（路以下） 3	个	496.00	319.87	58.27	0.81	70.07	46.98
8-1-103	开关扩展模块（路以下） 6	个	525.94	339.29	60.60	1.62	74.49	49.94
8-1-104	开关扩展模块（路以下） 9	个	643.31	423.65	62.82	1.62	92.92	62.30
8-1-105	智能照明控制器（路以下） 3	个	496.00	319.87	58.27	0.81	70.07	46.98
8-1-106	智能照明控制器（路以下） 6	个	525.94	339.29	60.60	1.62	74.49	49.94
8-1-107	智能照明控制器（路以下） 9	个	643.31	423.65	62.82	1.62	92.92	62.30
8-1-108	雨量传感器	套	465.86	157.25	250.35	0.63	34.50	23.13
8-1-109	光照度传感器	套	384.03	277.50	4.47	0.56	60.76	40.74

第二章　10kV 以下架空线路工程

一、底盘、卡盘、拉盘安装及电杆焊接、防腐

编号	项目名称	单位	基价	人工费	材料费	施工机具使用费	管理费	利润
8-2-1	底盘	块	93.94	68.82	0.00	0.00	15.04	10.08
8-2-2	卡盘	块	55.43	29.97	14.52	0.00	6.55	4.39
8-2-3	拉盘	块	33.34	24.42	0.00	0.00	5.34	3.58
8-2-4	水泥杆焊接	一个口	269.58	136.90	41.93	29.88	36.44	24.43
8-2-5	木杆根部防腐	根	40.05	14.43	20.36	0.00	3.15	2.11

二、立　　杆

1. 单　　杆

编号	项目名称	单位	基价	人工费	材料费	施工机具使用费	管理费	利润
8-2-6	木杆（m 以内） 9	根	77.29	46.99	13.15	0.00	10.27	6.88
8-2-7	木杆（m 以内） 11	根	110.38	71.23	13.15	0.00	15.56	10.44
8-2-8	木杆（m 以内） 13	根	152.04	101.75	13.15	0.00	22.23	14.91
8-2-9	水泥杆（m 以内） 9	根	355.24	169.09	4.52	87.85	56.14	37.64
8-2-10	水泥杆（m 以内） 11	根	447.67	236.80	4.52	87.85	70.94	47.56
8-2-11	水泥杆（m 以内） 13	根	617.65	338.37	4.52	110.81	98.15	65.80
8-2-12	水泥杆（m 以内） 15	根	797.19	469.90	4.52	110.81	126.89	85.07

2. 接　腿　杆

编号	项目名称	单位	基价	人工费	材料费	施工机具使用费	管理费	利润
8-2-13	单腿接杆（m 以内） 9	根	391.75	242.17	61.19	0.00	52.91	35.48
8-2-14	单腿接杆（m 以内） 11	根	439.97	277.50	61.19	0.00	60.63	40.65
8-2-15	单腿接杆（m 以内） 13	根	498.56	320.42	61.19	0.00	70.01	46.94
8-2-16	双腿接杆 15m 以内	根	1043.84	598.29	227.17	0.00	130.73	87.65
8-2-17	混合接腿杆（m 以内） 9	根	355.63	213.68	63.96	0.00	46.69	31.30
8-2-18	混合接腿杆（m 以内） 11	根	403.93	249.01	64.03	0.00	54.41	36.48
8-2-19	混合接腿杆（m 以内） 13	根	465.04	293.78	64.03	0.00	64.19	43.04

3. 撑 杆

编号	项目名称	单位	基价	人工费	材料费	施工机具使用费	管理费	利润
8-2-20	木撑杆（m 以内） 9	根	296.38	165.39	70.62	0.00	36.14	24.23
8-2-21	木撑杆（m 以内） 11	根	425.42	259.93	70.62	0.00	56.79	38.08
8-2-22	木撑杆（m 以内） 13	根	561.53	359.64	70.62	0.00	78.58	52.69
8-2-23	水泥撑杆（m 以内） 9	根	444.40	238.47	71.20	34.94	59.74	40.05
8-2-24	水泥撑杆（m 以内） 11	根	539.36	308.03	71.20	34.94	74.94	50.25
8-2-25	水泥撑杆（m 以内） 13	根	753.27	446.78	71.20	52.91	109.18	73.20

4. 立 金 属 杆

编号	项目名称	单位	基价	人工费	材料费	施工机具使用费	管理费	利润
8-2-26	单杆式（杆长 m 以下） 5	根	171.17	47.73	26.99	57.90	23.08	15.47
8-2-27	单杆式（杆长 m 以下） 10	根	217.50	76.22	34.42	57.90	29.31	19.65
8-2-28	单杆式（杆长 m 以下） 15	根	339.20	109.71	38.19	110.81	48.18	32.31
8-2-29	单杆式（杆长 m 以下） 20	根	1243.61	573.50	159.62	220.63	173.52	116.34
8-2-30	单杆式（杆长 m 以下） 25	根	1918.76	573.50	161.49	713.88	281.29	188.60
8-2-31	单杆式（杆长 m 以下） 30	根	2697.27	817.15	282.60	951.84	386.52	259.16
8-2-32	单杆式（杆长 m 以下） 40	根	3500.61	1167.72	282.60	1189.79	515.12	345.38

三、引下线支架安装

编号	项目名称	单位	基价	人工费	材料费	施工机具使用费	管理费	利润
8-2-33	距地面高度（m 以内） 6	10 副	253.65	88.99	132.18	0.00	19.44	13.04
8-2-34	距地面高度（m 以内） 8	10 副	266.01	98.05	132.18	0.00	21.42	14.36
8-2-35	距地面高度（m 以内） 10	10 副	279.66	108.04	132.18	0.00	23.61	15.83
8-2-36	距地面高度（m 以内） 13	10 副	294.56	118.96	132.18	0.00	25.99	17.43

四、10kV 以下横担安装

编号	项目名称	单位	基价	人工费	材料费	施工机具使用费	管理费	利润
8-2-37	铁、木横担 单根	组	61.32	42.00	3.99	0.00	9.18	6.15
8-2-38	铁、木横担 双根	组	95.58	66.05	5.42	0.00	14.43	9.68
8-2-39	瓷横担 直线杆	组	38.85	28.12	0.47	0.00	6.14	4.12
8-2-40	瓷横担 承力杆	组	76.99	56.06	0.47	0.00	12.25	8.21

五、1kV 以下横担安装

编号	项目名称	单位	基价	人工费	材料费	施工机具使用费	管理费	利润
8-2-41	二线	组	36.16	24.05	3.34	0.00	5.25	3.52
8-2-42	四线 单根	组	50.71	34.23	3.99	0.00	7.48	5.01
8-2-43	四线 双根	组	79.93	54.58	5.42	0.00	11.93	8.00
8-2-44	六线 单根	组	63.08	43.29	3.99	0.00	9.46	6.34
8-2-45	六线 双根	组	98.86	68.45	5.42	0.00	14.96	10.03
8-2-46	瓷横担	组	33.29	24.05	0.47	0.00	5.25	3.52

六、进户线横担安装

编号	项目名称	单位	基价	人工费	材料费	施工机具使用费	管理费	利润
8-2-47	一端埋设式 二线	根	42.29	30.53	0.62	0.00	6.67	4.47
8-2-48	一端埋设式 四线	根	79.35	46.99	15.21	0.00	10.27	6.88
8-2-49	一端埋设式 六线	根	101.84	63.46	15.21	0.00	13.87	9.30
8-2-50	两端埋设式 二线	根	58.21	42.00	0.88	0.00	9.18	6.15
8-2-51	两端埋设式 四线	根	133.26	46.99	69.12	0.00	10.27	6.88
8-2-52	两端埋设式 六线	根	174.31	52.17	103.10	0.00	11.40	7.64

七、拉线制作安装

编号	项目名称	单位	基价	人工费	材料费	施工机具使用费	管理费	利润
8-2-53	普通拉线（截面 mm^2 以内） 35	组	130.56	50.14	62.11	0.00	10.96	7.35
8-2-54	普通拉线（截面 mm^2 以内） 70	组	154.60	61.24	71.01	0.00	13.38	8.97
8-2-55	普通拉线（截面 mm^2 以内）120	组	179.27	73.45	79.01	0.00	16.05	10.76
8-2-56	水平及弓形拉线（截面 mm^2 以内） 35	组	239.65	113.59	84.60	0.00	24.82	16.64

续前

编号	项目名称	单位	基价	人工费	材料费	施工机具使用费	管理费	利润
8-2-57	水平及弓形拉线（截面 mm^2 以内） 70	组	300.08	151.33	93.51	0.00	33.07	22.17
8-2-58	水平及弓形拉线（截面 mm^2 以内） 120	组	329.29	166.87	101.51	0.00	36.46	24.45
8-2-59	VY 形拉线（截面 mm^2 以内）35	组	309.92	150.22	104.87	0.00	32.82	22.01
8-2-60	VY 形拉线（截面 mm^2 以内）70	组	484.20	261.41	127.37	0.00	57.12	38.30
8-2-61	VY 形拉线（截面 mm^2 以内）120	组	675.40	400.53	128.67	0.00	87.52	58.68

八、导 线 架 设

编号	项目名称	单位	基价	人工费	材料费	施工机具使用费	管理费	利润
8-2-62	裸铝绞线（截面 mm^2 以内） 35	1km/单线	1062.27	555.56	221.22	60.59	134.63	90.27
8-2-63	裸铝绞线（截面 mm^2 以内） 95	1km/单线	1914.85	1083.18	314.95	88.91	256.10	171.71
8-2-64	裸铝绞线（截面 mm^2 以内）150	1km/单线	2880.52	1708.66	402.26	106.92	396.70	265.98
8-2-65	钢芯铝绞线（截面 mm^2 以内）35	1km/单线	1141.24	612.91	221.91	60.59	147.16	98.67
8-2-66	钢芯铝绞线（截面 mm^2 以内）95	1km/单线	2110.37	1226.92	314.26	88.91	287.51	192.77
8-2-67	钢芯铝绞线（截面 mm^2 以内）150	1km/单线	3016.37	1851.11	343.66	106.92	427.83	286.85
8-2-68	绝缘铝绞线（截面 mm^2 以内）35	1km/单线	986.01	612.91	66.68	60.59	147.16	98.67
8-2-69	绝缘铝绞线（截面 mm^2 以内）95	1km/单线	1947.21	1225.63	152.86	88.91	287.23	192.58
8-2-70	绝缘铝绞线（截面 mm^2 以内）150	1km/单线	3113.13	1851.11	440.42	106.92	427.83	286.85

九、导线跨越架设

编号	项目名称	单位	基价	人工费	材料费	施工机具使用费	管理费	利润
8-2-71	导线跨越 电力线、通信线、公路	处	1694.19	1121.66	89.38	54.02	256.89	172.24
8-2-72	导线跨越 铁路	处	2220.44	1444.48	116.83	96.63	336.73	225.77
8-2-73	导线跨越 河流	处	1445.82	1051.54	10.47	0.00	229.76	154.05

十、路灯设施编号

编号	项目名称	单位	基价	人工费	材料费	施工机具使用费	管理费	利润
8-2-74	开关箱	100 个	798.71	556.30	39.36	0.00	121.55	81.50
8-2-75	路灯杆号	100 个	570.95	371.67	63.62	0.00	81.21	54.45
8-2-76	钉或粘路灯号牌	100 个	394.13	278.06	14.57	0.00	60.76	40.74

十一、基 础 工 程

编号	项目名称	单位	基价	人工费	材料费	施工机具使用费	管理费	利润
8-2-77	混凝土基础 现场搅拌	m^3	725.72	154.66	427.29	63.97	47.77	32.03
8-2-78	混凝土基础 预拌	m^3	452.75	52.54	381.03	0.00	11.48	7.70
8-2-79	预埋安装地脚螺栓	t	5490.15	2530.99	1509.46	385.27	637.20	427.23

十二、绝缘子安装

编号	项目名称	单位	基价	人工费	材料费	施工机具使用费	管理费	利润
8-2-80	10kV 以下 户外式支持绝缘子 1 孔	10 个	184.89	74.56	68.27	10.87	18.67	12.52
8-2-81	10kV 以下 户外式支持绝缘子 2 孔	10 个	359.58	184.63	92.72	10.87	42.72	28.64
8-2-82	10kV 以下 户外式支持绝缘子 3 孔	10 个	433.33	234.95	97.79	10.87	53.71	36.01

十三、补 充 项 目

1. 杆上其他装置

编号	项目名称	单位	基价	人工费	材料费	施工机具使用费	管理费	利润
8-2-83	杆上其他装置 驱鸟器	10 个	67.90	48.29	0.00	1.45	10.87	7.29
8-2-84	杆上其他装置 电杆反光膜	10 个	31.99	22.76	0.00	0.68	5.12	3.43

第三章 电缆工程

一、电缆沟铺砂盖板、揭盖板

编号	项目名称	单位	基价	人工费	材料费	施工机具使用费	管理费	利润
8-3-1	铺砂盖砖 1～2 根	100m	3409.65	695.23	2460.66	0.00	151.91	101.85
8-3-2	铺砂盖砖 每增一根	100m	1208.34	185.74	954.81	0.00	40.58	27.21
8-3-3	铺砂、盖保护板 1～2 根	100m	3860.43	695.23	2911.44	0.00	151.91	101.85
8-3-4	铺砂、盖保护板 每增一根	100m	1447.98	185.74	1194.45	0.00	40.58	27.21
8-3-5	揭盖盖板（板长 mm 以下） 500	100m	1336.37	979.02	0.00	0.00	213.92	143.43
8-3-6	揭盖盖板（板长 mm 以下） 1000	100m	2262.63	1657.60	0.00	0.00	362.19	242.84
8-3-7	揭盖盖板（板长 mm 以下） 1500	100m	3189.15	2336.37	0.00	0.00	510.50	342.28

二、电缆保护管敷设

编号	项目名称	单位	基价	人工费	材料费	施工机具使用费	管理费	利润
8-3-8	铸铁管 公称直径（mm 以下） 150	10m	238.65	148.93	35.36	0.00	32.54	21.82
8-3-9	混凝土管 公称直径（mm 以下） 100	10m	180.14	116.74	20.79	0.00	25.51	17.10
8-3-10	混凝土管 公称直径（mm 以下） 200	10m	345.35	228.11	33.98	0.00	49.84	33.42

三、铜芯电缆敷设

编号	项目名称	单位	基价	人工费	材料费	施工机具使用费	管理费	利润
8-3-11	水平敷设（截面 mm^2 以内） 35	100m	1119.64	664.71	192.67	14.39	148.38	99.49
8-3-12	水平敷设（截面 mm^2 以内） 50	100m	1197.98	721.87	192.99	14.39	160.87	107.86

续前

编号	项目名称	单位	基价	人工费	材料费	施工机具使用费	管理费	利润
8-3-13	水平敷设（截面 mm^2 以内） 70	100m	1380.89	849.15	202.16	14.39	188.68	126.51
8-3-14	水平敷设（截面 mm^2 以内） 120	100m	2017.68	1198.06	246.23	99.71	283.56	190.12
8-3-15	水平敷设（截面 mm^2 以内） 240	100m	3181.50	1683.32	305.59	423.57	460.36	308.66
8-3-16	竖直通道电缆(截面 mm^2 以内) 35	100m	4859.12	2870.28	813.90	93.25	647.53	434.16
8-3-17	竖直通道电缆(截面 mm^2 以内) 50	100m	5158.54	3080.44	816.91	100.24	694.98	465.97
8-3-18	竖直通道电缆(截面 mm^2 以内) 70	100m	6094.79	3762.90	821.60	100.24	844.10	565.95
8-3-19	竖直通道电缆（截面 mm^2 以内） 120	100m	7802.96	4473.67	1137.87	409.18	1066.90	715.34
8-3-20	竖直通道电缆（截面 mm^2 以内） 240	100m	10946.03	6091.13	1496.15	831.86	1512.67	1014.22

四、电缆终端头制作安装

1. 干包式电力电缆终端头制作安装

编号	项目名称	单位	基价	人工费	材料费	施工机具使用费	管理费	利润
8-3-21	1kV 以下（截面 mm^2 以内） 35	个	134.35	61.24	50.76	0.00	13.38	8.97
8-3-22	1kV 以下（截面 mm^2 以内） 50	个	141.86	66.60	50.95	0.00	14.55	9.76
8-3-23	1kV 以下（截面 mm^2 以内） 70	个	168.10	83.44	54.21	0.00	18.23	12.22
8-3-24	1kV 以下(截面 mm^2 以内) 120	个	210.46	100.09	73.84	0.00	21.87	14.66
8-3-25	1kV 以下(截面 mm^2 以内) 240	个	292.27	130.24	114.49	0.00	28.46	19.08

2. 浇注式电缆终端头制作安装

编号	项目名称	单位	基价	人工费	材料费	施工机具使用费	管理费	利润
8-3-26	浇注式 10kV 以下(截面 mm^2 以内） 35	个	330.13	80.29	220.54	0.00	17.54	11.76
8-3-27	浇注式 10kV 以下(截面 mm^2 以内） 50	个	342.56	83.44	228.67	0.00	18.23	12.22
8-3-28	浇注式 10kV 以下(截面 mm^2 以内） 70	个	376.17	87.51	256.72	0.00	19.12	12.82
8-3-29	浇注式 10kV 以下(截面 mm^2 以内） 120	个	517.45	117.66	356.84	0.00	25.71	17.24
8-3-30	浇注式 10kV 以下(截面 mm^2 以内） 240	个	662.56	142.64	467.85	0.00	31.17	20.90

3. 热缩式电缆终端头制作安装

编号	项目名称	单位	基价	人工费	材料费	施工机具使用费	管理费	利润
8-3-31	热缩式（截面 mm^2 以内） 35	个	167.74	72.34	68.99	0.00	15.81	10.60
8-3-32	热缩式（截面 mm^2 以内） 50	个	170.27	74.93	67.99	0.00	16.37	10.98
8-3-33	热缩式（截面 mm^2 以内） 70	个	187.17	81.22	76.30	0.00	17.75	11.90
8-3-34	热缩式（截面 mm^2 以内） 120	个	254.27	106.01	109.57	0.00	23.16	15.53
8-3-35	热缩式（截面 mm^2 以内） 240	个	339.44	128.58	163.93	0.00	28.09	18.84

五、电缆中间头制作安装

1. 干包式电力电缆中间头制作

编号	项目名称	单位	基价	人工费	材料费	施工机具使用费	管理费	利润
8-3-36	干包中间头 1kV 以下（截面 mm^2 以内） 35	个	223.67	118.96	61.29	0.00	25.99	17.43
8-3-37	干包中间头 1kV 以下（截面 mm^2 以内） 50	个	246.81	133.20	65.00	0.00	29.10	19.51
8-3-38	干包中间头 1kV 以下（截面 mm^2 以内） 70	个	293.84	158.36	77.68	0.00	34.60	23.20
8-3-39	干包中间头 1kV 以下（截面 mm^2 以内） 120	个	374.02	195.73	106.85	0.00	42.77	28.67
8-3-40	干包中间头 1kV 以下（截面 mm^2 以内） 240	个	516.93	253.64	157.97	9.33	57.46	38.53

2. 浇注式电缆中间头制作安装

编号	项目名称	单位	基价	人工费	材料费	施工机具使用费	管理费	利润
8-3-41	1kV 以下（截面 mm^2 以内） 35	个	342.30	150.22	137.25	0.00	32.82	22.01
8-3-42	1kV 以下（截面 mm^2 以内） 50	个	368.10	163.17	145.38	0.00	35.65	23.90
8-3-43	1kV 以下（截面 mm^2 以内） 70	个	416.77	183.15	166.77	0.00	40.02	26.83
8-3-44	1kV 以下（截面 mm^2 以内）120	个	550.24	238.10	225.24	0.00	52.02	34.88
8-3-45	1kV 以下（截面 mm^2 以内）240	个	729.47	307.10	310.28	0.00	67.10	44.99
8-3-46	10kV 以下（截面 mm^2 以内）35	个	605.93	185.74	352.40	0.00	40.58	27.21
8-3-47	10kV 以下（截面 mm^2 以内）50	个	642.74	199.80	370.01	0.00	43.66	29.27
8-3-48	10kV 以下（截面 mm^2 以内）70	个	717.94	233.10	399.76	0.00	50.93	34.15
8-3-49	10kV 以下（截面 mm^2 以内）120	个	881.37	287.12	489.45	0.00	62.74	42.06
8-3-50	10kV 以下（截面 mm^2 以内）240	个	1130.80	366.12	631.04	0.00	80.00	53.64

3. 热缩式电缆中间头制作安装

编号	项目名称	单位	基价	人工费	材料费	施工机具使用费	管理费	利润
8-3-51	1kV 以下（截面 mm^2 以内） 35	个	316.10	150.22	111.05	0.00	32.82	22.01
8-3-52	1kV 以下（截面 mm^2 以内） 50	个	344.15	159.84	125.96	0.00	34.93	23.42
8-3-53	1kV 以下（截面 mm^2 以内） 70	个	381.95	183.15	131.95	0.00	40.02	26.83
8-3-54	1kV 以下（截面 mm^2 以内）120	个	505.81	238.10	180.81	0.00	52.02	34.88
8-3-55	1kV 以下（截面 mm^2 以内）240	个	670.25	307.10	251.06	0.00	67.10	44.99
8-3-56	10kV 以下（截面 mm^2 以内）35	个	376.50	185.74	122.97	0.00	40.58	27.21
8-3-57	10kV 以下（截面 mm^2 以内）50	个	546.70	199.80	273.97	0.00	43.66	29.27
8-3-58	10kV 以下（截面 mm^2 以内）70	个	622.01	224.96	314.94	0.00	49.15	32.96
8-3-59	10kV 以下（截面 mm^2 以内）120	个	580.07	287.12	188.15	0.00	62.74	42.06
8-3-60	10kV 以下（截面 mm^2 以内）240	个	756.13	366.12	256.37	0.00	80.00	53.64

六、电缆穿刺线夹安装

编号	项目名称	单位	基价	人工费	材料费	施工机具使用费	管理费	利润
8-3-61	电缆穿刺线夹（截面 mm^2 以下）16	个	29.50	19.98	2.22	0.00	4.37	2.93
8-3-62	电缆穿刺线夹（截面 mm^2 以下）35	个	54.56	38.11	2.54	0.00	8.33	5.58
8-3-63	电缆穿刺线夹（截面 mm^2 以下）70	个	73.55	51.62	3.09	0.00	11.28	7.56
8-3-64	电缆穿刺线夹（截面 mm^2 以下）120	个	87.93	61.61	3.83	0.00	13.46	9.03
8-3-65	电缆穿刺线夹（截面 mm^2 以下）150	个	99.80	69.75	4.59	0.00	15.24	10.22
8-3-66	电缆穿刺线夹（截面 mm^2 以下）185	个	114.22	80.11	4.87	0.00	17.50	11.74
8-3-67	电缆穿刺线夹（截面 mm^2 以下）240	个	132.86	93.43	5.33	0.00	20.41	13.69
8-3-68	电缆穿刺线夹（截面 mm^2 以下）400	个	257.12	183.15	7.12	0.00	40.02	26.83

七、电缆井设置

编号	项目名称	单位	基价	人工费	材料费	施工机具使用费	管理费	利润
8-3-69	预制混凝土井安装	座	200.68	129.13	0.66	17.40	32.02	21.47
8-3-70	砖砌井 圆形	m^3	1218.04	579.61	414.85	8.81	128.57	86.20
8-3-71	砖砌井 矩形	m^3	1133.89	534.10	394.77	7.38	118.31	79.33
8-3-72	井盖安装 铸铁盖、座	套	113.84	73.45	13.58	0.00	16.05	10.76
8-3-73	井盖安装 混凝土盖、座	套	106.51	68.08	13.58	0.00	14.88	9.97

第四章　配管配线工程

一、电线管敷设

1. 砖混凝土结构明、暗配

编号	项目名称	单位	基价	人工费	材料费	施工机具使用费	管理费	利润
8-4-1	砖、混凝土结构明配 电线管公称直径（mm 以内） 20	100m	2327.60	1140.34	737.70	24.42	254.50	170.64
8-4-2	砖、混凝土结构明配 电线管公称直径（mm 以内） 32	100m	2496.57	1229.14	783.18	26.09	274.27	183.89
8-4-3	砖、混凝土结构明配 电线管公称直径（mm 以内） 50	100m	3564.54	1540.87	1396.32	47.57	347.07	232.71
8-4-4	砖、混凝土结构暗配 电线管公称直径（mm 以内） 20	100m	1462.97	609.76	593.69	27.07	139.15	93.30
8-4-5	砖、混凝土结构暗配 电线管公称直径（mm 以内） 32	100m	2031.77	950.16	699.19	26.09	213.31	143.02
8-4-6	砖、混凝土结构暗配 电线管公称直径（mm 以内） 50	100m	3120.38	1296.11	1284.08	49.17	293.94	197.08

2. 钢结构支架、钢索配管

编号	项目名称	单位	基价	人工费	材料费	施工机具使用费	管理费	利润
8-4-7	钢结构支架配管 电线管公称直径（mm 以内） 20	100m	1987.74	892.26	736.48	24.42	200.29	134.29
8-4-8	钢结构支架配管 电线管公称直径（mm 以内） 32	100m	2592.21	1289.27	796.74	26.09	287.41	192.70
8-4-9	钢结构支架配管 电线管公称直径（mm 以内） 50	100m	3536.55	1610.98	1272.63	47.57	362.39	242.98
8-4-10	钢索配管 电线管公称直径（mm 以内） 20	100m	2470.95	1272.80	700.25	24.42	283.44	190.04
8-4-11	钢索配管 电线管公称直径（mm 以内） 32	100m	2972.54	1581.01	778.85	26.09	351.15	235.44

二、钢管敷设

1. 镀锌钢管地埋敷设

编号	项目名称	单位	基价	人工费	材料费	施工机具使用费	管理费	利润
8-4-12	钢管公称直径（mm 以内） 20	100m	1288.10	694.31	314.41	19.02	155.86	104.50
8-4-13	钢管公称直径（mm 以内） 32	100m	1537.01	867.84	311.57	29.92	196.16	131.52
8-4-14	钢管公称直径（mm 以内） 50	100m	2113.51	1229.33	379.44	41.05	277.58	186.11
8-4-15	钢管公称直径（mm 以内） 70	100m	2882.15	1721.06	450.88	60.09	389.18	260.94
8-4-16	钢管公称直径（mm 以内） 100	100m	3178.31	1988.57	374.43	65.55	448.83	300.93
8-4-17	钢管公称直径（mm 以内） 150	100m	3599.73	2286.79	375.37	75.38	516.13	346.06
8-4-18	钢管公称直径（mm 以内） 200	100m	4020.58	2585.19	375.37	85.29	583.50	391.23

2. 砖、混凝土结构明配

编号	项目名称	单位	基价	人工费	材料费	施工机具使用费	管理费	利润
8-4-19	钢管公称直径（mm 以内） 20	100m	2307.49	1417.47	346.68	19.02	313.87	210.45
8-4-20	钢管公称直径（mm 以内） 32	100m	2731.01	1732.34	325.53	29.92	385.05	258.17
8-4-21	钢管公称直径（mm 以内） 50	100m	3702.97	2256.26	567.14	41.05	501.96	336.56
8-4-22	钢管公称直径（mm 以内） 70	100m	5206.06	3317.61	595.50	60.09	738.03	494.83
8-4-23	钢管公称直径（mm 以内） 100	100m	7908.37	4996.48	998.70	65.55	1106.05	741.59

3. 砖、混凝土结构暗配

编号	项目名称	单位	基价	人工费	材料费	施工机具使用费	管理费	利润
8-4-24	钢管公称直径（mm 以内） 20	100m	1131.84	754.43	76.08	19.02	169.00	113.31
8-4-25	钢管公称直径（mm 以内） 32	100m	1468.62	976.80	94.45	29.92	219.97	147.48
8-4-26	钢管公称直径（mm 以内） 50	100m	2556.63	1698.67	181.89	41.07	380.13	254.87
8-4-27	钢管公称直径（mm 以内） 70	100m	3730.34	2461.98	287.72	60.09	551.07	369.48
8-4-28	钢管公称直径（mm 以内） 100	100m	6019.07	3979.54	497.52	65.55	883.85	592.61

4. 钢结构支架配管

编号	项目名称	单位	基价	人工费	材料费	施工机具使用费	管理费	利润
8-4-29	钢管公称直径（mm 以内） 20	100m	1799.79	1031.38	366.00	19.02	229.51	153.88
8-4-30	钢管公称直径（mm 以内） 32	100m	2116.68	1272.80	338.47	29.92	284.64	190.85
8-4-31	钢管公称直径（mm 以内） 50	100m	3455.74	2067.01	578.24	41.05	460.61	308.83
8-4-32	钢管公称直径（mm 以内） 70	100m	4879.15	3072.85	602.68	60.09	684.55	458.98
8-4-33	钢管公称直径（mm 以内） 100	100m	7503.93	4694.93	1005.88	65.55	1040.16	697.41

三、塑料管敷设

1. 塑料管地埋敷设

编号	项目名称	单位	基价	人工费	材料费	施工机具使用费	管理费	利润
8-4-34	硬塑料管公称直径(mm 以内) 32	100m	1184.34	761.83	2.20	104.21	189.23	126.87
8-4-35	硬塑料管公称直径(mm 以内) 50	100m	1639.71	1043.03	2.20	156.61	262.12	175.75
8-4-36	硬塑料管公称直径(mm 以内) 70	100m	1967.98	1231.55	2.42	208.42	314.63	210.96
8-4-37	硬塑料管公称直径(mm 以内) 80	100m	2112.52	1311.28	2.37	234.62	337.78	226.47
8-4-38	硬塑料管公称直径（mm 以内） 100	100m	2332.59	1420.06	2.42	287.02	373.00	250.09
8-4-39	硬塑料管公称直径（mm 以内） 150	100m	2485.74	1454.29	2.37	365.03	397.52	266.53
8-4-40	硬塑料管公称直径（mm 以内） 200	100m	2674.34	1513.86	2.37	443.63	427.71	286.77

2. 塑料波纹管地埋敷设

编号	项目名称	单位	基价	人工费	材料费	施工机具使用费	管理费	利润
8-4-41	管外径（mm 以内） 110	100m	944.76	670.26	9.37	15.01	149.73	100.39
8-4-42	管外径（mm 以内） 125	100m	1076.69	765.16	11.76	15.01	170.47	114.29
8-4-43	管外径（mm 以内） 160	100m	1360.47	969.03	12.60	18.42	215.76	144.66
8-4-44	管外径（mm 以内） 250	100m	2304.51	1653.35	14.14	24.57	366.63	245.82
8-4-45	管外径（mm 以内） 315	100m	2756.98	1973.95	20.62	30.71	438.02	293.68
8-4-46	管外径（mm 以内） 355	100m	3315.77	2375.22	23.29	36.85	527.04	353.37

3. 塑料管砖，混凝土结构暗配及钢索配管

编号	项目名称	单位	基价	人工费	材料费	施工机具使用费	管理费	利润
8-4-47	砖、混凝土暗配 硬质聚乙烯管公称直径（mm 以内） 20	100m	741.92	537.43	8.33	0.00	117.43	78.73
8-4-48	砖、混凝土暗配 硬质聚乙烯管公称直径（mm 以内） 32	100m	1108.38	805.49	8.89	0.00	176.00	118.00
8-4-49	砖、混凝土暗配 硬质聚乙烯管公称直径（mm 以内） 50	100m	1449.16	1050.25	15.57	0.00	229.48	153.86
8-4-50	砖、混凝土暗配 硬质聚乙烯管公称直径（mm 以内） 70	100m	1768.58	1283.90	16.06	0.00	280.53	188.09
8-4-51	砖、混凝土暗配 硬质聚乙烯管公称直径（mm 以内） 100	100m	2366.15	1721.06	16.90	0.00	376.05	252.14
8-4-52	钢索配管 硬质聚乙烯管公称直径（mm 以内） 20	100m	1549.27	886.52	339.17	0.00	193.70	129.88
8-4-53	钢索配管 硬质聚乙烯管公称直径（mm 以内） 32	100m	1672.96	1004.74	301.49	0.00	219.54	147.19

4. 塑料管砖、混凝土结构明配

编号	项目名称	单位	基价	人工费	材料费	施工机具使用费	管理费	利润
8-4-54	硬质聚乙烯管公称直径(mm 以内) 20	100m	4416.46	893.55	3196.76	0.00	195.24	130.91
8-4-55	硬质聚乙烯管公称直径(mm 以内) 32	100m	1591.92	1064.86	138.39	0.00	232.67	156.00
8-4-56	硬质聚乙烯管公称直径(mm 以内) 50	100m	1739.57	1209.16	89.07	0.00	264.20	177.14
8-4-57	硬质聚乙烯管公称直径(mm 以内) 70	100m	2269.92	1599.70	86.33	0.00	349.53	234.36
8-4-58	硬质聚乙烯管公称直径(mm 以内) 100	100m	3069.46	2140.64	147.49	0.00	467.73	313.60

四、管 内 穿 线

编号	项目名称	单位	基价	人工费	材料费	施工机具使用费	管理费	利润
8-4-59	照明线路 导线截面（mm^2 以内） 2.5	100m	209.33	111.19	57.55	0.00	24.30	16.29
8-4-60	照明线路 导线截面（mm^2 以内） 4	100m	164.10	78.07	57.53	0.00	17.06	11.44
8-4-61	照明线路 导线截面（mm^2 以内） 6	100m	158.28	88.99	36.81	0.00	19.44	13.04
8-4-62	照明线路 导线截面（mm^2 以内） 16	100m	211.46	122.47	44.29	0.00	26.76	17.94
8-4-63	照明线路 导线截面（mm^2 以内） 35	100m	275.70	161.32	55.50	0.00	35.25	23.63
8-4-64	照明线路 导线截面（mm^2 以内） 70	100m	525.28	335.96	66.69	0.00	73.41	49.22
8-4-65	照明线路 导线截面（mm^2 以内） 120	100m	654.53	422.73	77.50	0.00	92.37	61.93

五、塑料护套线明敷设

1. 砖、混凝土结构

编号	项目名称	单位	基价	人工费	材料费	施工机具使用费	管理费	利润
8-4-66	二芯 导线截面（mm^2 以内）2.5	100m	1672.28	1172.72	71.52	0.00	256.24	171.80
8-4-67	二芯 导线截面（mm^2 以内） 6	100m	1691.45	1194.73	60.64	0.00	261.05	175.03
8-4-68	二芯 导线截面（mm^2 以内） 10	100m	1915.38	1367.34	48.96	0.00	298.76	200.32
8-4-69	三芯 导线截面（mm^2 以内）2.5	100m	1761.06	1234.88	75.45	0.00	269.82	180.91
8-4-70	三芯 导线截面（mm^2 以内） 6	100m	1841.76	1257.26	125.60	0.00	274.71	184.19
8-4-71	三芯 导线截面（mm^2 以内） 10	100m	2065.44	1429.68	113.92	0.00	312.39	209.45

2. 沿　钢　索

编号	项目名称	单位	基价	人工费	材料费	施工机具使用费	管理费	利润
8-4-72	二芯 导线截面（mm^2 以内）2.5	100m	530.39	335.96	71.80	0.00	73.41	49.22
8-4-73	二芯 导线截面（mm^2 以内） 6	100m	648.54	432.72	57.88	0.00	94.55	63.39
8-4-74	二芯 导线截面（mm^2 以内） 10	100m	924.32	647.50	40.48	0.00	141.48	94.86
8-4-75	三芯 导线截面（mm^2 以内）2.5	100m	677.61	443.82	71.80	0.00	96.97	65.02
8-4-76	三芯 导线截面（mm^2 以内） 6	100m	831.69	564.07	61.73	0.00	123.25	82.64
8-4-77	三芯 导线截面（mm^2 以内） 10	100m	1215.99	861.18	40.48	0.00	188.17	126.16

3. 砖、混凝土结构粘接

编号	项目名称	单位	基价	人工费	材料费	施工机具使用费	管理费	利润
8-4-78	二芯 导线截面（mm^2 以内）2.5	100m	1121.80	684.13	187.96	0.00	149.48	100.23
8-4-79	二芯 导线截面（mm^2 以内） 6	100m	1212.66	753.32	184.38	0.00	164.60	110.36
8-4-80	二芯 导线截面（mm^2 以内） 10	100m	1507.10	969.03	184.38	0.00	211.73	141.96
8-4-81	三芯 导线截面（mm^2 以内）2.5	100m	1163.51	712.07	191.53	0.00	155.59	104.32
8-4-82	三芯 导线截面（mm^2 以内） 6	100m	1491.41	910.20	248.99	0.00	198.88	133.34
8-4-83	三芯 导线截面（mm^2 以内） 10	100m	1898.24	1208.24	248.99	0.00	264.00	177.01

六、钢 索 架 设

编号	项目名称	单位	基价	人工费	材料费	施工机具使用费	管理费	利润
8-4-84	直径（mm 以内） 圆钢 $\phi 6$	100m	552.95	307.10	133.76	0.00	67.10	44.99
8-4-85	直径（mm 以内） 圆钢 $\phi 10$	100m	793.79	332.63	339.75	0.00	72.68	48.73
8-4-86	直径（mm 以内） 钢丝绳 $\phi 6$	100m	616.44	193.70	352.04	0.00	42.32	28.38
8-4-87	直径（mm 以内） 钢丝绳 $\phi 9$	100m	861.10	219.23	561.85	0.00	47.90	32.12

七、母线拉紧装置及钢索拉紧装置制作安装

编号	项目名称	单位	基价	人工费	材料费	施工机具使用费	管理费	利润
8-4-88	母线拉紧装置 母线截面（mm^2 以内） 500	100m	1327.48	611.98	475.27	12.35	136.42	91.46
8-4-89	母线拉紧装置 母线截面（mm^2 以内） 1200	100m	2099.70	789.77	1004.81	12.35	175.26	117.51
8-4-90	钢索（钢绞线）拉紧装置 花篮螺栓直径（mm 以内） 12	100m	1331.53	783.29	262.34	0.00	171.15	114.75
8-4-91	钢索（钢绞线）拉紧装置 花篮螺栓直径（mm 以内） 16	100m	1562.80	922.23	303.95	0.00	201.51	135.11
8-4-92	钢索（钢绞线）拉紧装置 花篮螺栓直径（mm 以内） 20	100m	1807.05	1042.48	384.07	0.00	227.78	152.72

八、接线箱安装

编号	项目名称	单位	基价	人工费	材料费	施工机具使用费	管理费	利润
8-4-93	明装 接线箱半周长(mm 以内) 700	10 个	1479.86	1061.35	31.12	0.00	231.90	155.49
8-4-94	明装 接线箱半周长(mm 以内) 1500	10 个	1987.91	1435.42	28.56	0.00	313.64	210.29
8-4-95	暗装 接线箱半周长(mm 以内) 700	10 个	1620.89	1179.19	11.30	0.00	257.65	172.75
8-4-96	暗装 接线箱半周长(mm 以内) 1500	10 个	2480.66	1802.46	20.30	0.00	393.84	264.06

九、接线盒安装

编号	项目名称	单位	基价	人工费	材料费	施工机具使用费	管理费	利润
8-4-97	暗装 接线盒	10 个	121.72	71.60	23.99	0.00	15.64	10.49
8-4-98	暗装 开关盒	10 个	114.94	76.22	10.90	0.00	16.65	11.17
8-4-99	明装 普通接线盒	10 个	182.41	127.28	8.67	0.00	27.81	18.65
8-4-100	钢索上安装接线盒	10 个	54.30	39.78	0.00	0.00	8.69	5.83

十、开关、按钮、插座安装

1. 开关、按钮

编号	项目名称	单位	基价	人工费	材料费	施工机具使用费	管理费	利润
8-4-101	板式开关暗装 单联	10 套	163.52	115.26	6.19	0.00	25.18	16.89
8-4-102	板式开关暗装 双联	10 套	166.19	115.26	8.86	0.00	25.18	16.89
8-4-103	板式开关暗装 三联	10 套	168.86	115.26	11.53	0.00	25.18	16.89
8-4-104	板式开关暗装 四联	10 套	181.89	122.84	14.21	0.00	26.84	18.00
8-4-105	扳把开关明装	10 套	136.41	92.50	10.15	0.00	20.21	13.55
8-4-106	拉线开关安装	10 套	136.41	92.50	10.15	0.00	20.21	13.55
8-4-107	一般按钮 明装	10 套	135.00	92.50	8.74	0.00	20.21	13.55
8-4-108	一般按钮 暗装	10 套	132.31	92.50	6.05	0.00	20.21	13.55

2. 插 座 安 装

编号	项目名称	单位	基价	人工费	材料费	施工机具使用费	管理费	利润
8-4-109	明插座 单相 15A	10 个	136.66	92.50	10.40	0.00	20.21	13.55
8-4-110	明插座 单相 30A	10 个	181.81	120.25	17.67	0.00	26.27	17.62
8-4-111	明插座 单相三孔 15A	10 个	138.60	92.50	12.34	0.00	20.21	13.55
8-4-112	明插座 单相三孔 30A	10 个	195.40	120.25	31.26	0.00	26.27	17.62
8-4-113	明插座 三相四孔 15A	10 个	141.98	92.50	15.72	0.00	20.21	13.55
8-4-114	明插座 三相四孔 30A	10 个	194.41	120.25	30.27	0.00	26.27	17.62
8-4-115	暗插座 单相 15A	10 个	135.38	92.50	9.12	0.00	20.21	13.55
8-4-116	暗插座 单相 30A	10 个	180.53	120.25	16.39	0.00	26.27	17.62
8-4-117	暗插座 单相三孔 15A	10 个	137.32	92.50	11.06	0.00	20.21	13.55
8-4-118	暗插座 单相三孔 30A	10 个	186.12	120.25	21.98	0.00	26.27	17.62
8-4-119	暗插座 三相四孔 15A	10 个	140.70	92.50	14.44	0.00	20.21	13.55
8-4-120	暗插座 三相四孔 30A	10 个	193.13	120.25	28.99	0.00	26.27	17.62

十一、带形母线安装

编号	项目名称	单位	基价	人工费	材料费	施工机具使用费	管理费	利润
8-4-121	带形铜母线安装 每相一片（mm^2 以下） 360	10m/单相	475.61	204.06	156.25	29.90	51.12	34.28
8-4-122	带形铜母线安装 每相一片（mm^2 以下） 800	10m/单相	611.35	285.09	168.04	39.68	70.96	47.58
8-4-123	带形铝母线安装 每相一片（mm^2 以下） 360	10m/单相	334.09	143.56	105.64	23.80	36.57	24.52
8-4-124	带形铝母线安装 每相一片（mm^2 以下） 800	10m/单相	424.31	200.17	108.60	31.12	50.54	33.88

十二、带形母线引下线安装

编号	项目名称	单位	基价	人工费	材料费	施工机具使用费	管理费	利润
8-4-125	带形铜母线安装 每相一片（mm^2 以下） 360	10m/单相	823.17	391.83	261.43	19.70	89.92	60.29
8-4-126	带形铜母线安装 每相一片（mm^2 以下） 800	10m/单相	1122.59	557.59	324.45	27.13	127.76	85.66
8-4-127	带形铝母线安装 每相一片（mm^2 以下） 360	10m/单相	540.40	280.28	135.48	16.36	64.82	43.46
8-4-128	带形铝母线安装 每相一片（mm^2 以下） 800	10m/单相	752.43	398.31	176.09	23.91	92.26	61.86

第五章　照明器具安装工程

一、单臂挑灯架安装

1. 抱　箍　式

编号	项目名称	单位	基价	人工费	材料费	施工机具使用费	管理费	利润
8-5-1	单臂悬挑灯架抱杆式 单抱箍 臂长（m） 1.2 以下	10 套	1132.71	181.30	299.86	428.84	133.32	89.39
8-5-2	单臂悬挑灯架抱杆式 单抱箍 臂长（m） 3 以下	10 套	1726.70	616.05	300.42	428.84	228.31	153.08
8-5-3	单臂悬挑灯架抱杆式 双抱箍 臂长（m） 3 以下	10 套	2458.06	863.95	671.19	445.11	286.03	191.78
8-5-4	单臂悬挑灯架抱杆式 双抱箍 臂长（m） 5 以下	10 套	2659.30	1011.95	670.41	445.11	318.37	213.46
8-5-5	单臂悬挑灯架抱杆式 双抱箍 臂长（m） 5 以上	10 套	2871.42	1167.35	670.41	445.11	352.32	236.23
8-5-6	单臂悬挑灯架抱杆式 双拉梗 臂长（m） 3 以下	10 套	2857.64	1202.50	630.86	428.84	356.45	238.99
8-5-7	单臂悬挑灯架抱杆式 双拉梗 臂长（m） 5 以下	10 套	3216.61	1389.35	677.45	470.84	406.45	272.52
8-5-8	单臂悬挑灯架抱杆式 双拉梗 臂长（m） 5 以上	10 套	3571.92	1607.65	677.45	512.84	463.33	310.65
8-5-9	单臂悬挑灯架抱杆式 双臂架 臂长（m） 3 以下	10 套	2590.87	1060.05	558.54	428.84	325.32	218.12
8-5-10	单臂悬挑灯架抱杆式 双臂架 臂长（m） 5 以下	10 套	2820.68	1228.40	558.54	428.84	362.11	242.79
8-5-11	单臂悬挑灯架抱杆式 双臂架 臂长（m） 5 以上	10 套	3088.34	1424.50	558.54	428.84	404.95	271.51

2. 顶　套　式

编号	项目名称	单位	基价	人工费	材料费	施工机具使用费	管理费	利润
8-5-12	单臂悬挑灯架顶套式 成套型 臂长（m） 3 以下	10 套	1403.56	599.40	38.10	400.94	218.57	146.55
8-5-13	单臂悬挑灯架顶套式 成套型 臂长（m） 5 以下	10 套	1736.90	843.60	38.10	400.94	271.93	182.33
8-5-14	单臂悬挑灯架顶套式 成套型 臂长（m） 5 以上	10 套	1927.44	969.40	38.10	414.73	302.43	202.78

续前

编号	项目名称	单位	基价	人工费	材料费	施工机具使用费	管理费	利润
8-5-15	单臂悬挑灯架顶套式 组装型 臂长（m） 3 以下	10 套	1475.20	599.40	109.74	400.94	218.57	146.55
8-5-16	单臂悬挑灯架顶套式 组装型 臂长（m） 5 以下	10 套	1826.21	856.55	109.74	400.94	274.76	184.22
8-5-17	单臂悬挑灯架顶套式 组装型 臂长（m） 5 以上	10 套	2102.62	1045.25	109.74	414.73	319.01	213.89

二、双臂悬挑灯架安装

1. 成　套　型

编号	项目名称	单位	基价	人工费	材料费	施工机具使用费	管理费	利润
8-5-18	双臂悬挑灯架对称式 臂长（m） 2.5 以下	10 套	2039.00	1006.40	14.58	476.69	324.06	217.27
8-5-19	双臂悬挑灯架对称式 臂长（m） 5 以下	10 套	2242.54	1117.40	17.69	512.53	356.14	238.78
8-5-20	双臂悬挑灯架对称式 臂长（m） 5 以上	10 套	2493.07	1263.55	19.24	548.78	395.99	265.51
8-5-21	双臂悬挑灯架非对称式 臂长（m） 2.5 以下	10 套	1988.49	969.40	14.58	476.69	315.97	211.85
8-5-22	双臂悬挑灯架非对称式 臂长（m） 5 以下	10 套	2179.41	1071.15	17.69	512.53	346.03	232.01
8-5-23	双臂悬挑灯架非对称式 臂长（m） 5 以上	10 套	2457.71	1237.65	19.24	548.78	390.33	261.71

2. 组　装　型

编号	项目名称	单位	基价	人工费	材料费	施工机具使用费	管理费	利润
8-5-24	双臂悬挑灯架对称式 臂长（m） 2.5 以下	10 套	2413.37	1158.10	132.96	512.53	365.03	244.75
8-5-25	双臂悬挑灯架对称式 臂长（m） 5 以下	10 套	2650.30	1293.15	136.07	548.78	402.46	269.84
8-5-26	双臂悬挑灯架对称式 臂长（m） 5 以上	10 套	2938.15	1467.05	137.62	584.62	448.29	300.57
8-5-27	双臂悬挑灯架非对称式 臂长（m） 2.5 以下	10 套	2335.09	1100.75	132.96	512.53	352.50	236.35
8-5-28	双臂悬挑灯架非对称式 臂长（m） 5 以下	10 套	2561.92	1228.40	136.07	548.78	388.31	260.36
8-5-29	双臂悬挑灯架非对称式 臂长（m） 5 以上	10 套	2837.14	1393.05	137.62	584.62	432.12	289.73

三、广场灯架安装

1. 成 套 型

编号	项目名称	单位	基价	人工费	材料费	施工机具使用费	管理费	利润
8-5-30	灯高 11m 以下 灯火数（火）7	10 套	1859.28	707.07	114.38	571.25	279.31	187.27
8-5-31	灯高 11m 以下 灯火数（火）9	10 套	2098.93	882.64	114.38	571.25	317.67	212.99
8-5-32	灯高 11m 以下 灯火数（火）12	10 套	2401.46	1104.27	114.38	571.25	366.10	245.46
8-5-33	灯高 11m 以下 灯火数（火）15	10 套	2751.12	1270.21	114.38	661.47	422.07	282.99
8-5-34	灯高 11m 以下 灯火数（火）20	10 套	3184.21	1587.49	114.38	661.47	491.40	329.47
8-5-35	灯高 11m 以下 灯火数（火）25	10 套	3726.37	1984.68	114.38	661.47	578.18	387.66
8-5-36	灯高 18m 以下 灯火数（火）7	10 套	2137.08	883.56	114.38	598.27	323.78	217.09
8-5-37	灯高 18m 以下 灯火数（火）9	10 套	2438.34	1104.27	114.38	598.27	372.00	249.42
8-5-38	灯高 18m 以下 灯火数（火）12	10 套	2815.62	1380.66	114.38	598.27	432.40	289.91
8-5-39	灯高 18m 以下 灯火数（火）15	10 套	3258.14	1587.49	114.38	715.63	503.23	337.41
8-5-40	灯高 18m 以下 灯火数（火）20	10 套	3800.31	1984.68	114.38	715.63	590.02	395.60
8-5-41	灯高 18m 以下 灯火数（火）25	10 套	4477.57	2480.85	114.38	715.63	698.43	468.28

2. 组 装 型

编号	项目名称	单位	基价	人工费	材料费	施工机具使用费	管理费	利润
8-5-42	灯高 11m 以下 灯火数（火）7	10 套	2147.67	918.34	114.38	571.25	325.48	218.22
8-5-43	灯高 11m 以下 灯火数（火）9	10 套	2341.11	1060.05	114.38	571.25	356.44	238.99
8-5-44	灯高 11m 以下 灯火数（火）12	10 套	2652.72	1288.34	114.38	571.25	406.32	272.43
8-5-45	灯高 11m 以下 灯火数（火）15	10 套	3096.84	1523.48	114.38	661.47	477.41	320.10
8-5-46	灯高 11m 以下 灯火数（火）20	10 套	3619.06	1906.06	114.38	661.47	561.01	376.14
8-5-47	灯高 11m 以下 灯火数（火）25	10 套	4267.04	2380.77	114.38	661.47	664.73	445.69
8-5-48	灯高 18m 以下 灯火数（火）7	10 套	2497.43	1147.56	114.38	598.27	381.46	255.76
8-5-49	灯高 18m 以下 灯火数（火）9	10 套	2739.60	1324.97	114.38	598.27	420.23	281.75
8-5-50	灯高 18m 以下 灯火数（火）12	10 套	3192.64	1656.86	114.38	598.27	492.75	330.38
8-5-51	灯高 18m 以下 灯火数（火）15	10 套	3691.47	1904.95	114.38	715.63	572.60	383.91
8-5-52	灯高 18m 以下 灯火数（火）20	10 套	4342.73	2382.06	114.38	715.63	676.85	453.81
8-5-53	灯高 18m 以下 灯火数（火）25	10 套	5154.60	2976.84	114.38	715.63	806.80	540.95

四、高杆灯架安装

1. 成 套 型

编号	项目名称	单位	基价	人工费	材料费	施工机具使用费	管理费	利润
8-5-54	灯盘固定式 灯火数（火） 12	10套	5019.60	2728.75	5.73	944.41	802.59	538.12
8-5-55	灯盘固定式 灯火数（火） 18	10套	5392.58	3002.00	5.73	944.41	862.29	578.15
8-5-56	灯盘固定式 灯火数（火） 24	10套	5801.16	3301.33	5.73	944.41	927.69	622.00
8-5-57	灯盘固定式 灯火数（火） 36	10套	7182.36	3632.48	8.60	1623.02	1148.33	769.93
8-5-58	灯盘固定式 灯火数（火） 48	10套	7677.04	3994.89	8.60	1623.02	1227.51	823.02
8-5-59	灯盘固定式 灯火数（火） 60	10套	8223.51	4395.23	8.60	1623.02	1314.99	881.67
8-5-60	灯盘升降式 灯火数（火） 12	10套	45712.73	3138.53	40139.52	944.41	892.12	598.15
8-5-61	灯盘升降式 灯火数（火） 18	10套	46141.26	3452.47	40139.52	944.41	960.72	644.14
8-5-62	灯盘升降式 灯火数（火） 24	10套	46610.45	3796.20	40139.52	944.41	1035.82	694.50
8-5-63	灯盘升降式 灯火数（火） 36	10套	48060.80	4177.67	40142.86	1623.02	1267.45	849.80
8-5-64	灯盘升降式 灯火数（火） 48	10套	48628.74	4593.74	40142.86	1623.02	1358.36	910.76
8-5-65	灯盘升降式 灯火数（火） 60	10套	49258.27	5054.94	40142.86	1623.02	1459.13	978.32

2. 组 装 型

编号	项目名称	单位	基价	人工费	材料费	施工机具使用费	管理费	利润
8-5-66	灯盘固定式 灯火数（火） 12	10套	5205.96	2865.28	5.73	944.41	832.42	558.12
8-5-67	灯盘固定式 灯火数（火） 18	10套	5597.63	3152.22	5.73	944.41	895.11	600.16
8-5-68	灯盘固定式 灯火数（火） 24	10套	6026.42	3466.35	5.73	944.41	963.75	646.18
8-5-69	灯盘固定式 灯火数（火） 36	10套	7430.08	3813.96	8.60	1623.02	1187.98	796.52
8-5-70	灯盘固定式 灯火数（火） 48	10套	7949.53	4194.51	8.60	1623.02	1271.13	852.27
8-5-71	灯盘固定式 灯火数（火） 60	10套	8524.52	4615.75	8.60	1623.02	1363.17	913.98
8-5-72	灯盘升降式 灯火数（火） 12	10套	45926.37	3295.04	40139.52	944.41	926.32	621.08
8-5-73	灯盘升降式 灯火数（火） 18	10套	46376.61	3624.89	40139.52	944.41	998.39	669.40
8-5-74	灯盘升降式 灯火数（火） 24	10套	46870.05	3986.38	40139.52	944.41	1077.38	722.36
8-5-75	灯盘升降式 灯火数（火） 36	10套	48352.97	4386.72	40149.67	1623.02	1313.13	880.43
8-5-76	灯盘升降式 灯火数（火） 48	10套	48949.69	4823.88	40149.67	1623.02	1408.65	944.47
8-5-77	灯盘升降式 灯火数（火） 60	10套	49610.80	5308.21	40149.67	1623.02	1514.47	1015.43

五、其他灯具安装

编号	项目名称	单位	基价	人工费	材料费	施工机具使用费	管理费	利润
8-5-78	桥栏杆灯 成套嵌入式	10套	1261.63	706.15	13.25	208.42	199.83	133.98
8-5-79	桥栏杆灯 成套明装式	10套	1069.46	565.36	13.25	208.42	169.07	113.36
8-5-80	桥栏杆灯 组装嵌入式	10套	1465.54	845.82	26.50	208.42	230.35	154.45
8-5-81	桥栏杆灯 组装明装式	10套	1237.26	678.58	26.50	208.42	193.81	129.95
8-5-82	地道涵洞灯 吸顶式敞开型	10套	689.49	383.51	13.25	111.90	108.25	72.58
8-5-83	地道涵洞灯 吸顶式密封型	10套	767.01	440.30	13.25	111.90	120.66	80.90
8-5-84	地道涵洞灯 嵌入式敞开型	10套	718.28	404.60	13.25	111.90	112.86	75.67
8-5-85	地道涵洞灯 嵌入式密封型	10套	795.54	461.21	13.25	111.90	125.22	83.96

六、照明器件安装

编号	项目名称	单位	基价	人工费	材料费	施工机具使用费	管理费	利润
8-5-86	碘钨灯	10套	579.59	325.79	36.48	72.09	86.94	58.29
8-5-87	管形氙灯	10套	1119.32	352.98	494.62	104.67	100.00	67.05
8-5-88	投光灯	10套	772.49	325.79	184.91	104.67	94.06	63.06
8-5-89	高压汞灯泡	10套	224.66	92.50	0.00	72.09	35.96	24.11
8-5-90	高（低）压钠灯泡	10套	224.66	92.50	0.00	72.09	35.96	24.11
8-5-91	白炽灯泡	10套	213.05	83.99	0.00	72.09	34.10	22.87
8-5-92	照明灯具 敞开式	10套	290.76	105.08	0.00	107.93	46.54	31.21
8-5-93	照明灯具 双光源式	10套	496.75	183.89	0.00	180.03	79.52	53.31
8-5-94	照明灯具 密封式	10套	354.08	115.63	0.00	143.77	56.68	38.00
8-5-95	照明灯具 普通	10套	290.76	105.08	0.00	107.93	46.54	31.21
8-5-96	照明灯具 悬吊式	10套	865.91	334.11	164.11	180.03	112.34	75.32
8-5-97	镇流器	10套	659.36	140.79	319.85	107.93	54.35	36.44
8-5-98	触发器	10套	269.30	89.36	0.00	107.93	43.11	28.90
8-5-99	电容器	10套	269.30	89.36	0.00	107.93	43.11	28.90
8-5-100	风雨灯头	10套	219.04	52.54	0.00	107.93	35.06	23.51

七、太阳能电池板及蓄电池安装

1. 太阳能电池板安装

编号	项目名称	单位	基价	人工费	材料费	施工机具使用费	管理费	利润
8-5-101	路灯柱上安装（柱高 m 以下）5	块	104.11	29.42	5.20	43.04	15.83	10.62
8-5-102	路灯柱上安装（柱高 m 以下）12	块	135.23	44.22	5.20	51.04	20.81	13.96
8-5-103	路灯柱上安装（柱高 m 以下）20	块	175.06	58.83	5.20	65.61	27.19	18.23

2. 蓄电池安装

编号	项目名称	单位	基价	人工费	材料费	施工机具使用费	管理费	利润
8-5-104	蓄电池电压/容量 12V/100A · h	组件	154.51	65.49	4.02	44.76	24.09	16.15
8-5-105	蓄电池电压/容量 12V/200A · h	组件	158.56	68.45	4.02	44.76	24.74	16.59
8-5-106	蓄电池电压/容量 12V/290A · h	组件	163.09	71.78	4.02	44.76	25.46	17.07
8-5-107	蓄电池电压/容量 12V/500A · h	组件	177.75	82.51	4.02	44.76	27.81	18.65
8-5-108	蓄电池电压/容量 12V/570A · h	组件	195.80	94.35	5.91	44.76	30.40	20.38

八、杆 座 安 装

编号	项目名称	单位	基价	人工费	材料费	施工机具使用费	管理费	利润
8-5-109	成套型 金属杆座	10 只	848.12	335.22	34.53	260.82	130.23	87.32
8-5-110	成套型 玻璃钢杆座	10 只	775.21	285.64	29.29	260.82	119.40	80.06
8-5-111	组装型 金属杆座	10 只	1000.15	446.59	34.53	260.82	154.57	103.64
8-5-112	组装型 玻璃钢杆座	10 只	873.19	357.42	29.29	260.82	135.09	90.57
8-5-113	组装型 混凝土制件	10 只	1250.22	633.63	29.29	260.82	195.44	131.04

九、补 充 项 目

1. 太阳能路灯

编号	项目名称	单位	基价	人工费	材料费	施工机具使用费	管理费	利润
8-5-114	风光互补太阳能路灯 灯柱（m）8 以下	10 套	20573.61	8758.64	2048.11	4813.15	2965.44	1988.27
8-5-115	风光互补太阳能路灯 灯柱（m）10 以下	10 套	20958.03	9046.50	2039.61	4813.15	3028.33	2030.44

2. 太阳能庭院灯

编号	项目名称	单位	基价	人工费	材料费	施工机具使用费	管理费	利润
8-5-116	太阳能庭院路灯 灯柱（m） 3 以下	10 套	6661.67	3255.45	1065.66	844.19	895.77	600.60
8-5-117	太阳能庭院路灯 灯柱（m） 5 以下	10 套	7183.10	3418.43	1105.71	1033.87	972.83	652.26

3. 其他灯具安装

编号	项目名称	单位	基价	人工费	材料费	施工机具使用费	管理费	利润
8-5-118	彩灯敷设 满天星彩灯	10 套	419.57	84.92	303.65	0.00	18.56	12.44
8-5-119	埋地灯	10 套	939.03	391.83	404.19	0.00	85.61	57.40

第六章　防雷接地装置工程

一、接地极（板）制作安装

编号	项目名称	单位	基价	人工费	材料费	施工机具使用费	管理费	利润
8-6-1	钢管接地极　普通土	根（块）	94.43	48.84	7.76	14.66	13.87	9.30
8-6-2	钢管接地极　坚土	根（块）	102.24	52.91	10.01	14.66	14.76	9.90
8-6-3	角钢接地极　普通土	根（块）	56.09	27.57	5.90	9.20	8.03	5.39
8-6-4	角钢接地极　坚土	根（块）	62.15	31.45	5.90	9.76	9.00	6.04
8-6-5	圆钢接地极　普通土	根（块）	58.24	30.71	5.20	8.15	8.49	5.69

二、接地母线敷设

编号	项目名称	单位	基价	人工费	材料费	施工机具使用费	管理费	利润
8-6-6	接地母线敷设	10m	596.83	320.61	156.24	2.16	70.53	47.29

三、接地跨接线安装

编号	项目名称	单位	基价	人工费	材料费	施工机具使用费	管理费	利润
8-6-7	接地跨接线	10 处	240.94	116.74	66.76	10.87	27.88	18.69
8-6-8	构架接地	处	397.64	242.91	60.88	3.80	53.91	36.14

四、避雷针安装

编号	项目名称	单位	基价	人工费	材料费	施工机具使用费	管理费	利润
8-6-9	独立安装（针高 m） 18 以下	套	1912.05	809.19	234.08	420.09	268.60	180.09
8-6-10	独立安装（针高 m） 24 以下	套	2118.79	913.16	274.46	438.00	295.23	197.94
8-6-11	独立安装（针高 m） 30 以下	套	2326.62	1005.66	311.60	470.55	322.55	216.26
8-6-12	独立安装（针高 m） 30 以上	套	2560.32	1142.19	338.92	485.21	355.59	238.41
8-6-13	木杆上安装	套	163.56	81.03	47.76	3.80	18.54	12.43
8-6-14	水泥杆上安装	套	420.68	165.02	172.49	16.80	39.73	26.64
8-6-15	金属杆上安装	套	159.61	56.80	75.38	4.91	13.48	9.04

五、避雷引下线敷设

编号	项目名称	单位	基价	人工费	材料费	施工机具使用费	管理费	利润
8-6-16	高度（m） 25 以下	10m	199.78	118.59	23.06	10.87	28.29	18.97
8-6-17	高度（m） 30 以下	10m	323.25	209.05	23.06	10.87	48.05	32.22
8-6-18	高度（m） 30 以上	10m	436.64	292.12	23.06	10.87	66.20	44.39

第九册

钢筋工程

第一章 普通钢筋

一、普通钢筋

1. 圆 钢

编号	项目名称	单位	基价	人工费	材料费	施工机具使用费	管理费	利润
9-1-1	圆钢直径（mm 以内） 10	t	5744.18	1593.41	3523.28	33.62	355.51	238.36
9-1-2	圆钢直径（mm 以内） 18	t	5045.30	1063.01	3535.60	43.00	241.66	162.03
9-1-3	圆钢直径（mm 以内） 22	t	4655.62	791.62	3519.94	40.38	181.79	121.89

2. 带肋钢筋

编号	项目名称	单位	基价	人工费	材料费	施工机具使用费	管理费	利润
9-1-4	带肋钢筋直径（mm 以内） 10	t	5234.35	1321.64	3391.34	28.55	295.02	197.80
9-1-5	带肋钢筋直径（mm 以内） 18	t	5024.82	1138.12	3412.60	43.00	258.07	173.03
9-1-6	带肋钢筋直径（mm 以内） 25	t	4506.28	774.60	3394.98	39.54	177.89	119.27
9-1-7	带肋钢筋直径（mm 以内） 40	t	4235.71	635.29	3358.52	7.34	140.41	94.15

3. 冷轧扭钢筋

编号	项目名称	单位	基价	人工费	材料费	施工机具使用费	管理费	利润
9-1-8	冷轧扭钢筋直径（mm） 8 以内	t	6399.73	1896.07	3745.65	48.31	424.85	284.85
9-1-9	冷轧扭钢筋直径（mm） 10	t	5662.17	1392.68	3717.74	31.81	311.25	208.69
9-1-10	冷轧扭钢筋直径（mm） 12	t	5333.66	1166.61	3722.89	13.44	257.84	172.88

4. 箍 筋

编号	项目名称	单位	基价	人工费	材料费	施工机具使用费	管理费	利润
9-1-11	箍筋直径（mm） 8 以内	t	8280.71	3353.31	3527.36	129.00	760.88	510.16
9-1-12	箍筋直径（mm） 10	t	6333.83	1975.25	3481.34	114.48	456.61	306.15
9-1-13	箍筋直径（mm） 12	t	5589.34	1435.60	3490.24	102.20	336.01	225.29

5. 钢筋笼、地连墙及钢筋网片

编号	项目名称	单位	基价	人工费	材料费	施工机具使用费	管理费	利润
9-1-14	混凝土灌注桩钢筋笼 圆钢	t	5045.73	844.53	3582.40	227.51	234.24	157.05
9-1-15	混凝土灌注桩钢筋笼 带肋钢筋	t	5117.95	818.63	3628.96	272.20	238.35	159.81
9-1-16	钢筋网片	t	6855.78	1623.38	4423.03	158.85	389.42	261.10
9-1-17	混凝土灌注桩 钢筋笼接头吊焊（搭接焊）	t	929.64	200.73	54.17	440.64	140.14	93.96
9-1-18	混凝土灌注桩 钢筋笼安放	10t	2576.09	714.10	0.00	1173.15	412.36	276.48
9-1-19	地下连续墙钢筋笼安放深度（m） 15以内	10t	5453.36	3276.17	270.54	520.77	829.63	556.25
9-1-20	地下连续墙钢筋笼安放深度（m） 25以内	10t	6069.06	3310.02	291.60	922.55	924.82	620.07
9-1-21	地下连续墙钢筋笼安放深度（m） 35以内	10t	6634.12	3428.98	297.91	1212.93	1014.26	680.04
9-1-22	地下连续墙钢筋笼安放深度（m） 35以外	10t	7056.40	3548.12	304.23	1398.53	1080.84	724.68

二、钢 筋 连 接

1. 电渣压力焊

编号	项目名称	单位	基价	人工费	材料费	施工机具使用费	管理费	利润
9-1-23	电渣压力焊直径（mm） 14～18	10个接头	57.63	26.83	7.70	9.75	7.99	5.36
9-1-24	电渣压力焊直径（mm） 20～32	10个接头	69.87	31.82	10.90	11.38	9.44	6.33

2. 套 筒 连 接

编号	项目名称	单位	基价	人工费	材料费	施工机具使用费	管理费	利润
9-1-25	钢筋挤压套筒连接直径（mm） 22	100个	1387.57	474.16	353.50	283.40	165.53	110.98
9-1-26	钢筋挤压套筒连接直径（mm） 25	100个	1488.57	474.16	454.50	283.40	165.53	110.98
9-1-27	钢筋挤压套筒连接直径（mm） 28	100个	1635.02	507.46	555.50	283.40	172.80	115.86
9-1-28	钢筋挤压套筒连接直径（mm） 32	100个	1736.02	507.46	656.50	283.40	172.80	115.86
9-1-29	直螺纹套筒接头直径（mm） 22	100个	1629.65	629.37	679.50	66.71	152.09	101.98
9-1-30	直螺纹套筒接头直径（mm） 25	100个	1791.23	629.37	829.99	74.83	153.87	103.17
9-1-31	直螺纹套筒接头直径（mm） 28	100个	2002.55	671.74	972.40	82.95	164.90	110.56
9-1-32	直螺纹套筒接头直径（mm） 32	100个	2186.34	671.74	1145.11	91.07	166.67	111.75

三、铁件、拉杆、植筋

1. 铁　　件

编号	项目名称	单位	基价	人工费	材料费	施工机具使用费	管理费	利润
9-1-33	铁件制作、安装 预埋铁件	t	8368.63	2624.41	4265.15	381.80	656.86	440.41
9-1-34	铁件制作、安装 止水螺杆	t	7916.11	2969.62	3652.17	154.15	682.54	457.63
9-1-35	铁件制作、安装 T 型梁连接板	t	16023.23	3740.33	6559.38	3192.89	1514.91	1015.72

2. 桥 梁 拉 杆

编号	项目名称	单位	基价	人工费	材料费	施工机具使用费	管理费	利润
9-1-36	拉杆直径（mm） 20 以内	t	19334.88	6722.16	9654.02	370.04	1549.65	1039.01
9-1-37	拉杆直径（mm） 40 以内	t	11852.20	3572.35	6681.19	215.94	827.74	554.98
9-1-38	拉杆直径（mm） 40 以外	t	7804.75	1409.33	5666.87	156.88	342.22	229.45

3. 路面传力杆及拉杆

编号	项目名称	单位	基价	人工费	材料费	施工机具使用费	管理费	利润
9-1-39	道路传力杆制作安装 带套筒	t	6297.27	1464.83	4260.94	26.99	325.96	218.55
9-1-40	道路传力杆制作安装 不带套筒	t	5104.48	1181.97	3454.25	26.99	264.16	177.11
9-1-41	道路拉杆制作及安装	t	4645.11	935.55	3331.25	26.99	210.31	141.01

4. 植筋增加费

编号	项目名称	单位	基价	人工费	材料费	施工机具使用费	管理费	利润
9-1-42	钢筋植筋增加费直径（mm 以内） 10	100 个	509.63	333.74	54.08	0.00	72.92	48.89
9-1-43	钢筋植筋增加费直径（mm 以内） 14	100 个	973.34	641.77	97.32	0.00	140.23	94.02
9-1-44	钢筋植筋增加费直径（mm 以内） 18	100 个	2009.30	1317.76	210.56	0.00	287.93	193.05
9-1-45	钢筋植筋增加费直径（mm 以内） 25	100 个	4991.67	3256.74	546.22	0.00	711.60	477.11
9-1-46	钢筋植筋增加费直径（mm 以内） 40	100 个	11134.30	7340.80	1114.11	0.00	1603.96	1075.43

第二章　预应力钢筋

一、低合金预应力钢筋

1. 先　张　法

编号	项目名称	单位	基价	人工费	材料费	施工机具使用费	管理费	利润
9-2-1	先张法预应力钢筋直径（mm 以内） 5	t	8410.77	2116.59	5423.59	71.82	478.17	320.60
9-2-2	先张法预应力钢筋直径（mm 以内） 12	t	5905.94	1095.57	3969.59	323.00	309.96	207.82
9-2-3	先张法预应力钢筋直径（mm 以内） 16	t	5448.10	961.08	3764.32	272.46	269.53	180.71
9-2-4	先张法预应力钢筋直径（mm 以内） 20	t	5084.62	834.54	3619.15	239.07	234.58	157.28
9-2-5	先张法预应力钢筋直径（mm 以内） 22	t	4689.37	608.84	3557.71	220.21	181.15	121.46

2. 后　张　法

编号	项目名称	单位	基价	人工费	材料费	施工机具使用费	管理费	利润
9-2-6	后张法预应力钢筋直径（mm 以内） 16	t	13160.58	2457.73	7914.91	1385.25	839.69	563.00
9-2-7	后张法预应力钢筋直径（mm 以内） 20	t	10028.31	1762.31	6320.27	954.20	593.56	397.97
9-2-8	后张法预应力钢筋直径（mm 以内） 25	t	8620.88	1410.26	5714.20	719.18	465.28	311.96
9-2-9	后张法预应力钢筋直径（mm 以内） 32	t	7298.92	1137.01	5030.25	525.02	363.15	243.49
9-2-10	后张法预应力钢筋直径（mm 以内） 40	t	6263.98	936.29	4480.02	370.64	285.56	191.47

3. 临时钢丝束拆除

编号	项目名称	单位	基价	人工费	材料费	施工机具使用费	管理费	利润
9-2-11	临时钢丝束拆除	t	3776.52	2766.68	0.00	0.00	604.52	405.32

二、预应力钢绞线

1. 孔道成型、钢绞线制作、安装

编号	项目名称	单位	基价	人工费	材料费	施工机具使用费	管理费	利润
9-2-12	钢绞线 孔道成型 波纹管	100m	2766.88	1089.65	1279.51	0.00	238.09	159.63
9-2-13	钢绞线 孔道成型 胶管	100m	833.99	582.75	38.54	0.00	127.33	85.37
9-2-14	钢绞线 制作、安装 有粘结	t	8866.63	2684.54	5202.23	0.00	586.57	393.29
9-2-15	钢绞线 制作、安装 无粘结	t	9856.31	2368.74	6622.98	0.00	517.57	347.02
9-2-16	有粘结钢绞线 孔道注浆	100m	618.34	252.71	148.01	91.85	75.29	50.48

2. 张拉、端头封闭

编号	项目名称	单位	基价	人工费	材料费	施工机具使用费	管理费	利润
9-2-17	后张法预应力有黏结和无粘钢绞线张拉单端张拉	100 根	5817.15	2842.53	1204.42	536.76	738.37	495.07
9-2-18	后张法预应力有黏结和无粘钢绞线张拉双端张拉	100 根	6970.26	3553.11	1204.42	670.95	922.96	618.82
9-2-19	无粘结预应力 钢绞线 端头封闭	100 个	1983.63	1263.37	259.13	0.00	276.05	185.08

第三章　钢 筋 运 输

一、水平及垂直运输

编号	项目名称	单位	基价	人工费	材料费	施工机具使用费	管理费	利润
9-3-1	加工钢筋运输 水平运输 场外运输 运距 1km	10t	749.73	281.76	0.00	267.49	120.01	80.47
9-3-2	加工钢筋运输 水平运输 场外运输 运距每增加 1km	10t	46.58	0.00	0.00	34.12	7.46	5.00
9-3-3	加工钢筋运输 水平运输 场内运输 运距 500m 内每增加 50m	10t	45.04	31.64	0.00	1.36	7.21	4.83
9-3-4	加工钢筋运输 垂直运输	10t	1257.54	315.98	0.00	605.29	201.30	134.97

第十册

拆 除 工 程

第一章 拆除工程

一、拆除旧路

1. 拆除沥青柏油类路面层

编号	项目名称	单位	基价	人工费	材料费	施工机具使用费	管理费	利润
10-1-1	小型机械拆除 厚 10cm 以内	$100m^2$	1251.57	819.95	2.87	94.85	199.88	134.02
10-1-2	小型机械拆除 每增 1cm	$100m^2$	109.63	70.06	0.23	10.09	17.51	11.74

2. 小型机械拆除混凝土类路面层

编号	项目名称	单位	基价	人工费	材料费	施工机具使用费	管理费	利润
10-1-3	无筋 厚 15cm 以内	$100m^2$	2265.12	1433.13	4.15	223.26	361.92	242.66
10-1-4	无筋 每增 1cm	$100m^2$	150.83	95.64	0.36	14.59	24.09	16.15
10-1-5	有筋 厚 15cm 以内	$100m^2$	3526.97	2227.66	6.19	351.67	563.58	377.87
10-1-6	有筋 每增 1cm	$100m^2$	174.37	109.74	0.68	17.51	27.80	18.64

3. 人工拆除基层或面层

编号	项目名称	单位	基价	人工费	材料费	施工机具使用费	管理费	利润
10-1-7	碎（砾）石 厚 15cm 以内	$100m^2$	1614.12	1182.50	0.00	0.00	258.38	173.24
10-1-8	碎（砾）石 每增 5cm	$100m^2$	601.09	440.36	0.00	0.00	96.22	64.51
10-1-9	碎砖 厚 15cm 以内	$100m^2$	2059.47	1508.77	0.00	0.00	329.67	221.03
10-1-10	碎砖 每增 5cm	$100m^2$	687.62	503.75	0.00	0.00	110.07	73.80
10-1-11	矿（炉）渣、砂砾 厚 15cm 以内	$100m^2$	2586.30	1894.72	0.00	0.00	414.00	277.58
10-1-12	矿（炉）渣、砂砾 每增 5cm	$100m^2$	833.41	610.55	0.00	0.00	133.41	89.45
10-1-13	毛（块）石 厚 20cm 以内	$100m^2$	2644.68	1937.50	0.00	0.00	423.34	283.84
10-1-14	毛（块）石 每增 5cm	$100m^2$	661.18	484.38	0.00	0.00	105.84	70.96
10-1-15	条方石 厚 15cm 以内	$100m^2$	3975.92	2912.76	0.00	0.00	636.44	426.72
10-1-16	条方石 每增 5cm	$100m^2$	1325.95	971.39	0.00	0.00	212.25	142.31
10-1-17	钢渣 厚 20cm 以内	$100m^2$	4663.54	3416.51	0.00	0.00	746.51	500.52
10-1-18	钢渣 每增 5cm	$100m^2$	1166.84	854.83	0.00	0.00	186.78	125.23
10-1-19	无骨料多合土 厚 10cm 以内	$100m^2$	1377.14	1008.90	0.00	0.00	220.44	147.80
10-1-20	无骨料多合土 每增 5cm	$100m^2$	689.53	505.15	0.00	0.00	110.38	74.00
10-1-21	有骨料多合土 厚 10cm 以内	$100m^2$	1562.70	1144.83	0.00	0.00	250.15	167.72
10-1-22	有骨料多合土 每增 5cm	$100m^2$	781.35	572.42	0.00	0.00	125.07	83.86

二、拆除人行道

编号	项目名称	单位	基价	人工费	材料费	施工机具使用费	管理费	利润
10-1-23	混凝土预制板	100m^2	451.30	330.62	0.00	0.00	72.24	48.44
10-1-24	现浇混凝土面层 厚 10cm 以内	100m^2	2557.45	1801.57	2.87	69.92	408.92	274.17
10-1-25	现浇混凝土面层 每增 1cm	100m^2	256.05	180.11	0.23	7.30	40.95	27.46
10-1-26	普通黏土砖 平铺	100m^2	451.30	330.62	0.00	0.00	72.24	48.44
10-1-27	普通黏土砖 侧铺	100m^2	761.25	557.69	0.00	0.00	121.86	81.70
10-1-28	普通黏土砖 立铺	100m^2	1501.33	1099.88	0.00	0.00	240.32	161.13
10-1-29	石质人行道板	100m^2	563.22	412.61	0.00	0.00	90.16	60.45

三、拆除侧缘石

编号	项目名称	单位	基价	人工费	材料费	施工机具使用费	管理费	利润
10-1-30	侧石 混凝土	100m	697.35	510.88	0.00	0.00	111.63	74.84
10-1-31	侧石 石质	100m	910.84	667.28	0.00	0.00	145.80	97.76
10-1-32	侧石 1/2 砖	100m	186.41	136.56	0.00	0.00	29.84	20.01
10-1-33	侧石 一砖	100m	322.86	236.53	0.00	0.00	51.68	34.65
10-1-34	缘石 混凝土	100m	464.84	340.54	0.00	0.00	74.41	49.89
10-1-35	缘石 石质	100m	615.05	450.59	0.00	0.00	98.45	66.01
10-1-36	混凝土侧缘石（L 形）	100m	699.47	512.43	0.00	0.00	111.97	75.07

四、拆除混凝土管道

编号	项目名称	单位	基价	人工费	材料费	施工机具使用费	管理费	利润
10-1-37	管径（mm 以内） ϕ300	100m	3702.99	2712.81	0.00	0.00	592.75	397.43
10-1-38	管径（mm 以内） ϕ450	100m	5002.70	3664.98	0.00	0.00	800.80	536.92
10-1-39	管径（mm 以内） ϕ600	100m	6853.82	1556.98	0.00	3464.14	1097.11	735.59
10-1-40	管径（mm 以内） ϕ1000	100m	9865.23	2235.72	0.00	4991.55	1579.16	1058.80
10-1-41	管径（mm 以内） ϕ1500	100m	13875.06	2934.46	0.00	7230.42	2221.03	1489.15
10-1-42	管径（mm 以内） ϕ2000	100m	18767.83	3882.60	0.00	9866.72	3004.23	2014.28

五、拆除金属管道

编号	项目名称	单位	基价	人工费	材料费	施工机具使用费	管理费	利润
10-1-43	人工拆除管径(mm 以内)ϕ200	100m	2692.85	1515.90	623.65	0.00	331.22	222.08
10-1-44	人工拆除管径(mm 以内)ϕ400	100m	5501.69	3638.16	535.60	0.00	794.94	532.99
10-1-45	人工拆除管径(mm 以内)ϕ600	100m	11803.45	8254.84	535.60	0.00	1803.68	1209.33
10-1-46	机械拆除管径(mm 以内)ϕ300	100m	2325.87	944.57	0.00	759.36	372.31	249.63
10-1-47	机械拆除管径(mm 以内)ϕ500	100m	4171.03	1834.12	0.00	1221.58	667.67	447.66
10-1-48	机械拆除管径(mm 以内)ϕ800	100m	7665.91	3376.37	0.00	2239.68	1227.11	822.75
10-1-49	机械拆除管径(mm 以内)ϕ1000	100m	11962.34	6076.00	0.00	2687.62	1914.85	1283.87
10-1-50	机械拆除管径(mm 以内)ϕ2000	100m	14164.34	7386.53	0.00	2990.28	2267.33	1520.20

六、拆除塑料管道

编号	项目名称	单位	基价	人工费	材料费	施工机具使用费	管理费	利润
10-1-51	人工拆除管径(mm 以内)ϕ200	100m	144.51	105.87	0.00	0.00	23.13	15.51
10-1-52	人工拆除管径(mm 以内)ϕ400	100m	346.78	254.05	0.00	0.00	55.51	37.22
10-1-53	人工拆除管径(mm 以内)ϕ600	100m	786.85	576.45	0.00	0.00	125.95	84.45
10-1-54	机械拆除管径(mm 以内)ϕ300	100m	403.55	66.03	0.00	229.61	64.60	43.31
10-1-55	机械拆除管径(mm 以内)ϕ500	100m	679.17	128.19	0.00	369.37	108.72	72.89
10-1-56	机械拆除管径(mm 以内)ϕ800	100m	1003.37	235.91	0.00	499.16	160.61	107.69
10-1-57	机械拆除管径(mm 以内)ϕ1000	100m	1615.16	424.55	0.00	758.72	258.54	173.35
10-1-58	机械拆除管径(mm 以内)ϕ2000	100m	4341.37	517.08	0.00	2663.41	694.94	465.94

七、拆除砖砌构筑物

编号	项目名称	单位	基价	人工费	材料费	施工机具使用费	管理费	利润
10-1-59	砖砌检查井 深 3m 以内	$10m^3$	2458.08	1800.79	0.00	0.00	393.47	263.82
10-1-60	砖砌检查井 深 4m 以内	$10m^3$	3102.53	2272.92	0.00	0.00	496.63	332.98
10-1-61	砖砌其他构筑物	$10m^3$	1862.28	1364.31	0.00	0.00	298.10	199.87

八、拆除混凝土障碍物

编号	项目名称	单位	基价	人工费	材料费	施工机具使用费	管理费	利润
10-1-62	小型机械拆除 无筋	$10m^3$	3619.22	2226.42	2.87	422.92	578.88	388.13
10-1-63	小型机械拆除 有筋	$10m^3$	5381.23	3310.49	4.27	628.67	860.71	577.09

九、路 面 凿 毛

编号	项目名称	单位	基价	人工费	材料费	施工机具使用费	管理费	利润
10-1-64	沥青混凝土 人工	$100m^2$	807.80	591.79	0.00	0.00	129.31	86.70
10-1-65	沥青混凝土 小型机械	$100m^2$	471.14	290.01	0.49	54.79	75.34	50.51
10-1-66	水泥混凝土 人工	$100m^2$	1506.63	1103.76	0.00	0.00	241.17	161.70
10-1-67	水泥混凝土 小型机械	$100m^2$	815.45	537.08	0.68	59.82	130.42	87.45

十、路面铣刨机铣刨沥青路面

编号	项目名称	单位	基价	人工费	材料费	施工机具使用费	管理费	利润
10-1-68	铣刨机铣刨路面厚度（1～5cm）路面铣刨机 500mm	$1000m^2$	6470.53	2583.39	347.81	1902.12	980.08	657.13
10-1-69	铣刨机铣刨路面厚度（1～5cm）路面铣刨机 1000mm	$1000m^2$	2825.69	703.08	475.44	1018.72	376.21	252.24

十一、液压岩石破碎锤破碎混凝土及钢筋混凝土

编号	项目名称	单位	基价	人工费	材料费	施工机具使用费	管理费	利润
10-1-70	混凝土构筑物	$1000m^3$	74446.24	4867.00	0.00	49672.37	11916.85	7990.02
10-1-71	钢筋混凝土构筑物	$1000m^3$	110012.01	7192.00	0.00	73402.88	17609.98	11807.15

十二、补 充 项 目

1. 路面铣刨机铣刨水泥混凝土路面

编号	项目名称	单位	基价	人工费	材料费	施工机具使用费	管理费	利润
10-1-72	铣刨机铣刨路面厚度（1～5cm）路面铣刨机 2000mm	$1000m^2$	8367.52	703.08	466.95	5084.88	1264.67	847.94

第十一册

措 施 项 目

第一章　打拔工具桩

一、竖、拆简易打拔桩架

编号	项目名称	单位	基价	人工费	材料费	施工机具使用费	管理费	利润
11-1-1	竖、拆卷扬机打桩架	架次	6922.62	2985.72	704.48	1569.69	995.36	667.37
11-1-2	竖、拆卷扬机拔桩架	架次	9908.03	4425.20	319.30	2599.51	1534.90	1029.12

二、陆上卷扬机打拔圆木桩

编号	项目名称	单位	基价	人工费	材料费	施工机具使用费	管理费	利润
11-1-3	打 5m 以内　一、二类土	$10m^3$	10426.45	5354.46	1672.84	1058.44	1401.22	939.49
11-1-4	打 5m 以内　三类土	$10m^3$	13667.62	6775.07	2485.41	1417.03	1789.97	1200.14
11-1-5	打 8m 以内　一、二类土	$10m^3$	7972.46	3966.77	1512.76	765.61	1034.03	693.29
11-1-6	打 8m 以内　三类土	$10m^3$	10602.42	5065.86	2258.06	1047.22	1335.71	895.57
11-1-7	拔 5m 以内　一、二类土	$10m^3$	8967.62	3981.20	1927.30	1176.54	1126.97	755.61
11-1-8	拔 5m 以内　三类土	$10m^3$	11510.50	5345.21	1927.30	1675.45	1534.01	1028.53
11-1-9	拔 8m 以内　一、二类土	$10m^3$	6794.04	2950.75	1657.69	812.15	822.19	551.26
11-1-10	拔 8m 以内　三类土	$10m^3$	8582.16	3912.75	1657.69	1160.12	1108.42	743.18

三、陆上卷扬机打拔槽型钢板桩

编号	项目名称	单位	基价	人工费	材料费	施工机具使用费	管理费	利润
11-1-11	打 8m 以内　一、二类土	10t	4351.28	2385.95	488.54	443.90	618.32	414.57
11-1-12	打 8m 以内　三类土	10t	5474.75	3035.48	488.54	617.42	798.16	535.15
11-1-13	打 12m 以内　一、二类土	10t	3890.91	2141.93	446.62	381.36	551.34	369.66
11-1-14	打 12m 以内　三类土	10t	4862.10	2702.67	446.62	532.11	706.80	473.90
11-1-15	拔 8m 以内　一、二类土	10t	4900.32	2570.21	512.70	644.16	702.34	470.91
11-1-16	拔 8m 以内　三类土	10t	6295.75	3317.79	512.70	918.88	925.71	620.67
11-1-17	拔 12m 以内　一、二类土	10t	4225.07	2230.92	468.68	521.01	601.30	403.16
11-1-18	拔 12m 以内　三类土	10t	5381.78	2848.45	468.68	750.89	786.46	527.30

四、陆上挖掘机打拔槽型钢板桩

编号	项目名称	单位	基价	人工费	材料费	施工机具使用费	管理费	利润
11-1-19	打 6m 以内 一、二类土	10t	3176.91	743.33	383.52	1303.11	447.15	299.80
11-1-20	打 6m 以内 三类土	10t	3688.07	929.26	383.52	1491.66	528.97	354.66
11-1-21	拔 6m 以内 一、二类土	10t	1536.85	371.67	0.00	754.23	246.01	164.94
11-1-22	拔 6m 以内 三类土	10t	1920.24	463.98	0.00	942.79	307.38	206.09

五、陆上液压打桩机打拔拉森钢板桩

编号	项目名称	单位	基价	人工费	材料费	施工机具使用费	管理费	利润
11-1-23	打 8m 以内 一、二类土	10t	2758.68	494.69	383.52	1245.35	380.20	254.92
11-1-24	打 8m 以内 三类土	10t	3250.89	577.20	383.52	1523.44	458.99	307.74
11-1-25	打 12m 以内 一、二类土	10t	2152.16	441.23	383.52	854.48	283.11	189.82
11-1-26	打 12m 以内 三类土	10t	2473.45	529.47	383.52	1001.62	334.54	224.30
11-1-27	打 12m 以上 一、二类土	10t	1713.37	381.10	383.52	593.15	212.87	142.73
11-1-28	打 12m 以上 三类土	10t	1936.10	467.87	383.52	669.55	248.53	166.63
11-1-29	拔 8m 以内 一、二类土	10t	2635.64	470.27	392.84	1172.81	359.01	240.71
11-1-30	拔 8m 以内 三类土	10t	3107.51	541.50	392.84	1447.27	434.55	291.35
11-1-31	拔 12m 以内 一、二类土	10t	2058.69	418.84	392.84	801.56	266.66	178.79
11-1-32	拔 12m 以内 三类土	10t	2379.72	503.02	392.84	952.57	318.05	213.24
11-1-33	拔 12m 以上 一、二类土	10t	1660.40	361.86	392.84	566.76	202.90	136.04
11-1-34	拔 12m 以上 三类土	10t	1868.09	444.56	392.84	636.21	236.15	158.33

六、水上卷扬机打拔圆木桩

编号	项目名称	单位	基价	人工费	材料费	施工机具使用费	管理费	利润
11-1-35	打 5m 以内 一、二类土	$10m^3$	11967.80	4687.72	1356.90	3085.83	1698.52	1138.83
11-1-36	打 5m 以内 三类土	$10m^3$	17007.54	6456.32	2169.46	4414.07	2375.18	1592.51

续前

编号	项目名称	单位	基价	人工费	材料费	施工机具使用费	管理费	利润
11-1-37	打 8m 以内 一、二类土	$10m^3$	7789.60	2851.59	1356.90	1861.01	1029.70	690.40
11-1-38	打 8m 以内 三类土	$10m^3$	11116.62	3939.76	2102.19	2664.22	1442.97	967.48
11-1-39	拔 5m 以内 一、二类土	$10m^3$	8303.95	3967.88	0.00	2115.60	1329.24	891.23
11-1-40	拔 5m 以内 三类土	$10m^3$	11613.19	5493.39	0.00	3014.44	1858.96	1246.40
11-1-41	拔 8m 以内 一、二类土	$10m^3$	5199.14	2488.44	0.00	1320.46	832.24	558.00
11-1-42	拔 8m 以内 三类土	$10m^3$	7371.15	3522.96	0.00	1877.15	1179.92	791.12

七、水上卷扬机打拔槽型钢板桩

编号	项目名称	单位	基价	人工费	材料费	施工机具使用费	管理费	利润
11-1-43	打 8m 以内 一、二类土	10t	4557.83	1771.01	381.64	1288.47	668.50	448.21
11-1-44	打 8m 以内 三类土	10t	6300.54	2491.03	381.64	1845.16	947.46	635.25
11-1-45	打 12m 以内 一、二类土	10t	3933.65	1512.75	381.64	1089.46	568.58	381.22
11-1-46	打 12m 以内 三类土	10t	5407.02	2122.69	381.64	1558.91	804.43	539.35
11-1-47	打 12m 以上 一、二类土	10t	3496.71	1319.61	381.64	962.49	498.64	334.33
11-1-48	打 12m 以上 三类土	10t	4727.88	1840.01	381.64	1344.05	695.72	466.46
11-1-49	拔 8m 以内 一、二类土	10t	3412.73	1657.23	0.00	842.94	546.29	366.27
11-1-50	拔 8m 以内 三类土	10t	4810.75	2323.42	0.00	1200.94	770.07	516.32
11-1-51	拔 12m 以内 一、二类土	10t	2772.89	1355.50	0.00	675.92	443.87	297.60
11-1-52	拔 12m 以内 三类土	10t	3891.83	1888.67	0.00	962.49	622.98	417.69
11-1-53	拔 12m 以上 一、二类土	10t	2327.97	1140.71	0.00	564.76	372.65	249.85
11-1-54	拔 12m 以上 三类土	10t	3267.86	1590.82	0.00	803.21	523.10	350.73

八、水上液压打桩机打拔拉森钢板桩

编号	项目名称	单位	基价	人工费	材料费	施工机具使用费	管理费	利润
11-1-55	打 8m 以内 一、二类土	10t	3549.56	413.29	383.52	1906.15	506.80	339.80
11-1-56	打 8m 以内 三类土	10t	4332.95	482.11	383.52	2411.24	632.20	423.88
11-1-57	打 12m 以内 一、二类土	10t	2782.93	368.52	383.52	1389.29	384.08	257.52
11-1-58	打 12m 以内 三类土	10t	3370.25	442.15	383.52	1745.93	478.10	320.55
11-1-59	打 12m 以上 一、二类土	10t	2260.17	318.39	383.52	1056.45	300.40	201.41

续前

编号	项目名称	单位	基价	人工费	材料费	施工机具使用费	管理费	利润
11-1-60	打 12m 以上 三类土	10t	2702.79	390.91	383.52	1308.19	371.25	248.92
11-1-61	拔 8m 以内 一、二类土	10t	2297.09	392.76	0.00	1290.09	367.70	246.54
11-1-62	拔 8m 以内 三类土	10t	2791.00	452.33	0.00	1592.36	446.76	299.55
11-1-63	拔 12m 以内 一、二类土	10t	1681.13	350.02	0.00	881.58	269.10	180.43
11-1-64	拔 12m 以内 三类土	10t	2004.14	420.14	0.00	1048.09	320.81	215.10
11-1-65	拔 12m 以上 一、二类土	10t	1263.99	302.29	0.00	623.71	202.33	135.66
11-1-66	拔 12m 以上 三类土	10t	1462.72	371.48	0.00	700.11	234.14	156.99

第二章 围 堰 工 程

一、土 草 围 堰

编号	项目名称	单位	基价	人工费	材料费	施工机具使用费	管理费	利润
11-2-1	筑土围堰	$100m^3$	17753.93	12330.25	0.00	676.29	2841.93	1905.46
11-2-2	草袋围堰	$100m^3$	30674.64	19684.74	2881.83	676.29	4448.89	2982.89

二、土石混合围堰

编号	项目名称	单位	基价	人工费	材料费	施工机具使用费	管理费	利润
11-2-3	过水土、石围堰	$100m^3$	33680.53	13381.61	14844.38	417.77	3015.16	2021.61
11-2-4	不过水土、石围堰	$100m^3$	49213.42	18827.82	22702.54	594.07	4243.68	2845.31

三、圆木桩围堰

编号	项目名称	单位	基价	人工费	材料费	施工机具使用费	管理费	利润
11-2-5	双排圆木桩围堰（高度 m 以内） 3	10 延长米堰体	13596.54	9156.58	575.53	382.62	2084.32	1397.49
11-2-6	双排圆木桩围堰（高度 m 以内） 4	10 延长米堰体	24165.64	16523.09	742.68	636.59	3749.39	2513.89
11-2-7	双排圆木桩围堰（高度 m 以内） 5	10 延长米堰体	31948.80	21966.16	882.88	792.76	4972.82	3334.18

四、钢 桩 围 堰

编号	项目名称	单位	基价	人工费	材料费	施工机具使用费	管理费	利润
11-2-8	双排钢桩围堰高（高度 m 以内） 4	10 延长米堰体	24254.15	16589.14	741.03	636.59	3763.82	2523.57
11-2-9	双排钢桩围堰高（高度 m 以内） 5	10 延长米堰体	31423.17	21582.29	881.23	792.76	4888.95	3277.94
11-2-10	双排钢桩围堰高（高度 m 以内） 6	10 延长米堰体	46699.19	32318.76	1021.44	1144.79	7311.79	4902.41

五、钢板桩围堰

编号	项目名称	单位	基价	人工费	材料费	施工机具使用费	管理费	利润
11-2-11	双排钢板桩围堰高（高度 m 以内） 4	10 延长米堰体	21345.16	14818.69	248.70	636.59	3376.98	2264.20
11-2-12	双排钢板桩围堰高（高度 m 以内） 5	10 延长米堰体	29215.81	20382.75	311.24	792.76	4626.85	3102.21
11-2-13	双排钢板桩围堰高（高度 m 以内） 6	10 延长米堰体	43884.59	30676.70	448.25	1144.79	6953.00	4661.85

六、双层竹笼围堰

编号	项目名称	单位	基价	人工费	材料费	施工机具使用费	管理费	利润
11-2-14	双层竹笼围堰高（高度 m 以内） 3	10 延长米堰体	49434.06	19045.57	22915.79	381.73	4244.87	2846.10
11-2-15	双层竹笼围堰高（高度 m 以内） 4	10 延长米堰体	73699.75	31025.98	30578.13	564.95	6902.62	4628.07
11-2-16	双层竹笼围堰高（高度 m 以内） 5	10 延长米堰体	97228.85	42497.83	38260.58	702.37	9439.24	6328.83

七、筑岛填心

编号	项目名称	单位	基价	人工费	材料费	施工机具使用费	管理费	利润
11-2-17	填土 夯填	$100m^3$	18290.33	12649.93	0.00	749.58	2927.79	1963.03
11-2-18	填土 松填	$100m^3$	15273.94	10606.42	0.00	583.28	2444.95	1639.29
11-2-19	填砂 夯填	$100m^3$	36873.33	7711.91	25089.96	920.60	1886.20	1264.66
11-2-20	填砂 松填	$100m^3$	28538.34	5954.41	19472.67	687.11	1451.17	972.98
11-2-21	填砂砾石 夯填	$100m^3$	43896.87	11308.68	27249.76	887.00	2664.76	1786.67
11-2-22	填砂砾石 松填	$100m^3$	33795.50	8038.07	21885.63	687.11	1906.45	1278.24

第三章 支撑工程

一、木挡土板

编号	项目名称	单位	基价	人工费	材料费	施工机具使用费	管理费	利润
11-3-1	密挡土板 木支撑	$100m^2$	5299.88	2760.39	1531.94	0.00	603.15	404.40
11-3-2	密挡土板 钢支撑	$100m^2$	4113.76	2099.75	1247.60	0.00	458.80	307.61
11-3-3	疏挡土板 木支撑	$100m^2$	4168.38	2144.89	1240.60	0.00	468.66	314.23
11-3-4	疏挡土板 钢支撑	$100m^2$	3185.68	1633.74	955.63	0.00	356.97	239.34

二、竹挡土板

编号	项目名称	单位	基价	人工费	材料费	施工机具使用费	管理费	利润
11-3-5	密挡土板 木支撑	$100m^2$	4629.53	2835.68	758.82	0.00	619.60	415.43
11-3-6	密挡土板 钢支撑	$100m^2$	3415.44	2153.03	476.55	0.00	470.44	315.42
11-3-7	疏挡土板 木支撑	$100m^2$	3801.38	2206.31	789.77	0.00	482.08	323.22
11-3-8	疏挡土板 钢支撑	$100m^2$	2811.30	1687.76	507.50	0.00	368.78	247.26

三、钢制挡土板

编号	项目名称	单位	基价	人工费	材料费	施工机具使用费	管理费	利润
11-3-9	密挡土板 木支撑	$100m^2$	4824.15	2816.81	979.21	0.00	615.47	412.66
11-3-10	密挡土板 钢支撑	$100m^2$	3657.26	2170.24	694.88	0.00	474.20	317.94
11-3-11	疏挡土板 木支撑	$100m^2$	3961.26	2207.05	948.64	0.00	482.24	323.33
11-3-12	疏挡土板 钢支撑	$100m^2$	2968.89	1686.83	666.37	0.00	368.57	247.12

四、钢制桩档土板支撑安装及拆除

编号	项目名称	单位	基价	人工费	材料费	施工机具使用费	管理费	利润
11-3-13	木支撑	$100m^2$	787.97	236.99	464.48	0.00	51.78	34.72
11-3-14	钢支撑	$100m^2$	600.48	188.89	342.65	0.00	41.27	27.67

五、大型基坑支撑安装及拆除

编号	项目名称	单位	基价	人工费	材料费	施工机具使用费	管理费	利润
11-3-15	大型支撑、基坑支撑安装 宽15m 以内	t	929.65	247.35	251.21	249.68	108.60	72.81
11-3-16	大型支撑拆除 宽 15m 以内	t	775.90	338.00	0.00	230.43	124.20	83.27
11-3-17	大型支撑安装 宽 15m 以外	t	1024.14	234.21	179.23	384.77	135.25	90.68
11-3-18	大型支撑拆除 宽 15m 以外	t	811.83	284.90	0.00	309.85	129.95	87.13

第四章　脚手架工程

一、井　字　架

编号	项目名称	单位	基价	人工费	材料费	施工机具使用费	管理费	利润
11-4-1	木制井字架（井深 m以内） 2	座	192.98	122.29	24.20	1.36	27.02	18.11
11-4-2	木制井字架（井深 m以内） 4	座	379.39	243.46	44.27	2.05	53.64	35.97
11-4-3	木制井字架（井深 m以内） 6	座	479.38	309.69	52.93	2.73	68.26	45.77
11-4-4	木制井字架（井深 m以内） 8	座	745.35	494.14	67.12	2.73	108.57	72.79
11-4-5	木制井字架（井深 m以内） 10	座	914.25	606.43	82.75	2.73	133.10	89.24
11-4-6	钢管井字架（井深 m以内） 2	座	182.24	128.21	5.38	1.36	28.31	18.98
11-4-7	钢管井字架（井深 m以内） 4	座	351.43	250.68	6.46	2.05	55.22	37.02
11-4-8	钢管井字架（井深 m以内） 6	座	527.17	377.40	8.29	2.73	83.06	55.69
11-4-9	钢管井字架（井深 m以内） 8	座	697.75	501.17	9.93	2.73	110.10	73.82
11-4-10	钢管井字架（井深 m以内） 10	座	873.51	628.08	12.46	2.73	137.83	92.41

二、脚　手　架

编号	项目名称	单位	基价	人工费	材料费	施工机具使用费	管理费	利润
11-4-11	木脚手架（高度 m以内） 单排 4	$100m^2$	1792.53	855.63	503.50	88.71	206.34	138.35
11-4-12	木脚手架（高度 m以内） 单排 8	$100m^2$	2342.01	1067.27	694.24	139.89	263.76	176.85
11-4-13	木脚手架（高度 m以内） 双排 4	$100m^2$	2417.12	1169.57	657.65	119.42	281.64	188.84
11-4-14	木脚手架（高度 m以内） 双排 8	$100m^2$	3010.61	1405.82	862.52	167.87	343.85	230.55
11-4-15	钢管脚手架（高度 m以内） 单排 4	$100m^2$	1396.37	819.92	277.18	0.00	179.15	120.12
11-4-16	钢管脚手架（高度 m以内） 单排 8	$100m^2$	1515.27	848.04	357.69	0.00	185.30	124.24
11-4-17	钢管脚手架（高度 m以内） 双排 4	$100m^2$	1865.49	1117.40	340.24	0.00	244.15	163.70
11-4-18	钢管脚手架（高度 m以内） 双排 8	$100m^2$	2002.39	1126.65	464.52	0.00	246.17	165.05

三、浇混凝土用仓面脚手架

编号	项目名称	单位	基价	人工费	材料费	施工机具使用费	管理费	利润
11-4-19	支架高度 1.5m 以内	$100m^2$仓面	1764.28	823.25	640.54	0.00	179.88	120.61

第五章　施工排水、降水

一、成　　井

编号	项目名称	单位	基价	人工费	材料费	施工机具使用费	管理费	利润
11-5-1	轻型井点	10 根	4149.14	1387.50	842.42	1035.00	529.32	354.90
11-5-2	喷射井点	10 根	21615.24	6327.00	4317.11	6345.62	2768.97	1856.54
11-5-3	真空深井降水 井管深（m） 19	座	8215.75	1376.40	1932.85	3226.46	1005.72	674.32
11-5-4	真空深井降水 井管深（m） 每增减 1	座	360.39	27.75	93.90	167.48	42.66	28.60
11-5-5	直流深井降水（井管深）（钻孔 *D*800） 20m	座	10803.66	1709.40	5478.92	2191.51	852.35	571.48
11-5-6	直流深井降水（井管深）（钻孔 *D*800） 每增减 1m	座	479.09	55.50	274.41	94.45	32.76	21.97
11-5-7	无砂混凝土管井点（钻孔直径）直径 50cm 以内	m	715.81	212.75	299.84	91.99	66.59	44.64
11-5-8	无砂混凝土管井点（钻孔直径）直径 60cm 以内	m	749.24	262.70	240.19	110.23	81.49	54.63
11-5-9	集水井（井深 4m 以内） 干砖砌排水井	座	5030.68	2610.35	1356.65	81.25	588.11	394.32
11-5-10	集水井（井深 4m 以内） 钢筋笼子排水井	座	4331.90	1972.10	1554.31	62.76	444.62	298.11

二、排水、降水

编号	项目名称	单位	基价	人工费	材料费	施工机具使用费	管理费	利润
11-5-11	轻型井点	套 · d	366.27	166.50	43.53	69.94	51.66	34.64
11-5-12	喷射井点	套 · d	1297.69	555.00	136.13	295.96	185.93	124.67
11-5-13	真空深井降水 井管深（m） 19	座 · d	161.01	0.00	3.64	115.29	25.19	16.89
11-5-14	真空深井降水 井管深（m） 每增减 1	座 · d	3.64	0.00	3.64	0.00	0.00	0.00
11-5-15	直流深井降水（井管深 20m）（钻孔*D*800）	座 · d	77.96	18.50	0.00	38.61	12.48	8.37
11-5-16	无砂混凝土管井点	座 · d	112.76	55.50	0.00	27.11	18.05	12.10
11-5-17	集水井	座 · d	155.85	55.50	0.00	58.67	24.95	16.73

第六章 便道及栈桥

一、临时施工便道

编号	项目名称	单位	基价	人工费	材料费	施工机具使用费	管理费	利润
11-6-1	碎石路面	$10m^3$	3801.33	155.22	3394.19	143.05	65.17	43.70
11-6-2	片石路面	$10m^3$	2641.73	38.48	2351.56	174.10	46.45	31.14

二、临时施工栈桥

编号	项目名称	单位	基价	人工费	材料费	施工机具使用费	管理费	利润
11-6-3	栈桥 宽度 4m 水深 3～10m	延长米	11494.16	3878.71	4990.89	885.59	1041.00	697.97
11-6-4	栈桥 宽度 4m 水深 10m 以上	延长米	13343.06	4428.35	5756.34	1129.69	1214.43	814.25
11-6-5	栈桥 宽度每增减 1m	延长米	1511.31	559.63	560.63	136.84	152.18	102.03

三、补 充 项 目

1. 钢 木 便 桥

编号	项目名称	单位	基价	人工费	材料费	施工机具使用费	管理费	利润
11-6-6	人行钢木便桥	座	1593.97	350.02	361.24	553.08	197.33	132.30
11-6-7	车行钢木便桥 双车道（槽宽 m）4	座	16629.00	4123.65	7494.76	2568.10	1462.15	980.34
11-6-8	车行钢木便桥 双车道（槽宽 m）6	座	20870.24	5155.95	9406.30	3242.54	1835.07	1230.38
11-6-9	车行钢木便桥 双车道（槽宽 m）8	座	25484.37	6298.88	11707.67	3793.94	2205.28	1478.60
11-6-10	车行钢木便桥 单车道（槽宽 m）4	座	9053.99	2383.17	4019.90	1304.81	805.82	540.29
11-6-11	车行钢木便桥 单车道（槽宽 m）6	座	11411.84	2966.85	5143.36	1625.44	1003.42	672.77
11-6-12	车行钢木便桥 单车道（槽宽 m）8	座	14105.63	3657.08	6357.47	2019.23	1240.27	831.58

第七章　大型机械设备安装、拆除及进出场费

一、大型机械设备安装、拆除费

编号	项目名称	单位	基价	人工费	材料费	施工机具使用费	管理费	利润
11-7-1	柴油打桩机安装、拆除费	台次	18776.78	7400.00	112.25	6273.65	2987.69	2003.19
11-7-2	三轴搅拌桩机安装、拆除费	台次	20166.93	7400.00	215.00	7216.80	3193.77	2141.36
11-7-3	静力压桩机安装、拆除费 900kN 以内	台次	11904.29	4440.00	0.00	4281.09	1905.56	1277.64
11-7-4	静力压桩机安装、拆除费 1200kN 以内	台次	16880.91	6660.00	0.00	5706.97	2702.18	1811.76
11-7-5	静力压桩机安装、拆除费 1600kN 以内	台次	21968.89	8880.00	0.00	7214.43	3516.63	2357.83
11-7-6	静力压桩机安装、拆除费 4000kN 以内	台次	25078.32	9250.00	0.00	9122.39	4014.37	2691.56
11-7-7	静力压桩机安装、拆除费 10000kN 以内	台次	27659.44	9620.00	0.00	10643.32	4427.54	2968.58

二、大型机械进出场费

编号	项目名称	单位	基价	人工费	材料费	施工机具使用费	管理费	利润
11-7-8	履带式挖掘机进出场费 $1m^3$ 以内	台次	8117.55	2220.00	217.41	3567.65	1264.60	847.89
11-7-9	履带式挖掘机进出场费 $1m^3$ 以外	台次	8777.50	2220.00	262.48	4018.11	1363.03	913.88
11-7-10	履带式推土机进出场费 90kW 以内	台次	6060.80	1110.00	233.71	3158.93	932.76	625.40
11-7-11	履带式推土机进出场费 90kW 以外	台次	7151.57	1110.00	233.71	3958.03	1107.36	742.47
11-7-12	履带式起重机进出场费 30t 以内	台次	9928.72	2220.00	238.98	4878.71	1551.07	1039.96
11-7-13	履带式起重机进出场费 50t 以内	台次	12035.41	2220.00	238.98	6422.08	1888.29	1266.06

续前

编号	项目名称	单位	基价	人工费	材料费	施工机具使用费	管理费	利润
11-7-14	强夯机械进出场费	台次	16181.09	1110.00	238.98	10569.20	2551.91	1711.00
11-7-15	柴油打桩机进出场费 5t 以内	台次	18806.04	2220.00	77.38	11500.63	2997.96	2010.07
11-7-16	柴油打桩机进出场费 5t 以外	台次	21264.49	2220.00	77.38	13301.69	3391.49	2273.93
11-7-17	压路机进出场费	台次	5204.61	925.00	196.86	2743.68	801.61	537.46
11-7-18	锚杆钻孔机进出场费	台次	19635.65	2220.00	77.38	12108.40	3130.76	2099.11
11-7-19	沥青混凝土摊铺机进出场费	台次	8282.57	1480.00	238.98	4412.74	1287.56	863.29
11-7-20	静力压桩机进出场费 900kN 以内	台次	29250.58	4440.00	77.38	16932.31	4669.85	3131.04
11-7-21	静力压桩机进出场费 1200kN 以内	台次	33032.87	4440.00	77.38	19703.22	5275.29	3536.98
11-7-22	静力压桩机进出场费 1600kN 以内	台次	43516.04	6660.00	77.38	25163.19	6953.37	4662.10
11-7-23	静力压桩机进出场费 4000kN 以内	台次	49189.46	6660.00	77.38	29319.55	7861.53	5271.00
11-7-24	静力压桩机进出场费 10000kN 以内	台次	66131.53	6660.00	77.38	41731.32	10573.50	7089.33
11-7-25	履带式旋挖钻机进出场费	台次	12091.63	2220.00	238.98	6463.26	1897.29	1272.10
11-7-26	三轴搅拌桩机进出场费	台次	14271.51	1850.00	77.38	8548.63	2272.10	1523.40
11-7-27	履带式抓斗成槽机进出场费	台次	9833.17	2220.00	238.98	4808.71	1535.77	1029.71

三、补 充 项 目

1. 架桥机安装、拆除及进出场费

编号	项目名称	单位	基价	人工费	材料费	施工机具使用费	管理费	利润
11-7-28	架桥机安装、拆除费	台次	15721.69	6660.00	0.00	4857.72	2516.62	1687.35
11-7-29	架桥机进出场费	台次	17237.97	4440.00	77.38	8131.86	2746.95	1841.78

第八章 其他项目

一、临时护栏

编号	项目名称	单位	基价	人工费	材料费	施工机具使用费	管理费	利润
11-8-1	彩钢板护栏	$100m^2$	7723.71	4452.03	1368.14	204.06	1017.36	682.12

二、输电线路架设

编号	项目名称	单位	基价	人工费	材料费	施工机具使用费	管理费	利润
11-8-2	架设输电线路 干线	100m	36175.49	1302.40	34000.36	291.10	348.18	233.45
11-8-3	架设输电线路 支线	100m	18592.65	888.00	17181.85	145.55	225.83	151.42

附　录

材料价格明细表

序号	材料编码	材料名称	单位	不含税价
1	010100003	钢筋（综合）	t	3370.00
2	010100004	钢筋（综合）	kg	3.37
3	010100006	钢筋 ϕ10 以内	t	3370.00
4	010100007	钢筋 ϕ10 以内	kg	3.37
5	010100009	钢筋 ϕ10 以外	t	3370.00
6	010100010	钢筋 ϕ10 以外	kg	3.37
7	010100012	钢筋 ϕ6	kg	3.37
8	010100015	钢筋 ϕ12	t	3370.00
9	010100016	钢筋 ϕ12	kg	3.37
10	010100018	钢筋 ϕ16	kg	3.37
11	010100019	钢筋 ϕ18	kg	3.37
12	010100020	钢筋 ϕ20	kg	3.37
13	010100021	钢筋 ϕ25	kg	3.37
14	010100022	插孔钢筋 ϕ5～10	kg	3.37
15	010101002	热轧光圆钢筋 HPB300 ϕ10 以内	kg	3.37
16	010101004	热轧光圆钢筋 HPB300 ϕ20 以内	kg	3.37
17	010101006	热轧光圆钢筋 HPB300 ϕ12～18	kg	3.37
18	010101007	热轧光圆钢筋 HPB300 ϕ20～25	kg	3.37
19	010101009	热轧光圆钢筋 HPB300 ϕ8	kg	3.37
20	010101010	热轧光圆钢筋 HPB300 ϕ10	kg	3.37
21	010101011	热轧光圆钢筋 HPB300 ϕ12	kg	3.37
22	010101014	热轧光圆钢筋 HPB300 ϕ22	kg	3.37
23	010101016	热轧圆盘条（综合）	kg	3.37
24	010103004	热轧带肋钢筋 HRB400 ϕ10 以内	kg	3.25
25	010103005	热轧带肋钢筋 HRB400 ϕ12 以内	kg	3.25
26	010103006	热轧带肋钢筋 HRB400 ϕ16 以内	kg	3.25
27	010103007	热轧带肋钢筋 HRB400 ϕ20 以内	kg	3.25
28	010103008	热轧带肋钢筋 HRB400 ϕ20 以外	kg	3.25
29	010103009	热轧带肋钢筋 HRB400 ϕ25 以外	kg	3.25
30	010103010	热轧带肋钢筋 HRB400 ϕ40 以内	kg	3.25
31	010103011	热轧带肋钢筋 HRB400 ϕ40 以外	kg	3.25
32	010103013	热轧带肋钢筋 HRB500 ϕ25 以外	kg	3.52
33	010103014	热轧带肋钢筋 HRB400 ϕ12～18	kg	3.25

续前

序号	材料编码	材料名称	单位	不含税价
34	010103015	热轧带肋钢筋 HRB400 ϕ18～20	kg	3.25
35	010103016	热轧带肋钢筋 HRB400 ϕ20～25	kg	3.25
36	010103019	热轧带肋钢筋 HRB500 ϕ20～25	kg	3.52
37	010103021	热轧带肋钢筋 HRB400 ϕ16	kg	3.25
38	010107001	冷轧扭钢筋 ϕ8	kg	3.57
39	010107002	冷轧扭钢筋 ϕ10	kg	3.57
40	010107003	冷轧扭钢筋 ϕ12	kg	3.57
41	010301001	钢丝 ϕ5 以内	kg	4.98
42	010301005	钢丝 ϕ2.0	kg	4.98
43	010301008	钢丝碳素	kg	4.01
44	010500001	钢丝绳（综合）	kg	8.50
45	010501001	钢丝绳 ϕ14.1～15	kg	8.50
46	010501006	钢丝绳 ϕ6	m	2.03
47	010501007	钢丝绳 ϕ8	m	3.42
48	010501017	钢丝绳 ϕ9 1×19	m	3.42
49	010700001	钢绞线（综合）	t	4314.00
50	010700002	钢绞线（综合）	kg	4.31
51	010700004	钢绞线涂包费	kg	1.50
52	010900001	圆钢（综合）	t	3370.00
53	010900002	圆钢（综合）	kg	3.37
54	010901008	圆钢 ϕ10～14	kg	3.37
55	010901009	圆钢 ϕ15～24	kg	3.37
56	010901013	圆钢 ϕ8	m	1.33
57	010901014	圆钢 ϕ10	kg	3.33
58	010903001	镀锌圆钢（综合）	kg	4.87
59	010903004	镀锌圆钢 ϕ10	t	4870.00
60	010907001	不锈钢圆钢（综合）	t	14395.00
61	011300002	扁钢（综合）	kg	3.56
62	011301003	扁钢 60 以内	kg	3.56
63	011301005	扁钢 100×10	kg	3.56
64	011301007	扁钢 40×6	m	6.70
65	011301008	扁钢 45×4	kg	3.56
66	011303001	镀锌扁钢（综合）	kg	4.64
67	011303003	镀锌扁钢 25×4	kg	4.64
68	011303004	镀锌扁钢 40×4	t	4640.00
69	011303005	镀锌扁钢 40×4	kg	4.64
70	011303007	镀锌扁钢 50×5	t	4640.00

续前

序号	材料编码	材料名称	单位	不含税价
71	011303008	镀锌扁钢 50×5	kg	4.64
72	011303009	镀锌扁钢 60×6	kg	4.64
73	011307001	不锈钢扁钢（综合）	kg	14.95
74	011505001	六角空心钢（综合）	kg	3.65
75	011505002	六角空心钢 ϕ22～25	kg	3.65
76	011700001	工字钢（综合）	t	3645.00
77	011900001	槽钢（综合）	t	3482.33
78	011901013	槽钢背板	kg	3.48
79	012100001	角钢（综合）	t	3616.00
80	012100002	角钢（综合）	kg	3.62
81	012101003	角钢 63 以内	kg	3.62
82	012101007	角钢 56	kg	3.62
83	012101012	角钢 30×4	kg	3.62
84	012101014	角钢 40×5	t	3616.00
85	012300001	型钢（综合）	kg	3.32
86	012300003	型钢（综合）	t	3324.67
87	012315001	不锈钢型钢	kg	13.89
88	012315003	不锈钢型钢（综合）	t	13893.81
89	012315006	型钢立柱	t	3324.67
90	012315010	钢槽道	t	4168.14
91	012315012	托绳地滚钢材	kg	4.20
92	012900001	钢板（综合）	t	3808.00
93	012900002	钢板（综合）	kg	3.81
94	012900004	钢板 中厚	kg	3.81
95	012900005	钢板 δ10 以外	kg	3.81
96	012900006	钢板 δ20 以外	kg	3.81
97	012900007	钢板 δ30 以外 顶进后座用	t	3808.00
98	012900009	钢板 δ1.0～3	kg	3.81
99	012900011	钢板 δ3～10	kg	3.81
100	012900013	钢板 δ4～8	kg	3.81
101	012900017	钢板 δ4.5～7	kg	3.81
102	012900018	钢板 δ4.5～8	kg	3.81
103	012900019	钢板 δ4.5～10	kg	3.81
104	012900021	钢板 δ20	kg	3.81
105	012900023	钢板 60×110×1.5	块	0.30
106	012900024	薄钢板	kg	3.81
107	012901001	热轧薄钢板（综合）	kg	3.81

续前

序号	材料编码	材料名称	单位	不含税价
108	012901003	热轧薄钢板 δ0.5～0.65	kg	3.81
109	012901008	热轧薄钢板 δ1.0～3	kg	3.81
110	012901009	热轧薄钢板 δ1.6～1.9	kg	3.81
111	012901012	热轧薄钢板 δ2.0～4.0	t	3808.00
112	012901015	热轧薄钢板 δ3.5～4.0	kg	3.81
113	012901017	热轧薄钢板 δ1.0	t	3808.00
114	012901022	热轧薄钢板 δ3.0	m^2	89.68
115	012901024	热轧薄钢板 δ3.5	kg	3.81
116	012901025	热轧薄钢板 δ4.0	t	3808.00
117	012901026	热轧薄钢板 δ4.0	kg	3.81
118	012903001	中厚钢板（综合）	t	3808.00
119	012903002	中厚钢板（综合）	kg	3.81
120	012903004	热轧中厚钢板 δ15 以内	kg	3.81
121	012903005	热轧中厚钢板 δ15 以外	kg	3.81
122	012903007	热轧中厚钢板 δ3～10	kg	3.81
123	012903013	热轧中厚钢板 δ10～20	kg	3.81
124	012903014	热轧中厚钢板 δ12～20	kg	3.81
125	012903019	热轧中厚钢板 δ8	kg	3.81
126	012903020	热轧中厚钢板 δ10	kg	3.81
127	012903022	热轧中厚钢板 δ12	kg	3.81
128	012903025	热轧中厚钢板 δ30	kg	3.81
129	012907001	镀锌钢板（综合）	m^2	34.26
130	012907004	镀锌薄钢板（综合）	m^2	34.26
131	012907006	镀锌薄钢板 δ0.5～0.65	kg	4.36
132	012907010	镀锌薄钢板 δ0.34	m^2	11.65
133	012907011	镀锌薄钢板 δ0.45	m^2	15.42
134	012911002	花纹钢板（综合）	kg	3.28
135	012913001	不锈钢板（综合）	kg	14.35
136	012913002	不锈钢板 δ8 以内	t	14347.00
137	012913003	不锈钢板 δ8 以内	kg	14.35
138	012913009	不锈钢板 δ4～8	kg	14.35
139	012913017	不锈钢板 δ6	kg	14.35
140	012913020	不锈钢滑板	kg	14.35
141	012919001	波形钢板	t	5200.00
142	012927003	环圈钢板	t	5292.04
143	012935001	止水钢板（成品） 3×400mm	m	35.87
144	013503001	紫铜板（综合）	kg	62.57

续前

序号	材料编码	材料名称	单位	不含税价
145	013503002	紫铜板 δ0.05～0.3	kg	62.57
146	013503006	紫铜板 δ2	kg	62.57
147	013511001	纯铜箔 δ0.04	kg	62.57
148	013513001	铜皮（综合）	kg	62.57
149	014103002	紫铜丝 ϕ1.6～5	kg	69.50
150	014303002	铝包带 1×10	kg	26.55
151	014701002	铝绑线 ϕ2	m	2.21
152	014900001	铝材	kg	17.70
153	015305001	封铅 含铅 65% 锡 35%	kg	31.82
154	016305001	吊斗摊销	kg	8.00
155	016305002	金属材料（摊销）	kg	4.34
156	016309001	金属防护板 *DN*300	kg	5.29
157	016309002	金属防护板 *DN*400	kg	5.29
158	016309003	金属防护板 *DN*500	kg	5.29
159	016309004	金属防护板 *DN*600	kg	5.29
160	016309005	金属防护板 *DN*700	kg	5.29
161	016309006	金属防护板 *DN*800	kg	5.29
162	016309007	金属防护板 *DN*900	kg	5.29
163	016309008	金属防护板 *DN*1000	kg	5.29
164	020101001	橡胶板（综合）	kg	8.70
165	020101006	橡胶板 δ2	m^2	20.89
166	020101008	橡胶板 δ3	kg	8.70
167	020101012	橡胶板 δ12	kg	8.70
168	020105001	氯丁橡胶板 δ3～4	kg	25.13
169	020111002	石棉橡胶板 δ0.8～6	kg	6.42
170	020111003	石棉橡胶板 δ3～6	kg	6.42
171	020111004	石棉橡胶板 δ1.5	m^2	15.40
172	020111005	石棉橡胶板 δ3	kg	6.42
173	020111007	石棉橡胶板 低中压 δ0.8～6	kg	6.42
174	020111008	石棉橡胶板 中压 δ0.8～6	kg	7.28
175	020111009	石棉橡胶板 高压 δ1～6	kg	9.16
176	020112005	无石棉橡胶板 低中压 δ0.8～6	kg	10.27
177	020113001	结皮海绵橡胶板	kg	18.52
178	020115001	耐油橡胶板	kg	24.26
179	020117003	耐酸橡胶板 δ3	kg	24.26
180	020301007	帘布橡胶条	kg	27.13
181	020307001	氯丁橡胶条	kg	34.00

续前

序号	材料编码	材料名称	单位	不含税价
182	020323002	自粘性橡胶带 20mm×5m	卷	6.00
183	020501020	O 型橡胶圈 横截面ϕ30	m	1.06
184	020501022	橡皮护套圈 ϕ17	个	1.51
185	020503001	防水橡胶圈	个	0.70
186	020703001	橡皮垫 δ2	m^2	41.21
187	020705001	橡胶轮胎	个	68.00
188	020707001	橡胶囊 ϕ360	m	200.00
189	020707002	橡胶囊外套 ϕ600	m	450.00
190	020711002	氯丁橡胶	kg	20.00
191	020901001	塑料薄膜	m^2	1.96
192	020901002	塑料薄膜	kg	16.37
193	020905001	塑料布	m^2	1.77
194	020905002	塑料布	kg	21.48
195	021101007	硬聚氯乙烯板 δ2～30	kg	9.20
196	021101014	聚四氟乙烯板	kg	11.27
197	021101015	聚四氟乙烯滑板	kg	11.76
198	021103001	高密度聚乙烯防水板 δ10	m^2	27.65
199	021107001	塑料板盲沟	m	11.90
200	021107002	塑料防水板	m^2	18.80
201	021107005	防眩板（塑料） 高 60cm	片	28.00
202	021301002	尼龙扎带 150	个	0.07
203	021301003	尼龙扎带 200	个	0.10
204	021301004	尼龙扎带 250	个	0.14
205	021301005	尼龙扎带 $L=100$～150	个	0.04
206	021301007	尼龙卡带 4×50	个	0.03
207	021301010	塑料带 20mm×40m	kg	13.27
208	021303002	三色塑料带 20mm×40m	m	0.03
209	021307001	塑料胶条	kg	3.78
210	021309002	泡沫条 ϕ18	m	1.37
211	021901001	尼龙编织袋	只	0.32
212	021901002	尼龙编织袋（袋装砂井用）	m	0.32
213	021911002	尼龙网 30 目	m^2	4.42
214	021925001	低发泡聚乙烯	m^3	680.00
215	021925002	尼龙帽	个	1.02
216	021925003	尼龙帽 ϕ1.5	个	1.06
217	022305005	炭精棒 ϕ48	根	2.73
218	022701002	棉纱线	kg	6.42

续前

序号	材料编码	材料名称	单位	不含税价
219	022701003	棉纱头	kg	9.34
220	022702001	白纱布带 19mm×20m	卷	5.84
221	022703001	白布	m^2	2.58
222	022703003	白布	kg	7.74
223	022703004	无纺布	m^2	5.60
224	022703005	细白布（综合）	m	1.59
225	022703009	布袋 1.2m×1.1m	个	15.00
226	022709006	羊毛毡 6～8	m^2	23.01
227	022709009	棉毡	m^2	1.58
228	022711001	黄漆布带 20×40m	卷	11.15
229	022711002	双面半导体布带 20mm×5m	m	4.59
230	022901001	麻绳（综合）	kg	6.85
231	022901006	白棕绳 ϕ40	kg	9.00
232	022903001	麻布	kg	13.05
233	022905001	麻袋	个	1.08
234	022907001	麻丝	kg	11.50
235	022907002	油麻丝	kg	5.96
236	022907003	线麻	kg	11.04
237	023101001	土工布（综合）	m^2	2.54
238	023101003	无纺土工布	m^2	2.54
239	023101005	土工布袋	条	2.00
240	023101006	土工膜	m^2	3.36
241	023101007	高密度聚乙烯土工膜 δ1.5	m^2	6.02
242	023101008	高密度聚乙烯土工膜 δ2.0	m^2	6.90
243	023103001	膨润土防水毯	m^2	9.10
244	023301002	草袋	个	1.46
245	023301003	草袋	m^2	3.38
246	030101001	铆钉（综合）	kg	8.91
247	030101003	抽芯铆钉 ϕ4×13	100个	8.59
248	030103006	半圆头螺钉 M4×30	套	0.27
249	030103007	半圆头螺钉 M6×12	套	0.29
250	030103008	半圆头螺钉 M6×20	套	0.31
251	030103018	沉头螺钉 M10×35	10个	8.81
252	030103020	沉头螺钉 M16×25	套	1.95
253	030103021	沉头螺钉 M16×25	10个	19.47
254	030103026	不锈钢螺钉（综合）	个	0.35
255	030103031	镀锌螺钉 M2～5×4～50	个	0.16

续前

序号	材料编码	材料名称	单位	不含税价
256	030103062	木螺钉 d4 × 50	10 个	0.68
257	030103064	木螺钉 d4 × 65	10 个	0.71
258	030103066	木螺钉 d5 × 30	个	0.07
259	030103067	木螺钉 d6 × 100	10 个	0.80
260	030103069	举重臂螺钉	个	0.36
261	030103073	压浆孔螺钉	个	0.36
262	030103075	夹板螺丝	副	0.58
263	030105012	不锈钢六角螺栓 M16 × 45	套	4.45
264	030105013	不锈钢六角螺栓 M16 × 200	套	9.66
265	030105022	不锈钢螺栓 M10 × 350	100 套	585.00
266	030105023	不锈钢带帽螺栓 2 平 1 弹垫 M10 × 100 内	10 套	10.53
267	030105026	粗制六角螺栓带螺母	10 套	4.50
268	030105028	螺栓带螺母	套	1.43
269	030105030	带帽带垫螺栓 M10 × 40	100 套	44.60
270	030105032	带帽六角螺栓 M12 以外	kg	8.08
271	030105034	带帽螺栓 玛钢 M12 × 100	套	1.52
272	030105035	带帽螺栓 玛钢 M20 × 100	套	1.99
273	030105036	带帽螺栓 玛钢 M22 × 120	套	2.63
274	030105040	地脚螺栓 M8 × 100	套	0.67
275	030105041	地脚螺栓 M8 × 120	套	0.73
276	030105043	地脚螺栓 M12 × 120	套	2.04
277	030105046	六角螺栓（综合）	kg	8.08
278	030105047	六角螺栓（综合）	10 套	2.82
279	030105048	六角螺栓 M30 以外	套	0.69
280	030105052	六角螺栓 M10 × 20～50	套	0.25
281	030105053	六角螺栓 M12 × 20～100	套	0.29
282	030105057	六角螺栓 M12 × 50	套	0.29
283	030105062	六角螺栓带螺母（综合）	kg	8.08
284	030105067	六角螺栓带螺母 M20 × 80 以下	10 套	47.43
285	030105069	六角螺栓带螺母 M6～12 × 12～50	套	1.56
286	030105073	六角螺栓带螺母 M16 × 150～250	套	4.87
287	030105076	六角螺栓带螺母 M6 × 20	套	0.18
288	030105079	六角螺栓带螺母 M8 × 30	套	0.33
289	030105080	六角螺栓带螺母 M10 × 30	套	0.57
290	030105083	六角螺栓带螺母 M10 × 75	套	0.96
291	030105085	六角螺栓带螺母 M12 × 55	套	0.92
292	030105086	六角螺栓带螺母 M12 × 65	套	1.35

续前

序号	材料编码	材料名称	单位	不含税价
293	030105087	六角螺栓带螺母 M12×75	套	1.58
294	030105089	六角螺栓带螺母 M12×100	套	1.91
295	030105090	六角螺栓带螺母 M12×120	套	1.91
296	030105091	六角螺栓带螺母 M12×200	kg	8.08
297	030105092	六角螺栓带螺母 M16×60	套	2.25
298	030105093	六角螺栓带螺母 M16×80	套	2.68
299	030105094	六角螺栓带螺母 M16×80	10 套	26.81
300	030105095	六角螺栓带螺母 M16×90	套	3.22
301	030105096	六角螺栓带螺母 M18×50	kg	8.08
302	030105097	六角螺栓带螺母 M18×95	套	3.27
303	030105099	六角螺栓带螺母 M20×80	套	4.19
304	030105100	六角螺栓带螺母 M22×85	套	5.36
305	030105101	六角螺栓带螺母 M22×90	套	5.48
306	030105103	六角螺栓带螺母 M24×100	套	7.50
307	030105105	六角螺栓带螺母 M27×95	套	12.17
308	030105106	六角螺栓带螺母 M27×120	套	13.04
309	030105108	六角螺栓带螺母 M30×130	套	14.94
310	030105109	六角螺栓带螺母 M36×160	套	15.13
311	030105110	六角螺栓带螺母 M42×180	套	17.40
312	030105111	六角螺栓带螺母、垫圈（综合）	kg	8.08
313	030105115	六角螺栓带螺母、垫圈 M16×65～80	套	2.79
314	030105117	六角螺栓带螺母、垫圈 M20×85～100	套	4.51
315	030105118	六角螺栓带螺母、垫圈 M22×90～120	套	5.86
316	030105119	六角螺栓带螺母、垫圈 M27×120～140	套	13.19
317	030105121	六角螺栓带螺母、垫圈 M8～10	套	0.72
318	030105122	六角螺栓带螺母、垫圈 M8～10	kg	8.08
319	030105123	六角螺栓带螺母、垫圈 M14	套	1.35
320	030105125	六角螺栓带螺母、垫圈 M10×150	100 套	167.26
321	030105126	六角螺栓带螺母、垫圈 M12×100	套	2.09
322	030105128	六角螺栓带螺母、垫圈 M16×45	套	2.05
323	030105129	六角螺栓带螺母、垫圈 M16×150	套	4.47
324	030105130	六角螺栓带螺母、垫圈 M16×200	套	6.07
325	030105148	镀锌六角螺栓（综合）	kg	8.08
326	030105150	镀锌六角螺栓带 2 螺母 M18×350	套	8.76
327	030105151	镀锌六角螺栓带 2 螺母 M18×530	套	10.09
328	030105152	镀锌六角螺栓带 2 螺母 M18×770	套	12.04
329	030105156	镀锌六角螺栓带螺母 M6×40	套	0.25

续前

序号	材料编码	材料名称	单位	不含税价
330	030105158	镀锌六角螺栓带螺母 M8×80	套	0.70
331	030105159	镀锌六角螺栓带螺母 M10×70	套	0.97
332	030105160	镀锌六角螺栓带螺母 M10×80	套	1.02
333	030105161	镀锌六角螺栓带螺母 M12×40	套	1.06
334	030105162	镀锌六角螺栓带螺母 M12×50	套	1.11
335	030105163	镀锌六角螺栓带螺母 M12×80	套	1.68
336	030105164	镀锌六角螺栓带螺母 M12×130	套	2.34
337	030105165	镀锌六角螺栓带螺母 M12×150	套	3.07
338	030105166	镀锌六角螺栓带螺母 M14×50	套	1.86
339	030105167	镀锌六角螺栓带螺母 M14×80	套	2.19
340	030105171	镀锌六角螺栓带螺母 M16×85	套	3.01
341	030105172	镀锌六角螺栓带螺母 M16×140	套	4.53
342	030105173	镀锌六角螺栓带螺母 M16×200	套	7.06
343	030105174	镀锌六角螺栓带螺母 M16×430	套	8.64
344	030105175	镀锌六角螺栓带螺母 M18×95	套	4.04
345	030105182	镀锌六角螺栓带螺母 2 平垫 1 弹垫 M10×100 以内	10 套	8.67
346	030105187	镀锌六角螺栓带螺母、垫圈 M10×25	套	0.84
347	030105199	镀锌 J 型螺栓带螺母	套	2.30
348	030105200	花篮螺栓 M6×120	套	2.04
349	030105202	花篮螺栓 M12×200	套	3.67
350	030105203	花篮螺栓 M16×250	套	6.81
351	030105204	花篮螺栓 M20×300	套	13.23
352	030105206	双头螺栓 M16×340	套	8.37
353	030105218	T 型螺栓	套	10.62
354	030105221	高强螺栓	套	3.86
355	030105222	高强螺栓	kg	8.17
356	030105224	管片连接螺栓	10 套	132.74
357	030105225	管片连接螺栓	kg	8.10
358	030105226	鱼尾螺栓	kg	8.00
359	030105229	不锈钢螺栓 M8	副	1.30
360	030105230	铜六角螺栓 M8	套	2.60
361	030107003	膨胀螺栓（综合）	10 套	6.90
362	030107016	膨胀螺栓 M10	10 套	9.38
363	030107019	膨胀螺栓 M12	10 套	14.07
364	030107021	膨胀螺栓 M14	10 套	19.03
365	030107022	膨胀螺栓 M16	套	2.50
366	030107028	膨胀螺栓 M6×50	10 套	2.12

续前

序号	材料编码	材料名称	单位	不含税价
367	030107032	膨胀螺栓 M8 × 60	套	0.32
368	030107033	膨胀螺栓 M8 × 60	10 套	3.19
369	030107038	膨胀螺栓 M10 × 80	套	0.52
370	030107039	膨胀螺栓 M10 × 80	10 套	5.18
371	030109001	镀锌螺母 M12	个	0.09
372	030109011	镀锌锁紧螺母 *DN*32 × 1.5	个	1.50
373	030109014	镀锌锁紧螺母 *DN*50 × 1.5	个	1.95
374	030109019	锁紧螺母 M3 × 50	个	1.44
375	030109020	锁紧螺母 M3 × 100	个	1.95
376	030109021	锁紧螺母 M15 × 3	个	0.88
377	030109022	锁紧螺母 M20 × 1.5	个	0.84
378	030109023	锁紧螺母 M20 × 3	个	1.00
379	030109024	锁紧螺母 M70 × 3	个	3.90
380	030109027	六角螺母（综合）	10 个	22.39
381	030109031	六角螺母 M12	10 个	0.83
382	030109037	镀锌锁紧螺母 *DN*15～20 × 1.5	个	0.78
383	030109038	铜螺母 M8	个	0.97
384	030113001	垫圈（综合）	kg	12.58
385	030113003	垫圈（综合）	10 个	1.00
386	030113011	弹簧垫圈 M16～30	10 个	1.85
387	030113019	镀锌垫圈 M20	个	0.19
388	030113020	绝缘垫圈 3240 酚醛玻璃布板	m^2	3.64
389	030113022	碳钢平垫铁	kg	12.58
390	030113023	铜垫圈 M8	个	0.65
391	030309005	网门合页 110～55	副	12.61
392	030313004	出土轨道	付	48.67
393	030355015	心形环	个	15.93
394	030721001	托架（综合）	个	21.68
395	030901002	直螺纹连接套筒 ϕ22	个	4.50
396	030901003	直螺纹连接套筒 ϕ25	个	5.99
397	030901004	直螺纹连接套筒 ϕ28	个	7.40
398	030901005	直螺纹连接套筒 ϕ32	个	9.11
399	030905001	挤压套筒 ϕ22	个	3.50
400	030905002	挤压套筒 ϕ25	个	4.50
401	030905003	挤压套筒 ϕ28	个	5.50
402	030905004	挤压套筒 ϕ32	个	6.50
403	030907005	地锚杆	条	35.40

续前

序号	材料编码	材料名称	单位	不含税价
404	030907007	钢绞线群锚	套	150.73
405	030907008	工具锚	套	90.00
406	030907009	连接器（锚具） $\phi25$	套	14.16
407	030907011	锚固药卷	kg	6.00
408	030907012	锚环	个	5.65
409	030907016	扎丝锚具 $\phi25$	套	51.19
410	030907017	张拉锚具及其他材料	kg	5.65
411	030907018	中空注浆锚杆	m	11.50
412	030907019	自进式锚杆	m	40.00
413	030907020	地锚	个	7.52
414	031101001	砂轮片（综合）	片	9.87
415	031101002	砂轮片 $\phi100$	片	2.02
416	031101004	砂轮片 $\phi200$	片	4.87
417	031101006	砂轮片 $\phi400$	片	13.74
418	031101009	尼龙砂轮片 $\phi100$	片	2.93
419	031101010	尼龙砂轮片 $\phi150$	片	5.82
420	031101013	尼龙砂轮片 $\phi100\times16\times3$	片	2.21
421	031101015	薄砂轮片（综合）	片	7.06
422	031101018	铲铣机砂轮片	片	46.90
423	031102001	砂纸	张	1.18
424	031102003	砂布	张	1.23
425	031102005	铁砂布 0～$2^{\#}$	张	1.35
426	031107001	钢制磨料	kg	10.62
427	031301001	不锈钢焊条（综合）	kg	27.92
428	031301002	不锈钢焊条 A102 $\phi2.5$	kg	28.81
429	031301004	合金钢焊条	kg	16.42
430	031301005	低合金钢焊条 E43（综合）	kg	11.50
431	031301007	低碳钢焊条（综合）	kg	10.53
432	031301008	低碳钢焊条 J422（综合）	kg	9.03
433	031301011	电焊条（综合）	kg	19.56
434	031301013	电焊条 L60（综合）	kg	28.23
435	031301014	铬不锈钢电焊条	kg	42.48
436	031301015	聚氯乙烯焊条（综合）	kg	27.44
437	031301017	硬聚氯乙烯焊条（综合）	m	0.84
438	031301020	铝焊条 L109（综合）	kg	138.05
439	031301023	碳钢气焊条（综合）	kg	10.53
440	031301024	铜焊条（综合）	kg	93.81

续前

序号	材料编码	材料名称	单位	不含税价
441	031301025	紫铜电焊条 T107 ϕ3.2	kg	85.66
442	031303008	碳钢氩弧焊丝	kg	24.78
443	031303013	焊丝 ϕ3.2	kg	12.51
444	031303017	不锈钢焊丝（综合）	kg	29.91
445	031303019	焊锡丝（综合）	kg	244.25
446	031305001	焊剂	kg	32.00
447	031305002	焊锡	kg	244.25
448	031305003	焊锡膏	kg	37.96
449	031307003	铜焊粉 气剂 301 瓶装	kg	53.10
450	031309003	锡焊料	kg	76.99
451	031501001	扒钉	kg	4.60
452	031501004	水泥钉 10#	100 支	3.45
453	031501006	铁线钉	kg	7.01
454	031501007	圆钉	kg	7.01
455	031501014	圆钉 50～75	kg	7.01
456	031502001	道钉	kg	15.93
457	031502004	骑马钉 20 × 2	kg	7.01
458	031502007	射钉	个	0.05
459	031502012	鞋钉 20	kg	7.01
460	031502014	抓钉	kg	7.01
461	031505002	不锈钢丝网	m^2	78.00
462	031505004	镀锌钢丝网 ϕ2.5 × 67 × 67～ϕ3 × 50 × 50	m^2	6.75
463	031505005	镀锌钢丝网 ϕ1.6 × 20 × 20	m^2	9.06
464	031505011	钢板网	m^2	19.85
465	031505013	钢筋网片	t	4210.00
466	031505014	钢丝网（综合）	m^2	16.47
467	031505015	钢丝网 0.3	m^2	16.47
468	031505017	钢丝网 10# （网眼 20 × 20）	m^2	16.47
469	031505018	钢丝网 20# （网眼 10 × 10）	m^2	16.47
470	031505021	框架式网片	m^2	95.55
471	031507001	铁丝（综合）	kg	3.98
472	031507003	铁丝（综合）	t	3982.30
473	031507004	铁丝 ϕ2.8～4.0	kg	3.98
474	031507005	铁丝 ϕ2	m	0.09
475	031507006	铁丝 ϕ3.5	kg	3.98
476	031507007	镀锌铁丝（综合）	kg	6.85
477	031507010	镀锌铁丝 ϕ0.7～1.2	kg	7.40

续前

序号	材料编码	材料名称	单位	不含税价
478	031507012	镀锌铁丝 ϕ1.2～2.2	kg	6.81
479	031507016	镀锌铁丝 ϕ2.5～1.4	kg	6.72
480	031507017	镀锌铁丝 ϕ2.5～4.0	kg	6.42
481	031507018	镀锌铁丝 ϕ2.8～4.0	kg	6.42
482	031507020	镀锌铁丝 ϕ0.7	kg	7.79
483	031507023	镀锌铁丝 ϕ1.4	kg	6.96
484	031507026	镀锌铁丝 ϕ1.6	kg	6.81
485	031507028	镀锌铁丝 ϕ2.8	kg	6.64
486	031507030	镀锌铁丝 ϕ3.5	kg	6.23
487	031507031	镀锌铁丝 ϕ4.0	kg	6.23
488	031509001	铁件（综合）	kg	4.82
489	031509005	垫铁	kg	4.97
490	031509007	平垫铁（综合）	kg	5.12
491	031509008	平垫铁 0～3# 钢 4～8#	kg	5.12
492	031509009	平垫铁 Q195～Q235 1#	块	17.70
493	031509010	斜垫铁（综合）	kg	5.12
494	031509011	斜垫铁 Q195～Q235 1#	块	3.25
495	031509012	斜垫铁 Q195～Q235 1#	kg	5.12
496	031509013	钩头成对斜垫铁 Q195～Q235 1#	kg	5.12
497	031509016	镀锌悬吊铁件	kg	5.42
498	031509018	锚杆铁件	kg	5.66
499	031509019	其他铁件	kg	6.13
500	031509021	预埋件	个	13.27
501	031509022	预埋铁件	kg	4.84
502	031509023	倾斜预埋件	个	19.47
503	031509024	振动预埋件	个	24.00
504	031519001	钻头	kg	19.47
505	031519005	冲击钻头 ϕ8～16	个	2.86
506	031519009	冲击钻头 ϕ12	个	2.15
507	031519012	冲击钻头 ϕ16	个	7.00
508	031519016	合金钢钻头	个	6.00
509	031519017	合金钢钻头（综合）	个	8.00
510	031519019	合金钢钻头 ϕ16～ϕ20	个	8.00
511	031519020	合金钢钻头 ϕ22～ϕ26	个	12.00
512	031519021	合金钢钻头 ϕ28～ϕ34	个	21.00
513	031519022	合金钢钻头 ϕ10	个	4.00
514	031519023	合金钢钻头 ϕ14	个	6.00

续前

序号	材料编码	材料名称	单位	不含税价
515	031519024	合金钢钻头 ϕ16	个	8.00
516	031519026	合金钢钻头一字型	个	6.00
517	031519027	单切面 M8 金刚钻头（磨头）	支	7.00
518	031519028	金钢石钻头	个	60.00
519	031519029	扩孔钻头	个	80.00
520	031519031	塑料钻头 ϕ26	个	2.00
521	031521001	水平定向钻杆	kg	15.04
522	031521003	钻杆	m	115.04
523	031526001	合金钎头 ϕ135	个	117.04
524	031527001	刀片 D450	片	254.87
525	031527002	刀片 D1000	片	995.58
526	031527003	刀片 D1500	片	1170.80
527	031527006	合金刀片	kg	9.00
528	031527008	刻纹机刀片	组	40.00
529	031541003	钢锯条	条	0.42
530	031541005	金刚石锯片	片	70.80
531	031541007	石料切割锯片	片	29.04
532	031599003	链条（成品） L900	根	105.50
533	031599007	钢精扎头	包	1.77
534	031599008	钢精扎头 1～5$^{\#}$	包	1.77
535	031599025	螺栓顶托	个	23.56
536	031599035	直脚 3$^{\#}$	个	5.00
537	031599038	钻杆接头	个	20.00
538	031599040	保护圈盖	套	15.00
539	040100001	水泥（综合）	kg	0.45
540	040100002	水泥 32.5	t	353.98
541	040100003	水泥 32.5	kg	0.35
542	040100005	水泥 42.5	t	452.00
543	040100006	水泥 42.5	kg	0.45
544	040100007	水泥 52.5	kg	0.48
545	040113004	白水泥	kg	0.54
546	040115001	膨胀水泥	kg	0.63
547	040127002	乳胶水泥	kg	13.10
548	040300003	砂子	m^3	195.00
549	040301001	中砂	m^3	210.00
550	040301003	中砂	t	140.00
551	040303001	中粗砂	m^3	210.00

续前

序号	材料编码	材料名称	单位	不含税价
552	040305002	粗砂	m^3	215.00
553	040315002	黄砂 毛砂	t	105.83
554	040315003	黄砂 中砂	m^3	160.19
555	040319001	石英砂（综合）	m^3	821.46
556	040325001	锰砂	t	1320.39
557	040331001	沥青砂	t	762.14
558	040500001	石子	m^3	225.00
559	040501001	碎石（综合）	t	174.76
560	040501002	碎石（综合）	m^3	181.00
561	040501009	碎石 5～40	m^3	181.00
562	040501010	碎石 5～80	m^3	253.00
563	040501011	碎石 20～40	m^3	181.00
564	040501012	碎石 25～40	m^3	181.00
565	040501013	碎石 30～50	m^3	253.00
566	040501015	碎石 50～80	m^3	253.00
567	040501016	碎石 10	m^3	167.00
568	040501018	碎石 15	m^3	182.00
569	040501019	碎石 20	m^3	182.00
570	040501020	碎石 30	m^3	182.00
571	040501021	碎石 40	m^3	181.00
572	040501022	碎石 50	m^3	253.00
573	040501023	碎石 60	m^3	253.00
574	040503001	卵石	t	137.29
575	040503002	卵石	m^3	229.00
576	040505001	砂砾 5～12mm	m^3	204.00
577	040505002	砂砾 5～80mm	m^3	225.00
578	040505003	砾石 5～80mm	m^3	253.00
579	040505004	砾石 5mm	m^3	225.00
580	040505007	砾石 40mm	m^3	239.00
581	040505008	砂砾石	t	165.05
582	040507001	片石	t	155.00
583	040507002	片石	m^3	248.00
584	040509001	豆石	m^3	250.00
585	040515001	块石灰	m^3	568.75
586	040709001	石碴	t	105.98
587	040709002	石碴	m^3	137.57
588	040709003	石碴 30～70	m^3	135.59

续前

序号	材料编码	材料名称	单位	不含税价
589	040711001	焦渣	m^3	120.68
590	040713001	碎砖	m^3	52.92
591	040717001	石屑	m^3	110.54
592	040717003	石屑	t	77.67
593	040719001	矿渣	m^3	37.96
594	040901004	黏土	m^3	24.27
595	040901006	膨润土	kg	0.78
596	040901008	膨润土 200 目	kg	0.83
597	040903001	毛渣	m^3	77.67
598	040905001	生石灰	t	455.00
599	040905002	生石灰	kg	0.46
600	040905004	石灰	t	455.00
601	040905007	石膏粉	kg	0.55
602	040905009	石灰膏	m^3	226.22
603	040905011	石灰下脚料	m^3	117.70
604	040907001	粉煤灰	t	97.35
605	040907002	粉煤灰	m^3	247.81
606	040907003	粉煤灰	kg	0.10
607	040911001	滑石粉	kg	0.99
608	040915003	黑铅粉	kg	14.96
609	040915004	矿粉	kg	0.30
610	040915005	石粉	kg	1.35
611	040915007	石英粉 100 目	kg	0.90
612	040919001	水泥粉煤灰碎石混合料	m^3	203.54
613	040927003	羧甲基纤维素	kg	11.96
614	041103001	毛石	m^3	174.37
615	041103002	毛石（综合）	m^3	174.37
616	041107001	块石	m^3	250.00
617	041107003	块石 200～500	t	145.63
618	041107005	料石	m^2	194.17
619	041109001	条石	m^3	1746.00
620	041109003	条石块	m	52.09
621	041111001	拱石	m^3	325.17
622	041123003	ft 皮石	m^3	46.14
623	041301002	标准砖 240 × 115 × 53	块	0.48
624	041301003	标准砖 240 × 115 × 53	千块	480.00
625	041313002	烧结煤矸石普通砖 240 × 115 × 53	千块	568.83

续前

序号	材料编码	材料名称	单位	不含税价
626	041317002	页岩砖 240×115×53	千块	752.59
627	041327004	混凝土实心砖 240×115×53	千块	480.00
628	041501003	混凝土预制块	m	25.88
629	041501007	混凝土预制块（综合）	m^3	1150.44
630	041505002	加气混凝土砌块 600×240×180	块	6.84
631	042705004	预制顶盖板 *DN*250	个	20.34
632	042705005	预制顶盖板 *DN*1000	个	527.71
633	042705007	走道板	kg	4.87
634	042709006	混凝土标桩 1200×100×100	个	12.00
635	042709010	预应力混凝土桩	m	600.00
636	042709011	混凝土测试桩 100#	个	260.00
637	042713001	预制混凝土彩色步砖	m^2	90.00
638	042725002	混凝土保护板 300×150×30	块	1.35
639	042725004	混凝土保护板 300×250×30	块	2.25
640	042725012	预制混凝土构件	m^3	1106.19
641	043121005	预制混凝土隔离墩	m^3	450.00
642	043121008	预制混凝土六角块	m^2	165.00
643	050100001	原木（综合）	m^3	1895.00
644	050100002	原木 ϕ250×500	根	46.49
645	050100003	原木 ϕ250×1200	根	111.57
646	050100004	松杂原木（综合）	m^3	1895.00
647	050100006	松原木 ϕ100～280	m^3	1895.00
648	050105001	道木（综合）	m^3	2020.00
649	050105002	道木 250mm×200mm×2500mm	根	252.50
650	050109001	枕木（综合）	m^3	2020.00
651	050109002	木枕 Ⅱ类	根	203.00
652	050109003	枕木 2000mm×200mm×200mm	根	202.00
653	050109004	枕木 2000mm×250mm×200mm	根	202.00
654	050109005	枕木 2500mm×200mm×160mm	根	161.60
655	050109006	枕木 2500mm×250mm×200mm	根	252.50
656	050301002	木材（成材）	m^3	2065.00
657	050301004	木板（综合）	m^3	2065.00
658	050301005	木板 δ20	m^3	2065.00
659	050301006	木板 δ25	m^3	2065.00
660	050301008	车道槽形板	m^2	65.88
661	050401003	板枋材	m^3	2065.00
662	050401006	板枋材 杉木	m^3	2065.00

续前

序号	材料编码	材料名称	单位	不含税价
663	050401009	板枋材 松杂	m^3	2065.00
664	051701001	甘蔗板	m^2	23.53
665	051703001	木丝板	m^2	23.53
666	051703002	木丝板 δ25	m^2	21.70
667	052305001	圆木台 (63～138)×22	块	0.12
668	052501001	垫木	m^3	2020.00
669	052501004	软木衬垫	m^2	16.13
670	052501005	硬垫木	m^3	1992.00
671	053101001	毛竹	根	21.43
672	053305001	竹挡土板	m^2	24.77
673	053507002	竹篱片	m^2	3.25
674	053511001	苇席	m^2	7.50
675	070500002	瓷砖 200×300	m^2	57.52
676	081713002	天然石材饰面板（综合）	m^2	195.00
677	090501002	镜面不锈钢板	m^2	203.55
678	090907003	卡普龙板	m^2	500.00
679	091105001	彩钢板 δ0.5	m^2	20.00
680	092313001	胶塑板	kg	95.58
681	092701001	玻璃纤维布（综合）	m^2	2.60
682	092705001	破布	kg	5.58
683	092921001	玻璃纤维格栅	m^2	10.62
684	101511001	铝合金龙骨连接件	件	4.46
685	112333001	钢密封门	t	2550.44
686	113101001	铸铁爬梯	kg	8.00
687	120303004	铝合金压条（综合）	m	19.50
688	122109004	钢管栏杆	kg	4.86
689	130100001	喷漆	kg	15.13
690	130101007	丁醛自粘腻子	kg	8.79
691	130103002	白酚醛漆	kg	17.00
692	130103004	改性环氧树脂面漆	kg	25.50
693	130103019	油性金属面漆	kg	45.81
694	130105008	绝缘清漆	kg	21.44
695	130111001	底漆	kg	21.24
696	130111020	改性环氧树脂封闭底漆	kg	25.50
697	130111021	环氧水泥改性聚合物底涂	kg	18.75
698	130113001	硝基磁漆	kg	20.43
699	130113005	酚醛磁漆	kg	14.91

续前

序号	材料编码	材料名称	单位	不含税价
700	130115001	调和漆	kg	13.00
701	130115002	无光调和漆	kg	18.58
702	130115006	酚醛调和漆	kg	12.81
703	130115007	酚醛调和漆 各色	kg	12.00
704	130117007	改性环氧树脂中间漆	kg	25.50
705	130119001	白漆	kg	15.56
706	130119002	厚漆	kg	6.37
707	130119003	厚漆各色 Y02-1	kg	6.37
708	130121001	沥青漆	kg	15.04
709	130121003	沥青绝缘漆	kg	14.33
710	130121004	煤焦油沥青漆 L01-17	kg	13.78
711	130303001	白油漆	kg	14.49
712	130501005	防火涂料	kg	16.94
713	130501007	厚型防火涂料	kg	2.80
714	130502001	苯乙烯涂料	kg	10.87
715	130502003	非焦油聚氨酯涂料	kg	15.04
716	130502004	焦油聚氨脂涂料	kg	24.88
717	130502005	聚氨酯防水涂料	kg	11.80
718	130502006	聚氨酯甲料	kg	11.80
719	130502007	聚氨酯乙料	kg	11.80
720	130502010	水泥基渗透结晶防水涂料	kg	9.76
721	130505001	防锈漆	kg	11.00
722	130505003	醇酸防锈漆	kg	9.86
723	130505005	醇酸防锈漆 C53-1	kg	14.25
724	130505006	酚醛红漆	kg	15.47
725	130505010	红丹防锈漆	kg	11.00
726	130505013	环氧沥青漆	kg	11.01
727	130505014	环氧沥青防锈漆	kg	11.01
728	130507001	防腐油	kg	11.45
729	130507002	防腐漆（钢管片用）	kg	23.17
730	130507026	环氧富锌底漆	kg	19.71
731	130507035	环氧水泥改性聚合物防水防腐涂料	kg	45.85
732	130525001	酚醛黑板漆	kg	12.00
733	130527002	封闭漆（钢管片用）	kg	12.72
734	130905001	白铝粉	kg	10.23
735	133101001	石油沥青（综合）	kg	4.47
736	133101002	石油沥青 60～100$^{\#}$	t	4563.00

续前

序号	材料编码	材料名称	单位	不含税价
737	133101003	石油沥青 10#	kg	4.43
738	133101005	石油沥青 30#	kg	4.44
739	133101006	石油沥青 55#	t	4563.00
740	133103001	改性沥青	kg	4.83
741	133103002	乳化沥青	kg	4.24
742	133301001	石油沥青油毡	m^2	1.30
743	133303002	复合铜胎基 SBS 改性沥青卷材	m^2	60.48
744	133311002	EVA 聚氯乙烯卷材 δ2	m^2	18.33
745	133501002	防水油	kg	4.42
746	133501006	建筑油膏	kg	10.16
747	133501007	密封膏	kg	5.80
748	133501009	塑料油膏	kg	12.81
749	133501010	聚氨酯密封膏	kg	10.29
750	133503009	环氧密封胶	kg	14.76
751	133503014	密封胶	kg	10.81
752	133503018	密封止水胶	kg	14.60
753	133503023	双组份聚硫密封胶	kg	6.37
754	133503024	外防水氯丁酚醛胶	kg	14.19
755	133505001	防水剂	kg	4.42
756	133507001	防水粉	kg	39.82
757	133511001	嵌缝料	kg	3.54
758	133511002	环氧聚胺脂嵌缝膏	kg	4.25
759	133513002	PG 道路嵌缝胶	kg	11.58
760	133517001	模板嵌缝料	kg	3.54
761	133517002	沥青防水油膏	kg	4.41
762	133519008	油浸石棉盘根 ϕ6～10	kg	11.23
763	133519009	油浸石棉盘根 编织 ϕ6～10（250℃）	kg	11.32
764	133705001	钢板腻子止水带 250	m	38.81
765	133705003	内防水橡胶止水带	m	18.58
766	133705004	塑料止水带	m	21.64
767	133705005	橡胶止水带	m	25.56
768	133705006	橡胶止水带 300 × 8	m	34.88
769	133705007	遇水膨胀止水条 30 × 20	m	5.76
770	133901005	塑料排水板 插塑	m	17.86
771	133903001	土工复合排水网 5.0mm	m^2	2.68
772	133903002	土工复合排水网 6.0mm	m^2	5.13
773	133905001	复合式防水板	m^2	15.40

续前

序号	材料编码	材料名称	单位	不含税价
774	140103001	清油	kg	15.16
775	140103002	清油 C01-1	kg	13.45
776	140105002	油麻	kg	4.71
777	140111001	松节油	kg	29.20
778	140113002	黄油	kg	13.42
779	140301001	汽油 89#	kg	8.23
780	140301003	汽油 92#	kg	8.64
781	140303001	机油（综合）	kg	10.44
782	140303002	机油 5～7#	kg	10.44
783	140303003	机油 10～14#	kg	10.44
784	140303004	机油 15#	kg	10.44
785	140303005	机油 32#	kg	10.44
786	140303006	机油 45#	kg	10.44
787	140305001	柴油	t	7274.34
788	140305002	柴油	kg	7.27
789	140307001	煤油	kg	13.27
790	140505001	铅油（厚漆）	kg	7.13
791	140507001	冷底子油	kg	6.87
792	140507002	冷底子油 30：70	kg	6.87
793	140509002	溶剂汽油	kg	8.23
794	140509003	溶剂汽油 200#	kg	8.23
795	140509006	油漆溶剂油	kg	4.40
796	140700002	润滑油	kg	4.01
797	140701001	锭子油	kg	5.27
798	140705001	液压油	kg	8.50
799	140717001	变压器油	kg	15.93
800	140719001	盾构油脂	kg	13.27
801	140723001	纱锭油	kg	10.00
802	140901001	钙基润滑脂	kg	10.50
803	140901003	黄油钙基脂	kg	11.04
804	140917001	石蜡	kg	5.11
805	140919002	EP2 油脂	kg	14.60
806	140919003	HBW 油脂	kg	14.60
807	142107001	环氧树脂	kg	21.64
808	142113001	聚酰胺 300#	kg	24.26
809	142113002	聚酰胺树脂	kg	32.06
810	142119001	改性沥青玛蹄脂 SMA-16 聚酯纤维	m^3	973.45

续前

序号	材料编码	材料名称	单位	不含税价
811	142119002	石油沥青玛琋脂	m^3	628.32
812	142119003	石油沥青玛琋脂	kg	3.81
813	142123001	电力复合脂	kg	20.57
814	142315001	凡士林	kg	2.38
815	142907001	乙炔气	m^3	17.29
816	142907002	乙炔气	kg	14.78
817	142909001	氧气	m^3	5.06
818	142911001	氩气	m^3	6.77
819	142919001	二氧化碳气体	m^3	3.23
820	143101001	盐酸	kg	3.85
821	143101002	盐酸 31%合成	kg	3.85
822	143103001	硝酸	kg	10.22
823	143103002	硝酸 纯度 98%	kg	10.22
824	143105002	硫酸 98%	kg	1.97
825	143121001	二硫化钼	kg	72.57
826	143123001	硅酸钠（水玻璃）	kg	4.04
827	143131001	磷酸氢二钠	kg	4.74
828	143138001	硫酸钙	kg	5.00
829	143141002	硫酸镁 99.5%	kg	5.00
830	143147001	氯化钙	kg	7.52
831	143149002	盐（工业）	kg	0.52
832	143157001	氢氟酸 45%	kg	7.04
833	143159001	氢氧化钠（烧碱）	kg	2.35
834	143163001	三氯乙烯	kg	9.91
835	143171001	碳酸钠（纯碱）	kg	1.46
836	143173001	碳酸氢钠	kg	1.75
837	143177001	乙酸乙酯	kg	6.84
838	143179001	乙二胺	kg	10.23
839	143183001	液化气	kg	5.01
840	143183002	液化石油气	kg	7.26
841	143193001	漂白粉（综合）	kg	3.43
842	143309002	黄甘油	kg	9.91
843	143311001	白铅油	kg	7.29
844	143315001	丙酮	kg	8.68
845	143327001	甲苯	kg	8.50
846	143333001	三乙醇胺	kg	9.73
847	143335001	三异氰酸酯	kg	12.28

续前

序号	材料编码	材料名称	单位	不含税价
848	143337001	天那水	kg	6.90
849	143339002	硬酯酸 一级	kg	4.07
850	143501001	促进剂 KA	kg	4.19
851	143505004	清洗液 500ml	瓶	3.54
852	143511001	稀释剂	kg	8.00
853	143511023	环氧富锌底漆稀释剂	kg	25.40
854	143513013	聚氨脂固化剂	kg	17.70
855	143527001	氟碳保护剂	kg	33.27
856	143531001	隔离剂	kg	4.87
857	143541001	界面剂	kg	1.89
858	143549001	速凝剂	kg	4.20
859	143557001	脱模剂	kg	3.66
860	143557002	脱模油	kg	5.00
861	143559001	脱漆剂	kg	15.00
862	143565001	微沫剂	kg	13.45
863	143705001	粉末活性炭	m^3	3400.04
864	143705002	颗粒活性炭	m^3	3876.95
865	144100002	胶粘剂	kg	9.56
866	144101002	聚氨脂粘合剂	kg	11.95
867	144103001	氯丁橡胶浆	kg	8.85
868	144103002	氯丁橡胶粘接剂	kg	15.50
869	144105005	氯丁胶粘结剂	kg	10.30
870	144105006	水玻璃	kg	4.04
871	144117002	石油沥青胶	kg	2.65
872	144135011	胶合剂	kg	53.36
873	144135019	强力植筋胶	L	20.04
874	144135022	粘合剂	kg	13.42
875	144135023	粘合剂 507	kg	14.78
876	144135025	粘接胶	kg	12.04
877	144135026	粘结剂 CX-404	kg	12.04
878	144303003	胶带纸	卷	4.13
879	144303015	塑料胶布带 20mm × 10m	卷	2.90
880	144303017	塑料胶布带 25mm × 10m	卷	3.65
881	144303018	塑料粘胶带（综合）	盘	3.23
882	144303020	塑料粘胶带 20mm × 50m	卷	17.79
883	144307001	PVC 胶水	kg	20.00
884	144307004	万能胶 环氧树脂	kg	16.81

续前

序号	材料编码	材料名称	单位	不含税价
885	150100001	石棉	kg	6.91
886	150105001	石棉绳	kg	8.50
887	150105003	石棉编绳（综合）	kg	8.52
888	150105006	石棉扭绳（综合）	kg	8.50
889	150105007	石棉扭绳 ϕ13～19	kg	9.60
890	150105010	铅粉石棉绳 ϕ6	kg	8.51
891	150107001	纸胎油毡隔离层	m^2	4.00
892	150113001	石棉垫	kg	13.00
893	150113003	石棉绒	kg	13.00
894	150702001	玻璃布（综合）	m^2	2.27
895	151301003	聚苯乙烯泡沫板（综合）	m^3	254.11
896	151301004	聚苯乙烯泡沫板 δ30	m^2	10.09
897	151301007	硬泡沫塑料板	m^3	575.22
898	151301008	聚苯乙烯硬泡沫塑料	m^3	260.00
899	151303001	聚氨酯泡沫塑料	kg	34.17
900	151303002	聚氨酯硬质泡沫 A、B 料	m^3	42.00
901	151303003	可发性聚氨酯泡沫塑料	kg	14.80
902	151309001	低密度聚乙烯泡沫塑料 δ10	m^2	12.35
903	151311002	泡沫塑料（综合）	m^2	15.00
904	152306003	铝箔带 30 × 0.08	m	1.89
905	155505001	钢纤维	kg	8.16
906	170100003	钢管（综合）	t	3447.79
907	170100004	钢管（综合）	kg	3.45
908	170100010	钢管 *D*80	kg	3.45
909	170100014	钢管 *D*219 × 6	m	126.07
910	170100016	焊接钢管（综合）	t	3447.79
911	170100017	焊接钢管（综合）	kg	3.45
912	170101001	焊接钢管 *DN*15	m	4.41
913	170101003	焊接钢管 *DN*20	m	5.73
914	170101004	焊接钢管 *DN*25	m	8.30
915	170101006	焊接钢管 *DN*32	m	11.58
916	170101008	焊接钢管 *DN*40	m	13.34
917	170101009	焊接钢管 *DN*50	m	18.26
918	170101016	焊接钢管 *DN*80	kg	3.45
919	170101017	焊接钢管 *DN*100	m	37.51
920	170101024	焊接钢管 *DN*150	m	62.68
921	170101029	焊接钢管 *DN*200	kg	3.52

续前

序号	材料编码	材料名称	单位	不含税价
922	170101032	焊接钢管 *DN*300	m	215.63
923	170101033	焊接钢管 *DN*400	m	395.47
924	170101034	焊接钢管 *DN*500	m	591.04
925	170101035	焊接钢管 ϕ600 以内	t	3447.79
926	170101036	黑铁管（综合）	kg	7.52
927	170101037	黑铁管 *DN*80	m	60.80
928	170101038	黑铁管 *DN*100	m	92.80
929	170101039	黑铁管 *DN*150	m	136.00
930	170200001	无缝钢管（综合）	t	4000.00
931	170200002	无缝钢管（综合）	kg	4.33
932	170201002	无缝钢管 *D*22×2.5	m	4.92
933	170201005	无缝钢管 *D*32×2.5	m	7.45
934	170201006	无缝钢管 *D*32×3.5	m	10.07
935	170201009	无缝钢管 *D*42×3.5	kg	4.33
936	170201012	无缝钢管 *D*50×3.5	m	16.44
937	170201014	无缝钢管 *D*57×3.5	m	18.91
938	170201018	无缝钢管 *D*70×3	m	24.69
939	170201019	无缝钢管 *D*73×4	m	27.23
940	170201023	无缝钢管 *D*89×4	m	33.54
941	170201025	无缝钢管 *D*89×6	kg	4.29
942	170201026	无缝钢管 *D*102×4	m	38.67
943	170201027	无缝钢管 *D*108×4	m	41.04
944	170201029	无缝钢管 *D*108×4.5	m	45.95
945	170201031	无缝钢管 *D*108×6	kg	4.29
946	170201034	无缝钢管 *D*150×6	m	68.58
947	170201035	无缝钢管 *D*159×4.5	m	68.58
948	170201037	无缝钢管 *D*159×6	m	90.56
949	170201038	无缝钢管 *D*159×6	kg	4.27
950	170201039	无缝钢管 *D*203×6	kg	4.27
951	170201043	无缝钢管 *D*219×7	m	146.39
952	170201044	无缝钢管 *D*219×8	m	166.91
953	170201046	无缝钢管 *D*273×7	m	183.92
954	170201049	无缝钢管 *D*325×8	m	250.50
955	170201053	无缝钢管 *D*426×10	m	410.91
956	170201065	无缝钢管 *D*76	m	25.04
957	170201069	无缝钢管 *DN*50	m	21.42
958	170300003	镀锌钢管（综合）	kg	3.96

续前

序号	材料编码	材料名称	单位	不含税价
959	170301004	镀锌钢管 *DN*20	m	6.83
960	170301006	镀锌钢管 *DN*25	m	10.14
961	170301007	镀锌钢管 *DN*32	m	13.12
962	170301010	镀锌钢管 *DN*50	m	20.45
963	170301014	镀锌钢管 *DN*65	m	27.83
964	170301016	镀锌钢管 *DN*80	m	34.96
965	170301017	镀锌钢管 *DN*100	m	45.48
966	170500004	碳钢管 *D*42×3.5	m	14.19
967	170500005	碳钢管 *D*60×3.5	m	20.81
968	170500006	碳钢管 *D*89×4	m	35.79
969	170500007	碳钢管 *D*89×4.5	m	40.03
970	170500008	碳钢管 *D*108×4.5	m	49.03
971	170500009	碳钢管 *D*159×4.5	m	73.19
972	170500010	碳钢管 *D*273×7	m	195.99
973	170500011	碳钢管 *D*325×8	m	383.25
974	170500012	碳钢管 *D*377×9	m	348.62
975	170500013	碳钢管 *D*426×9	m	395.04
976	170500014	碳钢管 *D*530×10	m	529.20
977	170500015	碳钢管 *D*630×10	m	578.76
978	170700001	不锈钢管（综合）	t	15221.24
979	170700008	不锈钢管 管外径*D*57	m	61.06
980	170700009	不锈钢管 管外径*D*76	m	97.70
981	170700010	不锈钢管 管外径*D*108	m	126.64
982	170700011	不锈钢管 管外径*D*159	m	212.57
983	170700012	不锈钢管 管外径*D*273	m	556.90
984	170700013	不锈钢管 管外径*D*377	m	730.80
985	171101009	铸铁管 *DN*150	m	115.00
986	171303001	导向铝管 *ϕ*30	m	32.55
987	171500003	铜管 *ϕ*12×1.2	kg	70.97
988	171915004	软式透水管 *ϕ*100	m	11.00
989	172101001	波纹管	kg	3.33
990	172101002	波纹管 *ϕ*50	m	11.60
991	172500001	塑料管（综合）	m	4.16
992	172500003	塑料管（综合）	kg	11.28
993	172500030	塑料胀管 *ϕ*6×50	个	0.15
994	172500031	塑料胀管 *ϕ*8×50	个	0.15
995	172500033	塑料注浆阀管	m	12.22

续前

序号	材料编码	材料名称	单位	不含税价
996	172503002	PVC 塑料管 ϕ100	m	12.39
997	172503003	PVC 塑料管 ϕ150	m	30.97
998	172503004	聚氯乙烯管 ϕ165	kg	16.14
999	172505003	UPVC 塑料管 *De*50	m	4.16
1000	172505004	UPVC 塑料管 *De*75	m	7.96
1001	172505005	硬聚氯乙烯管 ϕ12.5	m	2.39
1002	172505009	硬聚氯乙烯排水管 ϕ160	m	33.19
1003	172506001	PVC-U 加筋管 *DN*400	m	161.06
1004	172507001	软塑料管 ϕ8	m	3.89
1005	172511005	PE 聚乙烯管 *DN*900	m	850.00
1006	172513001	HDPE 承插管 *DN*225	m	85.00
1007	172513002	HDPE 承插管 *DN*355	m	145.00
1008	172513003	HDPE 承插管 *DN*450	m	245.00
1009	172513004	HDPE 承插管 *DN*560	m	355.00
1010	172513005	HDPE 承插管 *DN*710	m	600.00
1011	172513006	HDPE 承插管 *DN*900	m	850.00
1012	172513008	HDPE 排水管 *DN*110	m	28.88
1013	172513010	HDPE 实壁管 *DN*160	m	63.32
1014	172513011	HDPE 实壁管 *DN*200	m	84.17
1015	172513012	HDPE 实壁管 *DN*250	m	120.00
1016	172513013	HDPE 实壁管 *DN*800	m	748.00
1017	172513014	HDPE 实壁管 *DN*1000	m	927.00
1018	172523003	塑料打孔波纹管 ϕ100	m	9.40
1019	172523004	塑料打孔波纹管 ϕ400	m	64.60
1020	172525001	塑料测斜管 ϕ80	m	14.16
1021	172701001	胶管（综合）	m	12.39
1022	172701002	胶管 *D*25	m	14.60
1023	172701003	胶管 *D*50	m	18.52
1024	172707003	橡胶管（综合）	m	12.39
1025	172707005	橡胶管 *D*50mm	m	18.52
1026	172707006	橡胶管 *D*150mm	m	42.48
1027	172709002	塑料软管（综合）	kg	12.55
1028	172709003	塑料软管 *De*5	m	0.85
1029	172709011	塑料软管 *De*20	m	2.58
1030	172709015	塑料软管 ϕ20	m	2.58
1031	172709016	聚氯乙烯软管 *D*20 × 2.5	m	3.37
1032	172709017	塑料弹簧软管 ϕ50	m	15.17

续前

序号	材料编码	材料名称	单位	不含税价
1033	172709018	塑料弹簧软管 ϕ110	m	29.65
1034	172713001	高压胶皮水管 ϕ19-6P-20m	m	10.18
1035	172713003	高压胶管 ϕ50	m	15.93
1036	172713004	高压橡胶管 ϕ100	m	42.48
1037	172713005	高压皮龙管 $\phi150\times3$	根	46.02
1038	172901006	钢筋混凝土管 D300	m	106.00
1039	172903001	混凝土透水管 D300	m	112.00
1040	172903002	混凝土透水管 D380	m	148.00
1041	172903003	混凝土透水管 D450	m	155.00
1042	173000005	玻璃管 ϕ12	m	13.27
1043	173103001	泵管	m	8.22
1044	173103002	泵管使用	m · d	0.20
1045	173105001	钢板井管	m	182.00
1046	173105003	轻型井点井管 D40	m	48.65
1047	173105004	喷射井点井管 D76	m	65.27
1048	173105005	无砂管 D500	m	223.00
1049	173105006	无砂管 D600	m	152.35
1050	173107001	轻型井点总管 D100	m	78.76
1051	173107002	喷射井点总管 D159	m	91.15
1052	173109001	导管	kg	1.33
1053	173113002	塑料异型管 D2.5～5	m	6.90
1054	173121002	孔道成型钢管	kg	20.35
1055	173125001	滤网管	根	70.80
1056	173131002	注浆管	kg	5.94
1057	173133001	透水管	m	37.17
1058	173135001	锁口管	kg	5.36
1059	173139001	岩心管	m	51.33
1060	180115002	支撑圈 DN100	套	4.67
1061	180115003	支撑圈 DN150	套	5.84
1062	180115004	支撑圈 DN200	套	7.01
1063	180115005	支撑圈 DN300	套	8.76
1064	180115006	支撑圈 DN400	套	11.68
1065	180115007	支撑圈 DN500	套	17.52
1066	180115008	支撑圈 DN600	套	29.20
1067	180115009	球铁挡环（挡环、橡胶支撑体）	套	59.29
1068	180309001	玻璃钢异径接头 ϕ500～630	个	72.57
1069	180600003	玻璃钢管接 ϕ630	个	305.82

续前

序号	材料编码	材料名称	单位	不含税价
1070	180601001	玻璃钢护套管 $\phi700$	个	53.40
1071	180905001	PVC 管弯头 $\phi150$	个	19.77
1072	180933002	PVC 管缩节 $\phi150$	只	12.74
1073	180999030	塑料集水短管 *DN*25 *L* = 80	根	7.08
1074	181301002	镀锌三通 *DN*20	个	1.50
1075	181303002	镀锌弯头 *DN*20	个	1.88
1076	181303003	镀锌弯头 *DN*25	个	2.67
1077	181303004	镀锌弯头 *DN*32	个	4.28
1078	181303005	镀锌弯头 *DN*40	个	5.62
1079	181303006	镀锌弯头 *DN*50	个	8.02
1080	181305001	镀锌补芯 *DN*20	个	0.59
1081	181307002	镀锌丝堵 *DN*20	个	0.39
1082	181307003	镀锌丝堵 *DN*25	个	0.51
1083	181307004	镀锌丝堵 *DN*32	个	0.88
1084	181307005	镀锌丝堵 *DN*40	个	1.33
1085	181307006	镀锌丝堵 *DN*50	个	2.12
1086	181602016	镀锌活接头 *DN*20	个	3.36
1087	181602017	镀锌活接头 *DN*25	个	5.08
1088	181602018	镀锌活接头 *DN*32	个	6.02
1089	181602019	镀锌活接头 *DN*40	个	9.04
1090	181602020	镀锌活接头 *DN*50	个	13.26
1091	181602022	镀锌内接头 *DN*20	个	3.36
1092	181602023	镀锌内接头 *DN*25	个	8.07
1093	181602024	镀锌内接头 *DN*32	个	5.12
1094	181602025	镀锌内接头 *DN*40	个	6.05
1095	181602026	镀锌内接头 *DN*50	个	8.48
1096	181602027	镀锌外接头 *DN*50	个	8.02
1097	181603001	黑玛钢活接头（综合）	个	12.17
1098	181603002	黑玛钢活接头 *DN*15	个	2.21
1099	181603004	黑玛钢活接头 *DN*25	个	4.98
1100	181603005	黑玛钢活接头 *DN*32	个	6.64
1101	181604001	紫铜接头	个	35.66
1102	181625012	柔性接头	套	59.12
1103	181625016	外接头 $\phi50$	个	15.04
1104	182506002	固定卡子 3 × 80	套	1.50
1105	182507001	管卡子（电线管用） 15～20	个	0.33
1106	182507002	管卡子（电线管用） 25～32	个	0.13

续前

序号	材料编码	材料名称	单位	不含税价
1107	182507003	管卡子（电线管用） 40～50	个	0.60
1108	182509002	镀锌扁钢卡子 25×4	kg	5.28
1109	182513003	镀锌钢管卡子 *DN*25	个	1.50
1110	182513006	镀锌钢管卡子 *DN*50	个	4.34
1111	182513008	镀锌钢管卡子 *DN*80	个	6.02
1112	182513009	镀锌钢管卡子 *DN*100	个	7.08
1113	182513013	镀锌管卡子 3×20	个	1.50
1114	182513014	镀锌管卡子 3×32	个	1.77
1115	182513015	镀锌管卡子 3×50	个	4.34
1116	182513016	镀锌管卡子 3×75	个	3.98
1117	182513017	镀锌管卡子 ϕ100～150	个	7.26
1118	182515002	塑料管卡 FCL20	个	18.58
1119	182515003	塑料管卡 FCL32	个	0.59
1120	182518001	吊管卡子 20	个	1.70
1121	182518002	吊管卡子 32	个	2.12
1122	182518003	方卡	只	2.93
1123	182518004	喉卡	个	3.98
1124	182519008	镀锌管箍 *DN*25	个	1.50
1125	182519011	镀锌管箍 *DN*50	个	2.21
1126	182519012	镀锌管箍 *DN*80	个	3.98
1127	182519013	镀锌管箍 *DN*100	个	6.73
1128	182519017	黑玛钢管箍 *DN*15	个	0.71
1129	182519031	接头管箍	个	15.32
1130	182525006	镀锌角钢卡箍	副	7.32
1131	182907004	热缩套管 ϕ6	个	3.00
1132	182907008	PE 热收缩带 *DN*300	个	42.48
1133	182907009	PE 热收缩带 *DN*400	个	55.75
1134	182907010	PE 热收缩带 *DN*500	个	72.57
1135	182907011	PE 热收缩带 *DN*600	个	97.35
1136	182907012	PE 热收缩带 *DN*700	个	113.27
1137	182907013	PE 热收缩带 *DN*800	个	130.09
1138	182907014	PE 热收缩带 *DN*900	个	149.56
1139	182907015	PE 热收缩带 *DN*1000	个	212.39
1140	182907016	PE 热收缩套 *DN*300-RSYB440×500	个	18.58
1141	182907017	PE 热收缩套 *DN*400-RSYB550×500	个	26.55
1142	182907018	PE 热收缩套 *DN*500-RSYB650×550	个	37.17
1143	182907019	PE 热收缩套 *DN*600-RSYB750×550	个	44.25

续前

序号	材料编码	材料名称	单位	不含税价
1144	182907020	PE 热收缩套 *DN*700-RSYB880 × 600	个	55.75
1145	182907021	PE 热收缩套 *DN*800-RSYB1000 × 650	个	63.72
1146	182907022	PE 热收缩套 *DN*900-RSYB1100 × 650	个	78.76
1147	182907023	PE 热收缩套 *DN*1000-RSYB1220 × 650	个	97.35
1148	182909001	绝缘套管 3240 酚醛玻璃布板	m	23.58
1149	182915001	钢套管（综合）	kg	4.75
1150	182919002	螺栓套管	个	13.10
1151	183109005	盖堵 ϕ75 以内	个	11.72
1152	183109006	管堵 ϕ50	个	2.12
1153	183109007	管堵 PE *DN*110	个	23.79
1154	183125021	压制弯头 ϕ108 × 7	个	30.97
1155	183125022	压制弯头 ϕ159 × 8	个	39.82
1156	183125023	压制弯头 ϕ219 × 9	个	75.22
1157	183125024	压制弯头 ϕ273 × 8	个	148.67
1158	183125025	压制弯头 ϕ325 × 8	个	206.19
1159	183125026	压制弯头 ϕ426 × 10	个	393.81
1160	183131001	铸铁闸阀套筒	个	60.18
1161	190001004	法兰阀门 *DN*50	个	203.54
1162	190001005	法兰阀门 *DN*80	个	346.90
1163	190001006	法兰阀门 *DN*100	个	416.81
1164	190001007	法兰阀门 *DN*150	个	792.92
1165	190101018	法兰截止阀 J41T-16 *DN*80	个	312.39
1166	190101020	法兰截止阀 J41T-16 *DN*100	个	379.65
1167	190101022	法兰截止阀 J41T-16 *DN*150	个	773.45
1168	190103002	螺纹截止阀 J11T-16 *DN*15	个	27.43
1169	190103004	螺纹截止阀 J11T-16 *DN*20	个	30.97
1170	190103006	螺纹截止阀 J11T-16 *DN*25	个	46.90
1171	190103008	螺纹截止阀 J11T-16 *DN*32	个	57.52
1172	190103011	螺纹截止阀 J11T-16 *DN*50	个	94.69
1173	190301012	法兰闸阀 Z45T-10 *DN*150	个	792.92
1174	190303004	螺纹闸阀 Z15T-10 *DN*20	个	27.43
1175	190500001	球阀（综合）	个	31.86
1176	190901004	法兰止回阀 H44T-10 *DN*150	个	436.28
1177	192303001	螺纹旋塞阀 X13T-10 *DN*50	个	185.84
1178	192303002	螺纹旋塞阀（灰铸铁） X13T-10 *DN*15	个	34.51
1179	192303003	螺纹旋塞阀（灰铸铁） X13T-10 *DN*20	个	36.28
1180	200001013	平焊法兰 *PN*1.6 *DN*32	片	15.84

续前

序号	材料编码	材料名称	单位	不含税价
1181	200001014	平焊法兰 $PN1.6$ $DN50$	片	20.68
1182	200001017	平焊法兰 $PN1.6$ $DN80$	副	58.00
1183	200001019	平焊法兰 $PN1.6$ $DN100$	副	37.00
1184	200001021	平焊法兰 $PN1.6$ $DN150$	副	59.00
1185	200001024	平焊法兰 $DN50$	片	20.68
1186	200001027	平焊法兰 $DN80$	片	29.00
1187	200001029	平焊法兰 $DN100$	片	37.00
1188	201105001	铝及铝合金法兰	副	114.69
1189	203107002	钢垫板 $\delta 1 \sim 2$	kg	4.78
1190	203107003	钢垫板 $\delta 2.5 \sim 5$	kg	4.78
1191	203307014	石棉橡胶垫 $\phi 100$	个	7.50
1192	203307015	石棉橡胶垫 $\phi 150$	个	9.00
1193	203307016	石棉橡胶垫 $\phi 200$	个	12.00
1194	203307017	石棉橡胶垫 $\phi 250$	个	15.00
1195	203307018	石棉橡胶垫 $\phi 300$	个	21.00
1196	203307019	石棉橡胶垫 $\phi 400$	个	24.00
1197	203500001	垫片	个	1.81
1198	203500003	垫片 30×30×3	个	0.18
1199	203501003	射钉垫片	套	0.05
1200	203501006	弹簧垫片（综合）	10个	1.77
1201	203501008	绝缘垫片 3240 酚醛玻璃布板	m^2	42.21
1202	203501010	胶粉油毡衬垫	kg	9.20
1203	212909003	肥皂水	kg	2.52
1204	224500001	风管	kg	4.73
1205	224515001	高压风管	m	13.22
1206	224515002	高压风管 ϕ25-6P-20m	m	12.65
1207	224515003	高压胶皮风管 ϕ25-6P-20m	m	31.50
1208	224519001	粘胶布风筒 $\phi 500$	m	15.60
1209	224519002	粘胶布风筒 $\phi 1000$	m	30.57
1210	224519003	粘胶布风筒 $\phi 1500$	m	45.85
1211	225105001	过滤布 双层尼龙筛网 200 目	m	16.00
1212	250000005	成套灯具 彩灯敷设 满天星彩灯	套	29.18
1213	250000006	成套灯具 埋地灯	套	37.17
1214	250101001	灯泡	个	1.45
1215	255305001	镀锌半挑 8×50×400	块	2.83
1216	256109001	磁接头 双	个	0.58
1217	256119001	防水灯头	个	3.00

续前

序号	材料编码	材料名称	单位	不含税价
1218	256121001	镇流器支架	块	30.20
1219	264111005	三相四孔插座 15A	个	32.90
1220	270101001	熔断器 220V/100A	个	18.01
1221	270101002	熔断器 380V/100A	个	18.95
1222	270111002	羊角熔断器 10A	个	3.81
1223	270301002	保险丝 10A	轴	2.11
1224	271103004	蝶式绝缘子 ED-3	个	3.39
1225	271109001	拉紧绝缘子 J-2	个	6.11
1226	271301001	直瓷管 $\phi(9\sim15)\times305$	个	1.14
1227	271301002	直瓷管 $\phi(10\sim16)\times300$	个	6.29
1228	271501001	铁担针式瓷瓶 3#	个	6.97
1229	271517001	磁环	个	4.63
1230	271517002	磁环 （夹具）	个	4.63
1231	271701001	黑胶布 20mm × 20m	卷	2.21
1232	271703005	相色带 20mm × 20m	卷	5.81
1233	271799001	电气绝缘胶带 18mm × 10m × 0.13mm	卷	4.42
1234	272501002	青壳纸 δ0.1～1.0	kg	19.20
1235	280001009	绝缘导线 BV-2.5	m	1.72
1236	280001013	绝缘电线 BV-2.5	m	1.72
1237	280001014	铜导线 BVV-10	m	6.11
1238	280008004	电缆 35mm^2	m	24.09
1239	280013001	高压电缆 95mm^2	m	176.00
1240	280103005	镀锡裸铜软绞线 TJRX 16～25mm^2	kg	70.80
1241	280103007	镀锌裸铜绞线 16mm^2	kg	70.80
1242	280109002	硬铜绞线 TJ-10mm^2	kg	70.80
1243	280109005	硬铜绞线 TJ-16mm^2	m	10.12
1244	280109009	硬铜绞线 TJ-6mm^2	kg	70.80
1245	280113003	屏蔽绞线 2 芯	m	2.65
1246	280113004	屏蔽绞线 4 芯	m	4.95
1247	280115006	接地铜排 5 × 30	m	95.15
1248	280301001	铜芯塑料绝缘电线 BV	m	0.73
1249	280301004	铜芯塑料绝缘电线 BV-2.5mm^2	m	1.72
1250	280301005	铜芯塑料绝缘电线 BV-4mm^2	m	2.73
1251	280301006	铜芯塑料绝缘电线 BV-6mm^2	m	4.07
1252	280301009	铜芯塑料绝缘电线 BV-16mm^2	m	11.07
1253	280301010	铜芯塑料绝缘电线 BV-25mm^2	m	17.09
1254	280301011	铜芯塑料绝缘电线 BV-35mm^2	m	24.09

续前

序号	材料编码	材料名称	单位	不含税价
1255	280301012	铜芯塑料绝缘电线 BV-50mm^2	m	32.04
1256	280307006	铜芯橡皮花线 BXH 2 × 16/0.15mm^2	m	19.29
1257	280307008	铜芯橡皮绝缘电线 BX-2.5mm^2	m	1.58
1258	280309001	橡胶三芯软缆 3 × 35mm^2	m	81.35
1259	280317003	铜芯塑料绝缘绞型电线 RVS-2 × 2.5mm^2	m	4.35
1260	280317006	铜芯塑料绝缘软电线 BVR-2.5mm^2	m	1.88
1261	280317013	阻燃铜芯塑料绝缘绞型电线 ZR-RVS 2 × 1.5mm^2	m	2.31
1262	281107001	橡套电力电缆 YHC 3 × 16mm^2 + 1 × 6mm^2	m	69.91
1263	281107002	橡套电力电缆 YHC 3 × 50mm^2 + 1 × 6mm^2	m	211.19
1264	281107003	橡套电力电缆 YHC 3 × 70mm^2 + 1 × 25mm^2	m	238.18
1265	281401003	塑料绝缘电力电缆 VV 2 × 35mm^2	m	41.65
1266	281401005	塑料绝缘电力电缆 VV 3 × 240mm^2 10kv	m	467.52
1267	281401006	塑料绝缘电力电缆 VV 3 × 10mm^2 500V	m	27.20
1268	281401007	塑料绝缘电力电缆 VV 3 × 70mm^2 + 2 × 25mm^2	m	153.92
1269	281401008	塑料绝缘电力电缆 VV 3 × 120mm^2 + 2 × 70mm^2	m	305.04
1270	281401009	塑料绝缘电力电缆 VV 3 × 150mm^2 + 2 × 120mm^2	m	445.40
1271	281401010	塑料绝缘电力电缆 VV 3 × 180mm^2 + 2 × 150mm^2	m	555.90
1272	284309005	接地线 25mm^2	m	15.67
1273	284309006	铜接地线 25mm^2	m	15.67
1274	290499007	金属支架	kg	4.19
1275	290600002	穿线管 ϕ60	根	10.33
1276	290603001	电线管 TC20	m	4.92
1277	290603002	电线管 TC32	m	5.64
1278	290603003	电线管 TC50	m	9.04
1279	290611002	半硬塑料管 ϕ32	m	3.16
1280	290639003	镀锌电缆卡子 2 × 35	套	3.02
1281	290639005	镀锌电缆卡子 3 × 50	套	4.73
1282	290639006	镀锌电缆卡子 3 × 100	套	6.03
1283	290639025	钢管塑料护口 100～200mm	个	0.16
1284	290639026	钢管塑料护口 25～32mm	个	0.04
1285	290639027	钢管塑料护口 40～50mm	个	0.08
1286	290639028	钢管塑料护口 70mm	个	0.12
1287	290639029	钢管塑料护口 80mm	个	0.17
1288	290639030	钢管塑料护口 ϕ15～20	个	0.06
1289	290639034	钢管塑料护口 ϕ100	个	0.10
1290	290645054	塑料管卡子 50mm	个	0.39
1291	290645055	塑料管卡子 70mm	个	0.59

续前

序号	材料编码	材料名称	单位	不含税价
1292	290645056	塑料管卡子 100mm	个	1.49
1293	290661002	镀锌管接头（金属软管） *DN*20	个	1.24
1294	290661003	镀锌管接头（金属软管） *DN*32	个	1.23
1295	290661004	镀锌管接头（金属软管） *DN*50	个	2.89
1296	290661005	镀锌管接头（金属软管） *DN*70	个	3.76
1297	290661006	镀锌管接头（金属软管） *DN*100	个	15.22
1298	290699001	电线管用塑料护口 ϕ15-20	个	0.14
1299	290699002	电线管用塑料护口 ϕ25-32	个	0.27
1300	290699003	电线管用塑料护口 ϕ40-50	个	0.25
1301	290699004	电线管用塑料护口 ϕ15	个	0.14
1302	290727001	电缆头固定板（铁件）	kg	3.32
1303	290901020	铜接线端子 DT-120mm^2	个	12.17
1304	290901022	铜接线端子 DT-16mm^2	个	2.50
1305	290901027	铜接线端子 DT-35mm^2	个	3.35
1306	290901031	铜接线端子 DT-70mm^2	个	6.48
1307	290907002	端子板 JX2-2510	组	12.56
1308	291110009	接线盒 (50～70) × (50～70) × 25	个	2.18
1309	291115003	接头箱（综合）	kg	4.30
1310	291511001	胶木线夹	个	0.38
1311	291705001	支撑架	kg	4.19
1312	291705002	镀锌支架支撑 ＜50 × 50 × 1320	副	23.84
1313	291705003	钢拉杆	kg	4.73
1314	291707001	并沟线夹 35mm^2	个	1.50
1315	291707002	并沟线夹 95mm^2	个	2.29
1316	291707003	并沟线夹 150mm^2	个	3.44
1317	291707015	铝压接管 35mm^2	个	0.90
1318	291707016	铝压接管 50mm^2	个	1.17
1319	291707017	铝压接管 70mm^2	个	2.65
1320	291707018	铝压接管 120mm^2	个	4.78
1321	291707019	铝压接管 240mm^2	个	5.18
1322	291707020	铝扎索管 35mm^2	m	0.90
1323	291707021	铝扎索管 50mm^2	个	1.17
1324	291707022	铝扎索管 70mm^2	个	2.65
1325	291707023	铝扎索管 120mm^2	个	4.78
1326	291707024	铝扎索管 240mm^2	个	5.18
1327	291707025	钳接管 QJG-25～35mm^2	个	1.02
1328	291707026	钳接管 QLG-150～185mm^2	个	6.90

续前

序号	材料编码	材料名称	单位	不含税价
1329	291707027	钳接管 QJG-35mm^2	个	0.42
1330	291707028	钳接管 QJG-95mm^2	个	5.22
1331	291707029	钳接管 QL-150～240mm^2	个	35.95
1332	291707030	钳接管 QL-95mm^2	个	5.60
1333	291711002	钢线卡子 ϕ10～20	个	3.90
1334	291711003	钢线卡子 ϕ6	个	2.27
1335	291711005	尼龙线卡	个	0.37
1336	291711006	铜卡子	个	9.32
1337	291711007	铜接线卡 1.0～2.5	个	1.06
1338	291713005	张拉机具	kg	6.17
1339	292111001	镀锌 U 形拉环 $\phi18\times557$	个	10.33
1340	292111002	镀锌 U 形拉环 $\phi22\times557$	个	15.49
1341	292111003	镀锌 U 形拉环 $\phi25\times557$	个	17.20
1342	292111004	镀锌拉线棒 $\phi19\times2500$	个	23.22
1343	292111005	镀锌拉线棒 $\phi22\times2500$	个	26.66
1344	292111006	镀锌拉线棒 $\phi25\times2500$	个	32.68
1345	292111011	拉线	根	16.35
1346	292113001	抱箍 U 型	套	14.24
1347	292113002	镀锌抱箍 U 形	套	14.24
1348	292113003	镀锌横箍 V 形	副	12.56
1349	292113006	圆箍	副	17.20
1350	292311001	镀锌横担 ∟$5\times50\times1500$	根	32.80
1351	292311002	镀锌拉线横担 ∟$50\times5\times650$	副	8.27
1352	292313004	镀锌抱铁 M 型	个	8.64
1353	292313009	镀锌铁拉板 $40\times4\times200$～350	块	6.03
1354	292509001	电缆挂钩	只	0.31
1355	292509002	镀锌电缆吊挂 3.0×50	套	3.11
1356	292509003	镀锌电缆吊挂 3.0×100	套	3.96
1357	292701001	定相带	个	117.02
1358	292703007	镀锌接地线板 $40\times5\times120$	个	3.04
1359	292709001	顶套	个	3.11
1360	303505003	雨量传感器	个	235.47
1361	311921002	滤油纸 300×300	张	0.64
1362	320701001	草皮	m^2	12.00
1363	330103001	钢拱架	kg	4.07
1364	330103003	钢桁架	t	6500.00
1365	330107004	钢管柱 含法兰盘	kg	3.76

续前

序号	材料编码	材料名称	单位	不含税价
1366	330109001	槽型钢板桩	t	5900.00
1367	330109002	槽型钢板桩使用费	t·天	9.20
1368	330109004	钢板桩	kg	3.76
1369	330115004	钢顶柱横梁	t	6500.00
1370	330117002	钢平台	kg	3.76
1371	330121002	钢板底座 300×300×6	kg	5.13
1372	330121005	门式钢支架	t	5500.00
1373	330123001	钢制台座	kg	3.76
1374	330127004	钢支撑	kg	4.65
1375	330127005	钢模支撑	kg	4.65
1376	330127008	镀锌圆钢支撑 ϕ16×1000	根	10.00
1377	330129001	钢帽 ϕ400	个	23.68
1378	330129002	钢帽 ϕ600	个	26.00
1379	330129003	钢帽 ϕ900	个	30.20
1380	330129008	桩靴	kg	3.76
1381	330199005	钢护筒	t	6500.00
1382	330199006	钢筋扎头底板	kg	3.76
1383	330199008	钢围檩	kg	3.76
1384	330513001	传力板	块	400.00
1385	331100001	水箱	kg	4.98
1386	333103001	圆木桩	m^3	1316.04
1387	340101002	钨棒	kg	389.38
1388	340101003	铈钨棒	g	2.15
1389	340101004	钍钨棒	kg	399.12
1390	340101005	钍钨棒	g	0.45
1391	340201004	三元乙丙密封胶条	m	0.44
1392	340203001	密封带	m	0.71
1393	340203004	生料带	kg	82.83
1394	340205005	橡胶密封圈 *DN*100	个	6.83
1395	340205007	橡胶密封圈 *DN*150	个	7.80
1396	340205008	橡胶密封圈 *DN*200	个	10.44
1397	340205010	橡胶密封圈 *DN*300	个	15.08
1398	340205012	橡胶密封圈 *DN*400	个	23.23
1399	340205014	橡胶密封圈 *DN*500	个	31.55
1400	340205015	橡胶密封圈 *DN*600	个	32.95
1401	340205027	遇水膨胀橡胶密封圈	m	38.00
1402	340305001	胶质炸药	kg	13.20

续前

序号	材料编码	材料名称	单位	不含税价
1403	340305002	乳化炸药	kg	8.62
1404	340309002	非电毫秒雷管	发	2.39
1405	340313001	导爆索	m	1.71
1406	340503001	草板纸 80#	张	2.10
1407	340505001	牛皮纸	m^2	8.51
1408	340509002	木工铅笔	支	1.00
1409	340705004	塑料手套 ST 型	个	2.21
1410	340717001	安全网	m^2	2.52
1411	340717002	涤纶防坠网	付	12.00
1412	340907002	毛刷 2″	把	3.00
1413	340907003	漆刷 1～1.5"	把	3.00
1414	340907006	钢丝刷子	把	9.05
1415	340909002	树棕	kg	15.75
1416	340915002	升降传动装置	套	3950.00
1417	340919001	贝雷片	t	6017.70
1418	341101001	水	m^3	5.63
1419	341103001	电	kW · h	0.71
1420	341105001	煤	t	665.49
1421	341105002	煤	kg	0.67
1422	341107001	木炭	kg	3.19
1423	341109001	焦炭	kg	1.58
1424	341111001	木柴	kg	0.26
1425	341304002	标志牌	个	47.43
1426	341304003	标志牌 塑料扁形	个	3.50
1427	341304009	管线抱箍标志	个	5.75
1428	350101001	木模板	m^3	1921.10
1429	350101002	模板木材	m^3	1884.55
1430	350101003	复合木模板面板	m^2	85.00
1431	350105001	木脚手板	m^2	30.00
1432	350111001	钢模板	t	4980.00
1433	350111002	钢模板	kg	4.98
1434	350111003	定型钢模板	kg	6.63
1435	350111004	异形钢模板	kg	7.28
1436	350111005	管片钢模 精加工制作	kg	14.83
1437	350111007	组合钢模板	kg	6.63
1438	350115001	钢挡土板	t	3761.06
1439	350116001	木挡土板	m^3	2275.30

续前

序号	材料编码	材料名称	单位	不含税价
1440	350119001	ABS 工程塑料凹凸型模板	m^2	38.26
1441	350121001	穴模 后张法用	套	5.70
1442	350123002	复合模板	m^2	48.00
1443	350203001	U 型扣（综合）	付	45.00
1444	350203002	扣件	个	6.30
1445	350203005	钢管脚手架扣件	个	4.93
1446	350209001	钢模板连接件	kg	4.90
1447	350211001	铁撑板	t	4150.62
1448	350211002	铁撑板使用费	t·天	55.00
1449	350213001	铁撑脚	kg	4.15
1450	350215002	卸扣 ϕ24	个	23.60
1451	350219001	梁卡具 模板用	kg	8.17
1452	350219002	零星卡具	kg	10.23
1453	350303001	脚手架钢管	kg	4.55
1454	350303002	脚手钢管 ϕ48	t	4550.00
1455	350303003	脚手架钢管底座	个	9.78
1456	350313001	塑钢爬梯	kg	3.76
1457	350317001	脚手杆 ϕ100×6000 杉木	根	15.93
1458	350317002	木脚手杆	m^3	1667.90
1459	350319001	木脚手板	m^3	1495.30
1460	350321001	木模具	个	45.30
1461	350323001	木支撑	m^3	1746.08
1462	350501001	密目网	m^2	1.37
1463	350901001	压浆平台摊销	kg	7.68
1464	350907001	铁风筒 ϕ500	m	65.45
1465	350907002	铁风筒 ϕ1000	m	116.16
1466	350907003	铁风筒 ϕ1500	m	188.23
1467	350999001	万能杆件	t	4675.68
1468	350999003	金属周转材料	kg	4.39
1469	351125001	钢钎 ϕ22～25	kg	7.42
1470	351131001	风镐凿子	根	5.50
1471	352302002	扩孔器	个	348.30
1472	352701001	木板标尺	m^3	1456.70
1473	352709001	收敛标志点	个	20.00
1474	352711001	预埋标志点	个	20.00
1475	352711002	沉降预埋点	个	55.00
1476	354101001	铣刨鼓边刀	把	28.30

续前

序号	材料编码	材料名称	单位	不含税价
1477	354103001	盾构刀具费	元	1.00
1478	354105001	截齿 P5MS-3880-1770	个	110.00
1479	354107001	冷拉机具及其他材料	kg	6.60
1480	354107002	冷拉设备摊销	kg	8.20
1481	360103002	铸铁井盖、井座 ϕ500 重型	套	560.00
1482	360103003	铸铁井盖、井座 ϕ600 重型	套	600.00
1483	360103004	铸铁井盖、井座 ϕ700 重型	套	630.00
1484	360103006	铸铁井盖、井座 ϕ800 重型	套	680.00
1485	360103007	铸铁井盖井座	套	630.00
1486	360113002	玻璃钢盖板	m^2	135.00
1487	360113003	热镀锌钢盖板	m^2	1130.00
1488	360117004	铸铁窨井箅	套	350.00
1489	360303001	土工格栅 单向	m^2	9.60
1490	360305001	土工格栅 双向	m^2	6.57
1491	360307001	土工滤网	m^2	6.50
1492	360500002	广场砖 100 × 100	m^2	55.00
1493	360500003	广场砖 108 × 108	m^2	55.00
1494	360500004	广场砖 152 × 152	m^2	55.00
1495	360500005	广场砖 200 × 200	m^2	55.00
1496	360503003	人行道路面砖	m^2	60.00
1497	360503004	预制灰砂连锁砖	m^2	100.00
1498	360505001	植草砖	m^2	45.00
1499	360507001	透水砖	m^2	60.00
1500	360511001	水泥花砖 普通型	m^2	60.00
1501	360511002	水泥花砖 D 型	m^2	60.00
1502	360511003	水泥花砖 S 型	m^2	60.00
1503	360511004	水泥花砖 T 型	m^2	60.00
1504	360701002	石质缘石 300 × 150	m	126.00
1505	360703001	混凝土缘石	m	57.00
1506	360711001	混凝土分离型侧平石	m	87.50
1507	360711002	混凝土连接型侧平石	m	87.50
1508	360713001	混凝土立缘石	m	57.00
1509	360713003	石质立缘石 350 × 150	m	147.00
1510	361501001	减速垄	m	48.67
1511	362103001	反光材料（玻璃珠）	kg	3.50
1512	362115001	警示带	m	2.69
1513	362903001	中继间 ϕ800	套	20572.00

续前

序号	材料编码	材料名称	单位	不含税价
1514	362903002	中继间 ϕ1000	套	25976.00
1515	362903003	中继间 ϕ1200	套	35250.00
1516	362903004	中继间 ϕ1400	套	49260.00
1517	362903005	中继间 ϕ1600	套	62550.00
1518	362903006	中继间 ϕ1800	套	66102.00
1519	362903007	中继间 ϕ2000	套	71920.00
1520	362903008	中继间 ϕ2200	套	80160.00
1521	362903009	中继间 ϕ2400	套	81719.00
1522	362903010	中继间 ϕ2600	套	86416.00
1523	362903011	中继间 ϕ2800	套	89835.00
1524	362903012	中继间 ϕ3000	套	98150.00
1525	362903013	中继间 ϕ3500	套	160846.00
1526	362903014	中继间 ϕ4000	套	170346.00
1527	362904001	液压控制系统	套	39700.00
1528	362905001	接缝变化装置	个	278.76
1529	370100001	钢轨	t	4150.00
1530	370100004	钢轨	kg	4.14
1531	370101002	轻轨	kg	4.85
1532	370101003	轻轨（综合）	t	4850.00
1533	370103001	重轨	kg	5.45
1534	370103002	重轨（综合）	kg	5.45
1535	370501001	钢轨枕	kg	5.28
1536	370800001	鱼尾板	kg	3.98
1537	370915002	钢板垫板	kg	3.76
1538	370915005	镀锌垫板 100×5×200	个	4.71
1539	372117001	千斤顶支架	kg	6.16
1540	372117002	千斤顶支架油箱操作台	kg	6.86
1541	372313001	盾构托架	t	4445.00
1542	372323001	开关箱固定压板 4×50	副	2.91
1543	372333001	电缆固定压板	kg	4.56
1544	372335001	镀锌大灯抱箍压板	副	15.44
1545	372335002	镀锌大灯泡抱箍连压板	副	15.44
1546	372335011	镀锌横担抱箍	副	7.76
1547	372335012	镀锌扁钢抱箍 40×4	副	16.37
1548	550913001	电闸箱	个	184.25
1549	551307005	胶壳闸刀 220V/100A	个	22.04
1550	551307006	铁壳闸刀 380V/200A	个	22.04

续前

序号	材料编码	材料名称	单位	不含税价
1551	800100001	水泥砂浆 1：1	m^3	519.47
1552	800100003	水泥砂浆 1：2	m^3	469.03
1553	800100004	水泥砂浆 1：2.5	m^3	464.60
1554	800100011	水泥砂浆 M20	m^3	486.73
1555	800101001	砌筑水泥砂浆 M5.0	m^3	477.88
1556	800101003	砌筑水泥砂浆 M7.5	m^3	477.88
1557	800101004	砌筑水泥砂浆 M10	m^3	477.88
1558	800101006	砌筑水泥砂浆 M15	m^3	482.30
1559	800103001	抹灰水泥砂浆 1：2	m^3	469.03
1560	800109001	防水水泥砂浆 1：1	m^3	519.47
1561	800300002	石灰砂浆 1：3	m^3	396.46
1562	800605001	干混砌筑砂浆	m^3	477.88
1563	800605002	干混砌筑砂浆 DM M5	m^3	477.88
1564	800605003	干混砌筑砂浆 DM M7.5	m^3	477.88
1565	800605004	干混砌筑砂浆 DM M10	m^3	477.88
1566	800607001	干混抹灰砂浆 DP M10	m^3	477.88
1567	800607003	干混抹灰砂浆 DP M20	m^3	486.73
1568	800609001	干混地面砂浆 DS M15	m^3	482.30
1569	800611001	预拌防水水泥砂浆 1：2	m^3	486.73
1570	800611002	预拌防水水泥砂浆 1：2.5	m^3	482.30
1571	800611003	预拌防水水泥砂浆 1：3	m^3	477.88
1572	800613002	预拌混合砂浆 M5.0	m^3	446.90
1573	800613003	预拌混合砂浆 M7.5	m^3	455.75
1574	800613004	预拌混合砂浆 M10	m^3	460.18
1575	800615001	预拌水泥砂浆（综合）	m^3	486.73
1576	800615002	预拌水泥砂浆 1：2	m^3	469.03
1577	800615003	预拌水泥砂浆 1：2.5	m^3	464.60
1578	800615004	预拌水泥砂浆 1：3	m^3	460.18
1579	800619001	预拌膨胀水泥砂浆	m^3	488.71
1580	800619002	预拌膨胀水泥砂浆 1：1	m^3	488.71
1581	800903001	沥青砂浆 1：2：7	m^3	1440.00
1582	800903002	石油沥青砂浆 1：2：7	m^3	1367.32
1583	800905002	环氧砂浆 1：0.07：2：4	m^3	14088.70
1584	800915001	锚固砂浆	m^3	389.38
1585	801103004	素水泥浆	m^3	677.10
1586	801107001	触变泥浆	m^3	256.64
1587	801107002	护壁泥浆	m^3	47.30

续前

序号	材料编码	材料名称	单位	不含税价
1588	801107003	化学泥浆	kg	3.00
1589	801503011	建筑脂（无黏结预应力）	kg	10.00
1590	801511002	硫磺胶泥	kg	2.14
1591	801515001	聚氯乙烯胶泥	kg	2.63
1592	802101003	混凝土 C20	m^3	353.98
1593	802101005	混凝土 C25	m^3	362.83
1594	802101008	混凝土 C40	m^3	398.23
1595	802101010	预拌混凝土 C15	m^3	345.13
1596	802101012	预拌混凝土 C20	m^3	353.98
1597	802101014	预拌混凝土 C25	m^3	362.83
1598	802101015	预拌混凝土 C30	m^3	371.68
1599	802101016	预拌混凝土 C40	m^3	398.23
1600	802101017	预拌混凝土 C55	m^3	449.00
1601	802101018	预拌混凝土 C60	m^3	486.73
1602	802101020	预拌混凝土路面 抗折 $45^{\#}$	m^3	424.78
1603	802103001	防水混凝土 C25 P6	m^3	371.68
1604	802105001	预拌水下混凝土 C20	m^3	402.65
1605	802105002	预拌水下混凝土 C25	m^3	411.50
1606	802113001	喷射混凝土	m^3	353.98
1607	802113002	喷射混凝土 1：2.5：2	m^3	353.98
1608	802501001	粗粒式沥青混凝土	m^3	1011.00
1609	802503001	中粒式沥青混凝土	m^3	1050.00
1610	802505001	细粒式沥青混凝土	m^3	1100.00
1611	802507001	彩色沥青混凝土	m^3	3630.00
1612	802509002	透水沥青混凝土	m^3	1358.41
1613	802713001	透水混凝土 C20	m^3	861.95
1614	802713002	透水彩色混凝土 C20	m^3	1106.19
1615	802715002	预拌配重铁砂混凝土 3.0t/m^3	m^3	2743.36
1616	803103001	灰土 3：7	m^3	174.07
1617	803501002	级配砂石	m^3	210.12
1618	803501003	级配卵石	m^3	210.12
1619	803501004	级配卵砾石	m^3	210.12
1620	803501007	预拌水泥稳定碎石	m^3	395.60
1621	803501008	厂拌二灰碎石 8：17：75	t	167.00
1622	803701001	膨胀剂	kg	2.34
1623	803703001	泡沫添加剂	kg	9.92
1624	803703002	混凝土外加剂	kg	4.21

续前

序号	材料编码	材料名称	单位	不含税价
1625	850103001	便桥材料摊销费（占人工费、机械费）	%	0.00
1626	850103005	其他材料费	元	1.00
1627	850103006	其他材料费（占材料费）	%	0.00
1628	860110004	温度计 0～100℃	支	22.19
1629	860110005	温度计 0～120℃	块	22.19
1630	860110006	铂电阻温度计	块	35.40
1631	860113001	孔隙水压计	支	309.73
1632	860113002	界面式孔隙水压计	支	352.76
1633	860113011	压力表 0～16MPa	块	44.25
1634	860113016	压力表 ϕ150	块	72.90
1635	860113017	弹簧压力表 0～16kg/cm^2	个	28.73
1636	860113018	弹簧压力表 0～40kg/cm^2	个	46.02
1637	860113022	压力表表弯 *DN*15	个	7.08
1638	860113023	压力表汽门 *DN*15	个	13.27
1639	860113025	压力表补芯 15 × 10	个	4.14
1640	860122002	应变计	个	203.54
1641	860122003	应变片	片	13.00
1642	860122004	应变计预埋件	个	36.46
1643	860127001	喷射器	个	25.00
1644	860150010	支撑轴力计 200t	个	1168.14
1645	860201001	钢筋应力计	个	159.29
1646	860201002	混凝土应变计	个	185.84
1647	860201003	反力架	个	353.98
1648	860201004	界面式土压计	支	313.57